接着とはく離のための高分子
― 開発と応用 ―

Polymers for Adhesion and Removal
― Developments and Application ―

《普及版／Popular Edition》

監修 松本章一

シーエムシー出版

はじめに

　セラミック，金属，ポリマー，生体材料などのさまざまな材料を組み合わせて利用するとき，高機能や高性能を追い求めるだけでなく，省エネルギーや省資源をも加味したものづくりが要求される。快適で，しかも持続可能な資源循環型の社会を実現するには，各種リサイクルシステムの整備だけでなく，卓越した技術による新しいものづくりが不可欠である。物と物の接合法としてさまざまな接着剤や手法がこれまで開発され，それらを使いこなすための技術が蓄積されてきた。最近，接着や高分子関連分野で，新しい接着技術を志向する研究会が相次いで設立され，盛んに活動が行われている。例えば，「解体性接着技術研究会」が日本接着剤工業会の協力を得て平成16年に設立され，接合物を容易にはく離，解体できる接着剤や接着技術の研究開発が行われている。また，平成18年からスタートした「次世代接着材料研究会」（日本接着学会）では，次世代の高性能・高機能性接着剤の方向を探るため，接着剤の接合強度の向上，長寿命化など信頼性の向上をはかりながら，環境負荷を低減するためのブレークスルーを求めて，幅広い視点から取り組みがなされている。高分子学会では，平成19年から「精密ネットワークポリマー研究会」が新しく発足する予定であり，その準備が進められている。学会誌や専門雑誌上でも，解体性，接着とはく離をキーワードとする特集が頻繁に組まれている。元来，「接着」と「はく離」は相反する現象であるが，その両方を満足できる材料や技術を求めて，着実な取り組みが既に始まっている。

　本書『接着とはく離のための高分子—開発と応用—』では，接着やはく離に関わるポリマー材料や技術を中心に，接着・解体の基礎から最新の材料設計，技術開発までを扱っている。接着やはく離が関係する分野は広く，扱われる材料も手法も多岐にわたるので，まず，基礎編として，接着全般にかかわる理論や背景，接着の設計に必要な基本的な要素，解体性接着の現状の概要などについて解説いただいた。関連すると思われる高分子の反応や分解についても，基本的な点をまとめた。つぎに，材料開発の例として，解体性，分解性，生体ならびに生物関連の材料を中心に執筆をお願いした。また，手法開発には材料開発としての面も含めて，できるだけ広範囲の視点から新しい接着技術を解説いただくこととした。材料の開発と手法の開発は切り離せない関係にあり，新しい材料が新しい接着手法の開発を促すこともあれば，新しい手法が材料開発を促進することもある。本書の中から，さらに一歩先へ進んだ，新しい材料や技術が生まれ出ることを期待したい。工業界や自然界の至るところで，接着が利用されているが，本書の後半では，特に，接着剤・エラストマー分野，エレクトロニクス分野，バイオ・メディカル分野に絞り込み，それ

ぞれの分野での応用展開について，第一線で活躍されておられる方々に，実例を中心に解説をお願いした。

　本書は，今後の接着，解体技術の発展の基礎となるものであり，周辺分野を含めて多くの方々に有益な情報を提供できるものと期待している。最後に，本書の刊行にあたり，執筆者の皆様方には，多忙を極める中で執筆をご快諾いただき，また当初の企画から短期間での発刊に多大なるご協力をいただき，監修者として心よりお礼申しあげます。

2006年10月

大阪市立大学大学院　工学研究科　教授
松本章一

普及版の刊行にあたって

本書は2006年に『接着とはく離のための高分子―開発と応用―』として刊行されました。普及版の刊行にあたり，内容は当時のままであり加筆・訂正などの手は加えておりませんので，ご了承ください。

2012年9月

シーエムシー出版　編集部

―――― 執筆者一覧（執筆順）――――

松本 章一	大阪市立大学大学院　工学研究科　化学生物系専攻　教授	
三刀 基郷	大阪市立大学　新産業創生研究センター　産学連携プロデューサー	
越智 光一	関西大学　工学部　応用化学科　教授	
佐藤 千明	東京工業大学　精密工学研究所　助教授	
白井 正充	大阪府立大学大学院　工学研究科　応用化学分野　教授	
岸　　　肇	兵庫県立大学大学院　工学研究科　環境エネルギー工学部門　助教授	
木原 伸浩	神奈川大学　理学部　化学科　教授	
笹川　　忠	東京女子医科大学　先端生命医科学研究所　助手	
岡野 光夫	東京女子医科大学　先端生命医科学研究所　所長・教授	
山本 浩之	信州大学　繊維学部　高分子工業研究施設　信州大学特任教授	
大川 浩作	信州大学　繊維学部　高分子工業研究施設　助教授	
大塚 英幸	九州大学　先導物質化学研究所　助教授	
下間 澄也	コニシ㈱　大阪研究所　研究開発管理部　リーダー	
富田 英雄	東京電機大学　理工学部　電子情報工学科　教授	
片山 聖二	大阪大学　接合科学研究所　教授	
川人 洋介	大阪大学　接合科学研究所　助手	
西口 隆公	ナガセケムテックス㈱　電子・構造材料事業部　部長補佐	
福森 健三	㈱豊田中央研究所　材料分野　有機材料研究室　主席研究員	
宇都 伸幸	化研テック㈱　研究開発部　課長	
大江　　学	太陽金網㈱　開発部　係長	
知野 圭介	横浜ゴム㈱　研究本部　主幹	
谷本 正一	日東電工㈱　電子プロセス材事業部　開発部　開発1課　課長	
加納 義久	古河電気工業㈱　横浜研究所　ナノテクセンター　センター長	
佐竹 正之	日東電工㈱　オプティカル事業本部　開発本部　第6グループ長	
大山 康彦	積水化学工業㈱　高機能プラスチックスカンパニー　開発研究所　IT材料開発センター　半導体実装材料グループ長	
宮入 裕夫	東京電機大学　工学部　教授	
田口 哲志	㈲物質・材料研究機構　生体材料センター　主任研究員	
山内 淳一	クラレメディカル㈱　歯科材料事業部　開発担当シニアスタッフ	

執筆者の所属表記は，2006年当時のものを使用しております。

目次

【第1編　基礎】

第1章　接着とはく離の科学　　三刀基郷

1　はじめに……………………………… 3
2　接着の科学（Science of Adhesion）… 3
　2.1　界面の相互作用力（Adhesion）… 3
　2.2　界面の相互作用力と分子間力…… 4
　2.3　分子間力の種類………………… 5
　2.4　分子間力と表面自由エネルギー・表面張力………………………………… 7
　2.5　分子間力と「ぬれ」現象………… 8
　2.6　接着仕事………………………… 9
　2.7　固体の表面自由エネルギーとAdhesion………………………… 9
3　接着接合の科学（Science of Adhesive Bonding）………………………… 11
　3.1　試験方法と接着強さ…………… 11
　3.2　試験片の形状効果……………… 12
　3.3　粘弾性効果……………………… 13
　3.4　はく離強さとAdhesion………… 15
4　おわりに…………………………… 18

第2章　接着技術の基礎　　越智光一

1　はじめに…………………………… 19
2　界面の相互作用…………………… 19
3　内部応力の影響…………………… 22
4　接着剤層の粘弾性特性と接着強度… 25
5　おわりに…………………………… 27

第3章　進歩著しい解体性接着技術　　佐藤千明

1　はじめに…………………………… 29
2　すでに実用化された解体性接着剤… 30
3　今後の動向と将来の解体性接着技術… 34
　3.1　現状の課題……………………… 34
　3.2　今後の動向……………………… 34
　　3.2.1　分解性高分子の適用………… 34
　　3.2.2　膨張剤・発泡剤の選択……… 35
　　3.2.3　加熱手段の多様化…………… 35
　　3.2.4　解体手段の多様化…………… 35
4　解体性接着技術とリサイクル……… 36
5　おわりに…………………………… 37

第4章 高分子の反応と分解　　松本章一

1 はじめに……………………………………38
2 ポリマーの反応……………………………40
　2.1 ポリマー中の官能基の反応性 ……40
　2.2 クリックケミストリーを利用する高分子反応……………………………40
　2.3 架橋を伴う反応 ……………………43
3 ポリマーの分解……………………………45
　3.1 ポリマーの分解 ……………………45
　3.2 ランダム分解 ………………………45
　3.3 解重合 ………………………………46

【第2編　材料開発】

第1章 リワーク型ネットワーク材料　　白井正充

1 はじめに……………………………………51
2 リワークの概念と分子設計………………51
3 熱硬化/熱分解型……………………………53
4 光硬化（光・熱硬化）/熱分解（光・熱分解）………………………………………55
4.1 高分子/架橋剤ブレンド型………………55
4.2 側鎖に官能基を有する高分子型 …57
4.3 多官能アクリルモノマー型 ………60
5 おわりに……………………………………63

第2章 解体可能な耐熱性接着材料　　岸　肇

1 はじめに……………………………………65
2 構造用接着剤への解体性付与……………66
　2.1 耐熱接着性を有する構造用解体性接着剤の設計思想 ………………………66
　2.2 硬化樹脂粘弾性への単官能エポキシ添加効果 ……………………………67
　2.3 硬化樹脂接着強さへの高極性単官能エポキシ添加効果 ……………………69
　2.4 樹脂粘弾性制御と加熱膨張剤添加の併用による解体性構造用接着剤設計 ………………………………………73

第3章 ラジカル連鎖分解型ポリペルオキシド　　松本章一

1 はじめに……………………………………78
2 ポリペルオキシドの特徴…………………79
3 ポリペルオキシドの合成…………………81
4 ポリペルオキシドの分解…………………83

5	ポリペルオキシドの分解生成物と分子設計……………………………… 85	7	ポリペルオキシドとポリ乳酸の複合化………………………………… 91
6	ポリペルオキシドの機能化………… 88	8	おわりに……………………………… 93

第4章 酸化分解性ポリアミド　　木原伸浩

1	はじめに……………………………… 95	5	ナイロン-0,12の合成と酸化分解 …… 101
2	酸化分解性ポリマーの分子設計……… 96	6	溶媒可溶なポリヒドラジド…………… 102
3	ナイロン-0,2の合成と特性 ………… 97	7	おわりに……………………………… 104
4	ナイロン-0,2の酸化分解 …………… 99		

第5章 細胞シート工学と再生医療への応用　　笹川　忠，岡野光夫

1	はじめに……………………………… 107	6.1	再生角膜 ……………………………… 116
2	電子線重合法による温度応答性表面の開発と細胞シート工学……………… 108	6.2	歯周組織の再生 ……………………… 116
3	マイクロパターン化温度応答性表面の開発と共培養細胞シート作製への応用………………………………………… 110	6.3	心筋組織の再生および不全心に対する機能改善効果 …………………… 117
4	反応性官能基を導入した温度応答性表面の開発と高機能化………………… 111	6.4	肺切除後の気漏閉鎖修復材としての応用 …………………………………… 118
5	細胞シートマニピュレーション技術… 113	6.5	食道癌摘出後における食堂組織の再建 …………………………………… 118
6	細胞シート工学を用いた再生医療…… 114	7	おわりに……………………………… 119

第6章 バイオ接着剤　　山本浩之，大川浩作

1	はじめに－バイオ接着剤の分類……… 122	2.1.2	ポリフェノールオキシダーゼ（別名：チロシナーゼ） ………… 124
2	タンパク質架橋様式と架橋反応に関わる酵素群…………………………… 123	2.1.3	リシルオキシダーゼ ………… 124
2.1	架橋酵素 ……………………… 123	2.1.4	トランスグルタミナーゼ …… 125
2.1.1	ペルオキシダーゼ …………… 124	3	海洋接着タンパク質……………………… 125

3.1　イガイ類の接着タンパク質 ……… 125
　　　3.1.1　Foot Protein-1 (fp-1) ……… 126
　　　3.1.2　Foot Protein-3 (fp-3) ……… 128
　　3.2　接着機構におけるDOPAの役割 … 128
　　　3.2.1　界面化学反応 ……………… 128
　　　3.2.2　架橋反応 …………………… 129
　　3.3　フジツボ類の接着タンパク質 …… 130
　4　バイオ接着剤の設計法 ………………… 131
　4.1　医療用接着剤（Biological Glue）… 131
　4.2　MAPの接着機構の応用 ………… 131
　　4.2.1　生細胞と生物組織に対する天然
　　　　　 MAPの接着特性 ……………… 132
　4.3　合成MAP関連化合物 …………… 132
　　4.3.1　合成MAPのバイオ接着研究
　　　　　　…………………………………… 133
　5　今後の展望 ……………………………… 134

【第3編　手法開発】

第1章　動的共有結合化学による架橋システム　　大塚英幸

1　はじめに ………………………………… 139
2　動的共有結合とは ……………………… 139
3　高分子化学における動的共有結合 …… 141
4　動的共有結合化学による架橋システム
　　………………………………………………… 141
5　おわりに ………………………………… 148

第2章　熱膨張性マイクロカプセル　　下間澄也

1　はじめに ………………………………… 151
2　熱膨張性マイクロカプセルとは ……… 151
3　はく離発生のメカニズム ……………… 153
4　加熱処理方法 …………………………… 154
5　熱膨張性マイクロカプセルを使用した
　　はく離技術の応用例 …………………… 155
　5.1　水性エマルジョン型接着剤への応用
　　………………………………………………… 156
　　5.1.1　塗装鋼板/石膏ボードの接着用
　　　　　 途 …………………………………… 156
　　5.1.2　プラスチックシート/木質材料
　　　　　 の接着用途 ……………………… 157
　5.2　塗装鋼板/セメント板および樹脂板
　　　 の接着用途 ……………………………… 159

第3章　誘導加熱・オールオーバー工法　　富田英雄

1　はじめに ………………………………… 161
2　オールオーバー工法 …………………… 161
3　薄板鋼板への加熱特性 ………………… 169
　3.1　渦巻型コイルによる加熱特性 …… 169

3.2	矩形型コイルによる加熱特性 …… 170	5	まとめ………………………………… 173
4	解体性接着剤……………………… 172		

第4章　金属とプラスチックのレーザ直接接合　　片山聖二，川人洋介

1	はじめに…………………………… 175	4	LAMP接合部の強度特性 ………… 181
2	レーザ直接（LAMP）接合方法 …… 175	5	LAMP接合機構 …………………… 183
3	LAMP接合部の特徴 ……………… 178	6	おわりに…………………………… 186

第5章　熱溶融エポキシ樹脂とその応用　　西口隆公

1	はじめに…………………………… 188	4	エポキシ樹脂の熱溶融化機構……… 191
2	熱溶融エポキシFRP ……………… 188	5	熱溶融FRP成形品の評価 ………… 194
3	試験方法…………………………… 189	6	おわりに…………………………… 196

【第4編　応用展開】

第1章　接着剤・エラストマー分野

1　自動車用架橋高分子の高品位マテリアルリサイクル……………福森健三… 201	2　リサイクル化に対応した「はがせる接着剤エコセパラ」－その特徴と用途開発の現状－………………宇都伸幸… 214
1.1　はじめに ……………………… 201	2.1　はじめに ……………………… 214
1.2　高分子材料のリサイクル方法とマテリアルリサイクルの重要性 ……… 202	2.2　はく離の要素技術開発 ……… 214
1.3　自動車用高分子材料のマテリアルリサイクル ……………………… 203	2.3　エコセパラの特徴と用途 …… 215
1.3.1　樹脂廃材の高品位リサイクル ……………………………… 203	2.3.1　温水ではがせるホットメルト接着剤 ……………………… 215
1.3.2　架橋ゴム廃材の高品位リサイクル …………………………… 208	2.3.2　熱ではがせるエポキシ接着剤 ……………………………… 217
1.4　おわりに ……………………… 212	2.3.3　その他用途への実用化事例 … 219
	2.4　おわりに ……………………… 221

3 通電はく離性接着剤「エレクトリリース」の性能と開発動向……**大江　学**　223
　3.1　はじめに ………………………… 223
　3.2　エレクトリリース E4 の特性……… 223
　　3.2.1　開発経緯 ……………………… 223
　　3.2.2　はく離反応の特徴 …………… 224
　　3.2.3　通電はく離を実現するための微細構造 ………………………… 225
　　3.2.4　通電はく離性能の評価 ……… 226
　3.3　エレクトリリースの応用例 ……… 228
　　3.3.1　人工衛星シミュレーターにおける応用 …………………… 228
　　3.3.2　位置情報管理用タグへの応用 ………………………………… 229
　　3.3.3　その他の応用例 ……………… 229
　3.4　現在の開発状況および今後の開発課題 ……………………………………… 230
4　熱可逆ネットワークを利用したリサイクル性エラストマー………**知野圭介**　232
　4.1　はじめに ………………………… 232
　4.2　可逆的共有結合ネットワーク …… 232
　　4.2.1　Diels-Alder 反応 …………… 232
　　4.2.2　エステル形成反応 …………… 232
　4.3　可逆的イオン結合ネットワーク … 233
　　4.3.1　アイオネン形成 ……………… 233
　　4.3.2　アイオノマー ………………… 233
　4.4　可逆的水素結合ネットワーク …… 233
　　4.4.1　ポリマーへの核酸塩基の導入 ………………………………… 233
　　4.4.2　エラストマーの架橋…ウラゾール骨格 ………………………… 233
　4.5　熱可逆架橋ゴム「THC ラバー」… 233
　　4.5.1　合成 …………………………… 234
　　4.5.2　物性 …………………………… 234
　　4.5.3　接着性・はく離性 …………… 235
　　4.5.4　解析 …………………………… 236
　　4.5.5　他のエラストマー材料との比較 ………………………………… 237

第2章　エレクトロニクス分野

1　粘・接着技術の電子材料への応用 ………………………**谷本正一**　240
　1.1　はじめに ………………………… 240
　1.2　粘着と接着 ……………………… 240
　1.3　粘着とはく離 …………………… 241
　　1.3.1　弱粘着タイプ ………………… 243
　　1.3.2　溶媒溶解タイプ ……………… 243
　　1.3.3　光硬化タイプ ………………… 243
　　1.3.4　熱発泡タイプ ………………… 243
　1.4　電子材料への応用 ……………… 243
　1.5　おわりに ………………………… 247
2　半導体製造プロセス用 UV 硬化型粘着テープの解析・評価………**加納義久**　248
　2.1　はじめに ………………………… 248
　2.2　UV 硬化型粘着テープにおける粘着特性の低下メカニズム ……………… 248
　2.3　UV 硬化型粘着テープにおける新規な評価・解析法 ……………… 250

2.4 おわりに …………………… 254
3 LCD光学フィルム用粘着剤
　　　………………**佐竹正之**… 255
　3.1 はじめに ………………… 255
　3.2 LCD光学フィルム用粘着剤の要求特性 ……………………… 256
　3.3 耐久性 …………………… 256
　3.4 再はく離性（リワーク性）… 258
　3.5 おわりに ………………… 259
4 極薄ウェハ加工用自己はく離粘着テープ
　　　………………**大山康彦**… 261
　4.1 開発の背景 ……………… 261
　4.2 自己はく離粘着剤 ……… 261
　4.3 半導体ウェハ極薄化プロセスへの応用 ……………………… 263
　　4.3.1 半導体ウェハ極薄研削用テープ ………………………… 263
　　4.3.2 ガラス板によるウェハサポートシステム ……………… 263
　4.4 ダイシング・ボンディングプロセスへの応用 ……………… 264
　　4.4.1 極薄ウェハ用ダイシングテープ ………………………… 265
　　4.4.2 UVニードルレスピックアップシステム ………………… 265
　4.5 まとめ …………………… 267

第3章　バイオ・メディカル分野

1 医療用接着剤 ………**宮入裕夫**… 268
　1.1 まえがき ………………… 268
　1.2 医療用接着剤の要求特性 … 268
　1.3 医療用接着剤の種類 …… 269
　1.4 医科用接着剤 …………… 270
　　1.4.1 軟組織用接着剤 …… 270
　　1.4.2 硬組織用接着剤 …… 274
　1.5 歯科用接着剤 …………… 277
　　1.5.1 歯科領域での接着 … 277
　　1.5.2 歯科分野での接着と修復方法 ………………………… 277
　　1.5.3 充填用材料 ………… 279
　　1.5.4 コンポジットレジンの構成と重合方法 ………………… 279
　　1.5.5 コンポジットレジンの接着特性 ……………………… 282
　　1.5.6 審美歯科と光重合型コンポジットレジン ……………… 283
　1.6 あとがき ………………… 284
2 細胞－細胞間を接合する接着剤
　　　………………**田口哲志**… 286
　2.1 はじめに ………………… 286
　2.2 スフェロイド形成する材料・技術の現状 …………………… 286
　　2.2.1 重力制御によるスフェロイド形成 …………………… 286
　　2.2.2 基板に対する接着・非接着性を利用したスフェロイド形成 … 287
　　2.2.3 分子間相互作用を利用したスフェロイド形成 ………… 287

- 2.3 細胞-細胞間を接合する接着剤 …… 287
  - 2.3.1 すい臓β細胞のスフェロイド形成 ………………………… 287
  - 2.3.2 スフェロイド形成へ及ぼす接着剤濃度の影響 ……………… 289
  - 2.3.3 スフェロイドの生化学的機能 ……………………………… 291
- 2.4 まとめと今後の展望 …………… 291
- 3 歯科用接着材……………山内淳一 293
  - 3.1 総論 …………………………… 293
  - 3.2 歯科接着技法概要 …………… 293
    - 3.2.1 機械的嵌合力（Mechanical Effect）……………………… 294
    - 3.2.2 化学的結合力（Chemical Bond）………………………… 294
    - 3.2.3 濡れ性（Wetting Effect）…… 294
  - 3.3 歯質接着 ……………………… 295
    - 3.3.1 トータルエッチング法 ……… 297
    - 3.3.2 プライマーの導入 ………… 297
    - 3.3.3 ウェットボンディング法 …… 298
    - 3.3.4 セルフエッチング法 ………… 298
  - 3.4 陶材（セラミックス）および金属接着 ……………………………… 299

第1編　基礎

第1章　接着とはく離の科学

三刀基郷[*]

1　はじめに

　我々が日本語で「接着」と言う場合は，二つの意味で使っていることに気がつく。一つは接着剤を用いて物体を結合することを意味し，もう一つは，二つの表面が何らかの界面力により結合している状態，つまり，くっつくという現象を意味する。たとえば，「金属と木材を接着する」と言えば，接着剤を使って金属と木材を接合するという前者の用法である。「接着のメカニズム」といえば後者の用法であり，密着，付着，粘着，固着などと同義の「接着」である。

　英語では前者を"Bond"，後者を"Adhesion"といい，両者を厳密に区別している。この二つの用語は，ASTM（American Society for Testing and Materials），ASTM D 907 に規定されていて，

Bond(n)：The union of materials by adhesives.

Adhesion(n)：The state in which two surfaces are held together by interphase forces which may consist of chemical forces or interlocking action or both.

である。この章では，接着を狭義にとらえた「接着の科学（Science of Adhesion）」と「接着接合の科学（Science of Adhesive Bonding）」について概説する。

2　接着の科学（Science of Adhesion）

2.1　界面の相互作用力（Adhesion）

　界面の相互作用力については，多くの研究者の興味の的になっていて，いろいろの説が提唱されている。古くから提案されているのが，機械的結合説と化学結合説である。機械的結合説というのは，被着材の凹部に流入した接着剤が固化して界面が結合するというものである。

　界面の相互作用が化学結合によるとする説は，化学者なら誰でも思いつく。しかし現実に化学結合が存在すると考えられる系は極めて少ない。現在，もっとも確からしい界面化学結合の存在は，ガラスあるいは酸化物系セラミックス被着材のシランカップリング剤処理である。

＊　Motonori Mitoh　大阪市立大学　新産業創生研究センター　産学連携プロデューサー

現在の接着理論に近い考え方が登場するのは1925年以降である。その頃になってやっと，接着接合には「ぬれ（Wetting）」が重要な役割を果たしているという考えがでてくるのである[1,2]。その考え方の発展の結果として，1947年には分子の親和性，つまり分子間力が界面の相互作用力に支配的であるという説が提唱された[3〜6]。吸着との類似性から吸着説ともよばれている。そのほか，Deryaginらの静電気説[7]，Voyutskiiらの拡散説[8]がある。

実際の接着系においては，接着剤と被着材との組合せによりその系に特異的な界面相互作用力が発現する。したがって上述の理論も，ある接着系では適用できても別の接着系では全く無力で，ケースバイケースで定性的に上述の理論を適用して接着論を展開することになる。その中にあって，界面が存在すれば必ず存在すると考えられる相互作用力がある。かつて吸着説として提唱された分子間力である。現在の接着理論は，この分子間力説に立脚している。

2.2 界面の相互作用力と分子間力

きれいに洗った2枚のガラス板の間に水を挟んで上下に引っ張ってみると，そう簡単にははがせない筈である。図1は，水の分子が間に存在している2枚のガラス板を引っ張った場合のモデル図である。図中の丸は水の分子をイメージしている。実際には，2枚のガラス板の間には何層もの水分子層が存在するが，2層存在するモデルを使って簡略化してある。ガラス板を上下に引っ張って簡単にははがれないと言うことは，引っ張る力に対して抵抗する力がガラス板と水分子，および水分子同士の間に働いているに違いない。その抵抗力を図では両矢印で示してある。水の分子とガラスの表面，水の分子同士がくっついているのである。これが分子間力と呼ばれるものである。

分子と分子は，ある程度の距離にまで近づくと引力が働き，近づきすぎると斥力が働く。この様子をイギリスの物理化学者Lennard-Jonesは，分子間あるいは原子間のポテンシャルエネルギーの変化としてとらえ，分子間の距離，rの関数として表現出来るとし，関係式を提案した。

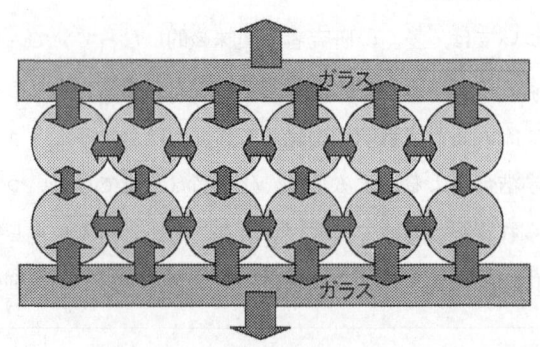

図1　ガラスと水のAdhesion

第1章 接着とはく離の科学

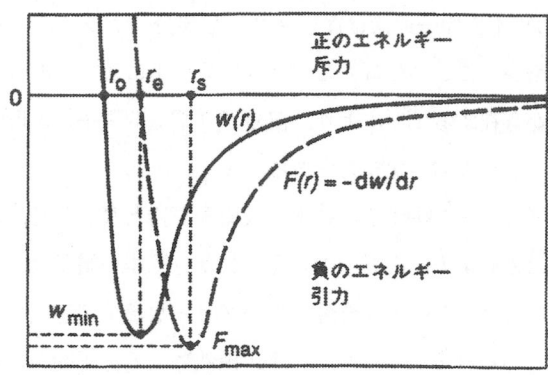

図2 レナード・ジョーンズのポテンシャル曲線

関係式から導き出される曲線は，Lennard-Jones のポテンシャル曲線として親しまれている。図2[9]の実線がその曲線である。縦軸の0をはさんで，図の上側は正のエネルギー，下側は負のエネルギーを表している。二つの分子が図右側の無限遠からだんだんと近づくにつれてポテンシャルエネルギーが低下し，極小値，W_{min} に至る。それ以上近づけると，エネルギーは増加していく。二つの分子が，エネルギー最低値の距離，r_e にある時には，二つの分子を近づけるにも遠ざけるにもエネルギーを与えなければならない。つまり r_e は，二つの分子がもっとも安定に存在できる距離なのである。

エネルギーを微分すると力となる。図2中の破線が微分曲線であり，二つの分子間の力関係を表している。二つの分子が無限遠から近づくにつれて次第に引力が大きくなり，極小値 F_{min} の位置，r_s をすぎてさらに近づくと反発力が発生し，距離，r_e で二つの分子に作用する力がゼロになる。つまり，ポテンシャルエネルギーが最小の距離では，引力と斥力のバランスがとれていて，二つの分子がもっとも安定に存在できるのである。この状態の二つの分子を近づけようとすると斥力が働き近づけるのに力がいる。一方，遠ざけようとすると引力が発生するため力がいるということなのである。その引力が分子間力と呼ばれるものである。

2.3 分子間力の種類

分子間力にはファンデルワールス力と水素結合力がある。ファンデルワールス力というのは分子と分子の間に普遍的に働く相互作用力で，永久極性効果による配向力，誘起極性効果による誘起力および分散力効果による分散力の3種類がある。

配向力の例として，塩化水素を取り上げて説明する。異なる原子から形成される共有結合は，多少ともイオン結合性を帯びる。それは原子の種類によって共有電子を引きつける強さが異なるからである。塩化水素の場合には，塩素側に電子が引きつけられていて塩素原子核近傍は電子リッ

チな部分（マイナス性），水素原子近傍は電子プアーな部分（プラス性）となり，共有結合に加えて，イオン結合性を帯びることになる。このように分子中において部分的にマイナス電荷とプラス電荷を帯びた部分が存在することにより，双極子（電気双極子）が形成される。そして，双極子同士が静電引力で引き合う力が配向力である。

　誘起力は誘起極性効果によって生ずる。いま，双極子を持たない分子，表現を変えれば無極性分子を電場の中に置いたとしよう。電場の中に置かれた分子中の電子は，プラス極側に移動する筈である。すると分子中に電子リッチな部分と電子プアーな部分が生成するから，双極子が生成する。これが誘起極性といわれるものである。誘起極性による分子間力が誘起力と呼ばれるものである。

　第3のタイプは分散力あるいはLondon Forceと言われるもので，分子が極性であるか，無極性であるかに関係なくすべての分子に普遍的に存在する相互作用力である。永久双極子を持たない分子でも，電子の運動によって電子の分布が瞬間的に分子対称軸に対して非対称となり，瞬間的な双極子が生じる。この双極子により双極子－双極子あるいは，双極子－誘起双極子相互作用が発現し，分子間に引力が発生する。この相互作用力を分散力とよんでいる。ファンデルワールス力の模式図を図3に示す。

　水素結合は，次のような分子間の相互作用である。水素原子の最外殻電子は1個であるから，1個の原子としか結合できない筈であるが，2個の原子と結合する場合がある。フッ化水素（F－H），水酸基（－O－H），アミノ基（＞N－H）などの水素原子が，電気的に陰性なフッ素原子（F），酸素原子（O），窒素原子（N），イオウ原子（S）などとの間で形成する結合で，水素を介して結合することから，水素結合と呼ばれる。水素結合は，共有結合に比べて原子間距離が長いが，イオン結合性の強い結合様式である。たとえば－O－H結合では電子密度が電子1個の電荷の31％が酸素側に偏っている。言い換えれば，31％のイオン結合性を持っているということに

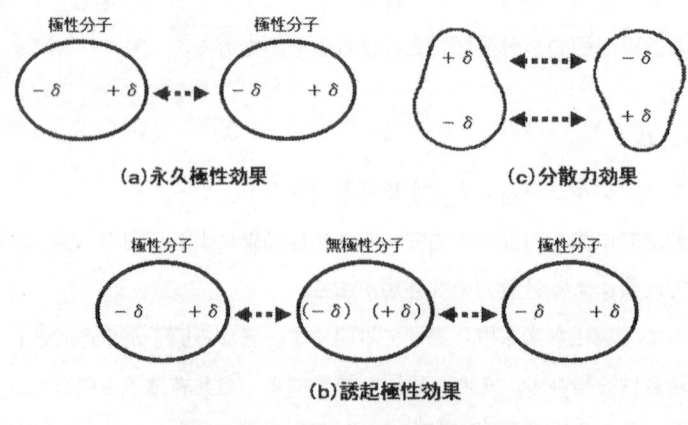

図3　ファンデルワールス力の模式図

なる。したがって，水素は部分的なプラス電荷を有することとなり，電気的に陰性な原子との間に静電引力による強い結合をつくるのである。これが水素結合である。実際には，水素結合を形成している原子間の距離はファンデルワールス力に比べてかなり短く，相手方の分子軌道といくらか重なりあっており，静電引力に加え共有結合性も有している。そのため，ファンデルワールス力に比べてかなり強い相互作用力となる。

2.4 分子間力と表面自由エネルギー・表面張力

図4は，容器に入れられた液体の分子をマクロにみて，表面と内部の分子の違いを説明したものである。内部分子は周囲を分子に取り囲まれていて，分子間力でお互いに引き合っている。分子が影響力を及ぼすことができる範囲を作用球と呼んでいる。しかし，表面の分子は上方に分子が存在しないから，相互作用を及ぼす相手がなく，作用球の半分のエネルギーを余分に有することになる。このエネルギーを表面自由エネルギー（Surface Free Energy）と呼んで，単位面積あたりのエネルギー量，J/m^2で表現する。

表面は，自由エネルギーを持っているのであるから，仕事ができる。たとえば，液体の表面張力を測定する方法のひとつに，円環法というのがある。あらかじめ天秤と接続した規定の大きさのリングを，容器に入れた液体表面に静かに接触させた後ゆっくりと引き上げ，その際の荷重を測定するのである。測定原理を図5に示した。リングを引き上げると液がついて上がってくるため，表面積が増える。表面積が増えた分だけ表面エネルギーが増加するため系は不安定になる。系のエネルギーを下げて安定化しようとするために，表面積を小さくしようとする力が表面に働

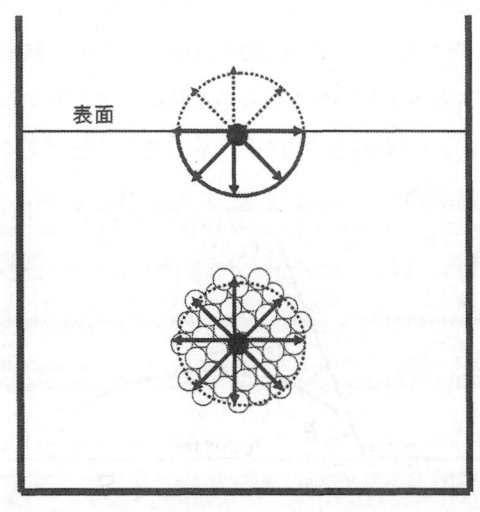

図4 表面の分子と内部の分子

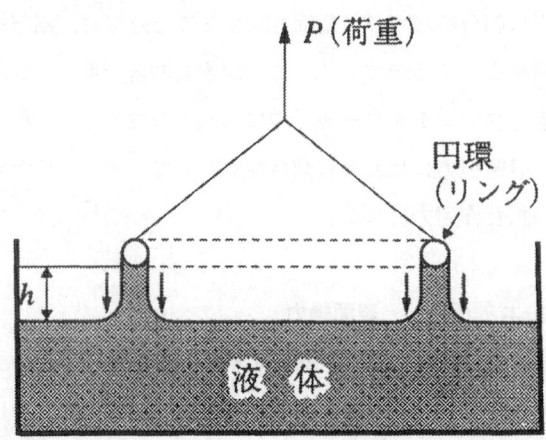

図5 円環法の模式図

き，引き上げ高さ，h を大きくすればするほど大きな荷重が天秤にかかる。それが表面張力といわれるものである。図に示したように，表面張力は液体表面に水平に働いている。表面張力の大きさは，単位長さあたりの力で表現され，通常 N/m で表示される。

2.5 分子間力と「ぬれ」現象

図6は，固体（S）表面に小さな液滴（L）を乗せたときの状態を示したものである。この液滴の形状を一義的に決めるパラメータがある。トーマス・ヤング（Thomas Young）により提唱された「接触角（Contact Angle）」という概念である[10]。図6に示すように，固体（S）の表面張力を γ_S，液体（L）の表面張力を γ_L，固－液の界面張力を γ_{SL}，液滴端の固体表面とのなす角を θ とする。系が平衡に達していれば，液滴端は動かないから，液滴を拡げようとする左向きの力，γ_S と面積が広がりエネルギーが高くなるのを阻止しようとする γ_{SL} および液滴の表面張力の界面における分力，の二つの右向きの力が釣り合っている筈である。したがって，

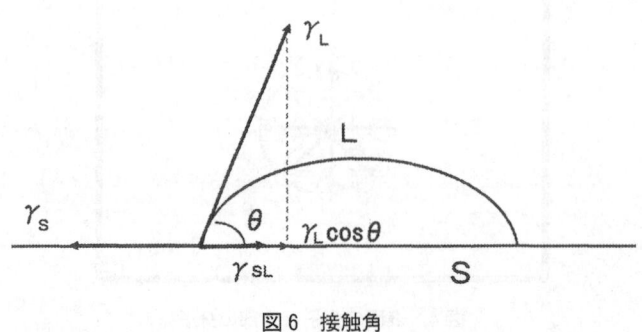

図6 接触角

$$\gamma_S = \gamma_{SL} + \gamma_L \cos\theta \tag{1}$$

が成立する。式(1)はヤング（Young）式と呼ばれる。θを接触角といい，ぬれ易さの尺度，固－液の相互作用力の尺度として使うことができる。

2.6 接着仕事

図7に示すように，界面で接している1という物体と2という物体を引き離すのに必要なエネルギーを考える。引き離すことにより新たに1と2の表面が生成する。それぞれの表面自由エネルギーをγ_1，γ_2とすると，分離により（$\gamma_1+\gamma_2$）のエネルギーが新たに生まれたことになるからその差，（$\gamma_1+\gamma_2$）$-\gamma_{12}$だけのエネルギーが分離のために必要である。このエネルギーを与えてはじめて分離するわけだから，くっついているエネルギーと言っても良い。また，別の言い方をすれば，このエネルギーで分離という仕事をしたことになる。このエネルギーを接着仕事（Work of Adhesion）という。接着仕事，W_Aは，

$$W_A = \gamma_1 + \gamma_2 - \gamma_{12} \tag{2}$$

である。

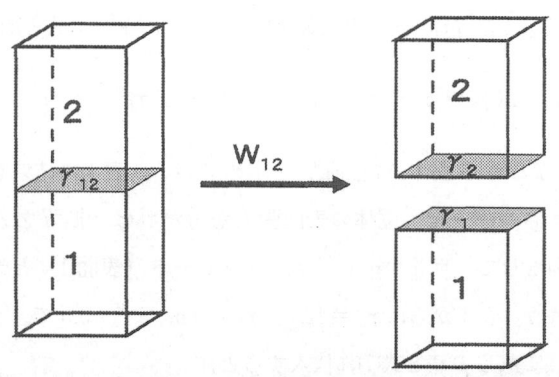

図7　接着仕事

2.7　固体の表面自由エネルギーと Adhesion

固体の表面自由エネルギーを求めるために，現在最もよく使われているフォークス（Fowkes）式と拡張フォークス式を紹介する。

Fowkes は，

$$\gamma_{12}=\gamma_1+\gamma_2-2(\gamma_1^d\cdot\gamma_2^d)^{1/2} \tag{3}$$

を提案した。dという添え字は，相互作用力が分散力（dispersion force）であるということを示している。

式(3)において，1を固体（S），2を液体（L）とすると，

$$\gamma_{SL}=\gamma_S+\gamma_L-2(\gamma_S^d\cdot\gamma_L^d)^{1/2} \tag{4}$$

となる。この式にヤング式(1)式を組み合わせると，

$$\gamma_L(1+\cos\theta)=W_A=2(\gamma_S^d\cdot\gamma_L^d)^{1/2} \tag{5}$$

となる。液体の表面張力と接触角は実測できるから，γ_S^dが計算でき，W_Aを求めることができる。

Fowkesは，相互作用が分散力だけの場合について提案したが，その後極性に基づく相互作用力（添え字はp）がOwensら[11,12]，Kaelbleら[13]により提案され，水素結合力（添え字はH）まで拡張した考えが，北崎と畑[14]により提案された。式は

$$\gamma_{12}=\gamma_1+\gamma_2-2(\gamma_1^d\cdot\gamma_2^d)^{1/2}-2(\gamma_1^p\cdot\gamma_2^p)^{1/2}-2(\gamma_1^H\cdot\gamma_2^H)^{1/2} \tag{6}$$

で，つまり，表面張力が3つの成分からなり，各成分間に相互作用が働くとするのである。勿論$\gamma=\gamma^d+\gamma^p+\gamma^H$である。1を固体（S），2を液体（L）とし，ヤング式と組み合わせると式(6)は，

$$\gamma_L(1+\cos\theta)=W_A=2(\gamma_S^d\cdot\gamma_L^d)^{1/2}+2(\gamma_S^p\cdot\gamma_L^p)^{1/2}+2(\gamma_S^H\cdot\gamma_L^H)^{1/2} \tag{7}$$

となる。北崎と畑は，式(7)から固体の表面張力を求めている。表1に結果を示した。

固体と固体の接着エネルギーは，固体の表面張力が分かれば，拡張フォークス式を用いて求めることができる。例として，ポリエチレンテレフタレート（表面1）とナイロン66（表面2）について計算してみよう。表1から，$\gamma_1^d=42.7$，$\gamma_1^p=0.6$，$\gamma_1^H=0.5$で，$\gamma_2^d=42.0$，$\gamma_2^p=1.4$，$\gamma_2^H=3.1$であるから，これらの値を式(7)に代入すると，

$$W_A=2\sqrt{42.7\times42.0}+2\sqrt{0.6\times1.4}+2\sqrt{0.5\times3.1}=84.7+1.8+2.5=89.0(mJ/m^2)$$

となる。表面張力の値（mN/m）を使って計算しているが，表面自由エネルギーは表面張力と値が同じであるのでmJ/m^2で表現している。このように，固体の表面自由エネルギーを求めて界面の相互作用力を評価することができるが，界面化学的手法により求めた値であるから，相互作用力は分子間力のみを前提としていることを忘れてはならない。

第1章 接着とはく離の科学

表1 高分子固体の表面張力 (mN/m, 20℃)

ポリマー	γ_s	γ_s^d	γ_s^p	γ_s^H
ポリテトラフルオロエチレン	21.5	19.4	2.1	0.0
ポリプロピレン	29.8	29.8	0.0	0.0
ポリトリフルオロエチレン	31.2	22.1	7.8	1.3
ポリエチレン	35.6	35.6	0.0	0.0
ポリフッ化ビニリデン	40.2	27.6	9.1	3.5
ポリスチレン	40.6	33.8	6.8	0.0
ポリメタクリル酸メチル	43.2	42.4	0.0	0.8
ポリフッ化ビニル	43.5	42.3	0.2	1.0
ポリエチレンテレフタレート	43.8	42.7	0.6	0.5
ポリ塩化ビニル	44.0	43.7	0.1	0.2
ポリオキシメチレン	44.6	42.5	0.9	1.2
ポリ塩化ビニリデン	45.8	43.0	1.9	0.9
ナイロン66	46.5	42.0	1.4	3.1
ポリアクリルアミド	52.3	26.5	15.1	10.7
ポリビニルアルコール	…	36.5	3.3	…

3 接着接合の科学 (Science of Adhesive Bonding)

3.1 試験方法と接着強さ

　JISで規定されている接着強さ測定方法のうちの代表的なものを図8に示す。表2にはエポキシ系接着剤の性能の一例を示した。被着体はすべて軟鋼であるが，試験方法によっていかに強度が変わるかがよく分かる。引張せん断強さとはく離強さという二つの典型的な例を見ると，前者は24N/mm² (245kg/cm²) で，大人が数人ぶら下がっても破壊することはないが，後者は15.7N/25mm幅 (1.6kg/25mm幅) であり，機械を使わなくても手で壊せる。接着剤と被着材が同じなら界面の分子間相互作用力は同じ筈である。しかし，破壊には応力分布が深く関係するのである。引張せん断試験片は荷重を接着面積全面で受けるが，はく離試験片では，はく離が進行しているクラック先端のみで荷重を受けるのである。

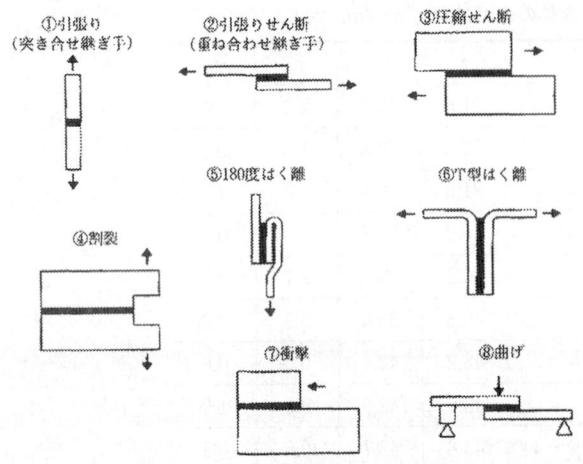

試験方法	接着強さ
引張	31.1N/mm²
引張せん断	24.0N/mm²
圧縮せん断	30.2N/mm²
割裂	8.6kN/25mm
曲げ	2.4N/mm²
はく離	15.7N/25mm

表2 試験方法と接着強さ

図8 代表的な接着強さの試験方法

3.2 試験片の形状効果

応力分布からくる問題がもう一つある。引張りせん断試験片の場合が典型的である。図9は，試験片の重ね合わせ部分の長さと引張りせん断荷重との関係を示している。25mm幅の鋼板をエポキシ系接着剤で接合したものである。図から明らかなように，荷重線の直線部分は，重ね合わせ長さがおよそ10mm程度までであり，それ以上長くなるとしだいに増加率が小さくなり50mmを越えるとほとんど荷重の増加は無くなる。引張りせん断接着強さは，破壊荷重を重ね合わせ部分の面積で割った値であるから，重ね合わせ部分の長さが長くなるにつれて接着面積はどんどん増加するが，破壊荷重はほとんど増加しなくなるので接着強さは減少することになる。この原因は試験片の応力分布にある。引張せん断試験片では接着端面に応力集中するため，重ね

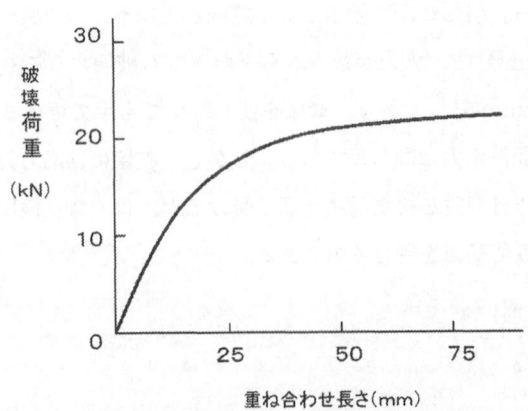

図9 引張せん断試験片の重ね合わせ長さと破壊荷重

合わせ長さが大きくなると中央部分はほとんど荷重を担わなくなる。破壊は，接着端面の強さで決まってしまうのである。したがって，重ね合わせ長さを長くしたからといって必ずしも破壊荷重が比例的に大きくはならないのである。

日本の工業規格 JIS，アメリカの試験規格 ASTM では，試験片の幅はそれぞれ 25mm および 1 インチ，重ね合わせ長さは 12.5mm および 1/2 インチと規定されていて，指定の温度および荷重速度により引張せん断接着強さを求める。しかし，その値をもとに接着継ぎ手の強度設計をすることは極めて危険である。上に述べたような寸法効果があり，たとえば接着面積を 2 倍にしたからといって接着強さが 2 倍になるとは限らないからである。

3.3 粘弾性効果

接着剤の主成分のほとんどは高分子物質である。高分子は典型的な粘弾性体で，その挙動には温度・時間効果がある。エポキシ樹脂の粘弾性挙動と接着性について，新保らの報告があるので紹介する[15]。分子量の異なるエポキシ樹脂をジアミノジフェニルメタン（DDM）で硬化させ，橋かけ密度の異なる硬化物の粘弾性挙動と接着挙動を検討した報告である。

硬化物の引張モードの動的弾性率と鋼板を被着材として測定した引張せん断接着強さが図 10 に，$\tan \delta$ とはく離強さの対比が図 11 に示されている。いずれも，ガラス転移温度（T_g）に曲線を移動して整理した結果であるが，粘弾性と接着強さの間に見事な類似性がみられる。引張せん断接着強さは，接着剤層の弾性率に依存していて弾性率の高いほど強度が大，はく離強さは接着剤層の力学損失（散逸エネルギー）に依存していて，力学損失が大きいほどはく離強さが大きいということがわかる。はく離強さの力学損失依存性は，五十嵐の理論的な考察[16]がある。

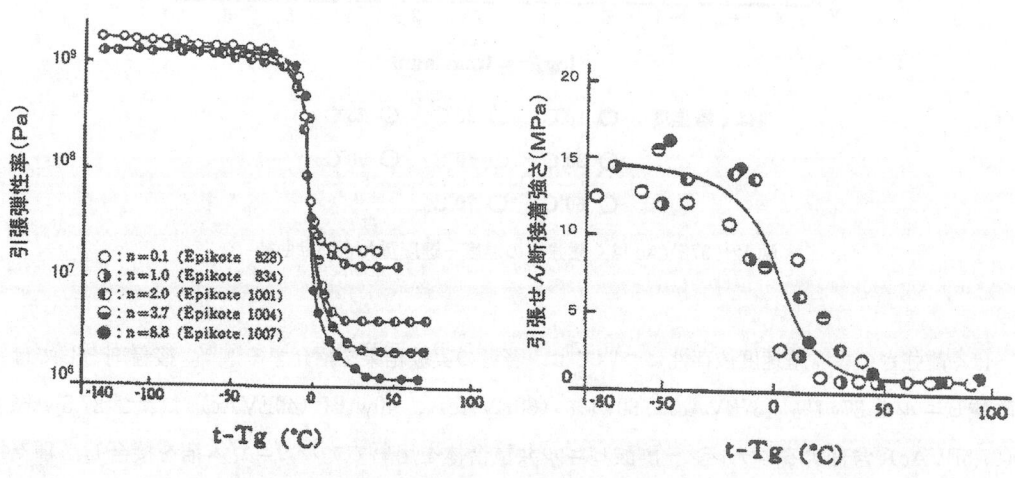

図 10 引張弾性率と引張せん断接着強さ

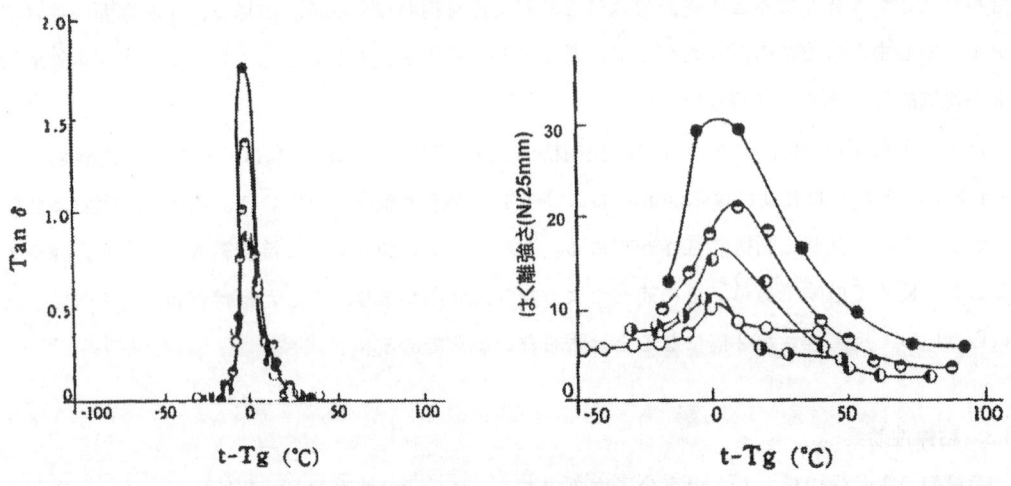

図11 力学減衰とはく離強さ

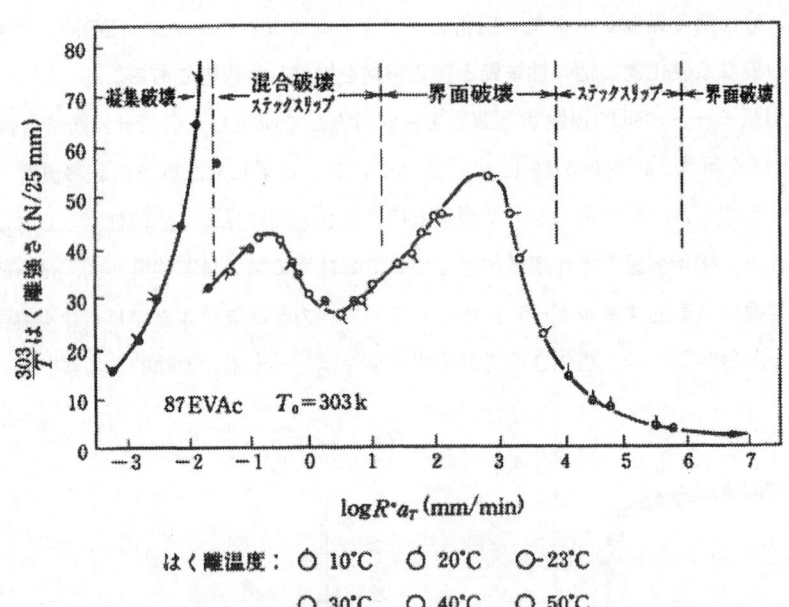

図12 87EVAcはく離強さの温度−速度重ね合わせ曲線

はく離強さのはく離速度依存性については，著者の実験結果を紹介する[17, 18]。接着剤としては酢酸ビニルを87wt%（87EVAc），60wt%（60EVAc），40wt%（40EVAc）および27.5wt%（27.5EVAc）含有するエチレン−酢酸ビニル共重合体を用いてアルミニウム箔を接合し，種々の測定温度，種々でのはく離速度における180度はく離強さを測定した。

第1章　接着とはく離の科学

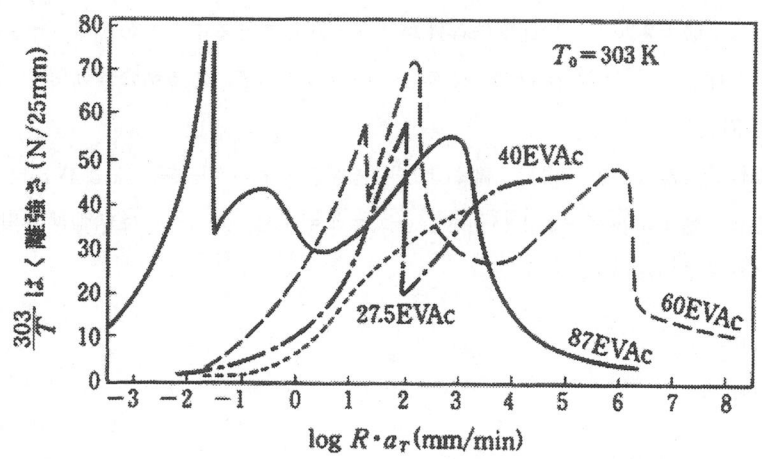

図13　種々の組成のEVAcのはく離強さとはく離速度の関係

　代表的な例として，87EVAcの結果を図12に示す。この図は，測定データを温度－速度換算したもので，基準温度は303Kである。はく離強さと破壊の場所が，はく離速度により大きく変化するのである。接着剤として，酢酸ビニル含有量が60，40および27.5wt%のものを使用した結果も含め，図13にまとめて示した。共重合体の組成が変化すると粘弾性挙動が変化するために，はく離挙動も大きく変化する。この図は，接着剤の選定にカタログ値を用いて性能比較する危険性を教えてくれる。通常，カタログ値の多くはJISで定められた方法にしたがって，一つの温度，一つの速度での測定値が示されている。たとえば，87EVAc，60EVAc，40EVAcおよび27.5EVAcの性能比較をしたとしよう。我々が入手できるのは，図13上の各接着剤の1点の強度のみである。実際には，温度や破壊速度などの測定条件により接着強さは大きく変化する。接着剤の選定には，使用条件をよく理解し，それに見合った試験結果を用いなければならない。

3.4　はく離強さとAdhesion

　AndrewsとKinloch[19]は，フッ素化エチレン－プロピレン共重合体（FEPA），ポリクロロトリフルオロエチレン（PCTFE），ナイロン11，ポリエチレンテレフタレート（PET），プラズマ処理FEPA，完全フッ素化エチレン－プロピレン共重体（FEP－C20），およびナトリウムナフタレンにより種々の時間エッチングしたFEPAを被着材とし，スチレン－ブタジエンゴム（SBR）を接着剤として加硫接着し，はく離エネルギーを求めている。種々の被着材について，はく離エネルギー（θ）の速度依存性が図14に示されている。横軸は，温度－速度換算によるはく離速度，縦軸は，－40℃に換算したはく離エネルギーである。図中，aはSBRの引き裂きエネルギー（τ）であるが，その場合も含めて，どの被着材の場合でも曲線を移動すると重なり

合う事から，はく離エネルギーの速度依存性がすべて同じであることがわかる。つまり，粘弾性効果は被着材の種類によらず，接着剤に依存しているのである。この粘弾性効果を，速度の関数という意味でF(R)としよう。

いま，粘弾性効果がないときのはく離および引き裂きエネルギーをθ_0およびτ_0とする。実際に測定されるはく離エネルギーおよび引き裂きエネルギーは，θ_0とτ_0に粘弾性効果，F(R)を乗じたものになっているから，

$$\theta = \theta_0 F(R) \tag{8}$$
$$\tau = \tau_0 F(R) \tag{9}$$

となり，

$$\frac{\theta}{\theta_0} = F(R) = \frac{\tau}{\tau_0} \tag{10}$$

$$\theta_0 = \tau_0 \frac{\theta}{\tau} \tag{11}$$

が得られる。

粘弾性効果が無いときのSBRの引き裂きエネルギーτ_0は，パラフィンオイルで膨潤させて

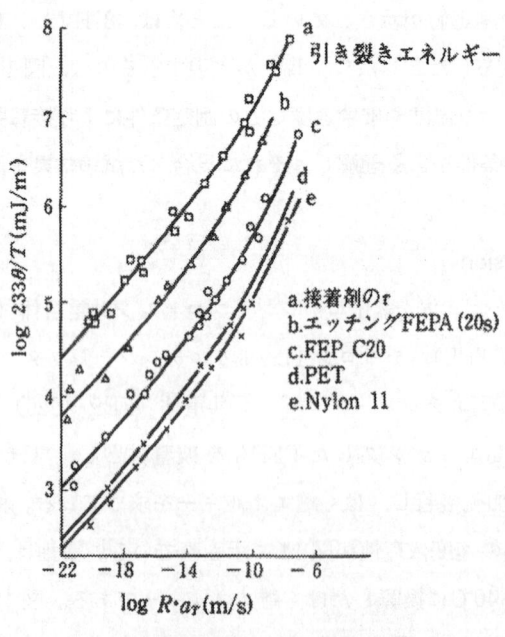

図14 種々の被着材に対するはく離エネルギー

第1章 接着とはく離の科学

分子鎖が伸びきったときの引き裂きエネルギーを測定するなどして求める事が出来る。それを使うと式(11)から真のはく離エネルギー，θ_0 が算出できる。結果は表3に示されている。はく離エネルギー，θ および引き裂きエネルギー，τ_0 は，はく離速度 10^{-15}m/s における値を採用している。W_a は，それぞれの被着材の表面自由エネルギーからすでに述べた方法により算出される分子間力に基づく界面の相互作用エネルギーである。

まず W_a と θ_0 の関係から考えてみる。表3において，FEPA からプラズマ処理 FEPA までの5種類の被着材については，W_a と θ_0 がほぼ同じ値である。界面の相互作用エネルギー，W_a と粘弾性効果を排除した真のはく離エネルギー，θ_0 が同じということは，界面の相互作用力が分子間力のみであるということを意味している。しかし，FEPA をエッチングすると，W_a よりも θ_0 の方が大きくなる。この場合には，界面の相互作用が分子間力だけでなく何か他のメカニズムも寄与しているということになる。原著者らは続報において，エッチング処理により表面に二重結合が生成し，接着剤の SBR との間に化学結合が出来ているためと説明している[20]。

次に θ_0 と θ の関係を考えてみる。表によれば，このはく離速度では，θ は θ_0 の約100倍になっている。$\theta = \theta_0 F(R)$ であるから，実測されるはく離エネルギーは，粘弾性効果により界面の相互作用力の約100倍も大きい値として得られていることになる。はく離エネルギーの測定値のうち，界面の相互作用力の寄与は1％程度にしか過ぎないということである。しかし，Andrews らの考えにしたがえば，はく離強さは，界面の相互作用力と粘弾性効果の積になっている。寄与は小さくも，粘弾性効果が増幅してくれるのである。界面の相互作用力を少しでも大きくすることも接着強さを大きくする秘訣となる。

表3 はく離エネルギーと接着仕事

被着材	θ (mJ/m²)	θ_0 (mJ/m²)	W_a (mJ/m²)
EFPA	2.0×10^3	21.9	48.4
PCTFE	6.8×10^3	74.9	62.5
ナイロン 11	6.5×10^3	70.8	71.4
PET	7.2×10^3	79.4	72.3
プラズマ処理 FEPA	6.3×10^3	68.5	56.8
FEP-C20	2.6×10^4	288	61.1
エッチング FEPA（10秒）	7.8×10^4	851	68.0
エッチング FEPA（20秒）	1.1×10^5	1170	70.2
エッチング FEPA（60秒）	1.2×10^5	1290	69.8
エッチング FEPA（90秒）	1.5×10^5	1620	71.1
エッチング FEPA（120秒）	1.6×10^5	1780	71.1
エッチング FEPA（500秒）	2.2×10^5	2420	72.2
エッチング FEPA（1000秒）	1.8×10^5	1990	71.8

* 温度233K，速度 10^{-15}m/s におけるはく離エネルギー

4 おわりに

紙面の制限もあり，十分に意を尽くせなかった部分が多くある。接着接合物の科学では，界面強化の実例，表面処理の効果，接着耐久性などについても記述したかった。この章の詳しい内容は，高分子刊行会発行の「接着」2002年8月号から連載を始めた記事を参照されたい。

文　　献

1) J. W. McBain, D. G. Hopkins, *J. Phys. Chem.*, **29**, 88 (1925)
2) J. W. McBain, D. G. Hopkins, W. B. Lee, *Ind. Eng. Chem.*, **19**, 1005 (1927)
3) F. L. Browne, *Ind. Eng. Chem.*, **23**, 290 (1927)
4) F. L. Browne, T. R. Traux, *Coll. Symp. Monograph*, **4**, 258 (1926)
5) N. A. deBruyne, *J. Sci. Instr.*, **24**, 29 (1947)
6) N. A. deBruyne, R. Howink Ed., "Adhesion and Adhesives", Elsevier (1951)
7) B. V. Deryagin, N. A. Krotova, V. P. Smilga, "Adhesion of Solid", Consultant Bureau (1978)
8) S. S. Voyutskii, "Autohesion and Adhesion of High Polymers", Intersciense (1963)
9) J. N. イスラエルアチヴィリ著, 近藤保・大島広行訳, 分子間力と表面力, p.9, 朝倉書店 (1996)
10) T. Young, *Phil. Trans. Roy. Soc.* (*London*), **95**, 85 (1905)
11) D. K. Owens, R. C. Wendt, *J. Appl. Polym. Sci.*, **13**, 1741 (1969)
12) D. K. Owens, R. C. Wendt, *J. Appl. Polym. Sci.*, **14**, 1725 (1970)
13) D. H. Kaelble, K. C. Uy, *J. Adhesion*, **2**, 50 (1970)
14) 北崎寧昭, 畑敏雄, 日本接着協会誌, **8**, 131 (1972)
15) 新保正樹, 岩越真佐夫, 越智光一, 日本接着協会誌, **10**, 161 (1974)
16) 五十嵐高, 日本接着協会誌, **7**, 1 (1971)
17) 三刀基郷, 中尾一宗, 日本接着協会誌, **19**, 433 (1983)
18) 三刀基郷, 中尾一宗, 日本接着協会誌, **19**, 485 (1983)
19) E. H. Andrews, A. J. Kinloch, *Proc. Roy. Soc.*, **A332**, 38 (1973)
20) E. H. Andrews, A. J. Kinloch, *Proc. Roy. Soc.*, **A332**, 401 (1973)

第2章 接着技術の基礎

越智光一*

1 はじめに

　1940年代にエポキシ樹脂が金属を接合できる有機材料として実用化されるまで,「接着」とは膠やでんぷんに代表されるような"糊"による接合であり, 大きな荷重のかかる部材を接合するための手段では無かった。金属など構造部材の接合を可能とする接着剤の出現によって, "接着"という新しい工学分野が創出されたと言うことができる。今日では, 電気・電子, 車輌, 航空・宇宙などさまざまな産業分野に不可欠の技術として, 接着と接着剤の研究・開発が広い分野で進められている[1]。

　「接着」は,「同種あるいは異種の固体状物質が, その接触面に介在する物質によって固着する現象」といえる。通常, この接触面に介在する物質を接着剤と呼び, 接着される固体状物質を被着体と呼ぶ。従って, 接着には必ず被着体と接着剤が接触する界面が存在する。当然, 接着強度などの性質はこの界面の化学的あるいは物理的特性に強く依存する。

　しかし, 接着は界面の特性のみに依存するものではなく, 接着剤層の粘弾性, 接着剤の固化過程での収縮によって生じる内部応力, 外部応力の方向や様式, 応力集中の度合いなどの工学的要因にも大きく影響される。

　接着強度を高くするには, 界面での理論的接着仕事をできるだけ大きくするように接着剤を設計するのは当然のことであるが, 接着剤層の粘弾性変形を利用して界面の内部応力を低減したり, 外部荷重の接合面への均一分布を計ることなども重要な因子となる。ここでは, 界面相互作用などの基本的因子や内部応力などの工学的因子が接着剤の基本設計にどのように反映されるかをエポキシ樹脂系接着剤を例として紹介することとしたい。

2 界面の相互作用

　接着は, まず, 接着剤が流動して被着体の表面全体を濡らすことから始まる。この"濡れ"の挙動を接着剤と被着体の表面張力を用いて熱力学的に取り扱うことによって, 両者の界面相互作

＊ Mitsukazu Ochi　関西大学　工学部　応用化学科　教授

用の大きさを評価することができる。その取り扱いの詳細は前章に述べられているので，ここでは省略する。

　この界面相互作用の熱力学から得られる結論の一つは，「接着剤と被着体の界面相互作用をできるだけ大きくするには両者の表面張力ができるだけ近い値を持つことである」というものである。この結論は，「似たもの同士はよく溶ける，よくひっつく」という我々の経験とよく一致している。すなわち，接着結合をその界面で引き離すのに必要な仕事の最大値：最大接着仕事は，接着剤と被着体の表面張力γが等しいときに得られることになり，界面での接着仕事を大きくするには接着剤の表面張力を被着体のそれに近づけることが重要となる。

　実用化されている接着剤のほとんどは高分子を主成分としている。高分子の表面は，金属やガラスなどの表面に較べて分子鎖の運動性が高い。このため接着剤表面の性質は周囲の状況に応じて変化することが，最近明らかになってきた。例えば，疎水性高分子にグラフトした親水性の分子鎖が乾燥に伴って表面から内部に移動する現象が報告されている[2]。接着界面においても，平沢ら[3]はエチレン鎖を主鎖とするポリマーにカルボキシル基をランダムあるいはグラフト共重合またはブレンドとして導入し，成型時にこの樹脂が接触する物質の極性の違いによって，表面に存在するカルボキシル基濃度が変化することを報告している。これらの結果は，高分子の表面特性は接触する物質の極性，温度，時間などによって変化する動的特性として取り扱うべきであることを示している。

　筆者ら[4～6]は，エポキシ樹脂とシリル基末端ポリプロピレングリコール（STPPO）の複合型接着剤はUCST（上限臨界共溶温度）型の相図を持ち，加熱硬化するとエポキシ樹脂分散相の粒子径が低下すると同時に接着強度が改善される（図1）ことを報告した。これは硬い分散相の粒子径が低下することによって，変形時の粒子の衝突が起こりにくくなり試料の可とう性が大きくなる，いわゆるポアソン効果によることを示した。さらにこのタイプの複合型接着剤では加熱硬化により各成分の拡散が容易になると接着界面におけるエポキシ樹脂濃度が被着体の極性に応じて変化することを報告した。図2に被着体の表面自由エネルギーとこれに接触していたSTPPO/エポキシ樹脂接着剤の表面自由エネルギーの関係を示す。接着剤の平均組成は同じであるにもかかわらず，被着体の表面自由エネルギーが増加するのに伴って接着剤の表面自由エネルギーも増加し，両者の値はほぼ一致している。これは被着体の表面自由エネルギーに応じて最も安定な界面を形成するように接着剤表面のエポキシ樹脂濃度が変化することを意味するものと考えられる。実際，被着体の表面自由エネルギーが大きい場合には界面近傍のエポキシ樹脂濃度が上昇することが全反射表面赤外スペクトルによって確認されている（図3）。この結果は，表面特性の異なる異種材料を接合する場合に接着剤自身が被着体に応じて最も安定な界面を自動的に作ることを示している。この界面での組成の変化に伴って，上に述べた熱力学的接着仕事が大き

第2章　接着技術の基礎

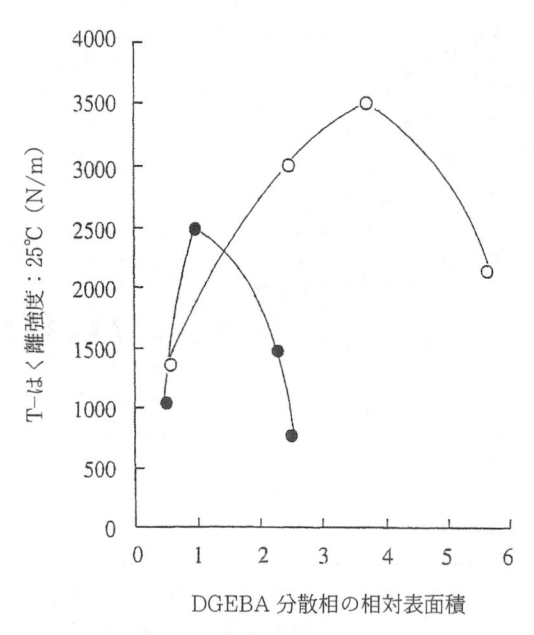

図1　シリル基末端プロピレングリコール/エポキシ接着剤のT-はく離強度

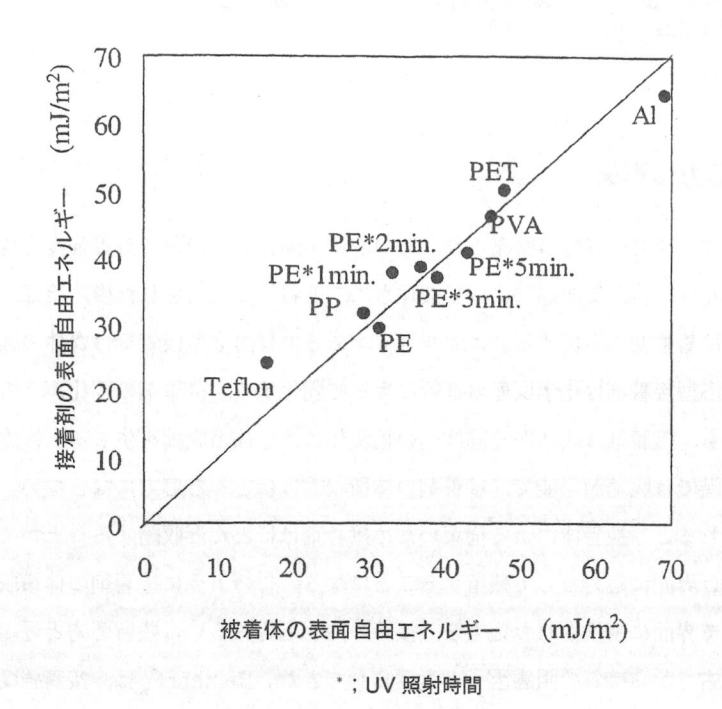

＊：UV照射時間

図2　被着体と接着剤の表面自由エネルギー

くなり，実際の接着強度の向上に有効に働くことを報告している。

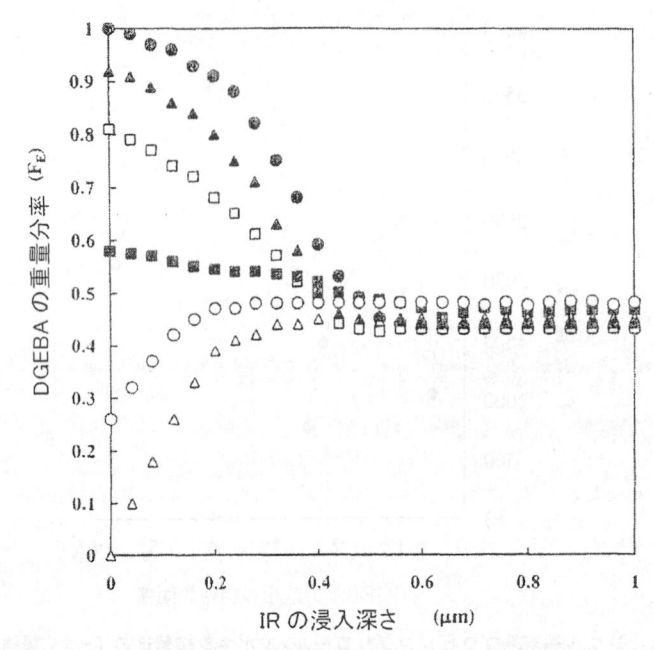

図3 シリル基末端プロピレングリコール/DGEBA系の表面からの距離とDGEBA*の重量分率
被着体　●：PVA，▲：PEuv10，□：PEuv5，■：PEuv1，○：PP，△：PTFE
＊DGEBA：Bisphenol-A DGE

3　内部応力の影響

　接着剤は液体の形で被着体に塗布され，その液体が固化する過程で接着強度を発現する。例えば，ホットメルト接着剤は加熱によって液化され，被着体に塗布された後，冷却過程で固化することによって接着強度を発現する。エマルジョンあるいは溶液型接着剤は媒体の蒸発，エポキシ樹脂などの反応型接着剤は化学反応の進行によって固化する。接着剤の固化がどのような方法で起こるにしても，接着剤は液体から固体への相変化に伴い体積収縮を生じる。接着結合が形成されていない段階では収縮が可能で，接着剤の体積収縮はほとんど応力にならない。しかし，接着接合が形成されると，被着体による拘束のため接着剤はほとんど収縮することができない。このため体積収縮は界面に応力として残留することになる。このように接着剤の体積収縮が抑制されることによって界面に蓄積された応力を，接着の内部応力あるいは残留応力と呼ぶ。

　内部応力は古くから接着の阻害因子と考えられてきた。Reinhart[7]は，接着強度が分子間力から計算した理論接着強度より小さくなる原因のうち最も有力なものとして内部応力をあげている。内部応力が接着強度におよぼす影響を示すために，引張せん断接着強度を雰囲気温度を変えて測定した結果を図4に示す[8]。温度上昇に伴って接着強度が増加すると同時に凝集破壊の割合が増

第2章 接着技術の基礎

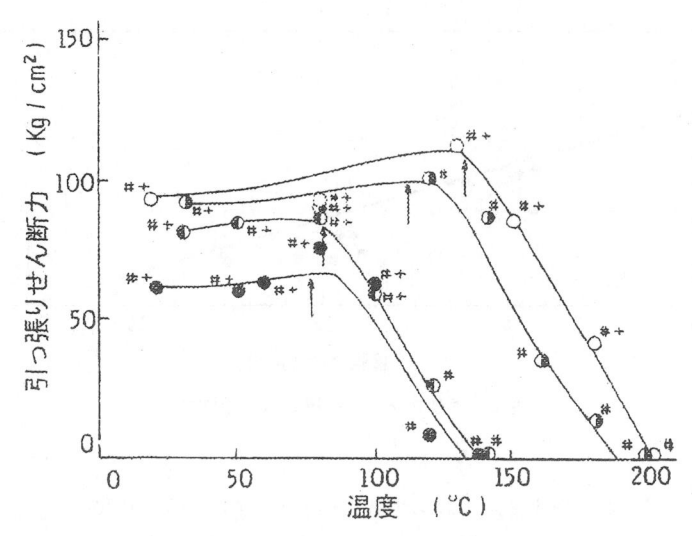

エポキシ樹脂 : n=0.1 (Epikote 828)
硬化剤 : $H_2N\text{-}(\text{-}CH_2\text{-})_{m'}\text{-}NH_2$

○ : エチレンジアミン （m'= 2）
◐ : ヘキサメチレンジアミン （m'= 6）
◕ : デカメチレンジアミン （m'=10）
● : ドデカメチレンジアミン （m'=12）
♯ : 凝集破壊　　　＋ : 界面破壊
矢印は硬化されたエポキシ樹脂の T_g を示す。

図4　温度を関数とした硬化されたエポキシ樹脂の引っ張りせん断力

加している。これは，接着強度の温度依存性を測定したときにしばしば現れるパターンである。温度の上昇によって接着剤層の凝集エネルギーは低下するが，同時に接着剤層に蓄積された内部応力が緩和されたため接着強度は増加したものと考えられる。

　Kendall[9]は接着強度におよぼす内部応力の影響を接着破壊のエネルギーバランスの概念から考察した。その結果，90°はく離試験の付着力 F と Pull-Off 試験の接合破断応力 σ のそれぞれについて接着剤層中に凍結された歪み ε の関係は次式で表せることを提案した。

$$\frac{F}{b} = \gamma - \frac{dE^2}{2} \tag{1}$$

$$\sigma = \left[\frac{2K}{d}\left(\gamma - \frac{dK^2}{2}\right)\right]^{1/2} \tag{2}$$

b ははく離試験片の幅，K および E はそれぞれ接着剤層の体積弾性率と引張弾性率，γ は接着の界面仕事，d は接着剤層の厚みである。いずれの式でも右辺の第2項が接着剤層中に蓄積され

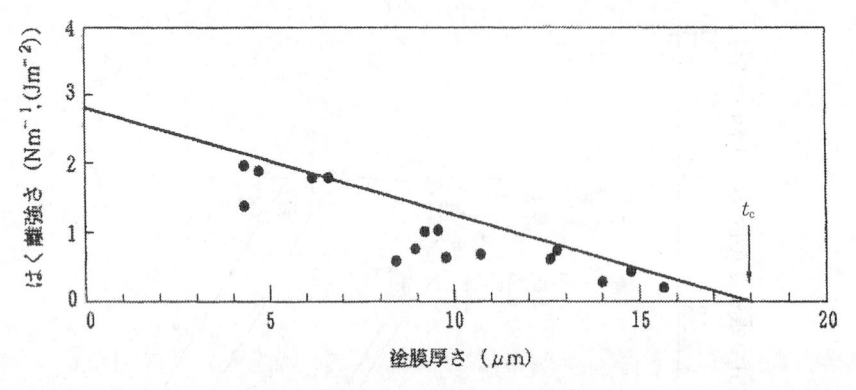

図5 ポリスチレン塗膜のはく離強さ

た弾性歪みエネルギーに相当する。これらの式に従えば，接着剤層の厚みが増加するのに伴って層内に蓄積される弾性歪みエネルギーは増加し，ある接着剤層厚みで接着強度はゼロになるはずである。Croll[10]はポリスチレンとポリイソブチルメタクリレートの塗膜において膜厚を変えながら90°はく離試験（図5）とPull-Off試験を行い，この臨界接着剤層厚みt_cが実際に存在することを報告した。これらの結果から，接着力の弱い塗膜で膜厚が増加するとある厚み以上で自然はく離が起こる現象がよく理解される。

筆者ら[11]は，高分子をベースとする接着剤が粘弾性体であり時間の経過に伴って応力が緩和されることを利用して，接着剤の組成を変えずに内部応力のみを変化させて接着強度との関係を調べた。時間の経過に伴って内部応力は低下し，この内部応力の低下に対応して接着強度は増加した。この結果は接着剤層の内部応力が熱履歴によって大きく影響され，内部応力の低下にアニールなどの熱処理が有効なことを意味している。接着継ぎ手の耐候性や熱安定性試験において短時間の暴露では接着強度がかえって増加する現象が知られているが，これも暴露過程での内部応力の緩和によるものとして説明することができる。

接着剤の内部応力を低下させることによって，接着継ぎ手の強度を高くすることができる。このため，弾性率の低いエラストマー類のアロイ化によって接着剤層での内部応力の発生を抑制すると同時に内部応力の緩和を促進させることが行われる。その一例として，チオコール変成したエポキシ樹脂硬化系ではチオコールの添加に伴って弾性率と内部応力は低下し，接着強度はある添加量で極大値を示すことが報告されている[12]。これは，内部応力の低下に伴って接着強度はいったん増加するが，エラストマーの添加量が多くなり過ぎると接着剤層の凝集力が小さくなるため強度が低下するものと考えられる。また，接着剤への可塑剤の添加に伴う接着強度の変化についても硬化収縮や内部応力が大きな影響を持つことが報告されている[13]。

4 接着剤層の粘弾性特性と接着強度

接着強度がせん断やはく離など荷重のかけ方によって大きく異なることはよく知られている。荷重方法による接着強度の違いを，接着剤の弾性率をパラメーターとして模式図的に図6に示す。せん断接着強度は弾性率が高くなるにつれて増加するが，はく離強さは弾性率の低い領域で最大値を取り，弾性率の増加に伴って低下する[14]。この模式図は，接着継ぎ手に高いせん断強度を要求する場合とはく離強度を要求する場合で，接着剤の設計が異なることを示している。せん断強度の向上を目的とするならば，接着剤は弾性率やせん断強度が高くなるように設計し，はく離強度の改善を目的とするならば，接着剤は柔軟で変形能力が高くなるように設計することになる。しかし，実際には，応力のかけ方にかかわらず常に高い接着強度を示す接着剤が望ましいことは言うまでもない。この目的を達成するには接着剤が剛性や強度を保ちながら同時にかなりの変形能力を持つことが必要になるのは容易に想像される。

これまで，このようなせん断とはく離接着強さの双方に優れた接着剤は，エポキシ樹脂やフェノール樹脂のような弾性率の高い成分とゴムやナイロンのような弾性率の低い成分を複合化することによって作られてきた。ここでは，一例としてエポキシ樹脂に末端カルボキシル基ブタジエンアクリロニトリル共重合体（CTBN：反応性液状ゴム）を複合化した系のせん断およびはく離接着強さを示す（図7）。複合化に伴いエポキシ樹脂のせん断接着強度は約2倍，はく離接着強度は4〜10倍に増加している[15]。

最近，エポキシ樹脂の骨格にメソゲン基を導入した硬化物では，高い剛性と耐熱性を持ちながら強靱性を大きく改善できることが報告されている[16〜19]。このような剛直で変形能力の大きなメ

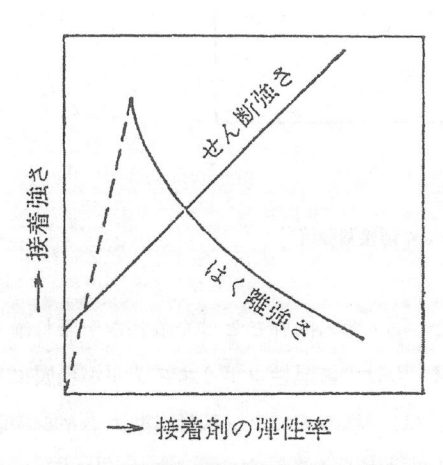

図6　各種の接着強さと変数との関係

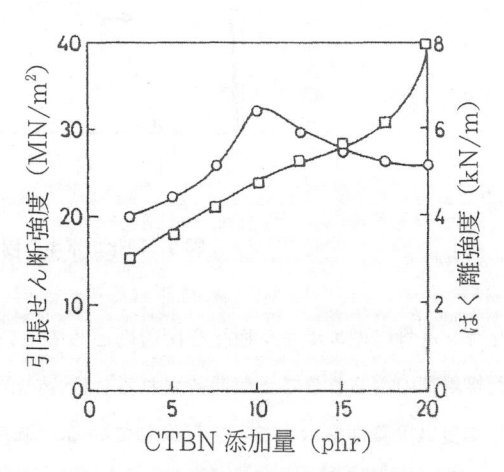

図7　エポキシ樹脂/CTBN系の接着性
○：引張せん断強さ，□：はく離強さ

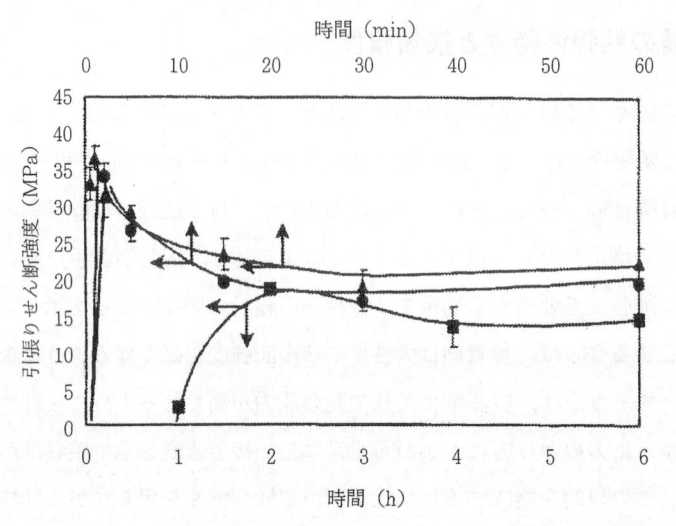

図8 芳香族アミンで硬化したビスフェノールA型およびメソゲン骨格型エポキシ樹脂の引張せん断強度
エポキシ樹脂：(■) ビスフェノール型，(●) ビフェノール型，(▲) テレフタリデン型

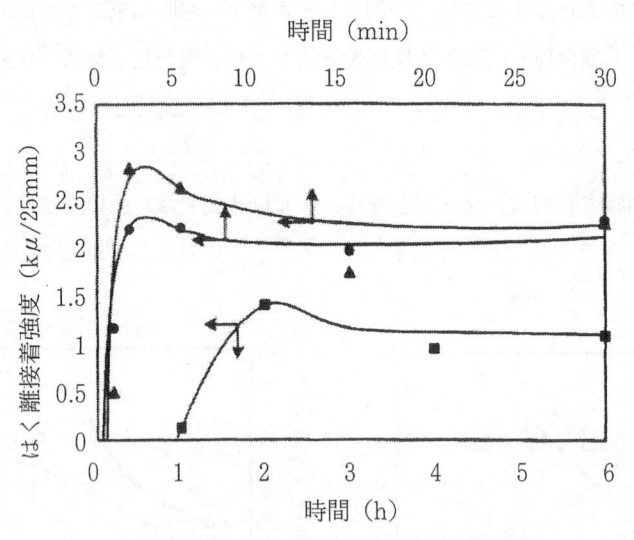

図9 硬化エポキシ樹脂のはく離接着強度

ソゲン基骨格型エポキシ樹脂を接着剤として用いると，高いせん断強さとはく離強さを兼ね備えた接着剤の得られることが期待される。Economyら[20~22]は，液晶性コポリエステルが金属に対して良い接着性を示すことを報告している。筆者ら[23]は，2種のメソゲン基骨格型エポキシ樹脂をジアミンで硬化した系のせん断およびはく離接着強度を検討した。前者の測定結果を図8に，後者の測定結果を図9に示す。メソゲン基を骨格とするエポキシ樹脂は汎用のビスフェノールA

第2章　接着技術の基礎

型エポキシ樹脂に較べてせん断接着強さが約1.5倍，はく離強さが約2倍の高い接着強度を示した。また，せん断接着強さの測定では内部（残留）応力による接着強度の低下と思われる接着強度の低下が観察されたので，硬化物のガラス転移温度を低下させたところ接着強度の低下はほとんど見られなくなり，最終硬化物で40MPa程度の非常に大きなせん断接着強度が得られた。このようにメソゲン基を骨格とするエポキシ樹脂がせん断およびはく離接着強さの双方で高い値を示すのは，応力下でメソゲン基が配向することにより硬化物が高い変形能力を持つことに起因すると考えられる。そこで，液晶性エポキシ樹脂からなる接着剤層が実際の接着試験においてどの程度変形するかを調べたところ，メソゲン基を骨格とする2種のエポキシ樹脂系は継ぎ手端部の接着剤層が約5〜7％の大きな変形を示すのに対して，汎用のビスフェノールA型樹脂系は1％程度の小さな変形しか示さないことが明らかになった。

　メソゲン基を骨格とするエポキシ樹脂を接着剤として用いると，剛直なメソゲン基を導入したにもかかわらず，応力下でのメソゲン基の配向によって接着剤層は大きな変形が可能となる。その結果，この接着剤ではせん断とはく離接着強さがともに改善されたものと考えられる。このような，応力下での分子鎖の配向を利用した塑性変形能力の増加は，これまでにない新しい考え方であり，接着剤の分子設計に適用可能と思われる。

5　おわりに

　接着の界面化学は，現在，急速に発達している研究分野であり，広い学問分野で注目されている。この接着の界面化学と接着剤層の粘弾性特性や内部応力などの工学的特性との関係を明らかにすることにより接着強度や耐久性などマクロな接着特性との接点が明らかになりつつある。経験とノウハウのみによるのでなく，科学的裏打ちによる接着技術や接着剤開発の新しい展開の準備が整いつつあるように感じている。

文　献

1) R. A. Veseelovsky, V. N. Kestelman, Adhesion of Polymers, McGraw-Hill, pp.128-164 (2002)
2) B. D. Ratner, P. K. Weatherby, A. S. Hoffman, *J. Appl. Polym. Sci.*, **22**, 643 (1978)
3) 平沢栄作, 石本亮治, 日本接着協会誌, **18**, 247 (1982) ; **19**, 95 (1983)
4) T. Okamatsu, M. Kitajima, H. Hanazawa, M. Ochi, *J. Adhesion Sci. Technol.*, **13**, 109

(1999)
5) T. Okamatsu, M. Ochi, *J. Appl. Polym. Sci.*, **80**, 1920 (2001)
6) 岡松隆裕, 三田真己, 越智光一, 日本接着学会誌, **40**, 385 (2004)
7) F. W. Reinhart, "Adhesion and Adhesives", 9 (Soc. Chem. Ind., 1954)
8) 越智光一ほか, 日本接着協会誌, **13**, 410 (1977)
9) K. Kendall, *J. Phys., D. Appl. phys.*, **6**, 1782 (1973)
10) S. G. Croll, *J. Coatings Tech.*, **52**, 35 (1980)
11) 越智光一, 福島功明, 第3回複合材料界面シンポジウム要旨集, p.54-55 (1994)
12) 小菅詔雄, 日本接着協会誌, **7**, 170 (1971)
13) T. J. Dearlove, *J. Appl. Polym. Sci.*, **22**, 2509 (1978)
14) 中尾一宗, 接着ハンドブック (第2版), p.54-56, 日刊工業新聞社 (1980)
15) N. C. Paul, D. H. Richards, D. Thompson, *Polymer*, **18**, 945 (1977)
16) C. Ortiz, R. Kim, E. Rodighiero, C. K. Ober, E. J. Kramer, *Macromolecules*, **31**, 4074 (1998)
17) C. Oritz, M. Wagner, N. Bhargava, C. K. Ober, E. J. Koamer, *Macromolecules*, **31**, 8531 (1998)
18) C. Carfagna, E. Amendola, M. Giamberini, A. D'Amore, A. Priola, G. Malucelli, *Macromol. Symp.*, **148**, 197 (1999)
19) M. Harada, K. Aoyama, M. Ochi, *J. Polym. Sci., PartB : Polym. Phys.*, **42**, 4044 (2004)
20) J. Economy, A. G. Andreopoulos, *J. Adhesion*, **40**, 115 (1993)
21) J. Economy, T. Gogeva, V. Habbu, *J. Adhesion*, **37**, 215 (1992)
22) D. Frich, J. Economy, *J. Polym. Sci., PartA : Polym. Chem.*, **35**, 1061 (1997)
23) M. Ochi, H. Takashima, *Polymer*, **42**, 2379 (2000)

第3章　進歩著しい解体性接着技術

佐藤千明*

1　はじめに

　接着接合はほかの接合方法にない利点，たとえば安価，軽量，異種材料の接合が容易などの特徴をもち，多くの分野に普及している。しかし，異種材料の接合が容易であるという点は，リサイクル困難な接合物を安易に作り出す可能性も秘めており，近年問題化しつつある。解体可能なほかの接合手法，たとえばねじやボルトなどの機械的締結法を使用するのも一つの手段であるが，接着接合に比べ生産性が低く，また解体にかかるコストも無視できない。そこで，使用期間後に接合部をはく離させることが可能な接着剤，いわゆる解体性接着剤の開発が要望されている。

　たとえばリサイクルを例にとると，「混ぜればごみ，分ければ資源」といわれるように材料の種類ごとの分別回収が重要であり，このため製品の解体容易設計が重要となる。したがって，必要なときにはく離・分解の可能な接着剤が必要となる（図1）。

　リサイクル以外にも，解体性接着剤のニーズは存在する。たとえば，材料加工の分野でワークを仮止めするため"はがせる接着剤"が必要とされる。IC や LSI の製造プロセスでは，シリコンウェハーの加工に仮止め接着剤が多用されており，エレクトロニクス産業になくてはならない副資材となりつつある。

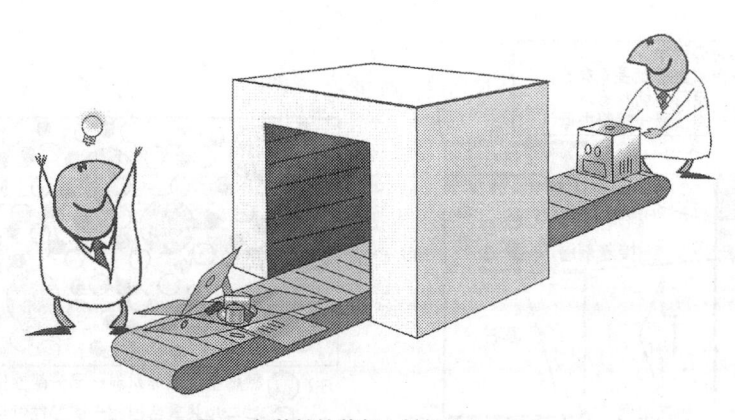

図1　解体性接着剤と材料リサイクル

---

　*　Chiaki Sato　東京工業大学　精密工学研究所　助教授

このように,"はがせる接着剤"に関するニーズは大きいものの,従来はその種類も少なく限定されていた。しかし最近,いくつかのブレークスルーとともに,新技術が登場しつつある。本章では,解体性接着剤を取り巻く最近のトレンドについて解説する。

2 すでに実用化された解体性接着剤

解体性接着は比較的新しい技術で,その適用事例もまだ少ないものの,開発は近年加速しており,すでに有望な接着剤がいくつか発表されている。代表的なものは,熱膨張性マイクロカプセルを混入したビニルエマルション接着剤であり,加熱による接着剤の軟化とマイクロカプセルの膨張力により接合部を分離する[1]。すでに建材や化粧板の接合に使用され始めている(図2)。この技術は,エポキシ樹脂にも適用可能であり,高強度と高い解体性を併せ持つ接着剤についても研究・開発が始まっている(図3)[2]。

住建分野ではこのほかにも熱可塑性接着剤と電磁誘導加熱の組み合わせによる解体性接着技術が実用化されており,近年注目されている。これは"オールオーバー工法"と呼ばれ,フィルム状ホットメルト接着剤のテープにアルミ箔を挟み込んだものを使用し,この軟化・溶融を電磁誘導加熱により行うところに特徴がある[3]。たとえば,壁板や天井板を梁に取り付ける場合,まずこのテープを被着体間に挟み込み,ポータブルな電磁誘導加熱装置により外部から加熱し接合する。しかも再加熱により可逆的に解体を行うことができる(図4)。

エレクトロニクスの分野では,リサイクルとは呼べないものの,ある意味より切迫した理由で解体性接着の使用されるケースがある。たとえば,基板上のLSIチップに不良やバグがあった

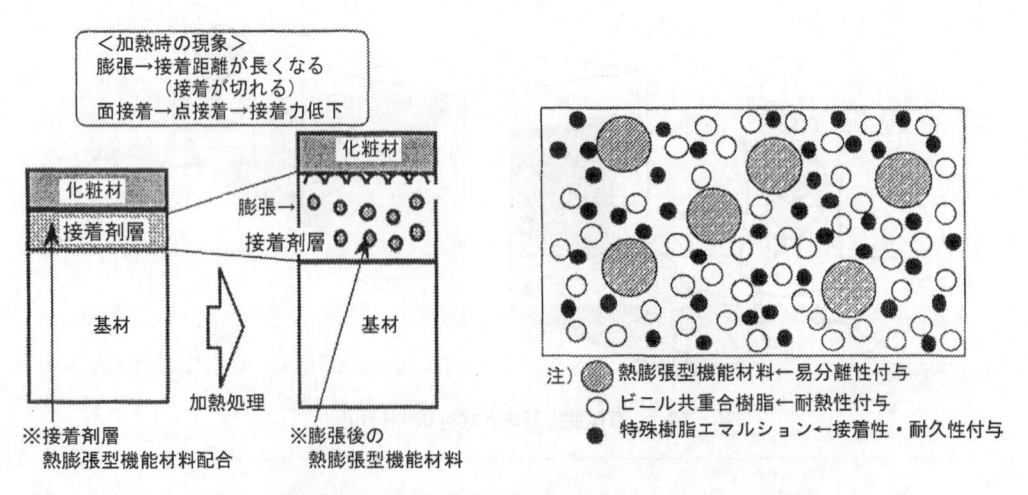

図2 熱膨張性マイクロカプセル混入ビニルエマルション接着剤

第3章　進歩著しい解体性接着技術

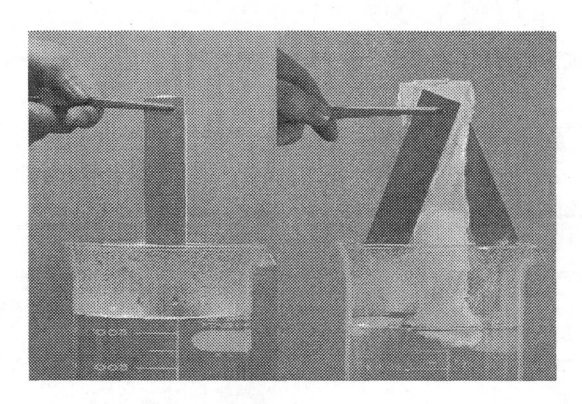

図3　エポキシ接着剤に熱膨張性マイクロカプセルを混入した例

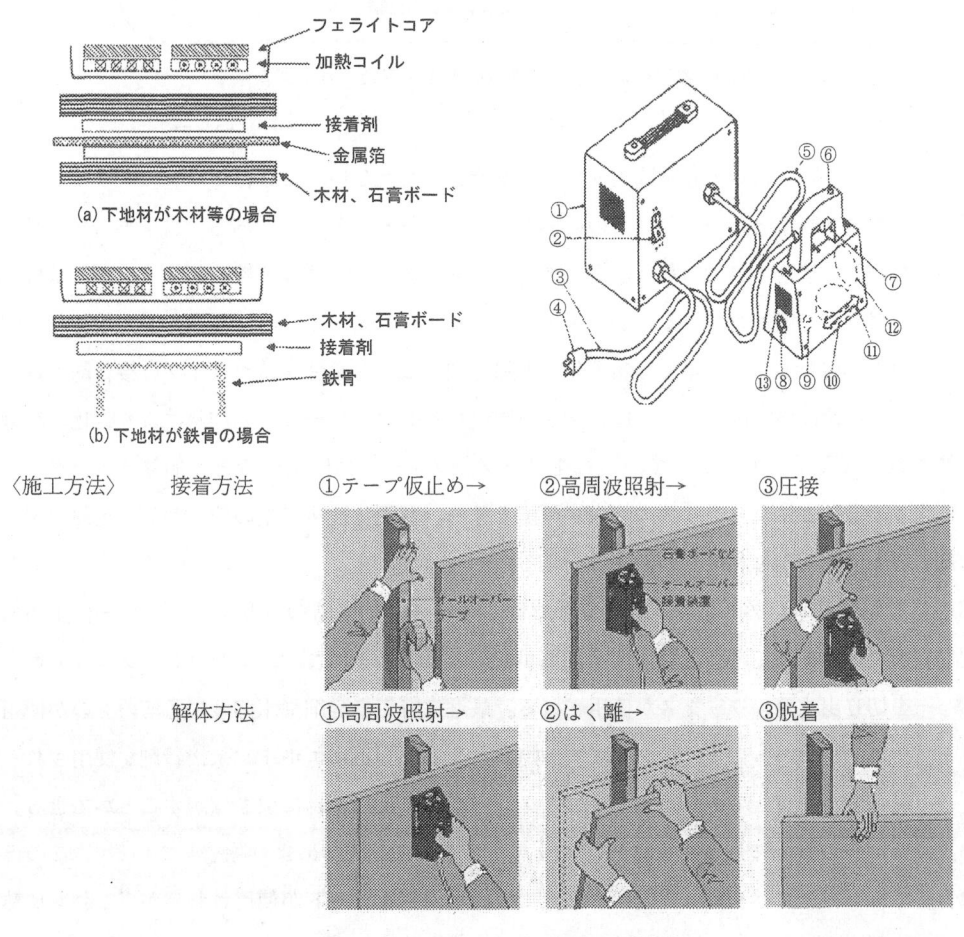

(a) 下地材が木材等の場合
フェライトコア
加熱コイル
接着剤
金属箔
木材、石膏ボード

(b) 下地材が鉄骨の場合
木材、石膏ボード
接着剤
鉄骨

〈施工方法〉　接着方法　①テープ仮止め→　②高周波照射→　③圧接

解体方法　①高周波照射→　②はく離→　③脱着

図4　オールオーバー工法とその仕組み

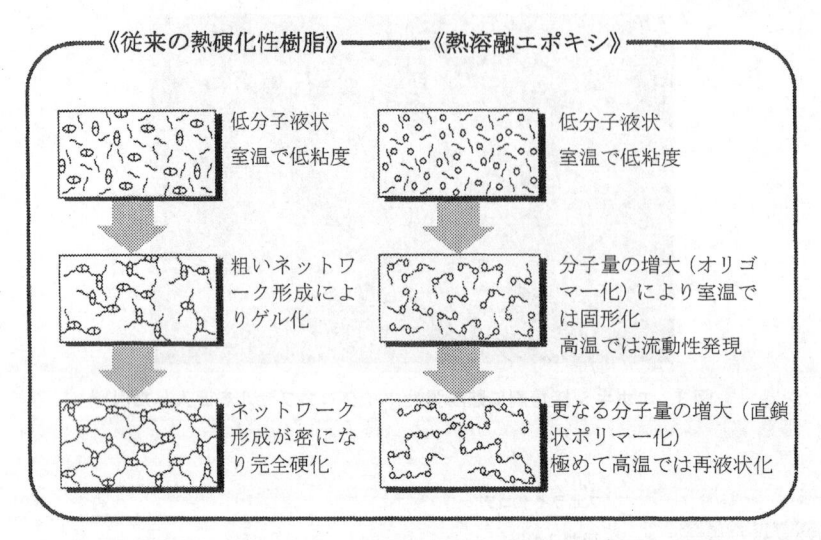

図5 熱溶融エポキシ接着剤の硬化・溶融メカニズム

とき，これを取り除きほかの修正版チップに交換せざるをえない。これはチップのリワーク作業と呼ばれており，頻繁とはいえないものの実際にはよく行われるようである。LSIチップは基板にハンダを介して接合されており，さらにアンダーフィラーと呼ばれる接着剤がチップと基板の間に補強の目的で充填されている。したがって，チップを除去するためにはハンダと接着剤を同時に取り除く必要がある。近年では熱硬化性と熱可塑性の双方を併せ持つタイプの接着剤が登場しており，たとえば熱溶融エポキシ接着剤は熱硬化するものの，その後の加熱により軟化・溶融が可能である（図5）。したがって，これをアンダーフィラーに使用すると，加熱でハンダと同時に軟化させることによりチップの除去が可能となる。熱硬化性接着剤の使いやすさと熱可塑性接着剤の解体性を巧みに利用した製品といえる[4]。

前述のように，エレクトロニクスの分野ではLSIチップ加工時のシリコンウェハー仮止めも重要な技術要件であり，各種の解体性接着剤が使用されている。まず，シリコンインゴットからウェハーを切り出す際にワックスが使用される。最近は特定の溶剤や水溶液に可溶のものが使用される。次に，ウェハーをポリッシングする際に，その仮固定にエポキシ系接着剤が使用されるが，はく離強度が調整してあり，加工後にスクレーパーにより容易に引きはがすことができる。なお，ウェハーの裏面に残った接着剤はアルカリ溶液による洗浄により除去している[5]。このほかにも，ウェハー上にパターンを成形する際に仮固定用粘着シートが使用されるが，これも加熱によりはく離するタイプのものが多い。たとえば，混入してあるマイクロカプセルが加熱により膨張し，その結果はがれやすくなる粘着テープ[6]や，紫外線照射ではがれやすくなる粘着テープも実用化されており，もはや半導体や電子機器の製造プロセスで必要不可欠な存在になりつつあ

第3章　進歩著しい解体性接着技術

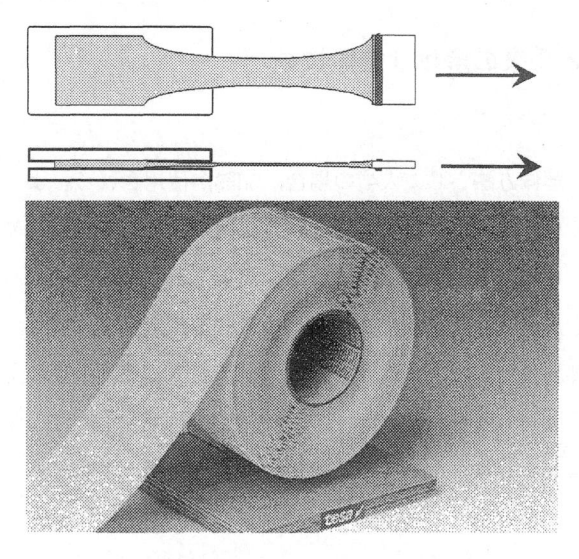

図6　可はく離高強度粘着テープ（TESA Power-Strips）

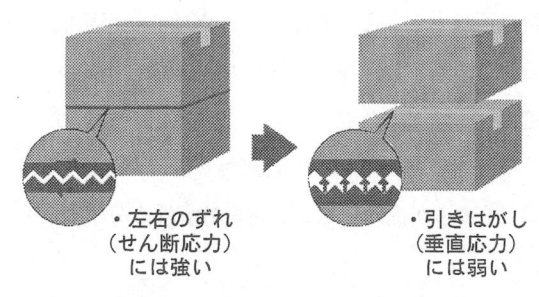

図7　LOCK n'pop の仕組みと用途

る。
　最近では，おもしろい解体因子をもつ解体性接着剤もいくつか製品化されており，興味が尽きない。たとえば高強度粘着テープのせん断強度を調整し，人手で引っ張ることによりはく離可能としたもの（図6，Power-Strips）や，せん断負荷には強力な接着力を示すが垂直負荷にはきわめて弱い接着剤（図7，LOCK n'pop）などをあげることができる[7]。前者は壁などへのフックの装着に，後者は段ボール箱どうしの仮固定に使用されている。
　このほか，ビール瓶にラベルを貼り付ける接着剤はアルカリ溶液に特異的に溶解するものが使用されており，通常の水浸漬でははく離しないものの，瓶の再利用工程ではきわめて短時間にこれをはく離することができる。従来から使用されている，きわめて実用性の高い解体性接着の一例である。

3 今後の動向と将来の解体性接着技術

3.1 現状の課題

現状では，接合部の解体方法として大半の場合，加熱が使用される。よって，耐熱性を必要とする個所に適用しにくい。ここでは耐熱温度と解体温度のセパレーションの確保が必要であり，耐熱性を確保しつつ，ほんの少し高い温度で解体を実現できれば理想的である。しかしながら，熱可塑性接着剤の場合，溶融温度は作業性にきわめて大きな影響を及ぼし，あまり高い温度は設定できない。また，熱膨張剤を混入する方法では，解体温度は熱膨張剤の発泡温度に依存し，選択の余地が狭いという問題も残る。したがって，解体性接着剤を耐熱性の要求される分野，たとえば自動車やパワーエレクトロニクスなどに適用する場合には，さらなるブレークスルーが必要と考えられる。

3.2 今後の動向

今後の解体性接着技術を予測するうえで考慮すべき点は，利用可能な技術的シーズ，および予想されるニーズや要求条件であろう。現在予測可能な将来の技術的シーズを以下に示す。

3.2.1 分解性高分子の適用

分解性高分子は，高分子自体のリサイクルの観点から研究が進んでおり，近年有望な樹脂が提案されている。たとえば，松本らが提案している新規分解性高分子（ポリペルオキシドポリマー）

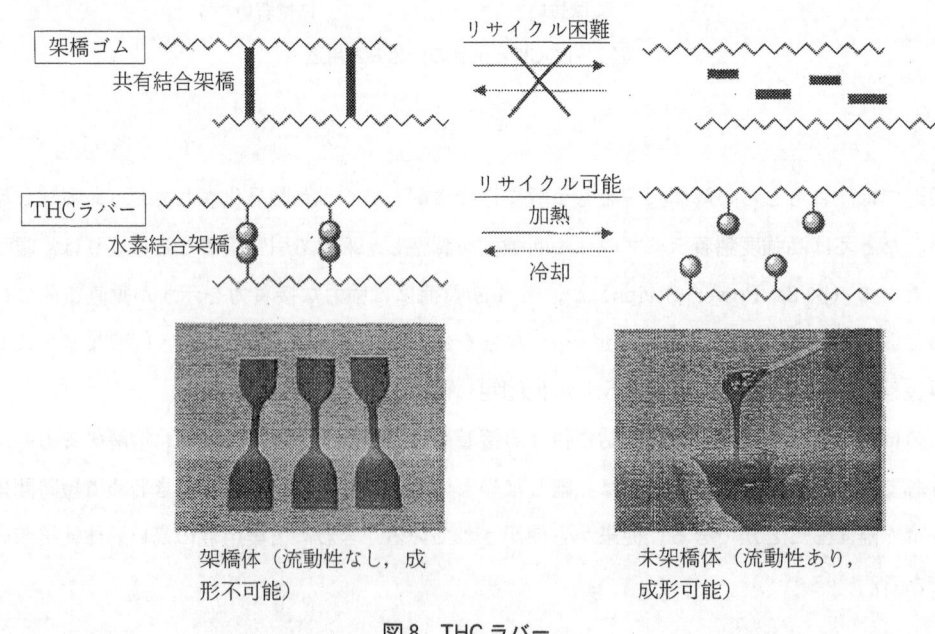

図8 THCラバー

第3章　進歩著しい解体性接着技術

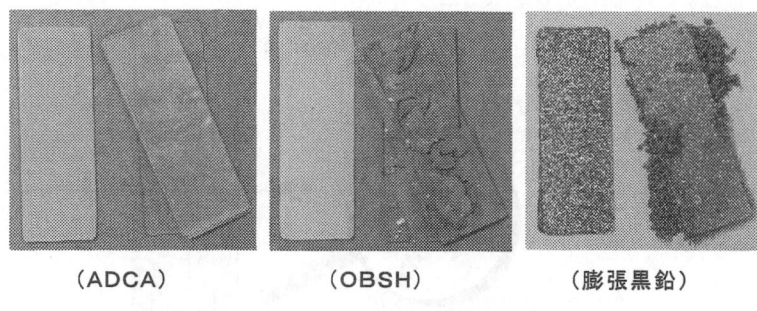

（ADCA）　　　　（OBSH）　　　　（膨張黒鉛）
図9　各種発泡剤と接合部解体の様子

は，加熱により分解・液化し，室温まで放冷してもその性状が変化しない[8]。したがって，加熱により液状化し，室温に戻しても分離可能な接着剤を実現できる可能性がある。このほか，高分子中に多くのアゾ基をもたせることにより熱分解を容易にした高分子材料や，架橋性ゴムの中に水素結合部を挿入し加熱溶融を可能にしたTHCラバー（図8）なども登場しつつある[9]。このTHCラバーは接着性も良好なことが報告されている。

3.2.2　膨張剤・発泡剤の選択

マイクロカプセル以外の発泡剤（たとえば有機発泡剤および無機発泡剤）にも接着剤への解体性付与能力がある（図9）[10]。この場合，樹脂の熱軟化と，膨張剤・発泡剤の膨張（発泡）開始温度との関係が重要であり，膨張前に樹脂が十分に軟化している必要がある。また樹脂の加熱時の弾性率や強度が十分に低くないと接合部がはく離しにくい。たとえば耐熱性が良好であり，かつT_g以上の温度域における弾性率低下が少ない樹脂系では，膨張剤・発泡剤の膨張力だけでは接合部の解体が困難である。この問題を解決するため，高耐熱・高T_gであるが，T_gを超えると急速に軟化し，かつ弾性率や強度も大幅に減少するような樹脂の開発が必要となる。このような樹脂改良の取り組みも始まりつつあり，たとえば岸らは硬化剤を注意深く選択することにより，T_gを維持しつつゴム状態での弾性率を低下させることに成功している[11]。

3.2.3　加熱手段の多様化

現在の大半の解体性接着剤は，加熱が主要な解体操作であり，この傾向は将来も変化しないであろう。したがって，加熱手段の改良も重要である。たとえば，製品全体を接合部解体温度まで昇温するのは効率的でなく，接着部のみを選択的に加熱できるとよい。電磁誘導加熱やマイクロウェーブ加熱はこの意味で優れており，特に最近開発されたナノ微粒子を用いるマイクロウェーブ加熱法（図10）は，どの接着剤にも適用できるため有望である[12]。

3.2.4　解体手段の多様化

加熱以外の解体操作の模索も重要である。X線の照射，通電（加熱），冷却による脆性化，静水圧付与，衝撃による脆性化など，まだ試されていない解体法が残っており，どれが解体のトリ

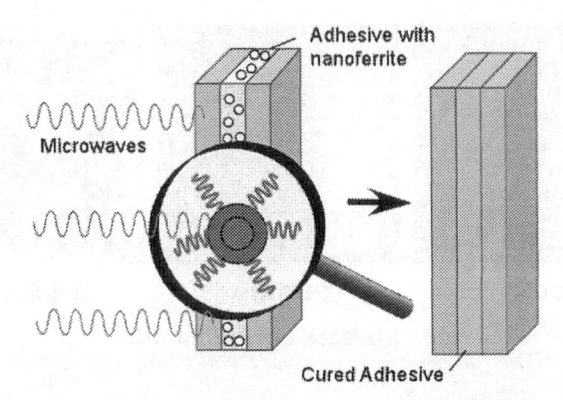

図10 ナノフェライトによるマイクロウェーブ加熱

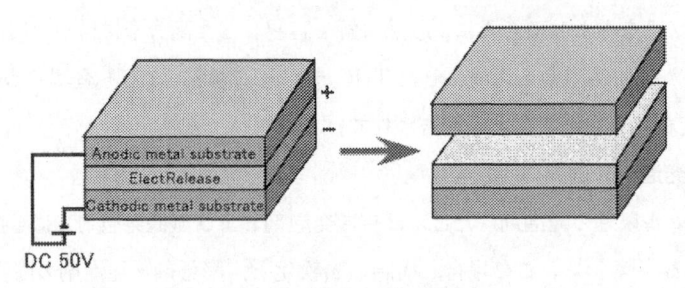

図11 通電はく離接着剤

ガーとして有望であるかいまだ不明ではあるが，このような研究も今後進展すると予想される。たとえば最近では，通電によりはく離を生じる接着剤（Electrelease, EIC）も市場に出回りつつある（図11）[13]．

4 解体性接着技術とリサイクル

解体性接着剤を材料リサイクルに使用する場合には，現実問題としていくつかの困難がある。建材リサイクルを例にとって考えると，一般に住宅の耐用年数は40年以上であり，解体性はこの期間を過ぎなければ必要としない機能であるので，ユーザーがこの費用を負担したがらないという問題が生じる。さらに，住宅を解体する時点でこの技術の使用個所がわかること，および他の接合法と併用されていないことなどが必要となり，これは接着技術というよりも，むしろシステムの問題となる。したがって，法整備を含めた社会全体としての取り組みが必要であろう。反対に，製品寿命が短く，メーカーに回収・リサイクル責任があり，製造法もメーカーで任意に決定できるケースでは，解体性接着技術は有効な接合手段となりうると考えられる。

5 おわりに

以上，解体性接着技術を取り巻く現状を概観した。実際のニーズなど，抱えている問題は多いものの，これらは接着技術自体の黎明期に抱えていたのと同じ種類のものであり，今後の努力により克服できるものと考えられる。耐熱性や信頼性の確保は今後の課題であるが，これらが解決されることにより，解体性接着剤の適用範囲はさらに広がるであろう。

文　　献

1) 石川博之, 瀬戸和夫, 前田直彦, 下間澄也, 佐藤千明, 日本接着学会誌, **40**, 146-151 (2004)
2) Y. Nishiyama, N. Uto, C. Sato, H. Sakurai, *Int. J. Adhesion and Adhesives*, **23**, 377-382 (2003)
3) 富田英雄, 日本接着学会誌, **39**, 271-278 (2003)
4) 西口隆公, 日本機械学会講習会資料集, No.01-86, 1-4 (2001)
5) 日化精工, PRODUCTS GUIDE Vol.8
6) 日東電工, 熱はく離シート"リバアルファ"カタログ
7) 富士ゼロックスオフィスサプライ, "LOCK n'pop" カタログ
8) 松本章一, 日本接着学会誌, **39**, 308-315 (2003)
9) 知野圭介, ECO INDUSTRY, **8** (11), 36-43 (2003)
10) 杉浦学, 西山勇一, 藤塚将行, 佐藤千明, 日本機械学会第 12 回機械材料・材料加工部門技術講演会論文集, 347-348 (2004)
11) 岸肇, 稲田雄一郎, 植澤和彦, 松田聡, 村上惇, 第 51 回高分子研究発表会（神戸), A-21, p.37 (2005)
12) H. M. Sauer *et al.*, Adhesion, Adhesives & Sealants 2004/2005, 48-50 (2004)
13) 太陽金網, "エレクトリリース" カタログ

第4章 高分子の反応と分解

松本章一*

1 はじめに

　モノマーを重合して得られるポリマー中に含まれる官能基をさらに反応して別の構造に変換すると，異なる種類のポリマーが合成でき，ポリマー反応は直接重合で得ることができない構造をもつポリマーの合成に特に有効な方法である。例えば，ポリビニルアルコールは，酢酸ビニルの重合で得られるポリ酢酸ビニルの加水分解によって工業的に合成されている。また，天然高分子であるセルロースは溶解性に乏しいが，化学修飾することによって，酢酸セルロースや硝酸セルロースに誘導でき，機能性ポリマー材料として広く活用されている。官能基変換，可溶化，再セルロース化を経て結晶性が低下したセルロースは再生セルロースとよばれる。セルロースの化学修飾は，1920～30年代にStaudingerがポリマーの巨大分子説の立証に用いた変換反応でもある。セルロースを酢酸セルロースに変換，再び加水分解してセルロースに戻す時，各反応過程の前後で繰り返し構造の数（重合度）に変化がないこと，すなわち，ポリマーの官能基変換の前後で等重合度反応が起こっていることが初めて実験的に証明され，当時，高分子説が確立された[1]。1970年代以降，高分子反応が様々な機能性ポリマーの合成に積極的に用いられ，また，効率よく官能基の導入を行い，ポリマー構造を変換し物性を制御するために，多岐にわたる構造や機能をもつ反応性ポリマーが開発されてきた[2~5]。

　等重合度反応と対照的に，重合度に大きな変化が生じる高分子反応として，架橋と分解がある（図1）[6]。ポリマー間で橋かけ構造が数多く生じると，ポリマー鎖のネットワーク（網目）構造が3次元に広がり，やがてポリマーは不溶化に至る。このような架橋は，ポリマー間で直接反応して，あるいは低分子試薬（架橋剤）との反応を経由して起こる。架橋には，主に熱硬化反応や光硬化反応が用いられ，γ線や電子線などの高エネルギーの放射線照射による架橋も行われている。また，ポリマーの種類や反応条件（温度，溶媒，照射の種類）に応じて，架橋と分解が競争して起こる。どちらかのみが起こる場合もある。ポリマーの官能基を利用して，さらに他のモノマーを重合すると，ブロックポリマーやグラフトポリマーが合成できるが，これらは高分子反応ではなく，重合反応の一種として取り扱われる。

---

　*　Akikazu Matsumoto　大阪市立大学大学院　工学研究科　化学生物系専攻　教授

第4章　高分子の反応と分解

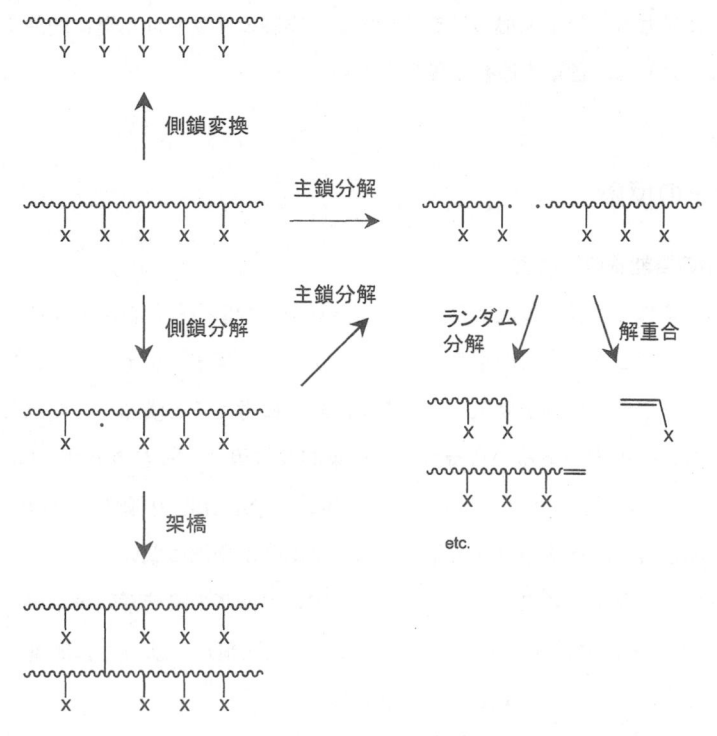

図1　ポリマーの側鎖変換, 側鎖および主鎖分解, 架橋反応

　一方, ポリマーの分解でみられる主鎖の切断は分子量（重合度）の低下を招き, 同時に物性の低下すなわち劣化を引き起こす。ポリマーの分解には, モノマーやダイマーなどの低分子化合物が分解開始点から順に連鎖的に脱離する解重合型の分解と, 主鎖中の任意の場所で切断が起こるランダム型の分解にわけられる。ポリ塩化ビニルからの塩化水素の脱離のように側鎖が定量的に脱離する反応も分解の一種に含められる。一般に分解はその作用や反応機構に応じて, 熱分解, 光分解, 酸化分解, オゾン分解, 加水分解, 生分解などに分類される。

　架橋したポリマー材料は不融, 不溶であり, 耐熱性, 耐溶剤性, 機械強度に優れているため接着, 塗料, 電気, 電子, 光学材料など多くの分野で用いられ, 高性能の架橋ポリマーが開発されている。また, ゲルとしての特性を活かした応用も多い。ところが, 用途によっては一時的に架橋構造を利用し, その後ポリマーを再び可溶化して除去することが求められることもある。製造工程中, あるいは使用後の後処理で, 架橋ポリマーを取り除く作業は, 化学的処理や機械的なはく離によることが多かったが, 最近では, 温和で穏やかな条件下での処理を可能にするため, 可逆的な架橋や分解反応性基を含む架橋ポリマーの開発, 新規化合物や手法による熱／光架橋と熱／光分解の利用など, 新しい架橋, 脱架橋反応の開発が盛んに行われている[6〜11]。

　本章では, 主にビニルポリマーの高分子反応や分解について基本的な点について簡単に述べ,

構造制御に適した最近の高分子反応の例を紹介する。実際の接着やはく離に関連する高分子反応や分解の詳細については，各章を直接ご覧頂きたい。

2 ポリマーの反応

2.1 ポリマー中の官能基の反応性

ポリマー中に含まれる官能基の反応は，同じ官能基を含む低分子化合物の反応と基本的に同様と考えてよいが，予想と異なる反応挙動を示すことがしばしばある。ポリマーに特有の効果が見られる場合に，それらを"高分子効果"と呼ぶが，厳密に考えると漠然とした高分子効果という現象はなく，それは次の因子あるいはそれらの相乗的な作用によるものである[1]。高分子反応を抑制する因子として，ポリマーセグメントによる立体的な遮蔽効果や排除体積効果，異種ポリマーセグメント間の非相溶性，あるいは反応系中で官能基濃度が極端に低いことなどがあげられる。逆にポリマー反応を促進する効果として，ポリマー中の官能基の隣接基効果や局所的濃度の増大（濃縮効果）などがある。生体系ポリマーの反応では，高次構造に基づく官能基の空間的配置や特異な反応場の形成による反応の促進作用もみられる。

高分子効果とは別に，高分子反応に特有の問題として，反応後の単離精製の難しさがある。低分子化合物の反応で，例えば転化率（収率）が97％であるとすると，蒸留，再結晶，あるいはクロマトグラフィ等の方法により，生成物中に含まれる3％の未反応原料（あるいは副生成物）を分離除去して，高純度の反応生成物のみを単離することが可能である。ところが，高分子反応では，ポリマー鎖の官能基を97％の高反応率で他の官能基に変換できたとしても，未反応の基を含むポリマーを他のポリマーから分離することは難しい。側鎖官能基の変換を行った際には，定量的に（100％の変換率で）反応が進む場合を除いて，多くの場合，様々な導入率，導入位置で官能基が導入された多様な構造のポリマーの混合物が得られるに過ぎない。ポリマー鎖末端基を変換する場合には分離はなおさら困難である。また，微量に含まれる官能基，あるいは未反応基を検出，定量することが難しい場合もある。このため，ポリマーの官能基変換にはできるだけ定量的に進行する反応が要求される。

2.2 クリックケミストリーを利用する高分子反応

スクリプス研究所のSharplessは，有用な新規化合物やコンビナトリアルライブラリーを簡便に合成するための，強力で高い信頼性があり，しかも選択性に優れた一連の反応の開発を進めており，この手法をクリックケミストリーと命名した[12]。図2に典型的な反応の一部を示す。

クリックケミストリーは有機合成化学の分野で，効率よく合成を行うために開発されたもので

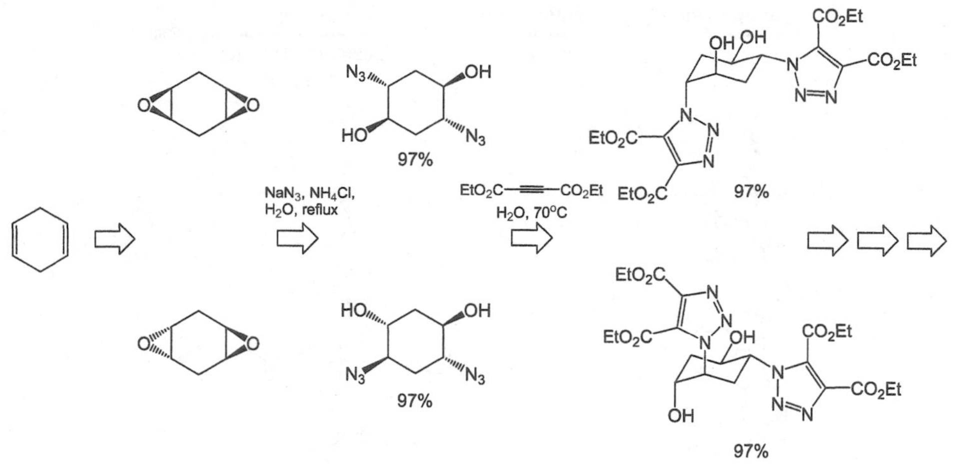

第4章 高分子の反応と分解

図2 アジドとアセチレンの反応を利用したクリックケミストリーの例

あり，現在の合成化学の力量をもってすれば，実験室レベルで特別な試薬や反応と熟練や特別な設備を要する手法を駆使して合成できる反応ではもはや満足できず，実用に耐えうるだけの量を実用的な方法で合成できなければ，真に価値ある反応とはいえない，という基本的な考え方に基づいている。理想とされるクリックケミストリーは，反応を様々な状況にあわせて条件設定することができ，その対象となる原料ならびに生成物の種類は幅広いものであり，非常に高収率であり，かつ，簡単に分離可能な，しかも副生成物を生じない（あるいは生じたとしても害のない副生成物に限られ），そして反応は立体選択的でなければならない。また，反応プロセスは，ごく簡単なもの（できれば，酸素や水に対して敏感でないもの）でなければならず，既存の化合物を出発物質とし，既存の試薬を用い，溶媒を用いないか，あるいは水のように害のないものや，簡単に除けるものがよく，生成物の単離が簡単でなければならない。もし，生成物の精製が必要な場合でも，クロマトグラフィによらない他の簡単な方法，例えば，結晶化，蒸留などが好ましく，常温，常圧，大気圧下で安定に取り扱える反応でなければいけない。

このように，クリックケミストリーには数多くの厳しい条件が要求されるが，それらを満たす反応が既に開発されている。特に，不飽和結合への環化付加（1,3-双極子環状付加反応）の有効性が指摘されている。アセチレンとアジドを用いたクリックケミストリーは最も詳しく研究され，高分子合成への応用も報告されている[13]。先に述べたように，高分子反応では単離精製の難しさのため，定量的な反応が望まれるところであり，クリックケミストリーは格好の手法である。

例えば，クリックケミストリーとリビングラジカル重合の組み合わせによる星型ポリマーの合成が報告されている[14]。3本鎖，4本鎖の星型ポリスチレンを合成するために，コア部分に3つあるいは4つのアセチレニル基をもつカップリング剤を用い，ω末端にアジドを導入したポリス

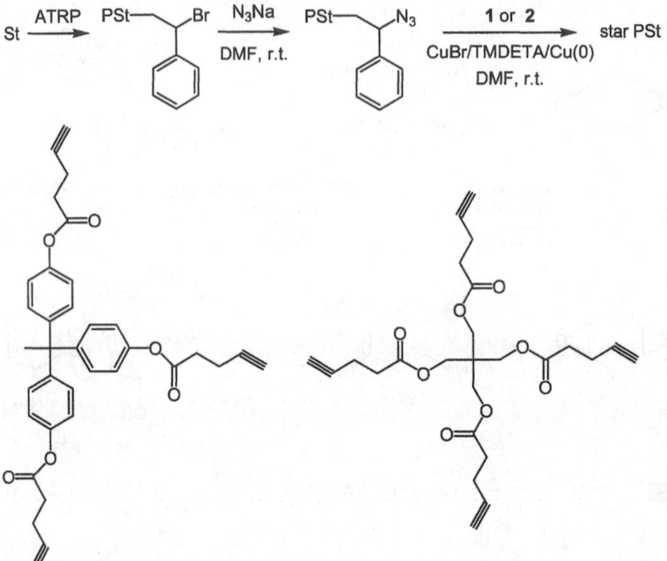

図3 クリックケミストリーとリビングラジカル重合の組み合わせによる星型ポリマーの合成

チレンとの反応が用いられる（図3）。原子移動ラジカル重合（ATRP）で末端に臭素を導入したポリスチレンをアジ化ナトリウムでアジドに変換後，カップリング剤と反応すると，室温，3時間以内で反応は完了する。このことはゲルパーミエイションクロマトグラフィの直鎖状のポリスチレンのピークの消失によって確認でき，ポリスチレンのアジドとアセチレンのモル比が1のときに星型ポリマーの割合が最高となり，アジドとアセチレンのどちらか一方を過剰に用いる必要はない。

他にも，リビングラジカル重合との組み合わせによる反応例は多い。またよく制御された構造をもつポリマーの合成にとって，両者の組み合わせは最適であり，糖を側鎖に含むポリマーの合成にも応用されている[15]。分子量，分子量分布，ブロックなどシークエンス構造，側鎖構造などを制御しながら糖を側鎖に導入できる。ポリエチレングリコール鎖や蛍光ラベルとの組み合わせも可能である。モノマーにあらかじめ官能基を導入した機能性モノマーを重合する場合には，溶解性やモノマー濃度の制約のため，反応の制御が難しいことがあるが，クリックケミストリーを利用する高分子反応では，反応条件の制約が少ないので有利である。以前から原子移動ラジカル重合で多くの種類の糖を含むポリマーが合成されているが，それらをさらに発展させた応用志向のポリマー合成の例である。

また，クリックケミストリーと自己組織化単分子膜（SAM）の組み合わせによる超薄型のポ

リマー多層膜も提案されている[16]。まず，アクリル酸とアクリル酸3-クロロプロピル（モル比9：1）の原子移動ラジカル共重合を行った後，側鎖に導入されたハロゲンを定量的にアジド化することによって，アジドを10％程度側鎖に含むポリアクリル酸誘導体を合成する。一方，同様に原子移動ラジカル重合で合成したポリアクリル酸と0.1等量のプロパラギルアミンの反応によって，側鎖にアセチレニル基を10％含むポリアクリル酸を合成する。これら2種類の官能基化したポリアクリル酸を一分子レベルで交互に積層していくと多層膜が得られる。積層する際に反応触媒となるCu（I）存在下で行うので，層間でポリマーどうしが反応し，固定された状態で一分子厚みで交互に積層できる点に特徴がある。積層の様子は紫外吸収スペクトルや反射型の赤外吸収スペクトルによって確認できる。積層の手順を10回操作して交互層5層分まで積層した試料について，pHを9と3.5の間でくり返し変化させて膜の安定性を評価したところ，両層が反応によってしっかり固定されているので，アルカリ条件になってもポリアクリル酸が溶解することなく，積層したポリマーに乱れを生じないことが確かめられている。ナノパターン作製の方法であるポリジメチルシロキサン（PDMS）スタンプ法とクリックケミストリーを組み合わせた新しいパターニングも提案されている[17]。

　クリックケミストリーを高分子反応に応用する際に，導入されるアジドやアセチレンの位置や数はきっちり制御されていることが望ましく，また，分子量や分子量分布，分岐構造など他の構造因子もきっちり制御されたポリマーを用いると反応の特徴を活かしやすい。そのため，リビングラジカル重合などの制御された重合反応との組み合わせを利用した例が多いが[18〜20]，反応が簡便に行えるため，他にも様々な反応性ポリマーや機能性ポリマーの合成が報告されている[21〜26]。クリックケミストリーは高分子反応だけでなく，重合やデンドリマー合成にも応用でき，重合反応例が総説にまとめられている[27]。

2.3　架橋を伴う反応

　多官能性モノマーを重合すると，ネットワーク構造をもつ架橋ポリマーが得られる。架橋ポリマーは，線状や分岐ポリマーと異なり，溶媒で有限の膨潤度を示し，どんなに希釈しても溶解しない。ネットワーク構造を制御するには反応性基の導入位置や数などを工夫する必要があるが，重合による架橋反応のメカニズムは複雑であり，ゲル化理論がかなり古くから確立されているにもかかわらず，特にジビニルモノマーのラジカル重合による架橋ポリマーの生成に関する理論と実際の実験データとのずれは大きく，十分な説明がなされているとはいえない。このことは，架橋を伴う重合が現在もなお重要な研究対象であることを示している[28]。

　ポリマーに含まれる反応性基の間で新しい結合が生じると，ネットワーク構造が形成され，架橋ポリマーが得られる。分子内で反応が進むと，架橋ではなく環状構造が形成される。両者の比

は，ポリマーの分子量，反応性基の導入率，ポリマーの濃度などによって決まり，反応性基の導入率が高いポリマーを濃厚溶液や固体状態で反応を行うと分子間での架橋反応が主となり，架橋構造の形成に有利である。複数の官能基を持つ低分子あるいはオリゴマーの架橋剤と反応性基を持つポリマーと反応し，ネットワーク構造を形成すると，ポリマーと架橋剤の組み合わせに応じて，ネットワーク構造や架橋体に求められる物性の設計が行いやすい。

架橋反応には熱や光が用いられ，熱架橋反応の代表的な例として，フェノール，尿素，メラミンとホルムアルデヒドから合成するフェノール樹脂，尿素樹脂，およびメラミン樹脂，エポキシ基を含むポリマーと架橋剤（アミン，カルボン酸，カルボン酸無水物，イソシアネートなど）を反応して得られるエポキシ樹脂，多官能アルコールと多官能イソシアネートの反応で得られるポリウレタン樹脂，不飽和ポリエステルのラジカル重合による熱硬化性樹脂などがあげられる。光架橋反応には，ポリマーの反応性基間で直接架橋構造を形成するポリケイ皮酸ビニルが典型的なポリマーとしてあげられる。同様の2量化による架橋反応は，ケイ皮酸エステルだけでなく，ベンザルアセトフェノン，スチルベン，フェニルマレイミドなど多くの化合物で起こることが知られている。光照射によりラジカル，酸，塩基を発生する化合物（それぞれ光ラジカル発生剤，光酸発生剤，光塩基発生剤とよばれる）と多官能モノマーや反応性ポリマーを組み合わせた系も数多く知られている。個々の反応については，文献を参照頂きたい[6]。

最近，前項で説明したクリックケミストリーを利用した架橋体の設計が報告されている（図4）[29]。この方法によれば，架橋点間の分子量を一定にできるので，架橋点間の距離，架橋点密度が一定の材料であるモデルネットワークを得ることができる。さらに，架橋点とは別の部分に異なる反応性基（内部不飽和基）を導入しているので，架橋体形成後にオゾン分解によって架橋構造を解体できる特徴をもつ。実際に，CuBr存在下でアセチレンとアジドの環化して得られる生成物のIRスペクトル中にアジドに由来するピークは認められず，またその他の吸収は反応前のものと一致しており，ほとんどのアジド基が環化反応で消費されていることがわかる。このモデルネットワークポリマーをオゾン分解して可溶な生成物を得た後に，数平均分子量を測定し，架橋点間の分子量を確かめたところ，計算値とよく一致することがわかった。このようなオゾン分解可能なモデルネットワークポリマーの合成は興味深いものであり，今後，さらに他のポリマー材料への同様の手法を応用することによって，新しい架橋ポリマーの設計への展開が期待される。

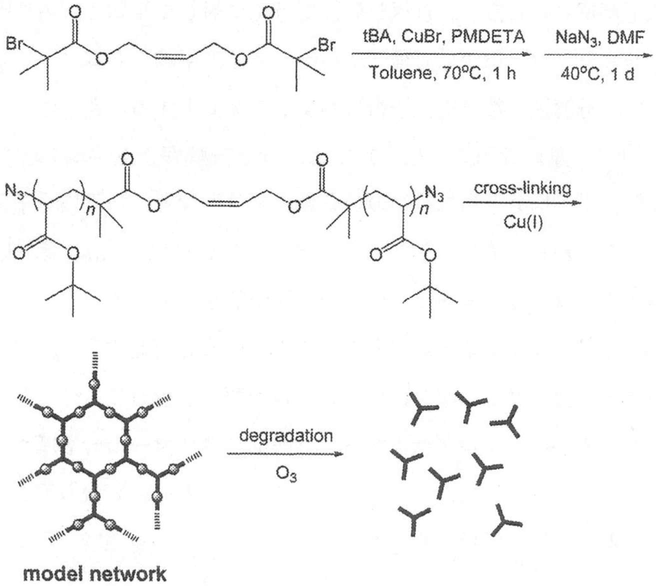

第4章 高分子の反応と分解

図4 クリックケミストリーとリビングラジカル重合の組み合わせによる解体可能なモデルネットワークポリマーの合成と分解

3 ポリマーの分解

3.1 ポリマーの分解

ポリマーの分解は，主にポリマーの骨格をなす化学結合の切断によって引き起こされ，物性や分子量の大きな変化を伴う。ポリマーの分解（劣化）については，Schnabelによる名著があり[30]，邦訳もなされている[31]。線状ポリマーの分解には，解重合型の連鎖分解と，ランダム型の分解，さらに架橋を伴う分解反応がある。分解に伴う分子量変化や分解生成物を解析すれば，ポリマーがどのような型の分解を起こしやすいのかを知ることができる。

ポリマーの分解過程では，分解に用いる方法により反応活性種が異なる。熱分解や放射線分解，一部の光分解では，ラジカルを反応活性種とする反応が主反応となり，主鎖切断によって生じたラジカルが側鎖からの引き抜き反応，さらに再結合反応を起こし，架橋を伴うことがある。特に放射線照射下では，分解と架橋は競争して起こり，一般にポリエチレンのようにランダム分解を起こしやすいものが架橋反応に至りやすい傾向にある。

3.2 ランダム分解

高分子量のポリマーの主鎖がランダムに分解すると，切断反応がほんのわずか起こっただけで

も平均分子量の低下が認められる。くり返し単位1万個に対して平均1回の切断が起こる場合，重合度が100のポリマー（分子量が数万程度に相当）では，平均100本に1本の確立で主鎖切断が起こるだけなので，分解後の数平均分子量はわずか1％低下するに過ぎない。一方，重合度が10,000のポリマー（分子量が数百万に相当）では，同じ分解率でも平均1回の主鎖切断が起こる計算となり，分解後の平均分子量は最初の分子量の半分となる。数平均分子量の変化は，単純な式（$M_n/M_{n,0}=1/(1+\alpha)$）で表すことができる[31]。ここで，M_nと$M_{n,0}$は反応後と反応前の数平均分子量を，αはポリマー1分子あたりの平均の切断数をあらわす。

分子量分布についても計算することができる。ここでは式を省略するが，ポリマーがある一定の型の分布をとるとき，分散度2の場合にはランダム分解が進行しても分散度には変化はなく，元の分散度を保ったまま平均分子量が低下する。分解前のポリマーの分散度が1から2の範囲にあるポリマーは分解に伴って分散度が2に近づき，逆に2以上の広い分散度を持つポリマーを分解すると，分解につれて分散度は低下する[31]。

3.3 解重合

ポリマーの分解機構として，ランダム分解の他に，解重合型の分解がある。この場合，ポリマー鎖中あるいは末端のいずれかで切断が起こると，切断してできたポリマーの末端から順次低分子化合物が脱離して，連鎖的に分解が進行する。多くの場合，生成する低分子化合物はモノマーであるが，環状2量体，あるいは原料モノマーとは別の低分子化合物が生成する場合もある。解重合型で進行する分解反応の代表例として，ポリメタクリル酸メチル，ポリα-メチルスチレン，ならびにポリイソブテンの熱分解がある。これらポリマーの解重合反応は，ポリマーの生成反応である重合反応の逆反応であり，重合と解重合過程の熱力学的パラメータで説明される。

重合の進みやすさをあらわす成長反応速度定数k_pは他の素反応の速度定数と同様，温度の関数であり，高温ほどその値は大きくなる。一方，成長反応の逆反応（反成長反応）は，成長反応に比べるとわずかに大きな活性化エネルギーをもつ。図5に示すように，反成長の速度定数はk_p'で表される。重合は結合生成を伴うポリマーとモノマー間の2分子反応であり，反応によってポリマー1分子を生成する。重合は，元来エントロピー的には不利な反応（$\Delta S<0$）であり，成長反応が進行する（成長の自由エネルギー$\Delta G=\Delta H-T\Delta S$が負の値となる）場合には，成長反応は必ず発熱的である。重合に伴う発熱量（重合熱）はモノマーの構造によってほぼ決まり，1,1-ジ置換エチレン型のモノマーの重合熱は，エチレンやモノ置換エチレン型のモノマーの値に比べて大きい値をとる[32]（表1）。

温度を上げていくと，反成長反応が有利となり，ある温度に達すると，成長反応速度と反成長反応速度が等しくなり，見かけ上，反応は進行しなくなる。この温度を天井温度とよび，重合を

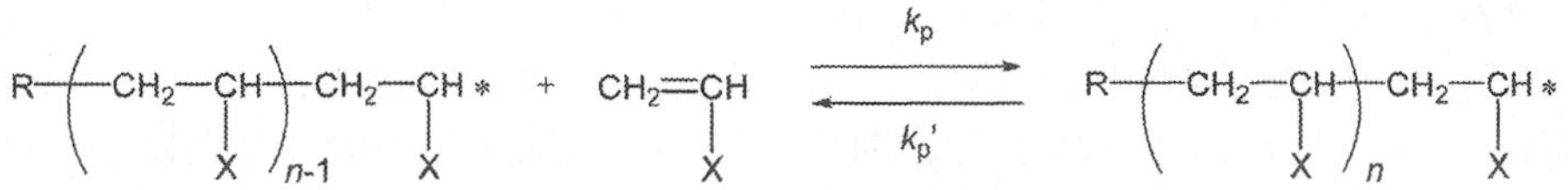

第4章 高分子の反応と分解

図5 重合の成長反応と反成長反応

表1 種々のビニルモノマー（$CH_2=CXY$）の置換基の構造と重合熱ならびに天井温度との関係

モノマー	置換基 X	置換基 Y	重合熱 (kJ/mol)	天井温度 (℃)
エチレン	H	H	93	400
スチレン	H	C_6H_5	73	310
アクリル酸メチル	H	CO_2CH_3	78	—
プロピレン	H	CH_3	84	—
α-メチルスチレン	CH_3	C_6H_5	35	61
メタクリル酸メチル	CH_3	CO_2CH_3	56	220
イソブテン	CH_3	CH_3	48	50

行う際には天井温度よりずっと低い温度で反応を行う必要がある。天井温度は平衡温度なので、モノマー濃度に依存し、モノマー濃度が低いほど天井温度は低くなる。熱分解は一般に天井温度に比べてずっと高温で行われ、そのため反成長反応が起こりやすい。このとき、重合熱が小さく、天井温度の低いモノマーから得られるポリマーの熱分解では、反成長反応がはるかに有利になるので、解重合が容易に進行し、分解の主生成物はモノマーとなる。ポリメタクリル酸メチル、ポリα-メチルスチレン、ポリイソブテンの熱分解ではほぼ100％の収率でモノマーが回収される。一方、ポリエチレンやポリプロピレンのような場合には、解重合は起こりにくく、ランダム分解で生じた低分子の飽和、飽和化合物の混合物が生成物として得られる。

さらに解重合型で分解するポリマーの分子量を分解前後で比較すると、1回の切断に伴ってどの程度解重合が進行するかを見積もることができる。この値は解重合の連鎖長と呼ばれ、分解前の分子量が比較的小さい場合（分解前のポリマーの重合度＜解重合の連鎖長）には、分解が起こっても残存するポリマーに分子量低下は認められない。

文献

1) 基礎高分子科学, 高分子学会編, 東京化学同人 (2006)
2) 大河原信, 高分子の化学反応（上）（下）, 化学同人 (1973)

3) 岩倉義男, 栗田恵輔, 反応性高分子, 講談社サイエンティフィク (1977)
4) 高分子反応 (高分子実験学 6), 高分子学会高分子実験学編集委員会編, 共立出版 (1978)
5) 高分子の合成と反応 (2) (高分子機能材料シリーズ), 高分子学会編, 共立出版 (1991)
6) 高分子の架橋と分解, 角岡正弘, 白井正充監修, シーエムシー出版 (2004)
7) 特集「つけてはがす高分子」, 高分子, 6月号, 高分子学会 (2005)
8) 特集「解体性接着技術の最前線」, エコインダストリー, **11**, 1月号 (2006)
9) 佐藤千明, コンバーテック, 2月号, p.40 (2005)
10) 解体性接着技術研究会ホームページ：http://www.csato.pi.titech.ac.jp/disadh/
11) 次世代接着技術研究会, 第1-3回例会講演資料, 日本接着学会 (2006)
12) H. C. Kolb, M. G. Fim, K. B. Sharpless, *Angew. Chem. Int. Ed.*, **40**, 2004 (2001)
13) C. J. Hawker, K. L. Wooley, *Science*, **309**, 1200 (2005)
14) H. Gao, K. Matyjaszewski, *Macromolecules*, **39**, 4960 (2006)
15) V. Ladmiral, G. Mantovani, G. J. Clarkson, S. Caiet, J. L. Irwin, D. M. Haddleton, *J. Am. Chem. Soc.*, **128**, 4823 (2006)
16) G. K. Such, J. F. Quinn, A. Quinn, E. Tjipto, F. Caruso, *J. Am. Chem. Soc.*, **128**, 9318 (2006)
17) H. Nandivada, H. Y. Chen, L. Bondarenko, J. Lahann, *Angew. Chem. Int. Ed.*, **45**, 3360 (2006)
18) J. F. Lutz, H. G. Borner, K. Weiehenhan, *Macromolecules*, **39**, 6376 (2006)
19) M. J. Joralemon, R. K. O'Reilly, C. J. Hawker, K. L. Wooley, *J. Am. Chem. Soc.*, **127**, 16892 (2005)
20) H. Li, F. Cheng, A. M. Duft, A. Adronov, *J. Am. Chem. Soc.*, **127**, 14518 (2005)
21) B. C. Englert, S. Bakbak, U. H. F. Bunz, *Macromolecules*, **38**, 5868 (2005)
22) J. L. Mynar, T. L Choi, M. Yoshida, V. Kim, C. J. Hawker, J. M. J. Fréchet, *Chem. Commun.*, **2005**, 5169
23) D. A. Ossipov, J. Hilborn, *Macromolecules*, **39**, 1709 (2006)
24) R. Luxennnnhofer, R. Jordan, *Macromolecules*, **39**, 3509 (2006)
25) B. Gracal, H. Durmaz, M. A. Trasdelen, G. Hizal, U. Tunca, Y. Yagci, A. L. Demirel, *Macromolecules*, **39**, 5330 (2006)
26) T. D. Kim, J. Luo, Y. Tian, J. W. Ka, N. M. Tucker, M. Haller, J. W. Kang, A. K. Y. Jen, *Macromolecules*, **39**, 1676 (2006)
27) G. W. Goodall, W. Hayes, *Chem. Soc. Rev.*, **35**, 280 (2006)
28) 松本昭, 日本接着学会誌, **41**, 331 (2005)
29) J. A. Johnson, D. R. Lewis, D. D. Diaz, M. G. Finn, J. T. Koberstein, N. J. Turro, *J. Am. Chem. Soc.*, **128**, 6564 (2006)
30) W. Schnabel, Polymer Degradation: Principles and Practical Applications, Carl Hanser, Munich (1982)
31) 相馬純吉, 高分子の劣化：原理とその応用, 裳華房 (1993)
32) G. Odian, Principles of Polymerization, 4th edition, Wiley Interscience, New York (2004)

第2編　材料開発

第3章 资料阐发

第1章　リワーク型ネットワーク材料

白井正充[*]

1　はじめに

　エポキシ樹脂に代表される熱硬化性樹脂はその優れた物性のため，塗膜材料，接着剤，パッケイジング材料，またエレクトロニクス関連分野でのプリント配線基板材料などいろいろな用途に用いられている[1]。最近では熱硬化性樹脂の他に光硬化性樹脂も積極的に用いられている[2]。硬化性樹脂（ネットワーク樹脂）の特徴は一度架橋・硬化すれば，不溶・不融になり優れた耐熱性や機械的強度が得られる点である。従って，一般的には硬化樹脂の開発は，より硬く，より強いものを作ることに視点が置かれている。しかし，用途によっては一度硬化した樹脂を分解したり，あるいは強度を弱めたり，さらには溶解除去できれば好都合な場合も多い。たとえば，接着剤用途では，一度接着したものをはく離することが必要になる場合がある。また，電子材料用途では，プリント配線板上に配置された電子部品や配線回路を封止するのに硬化樹脂が使われる。修理のための部品の交換や廃棄後の部品の回収のためには，部品やまわりの回路を傷つけることなく硬化樹脂を取り除くことが必要である。ネットワークを形成して硬化するが，必要に応じて分解・除去できる硬化樹脂は，リワーク型樹脂と呼ばれ，最近関心が持たれているネットワーク材料である。このような材料は，従来のものとは異なる新しい機能を備えた材料であると共に，基材の修理・回収を可能にするので環境負荷の軽減や省資源化につながる材料でもある。この章では，リワーク型樹脂の概念と分子設計および最近の研究例について述べる。

2　リワークの概念と分子設計

　ネットワーク型樹脂にリワーク機能を付与するためには，用途目的にあった分子設計が必要である。樹脂の基本構造は，架橋・硬化反応に関与する官能基と分解可能な官能基を有することである。架橋反応によるネットワーク形成には，一般に，熱や光あるいは両者を併用する。また，ネットワークを分解する場合にも熱や光あるいは両者が併用される。いろいろなタイプのものが設計可能であるが，主なものは次の3つのタイプである（図1）。（ⅰ）ベースとなる高分子と架

---

[*] Masamitsu Shirai　大阪府立大学大学院　工学研究科　応用化学分野　教授

i) 架橋剤ブレンド型

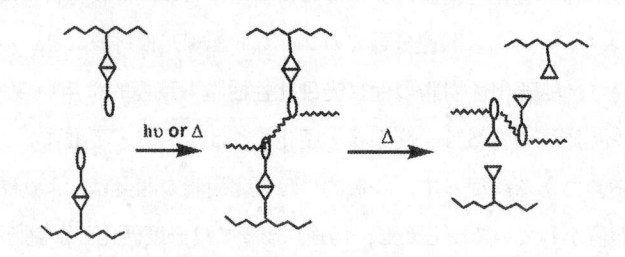

ii) 側鎖官能基型

iii) 多官能モノマー型　　―◯―　架橋サイト
　　　　　　　　　　　　―◇―　熱分解サイト

図1　リワーク型ネットワーク材料の設計概念

橋剤のブレンド型。このタイプの場合は，可溶性の高分子をベースにし，それに架橋剤を混ぜたものを架橋型樹脂とする。架橋剤は両末端に架橋反応に関与する官能基を持ち，両官能基をつなぐ部分に熱分解性の官能基を挿入したものを用いる。光照射や比較的低温での加熱によりネットワークを生成する。架橋体を高温加熱すれば熱分解サイトが解裂し，溶剤に可溶な線状高分子になる。(ii) 側鎖に官能基を有する高分子型。このタイプでは側鎖に架橋サイトを結合させた高分子を利用するが，架橋サイトと高分子主鎖の間に熱分解し易い結合を挿入することが必要である。光照射や加熱で架橋反応が形成されるが，高温での加熱により，熱分解サイトが解裂して溶剤に可溶な線状高分子が生成する。(iii) 多官能モノマー型。このタイプでは，熱分解可能なユニットと光照射や熱で重合する官能基を1分子中に複数個有するモノマーを用いる。硬化したも

第1章 リワーク型ネットワーク材料

のは加熱により低分子化し，溶剤に可溶になる。

　ネットワーク形成に利用できる官能基としてはエポキシ基やラジカル重合性ビニル基が用いられる。ネットワーク形成のための条件や試薬の配合は，これまでに蓄積されたデーターを活用することができる。一方，解裂が可能な化学結合としては，ケタール結合，アセタールおよびホルマール結合，ヘミアセタールエステル結合，第2級および第3級アルコールのカルボン酸エステル結合，カルバメート結合，炭酸エステル結合，スルホン酸エステル結合などを用いることができる。ネットワークを解裂させたい温度を考慮して，官能基を選択することが必要である。

3　熱硬化/熱分解型

　汎用のエポキシ樹脂中の架橋部位を何らかの方法で切断することができれば，リワーク型樹脂となる。このような視点から多官能モノマー型を中心にリワーク機能を有する種々の熱硬化型樹脂が研究されている。代表的な多官能モノマーを図2に示す。エポキシ末端を有するビスフェノールAグリシジルエーテルオリゴマーと–S–S–結合を有する4,4'–ジチオジアニリンからなる硬化樹脂は，トリブチルホスフィンで還元すると，–S–S–結合が還元されて–SH基となり，溶剤可溶になる。しかし，この系は架橋部位を切断するために還元剤との化学反応が必要であり，高度に架橋した樹脂では還元剤が樹脂中に浸透しないので反応が完全には進行しない[3]。

　解裂部位として，ケタール，アセタールおよびホルマール結合を有する二官能性エポキシ樹脂1～3はヘキサヒドロ–4–メチルフタル酸無水物（HMPA）との反応で硬化する。硬化反応に及ぼす構造の影響は小さい。硬化樹脂は，エタノール/水/酢酸混合溶媒中で処理すると溶剤可溶になる。硬化樹脂の分解性は2>1≫3の順に低下し，ケタールおよびアセタール結合は解裂部位として利用することが可能である[4]。

　一方，化学薬品を用いることなく，加熱のみにより架橋構造が解裂する系が構築できれば優れたリワーク型材料となる[5]。第2級および第3級アルコールのカルボン酸エステル部位を有する一連のジエポキシ化合物4～7とHMPAの混合物は加熱で硬化するが，硬化物は加熱により分解し，溶剤に可溶になる。硬化樹脂が熱分解し，50%の重量減少をもたらす温度はそれぞれ270（7），315（6），350（5），370℃（4）であり，第3級エステルは比較的低温で分解することがわかる。

　取り外しが可能な半導体封止材に応用する立場から，カルバメート[6]，炭酸エステル[7]，およびカルボン酸エステル[8]部位を有するジエポキシドの熱硬化・熱分解が検討されている。ジエポキシド8～10とHMPAから得られる硬化物の分解開始温度は，9が220℃で最も低く，8では280℃，10では290℃であった。炭酸エステル部位を有するジエポキシド11～13とHMPAから

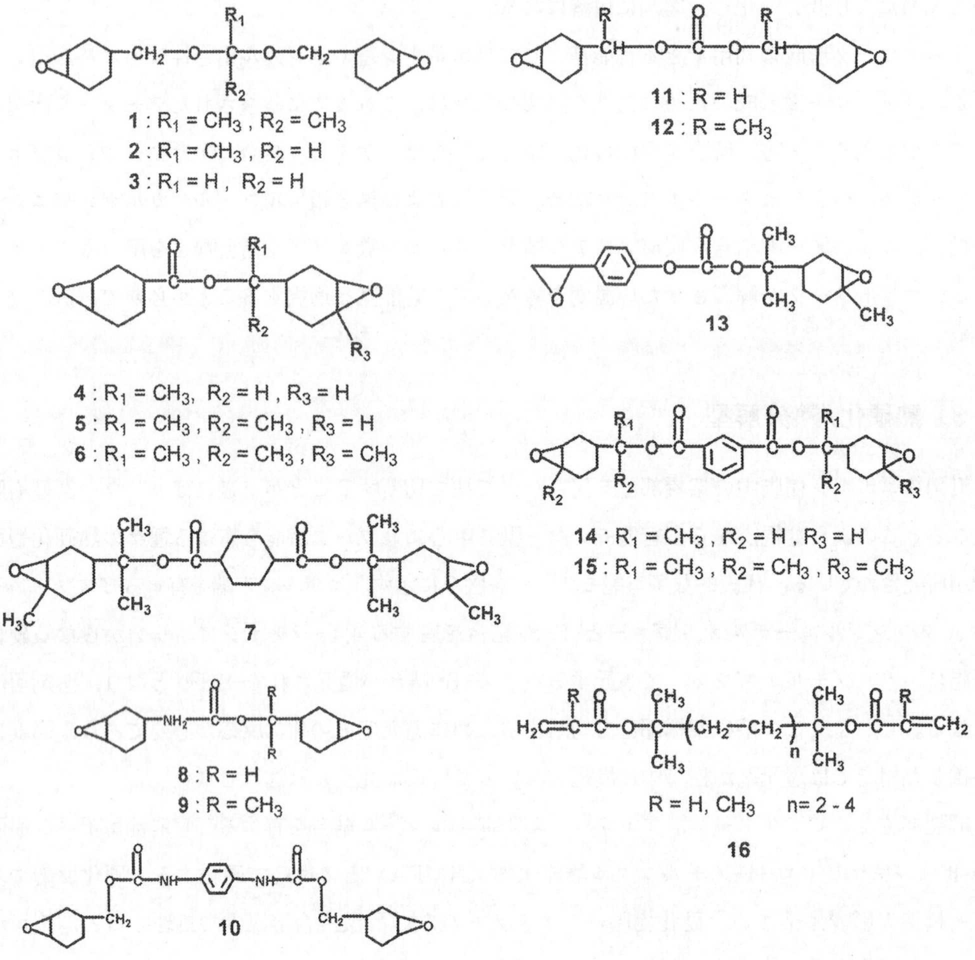

図2 リワーク機能を有する熱硬化型多官能モノマー

なる硬化樹脂の熱分解開始温度は，**13** では120℃，**11** と **12** では250℃であった。取り外しのできる半導体封止材用樹脂の理想的な分解温度は220℃程度であり，**13** は分解温度が低すぎて使用できないが，**11** と **12** は有力な候補になる。また，ベンゼン環を有する第2級アルコールのカルボン酸エステル **14**，あるいは第3級アルコールのカルボン酸エステル **15** をHMPAで硬化させた樹脂の熱分解温度は，それぞれ261および206℃である。**14** を実際に半導体の封止材料として用いた場合，加熱後，ブラシでこすり取ることができ，半導体を回収できることが示されている。

加熱により解裂し易い第3級エステル部分を含んだ，ジアクリル酸エステルやジメタクリル酸エステル **16** は，熱重合により硬化する。これらの硬化樹脂は150℃までは安定であるが，180～200℃で第3級エステル部分が分解し，部分的に酸無水物の構造を有するポリアクリル酸あるいはポリメタクリル酸を生成する[9]。このものはアルカリ水溶液で溶解除去できる。

4 光硬化（光・熱硬化）/熱分解（光・熱分解）

樹脂を架橋・硬化させる手段として，熱の代わりに光を用いることができる。光を用いることの特徴は，熱とは異なり，光が当たった所のみを選択的に架橋・硬化することができるので，画像形成に利用することができる。また，塗膜や接着剤など薄膜での利用においては，熱硬化に比べて，高速硬化が可能であるなどの特徴がある。樹脂の硬化に光を用い，硬化樹脂の分解に熱あるいは光と熱を併用する系が多数研究されている。高分子と架橋剤のブレンド型，側鎖に官能基を有する高分子型，および多官能モノマー型の例を述べる。

4.1 高分子/架橋剤ブレンド型[10〜13]

ポリビニルフェノール（PVP）をベースポリマーとして用い，エポキシ化合物 17 を架橋剤として用いた系はリワーク機能を有する光架橋系となる（図3）。17 は末端にエポキシユニットを持っており，エポキシ基は第3級のカルボン酸エステル結合でつながっている。17 の分子中の第3級エステルは，204℃で分解して相当するカルボン酸とオレフィンを生成する。これら架橋剤と光酸発生剤および PVP から作製した薄膜に紫外光（254nm）を照射し，その後比較的低い温度（〜100℃）で加熱すると架橋反応が進行し，溶剤に不溶になる。この系は室温での光照射のみでは不溶化しない。光酸発生剤としてはいろいろなものが利用できる。9-フルオレニリデンイミノ p-トルエンスルホナート（FITS）は紫外光照射により，p-トルエンスルホン酸を生成する。光酸発生剤を選択することにより，366nm 光や 436nm 光で架橋する系の構築も可能である。17 を用いた時の架橋・熱分解の機構を図3に示す。光照射で発生した酸が PVP の-OH 基と架橋剤のエポキシ基との反応の触媒となり，比較的低い温度（T_1<100℃）での加熱により高分子架橋体（18）が得られる。得られた架橋体を少し高い温度（120〜160℃）で加熱すると，

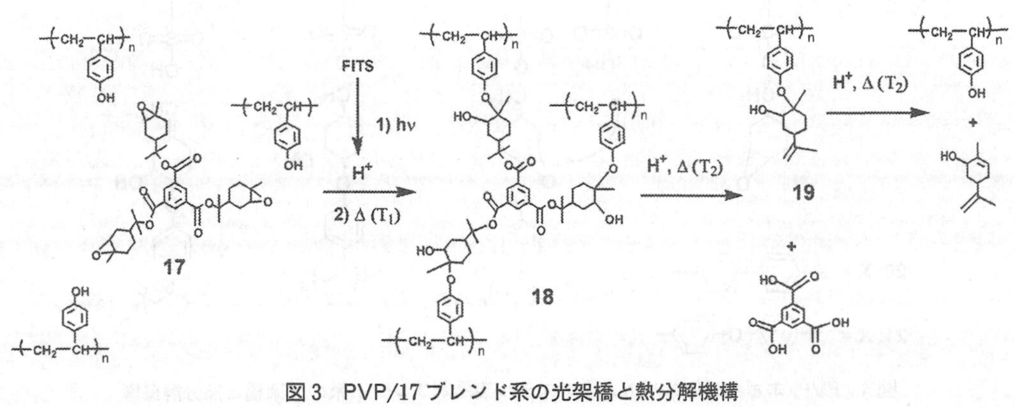

図3 PVP/17 ブレンド系の光架橋と熱分解機構

第3級エステル部分が解裂して線状高分子（19）が生成する。19はフェノールの第3級エーテルの構造を有しているので，酸存在下での加熱ではさらに分解し，PVPを生成する。PVPはアルカリやテトラヒドロフランなどの有機溶剤に溶解する。光酸発生剤の種類を変えて発生する酸の強度を変えると，架橋に必要な加熱温度や架橋体の分解温度を変えることができる。また，この系ではPVPの代わりにメタクリル酸/メタクリル酸エステル共重合体のように，カルボキシル基を含む高分子をベースポリマーとしても，リワーク型光架橋性樹脂となる。この場合は架橋剤のエポキシ基とカルボキシル基との反応で架橋が形成される。

エポキシ基を両末端に持つスルホン酸エステル化合物は光酸発生剤と組み合わせると，熱分解型の光架橋・硬化性樹脂として利用できる（図4）[14]。興味深いことに，架橋剤20と21は紫外光照射で分解し，その反応性は高くはないが，スルホン酸を生成する。ポリメタクリル酸メチルフィルム中での254nm光照射による分解の量子収率は，20では0.003であり21では0.012である。20/PVP（1:1, mol/mol）と21/PVP（1:1, mol/mol）ブレンドフィルムでは光酸発生剤を添加しなくても，光照射で生成する極少量のスルホン酸がPVPの–OH基とエポキシ基の反応の触媒となるので光照射後の穏やかな加熱で架橋し，溶剤に不溶になる。架橋した20/PVPや21/PVPブレンドフィルムを110～130℃で加熱すると，加熱初期には架橋反応が優先して起

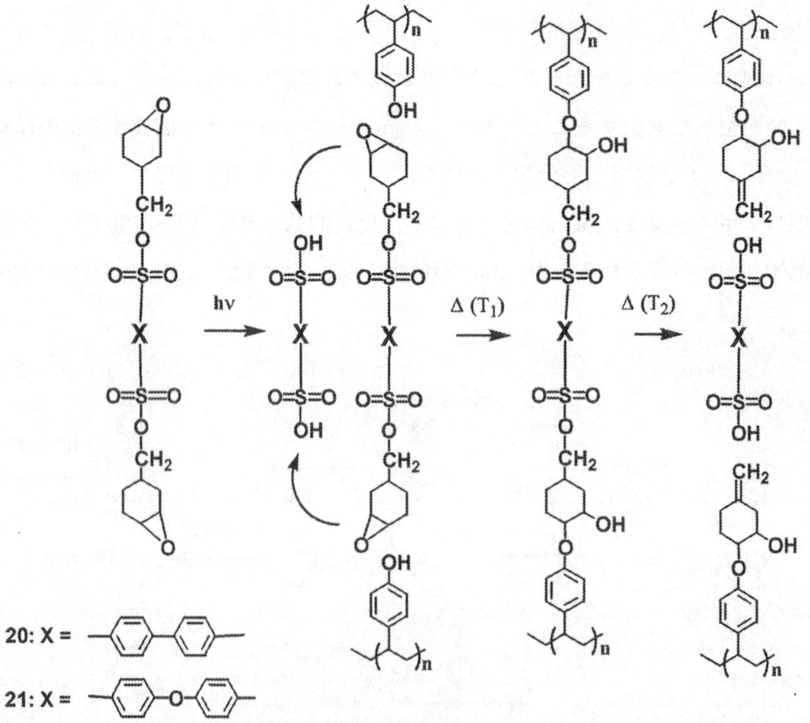

図4　PVP/エポキシ化スルホン酸エステル架橋剤ブレンド系の光架橋と熱分解機構

第1章 リワーク型ネットワーク材料

こるが，さらに加熱を続けるとスルホン酸エステル部位で解裂が起こり，スルホン酸とオレフィンを生成して，架橋が壊れるので溶剤に可溶になる。この系の反応機構は図4のように考えられている。

4.2 側鎖に官能基を有する高分子型

エポキシ基と第3級エステル基を同一分子中に持つメタクリル型モノマー（MOBH）の重合体（22）はリワーク型光架橋樹脂として利用できる（図5）[15]。エポキシユニットに対して3.6 mol%の少量の光酸発生剤FITSを添加したポリマーの薄膜に紫外光照射すると，30mJ/cm^{2}という少ない露光量で効率よく架橋する。光照射で発生した酸を触媒とする側鎖エポキシユニットの開環反応による重合で架橋が形成されるためである。架橋体（23）を160℃で加熱すると第3級カルボン酸エステル部分の分解が起こり，ポリメタクリル酸（24）とオレフィンに変換されるので，アルカリあるいはメタノールに可溶になる。熱重量分析（TGA）からは，熱分解による重量減少は約60%であり，側鎖エステル基が脱離したときの理論値64%にほぼ一致する。このことは，架橋体の生成に関与しているエポキシユニットの重合体はその分子量が小さいか，あるいは加熱時に分解され，飛散することを示している。

MOBHとt-ブチルメタクリレート（TBMA）の共重合体やMOBHとt-ブトキシスチレン（BUOST）との共重合体も同様に，光架橋による不溶化と再溶解が可能なポリマーである。いずれのポリマーも光架橋はMOBHの部分で起こる。また，これらのポリマーではMOBHの分解のみならずTBMAやBUOSTの熱分解も同時に起こり，ポリメタクリル酸やメタクリル酸/ポリビニルフェノール共重合体が生成するので，アルカリに可溶となる。

図6に示すように，MOBHとp-スチレンスルホン酸エステルの共重合体（25）は，光酸発生剤を用いると効率の良い光架橋反応が起こる。この架橋体26を適当な温度で加熱すると，カル

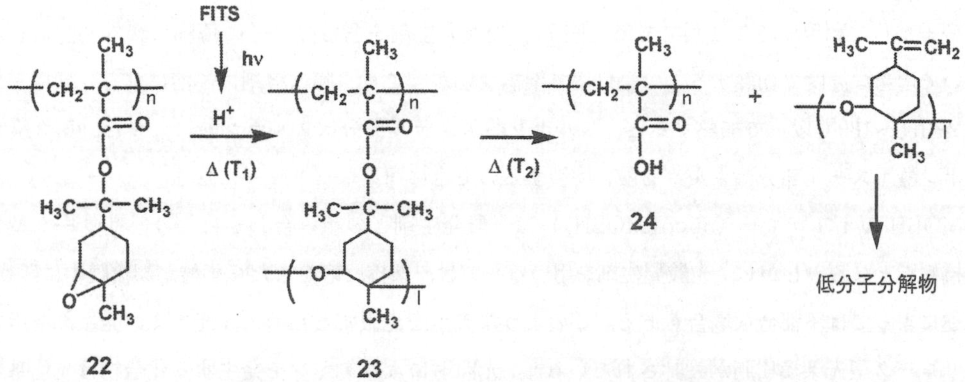

図5 MOBHポリマー22の光架橋と熱分解機構

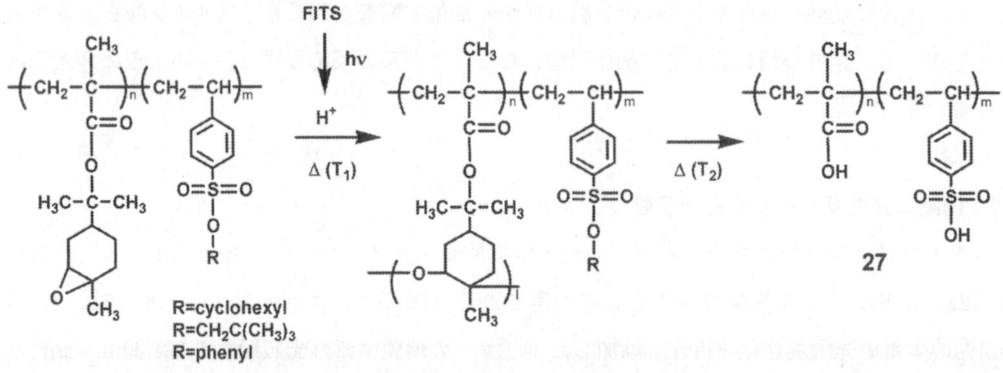

図6 MOBH/スチレンスルホン酸エステル共重合体の光架橋と熱分解機構

ボキシル基とスルホン酸基を側鎖に含むポリマー 27 が生成し，水で溶解除去できる[16, 17]。

架橋体 26（R＝Cyclohexyl）では，120〜220℃で加熱すると線状高分子 27 が得られ水に溶解する。また，架橋体 26（R＝$CH_2C(CH_3)_3$）では可溶化させるためには 160〜200℃での加熱が必要である。一方，架橋体 26（R＝Phenyl）では 240℃の加熱によっても水への溶解は起こらない。これは，スルホン酸のフェニルエステルの熱安定性が高く，この温度では分解してスルホン酸ユニットを生成しないからである。従って，この系ではスルホン酸エステルのアルキル基 R の選択により再溶解のための熱分解温度をコントロールすることができる。架橋体 26（R＝cyclohexyl や R＝$CH_2C(CH_3)_3$）では 240℃で加熱すると一度溶解したものが不溶化する。これは熱分解で生成したメタクリル酸ユニットが分子内あるいは分子間で脱水反応を起こし，カルボン酸無水物が生成するためである。

架橋部位としてのエポキシ基と熱分解ユニットとしてのスルホン酸エステル部位を 1 分子中に有するスチレン型モノマーと TBMA との共重合体 28 は水に再溶解できるリワーク型光架橋型高分子として利用することができる（図7）。光酸発生剤を含む高分子の薄膜に紫外光照射し，次いで適当な温度で加熱すると，高効率で架橋反応が起こり，膜は溶剤に不溶になる。架橋した 28 を 160〜180℃以上で加熱すると，スルホン酸エステル部分はスルホン酸に，また，第 3 級カルボン酸エステル部分はカルボン酸に解裂するので水に可溶なポリマーになる。

MOBH のオリゴマー（oligo(MOBH)）は光酸発生剤との組み合わせにより，リワーク型光架橋樹脂となる。しかし，光酸発生剤を用いる系では，架橋反応をもたらす酸が架橋膜中に残り，用途によっては不都合な場合もある。このような欠点を克服するために，光アミン発生剤を用いたリワーク型光架橋樹脂が設計されている[18]。光照射によりアミンを発生する化合物は光塩基発生剤（PBG）と呼ばれ，いろいろなタイプのものが報告されている。oligo(MOBH) と光塩基

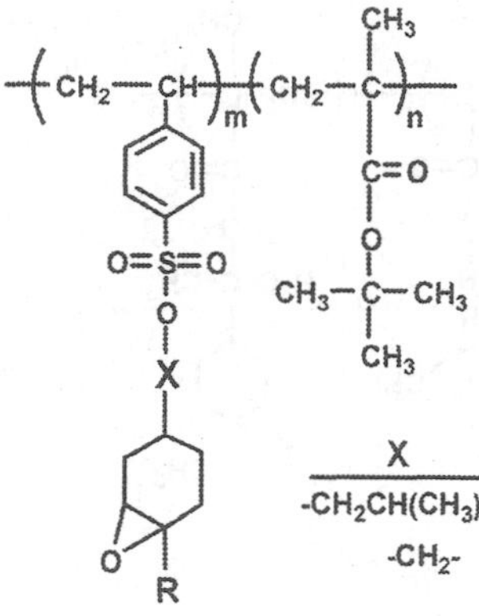

X	R	m	n (mol%)
$-CH_2CH(CH_3)-$	$-CH_2-$	20	80
$-CH_2-$	H	20	80

28

図7　エポキシ基含有スチレンスルホン酸エステル共重合体

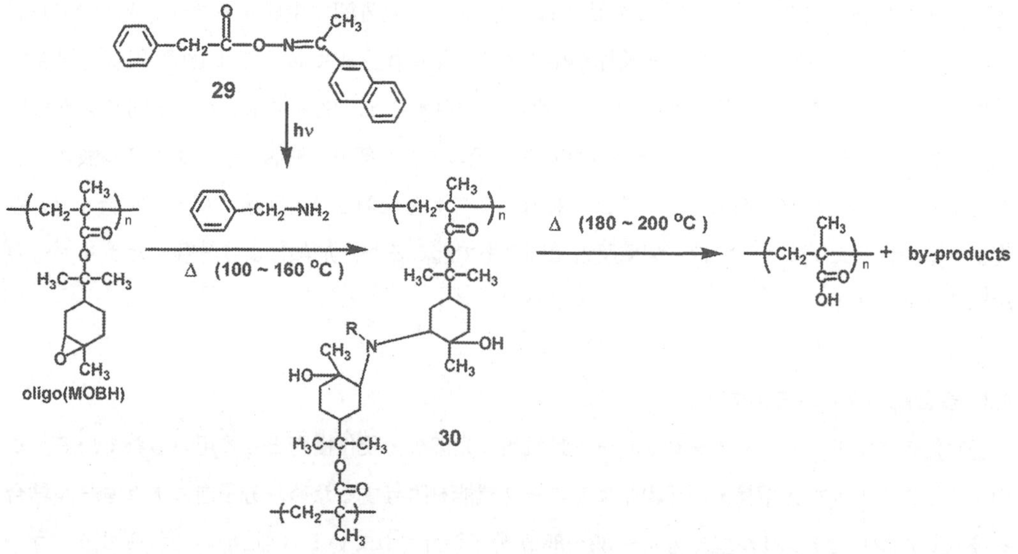

図8　光アミン発生剤を用いる oligo（MOBH）の光架橋と熱分解機構

発生剤29を組み合わせた系では，254nm光を照射すると，生成したアミンがエポキシ基と反応し，架橋体（30）が形成される（図8）。一方，oligo（MOBH）は第3級のカルボン酸エステルを有しており，この部分が加熱（～180℃）により解裂するので溶剤に可溶になる。この解裂温度は，光酸発生剤としてトリフェニルスルホニウムトリフラート（TPST）とoligo（MOBH）からなるリワーク型光架橋樹脂に光照射して得た架橋体を分解させるのに必要な解裂温度（～80℃）よりもかなり高い。架橋樹脂を可溶化させるのに必要な加熱温度を高く設定したい場合には

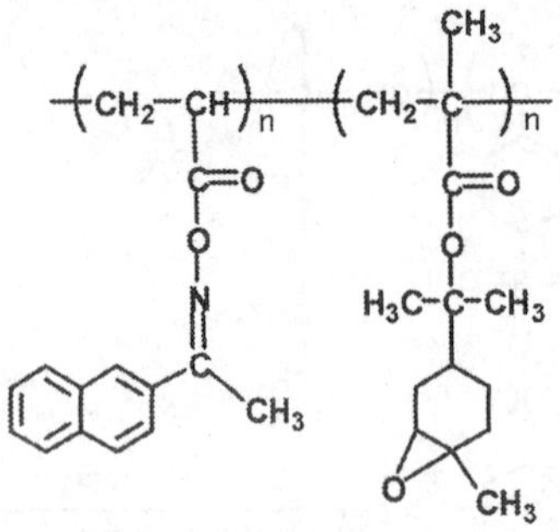

接着とはく離のための高分子—開発と応用—

31

図9 光アミン発生基を含むエポキシポリマー

好都合な系である。光架橋・熱分解の機構は図8のように考えられる。

　光アミン発生基を含むアクリルモノマー（AANO）とMOBHとの共重合体（**31**）は1成分型のリワーク材料である（図9)[19]。この系では、AANOの光分解で生成するアミノ基はMOBHユニットのエポキシ基と反応し、架橋体が生成する。架橋体生成においては160℃程度の温度での加熱が必要である。架橋体を200℃以上の高温で加熱すると、図8に示したのと同じような反応機構でMOBHユニット部分のカルボン酸の第3級エステル部分が解裂し、メタクリル酸ユニットを生成するので有機溶剤に溶解するようになる。この系ではAANOユニットの割合を0.5程度まで増加させたポリマーでは、架橋反応は高効率で起こるが、加熱により分解したポリマーの溶解性は低下する。

4.3 多官能アクリルモノマー型

　多官能のアクリレートやメタクリレートは汎用の光架橋・硬化樹脂として用いられている。このようなアクリル型光架橋・硬化樹脂にリワーク機能を附与するため、分子内にアセタール結合を導入した多官能アクリル型モノマー**32〜35**が分子設計されている（図10）。これらのモノマーは光あるいは熱によるラジカル重合により硬化し、汎用の多官能アクリルモノマーと同様の硬化性を示す[20,21]。一方、これらのモノマーに光あるいは熱ラジカル重合開始剤と光酸発生剤を添加して硬化させた樹脂はリワーク型材料となる。

　ラジカル開始剤として、1wt%のアゾビスイソブチロニトリル（AIBN）と366nm光照射でトリフリック酸を発生する光酸発生剤（NITF）1wt%を含むモノマーの薄膜（1.0〜2.0μm）は、窒素下、100℃で10分間加熱することにより、硬化する。熱硬化過程では、NITFは影響を及ぼさない。硬化のし易さは**32〜35**で大差はないが、アクリル型**33**は他のものより若干効率よく硬化する。この系は空気下では硬化しない。硬化した樹脂の熱分解温度は、それぞれ、**32**（177℃），

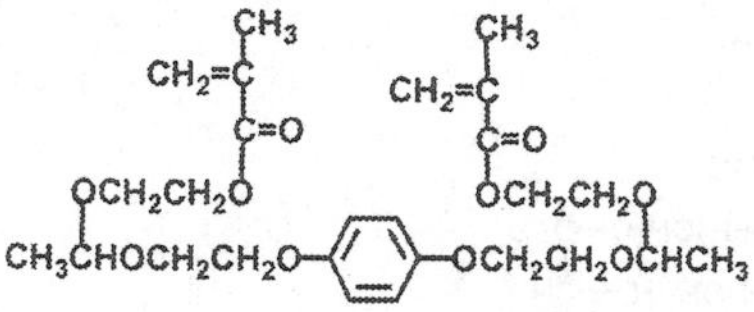

第1章 リワーク型ネットワーク材料

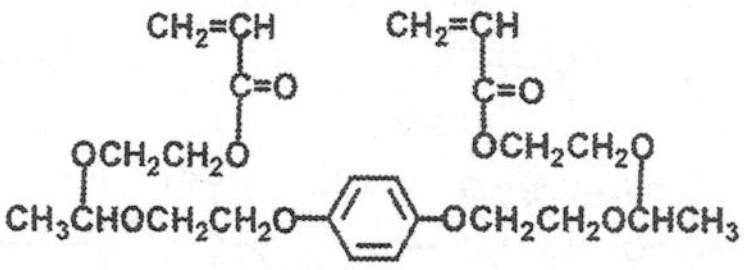

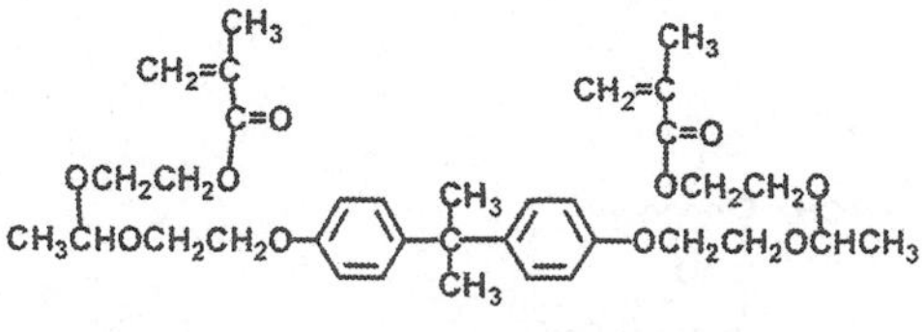

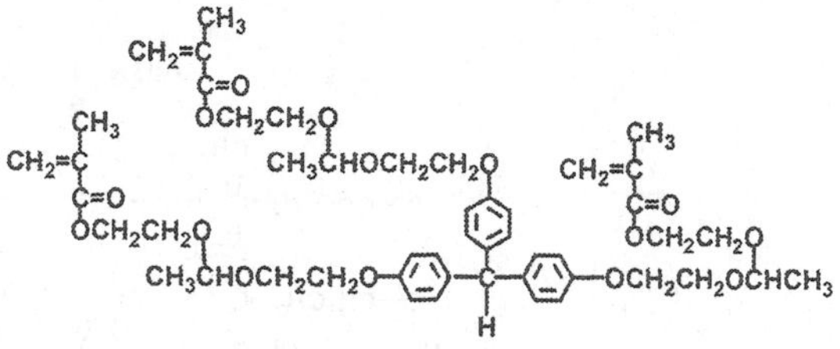

図10 アセタールユニットを含む多官能メタクリルモノマー

33（204℃），34（230℃），35（236℃）である。硬化樹脂に室温で366nm光を照射した場合，硬化物の60～70%がメタノールに溶解した。さらに加熱（～100℃）すると，すべての硬化物がメタノールに溶解した。この系では，光照射で発生した酸が触媒となり，空気中の水が反応してアセタール部位が解裂し，アルコール，アセトアルデヒドおよび直鎖高分子ポリ（2-ヒドロキシエチルメタクリレート）になる。一方，光を照射していない硬化樹脂は160℃の加熱では全く溶解しない。モノマー34を用いたときの反応機構は図11のように考えられる。

32～35はジメトキシフェニルアセトフェノンのような光ラジカル重合開始剤と光酸発生剤TPSTを用いると，366nm光照射によって硬化し，さらに硬化物に254nm光照射し，次いで加熱すると溶解する。リワーク型のアクリル樹脂としていろいろな使い方が可能であり興味深い材料である。

熱分解型多官能エポキシモノマー（36）と多官能光塩基発生剤（37）を組み合わせた系はリワーク型ネットワーク材料である（図12）[22]。この系では紫外線照射により，図8に示した29の反応と同様に，37から発生する多官能アミンが架橋剤となり，36が硬化する。硬化のための加熱は180℃以下に抑えることが必要である。一方，ネットワークの崩壊は36分子に含まれる第3級エステルユニットが解裂することにより起こる。崩壊に最適な加熱温度は190～200℃であり，崩壊物は溶剤に可溶になる。また，36と多官能アミンと組み合わせた系は，熱硬化型のリワーク材料としても利用できる。

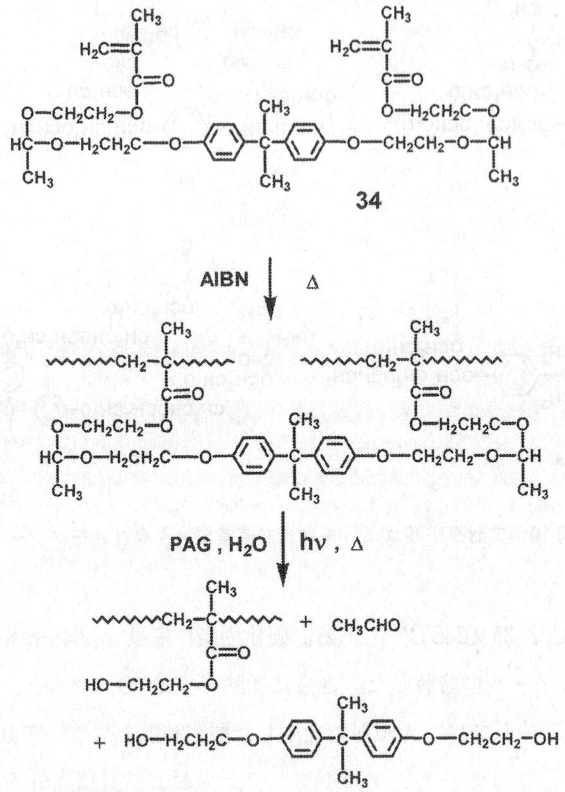

図11 多官能モノマー34の熱硬化と光・熱分解機構

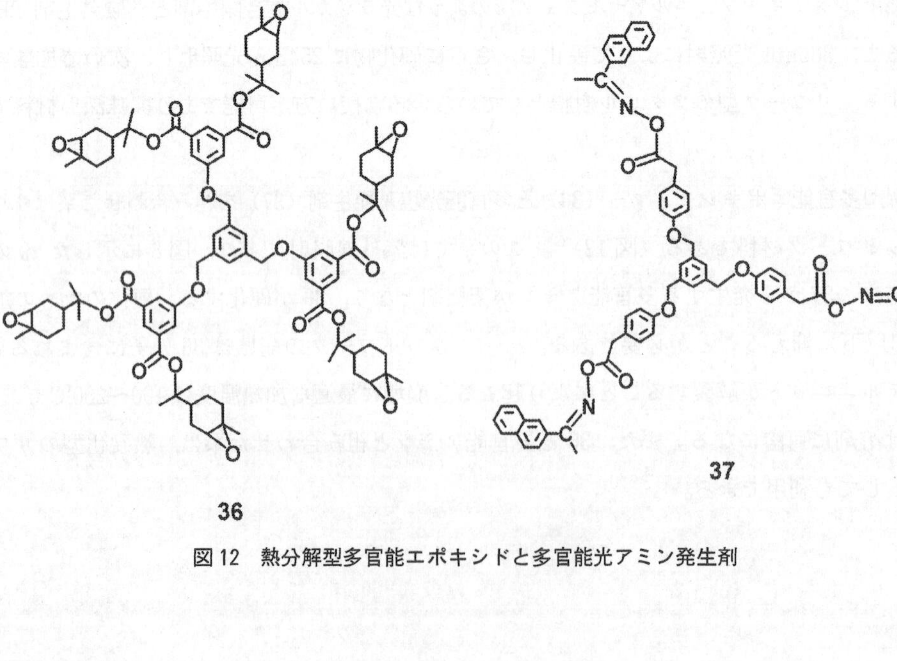

図12 熱分解型多官能エポキシドと多官能光アミン発生剤

5　おわりに

リワーク機能を有するネットワーク材料について述べた。ネットワーク形成手段として熱あるいは光を用い，また，ネットワーク解裂手段としても熱や光を利用するいろいろな材料設計が可能である。このような材料は，接着剤，塗膜，画像形成用材料など，多岐にわたる用途が考えられる。リワーク型ネットワーク材料は既存のネットワーク材料に特殊機能を付与した高機能材料であるだけでなく，廃棄物の処理や省資源の観点からは環境に優しい材料でもある。今後の展開が期待されている。

文　献

1) 市村國宏ほか，「光硬化技術実用ガイド」，テクノネット社（2002）
2) J. P. Fouassier, J. F. Rabek, "Radiation Curing in Polymer Science and Technology", Elsevier Applied Science, New York（1993）
3) V. Sastri, G. C. Tesoro, *J. Appl. Polym. Sci.*, **39**, 1439（1990）
4) S. L. Buchwalter, L. L. Kosbar, *J. Polym. Sci., Part A : Polym. Chem.*, **34**, 249（1996）
5) J.-S. Chen, C. K. Ober, M. D. Poliks, *Polymer*, **43**, 131（2002）
6) L. Wang, C. P. Wong, *J. Polym. Sci. Part A : Polym. Chem.*, **37**, 2991（1999）
7) L. Wang, H. Li, C. P. Wong, *J. Polym. Sci. Part A : Polym. Chem.*, **38**, 3771（2000）
8) H. Li, L. Wang, K. Jacob, C. P. Wong, *J. Polym. Sci. Part A : Polym. Chem.*, **40**, 1796（2002）
9) K. Ogino, J. Chen, C. K. Ober, *Chem. Mater.*, **10**, 3833（1998）
10) H. Okamura, K. Shim, M. Tsunooka, M. Shirai, *J. Polym. Sci. PartA : Polym. Chem.*, **42**, 3685（2004）
11) H. Okamura, S. Toda, M. Tsunooka, M. Shirai, *J. Polym. Sci., Part A : Polym. Chem.*, **40**, 3055（2002）
12) 白井正充，未来材料，**2**, 20（2002）
13) 白井正充，色材，**76**, 301（2003）
14) Y.-D. Shin, A. Kawaue, H. Okamura, M. Shirai, *Polym. Degrad. Stab.*, **86**, 153（2004）
15) 白井正充，高分子加工，**50**, 290（2001）
16) M. Shirai, A. Kawaue, H. Okamura, M. Tsunooka, *Chem. Mater.*, **15**, 4075（2003）
17) 白井正充，接着，**48**, 313（2004）
18) T. Ohba, D. Nakai, K. Suyama, M. Shirai, *Chem. Lett.*, **34**, 818（2005）
19) T. Ohba, T. Shimizu, K. Suyama, M. Shirai, *J. Photopolym. Sci. Technol.*, **18**, 221

(2005)
20) M. Shirai, K. Mitsukura, H. Okamura, M. Miyasaka, *J. Photopolym. Sci. Technol.*, **18**, 199 (2005)
21) M. Shirai, *Proc. RadTech Europe 2005*, **2**, 251 (2005)
22) H. Okamura, T. Terakawa, K. Suyama, M. Shirai, *J. Photopolym. Sci. Technol.*, **19**, 85 (2006)

第2章　解体可能な耐熱性接着材料

岸　肇*

1　はじめに

　循環型社会の実現を目指し，建材リサイクル法，家電リサイクル法，自動車リサイクル法など様々な工業製品のリサイクルが法的に義務化された。異種材料であっても接合しうることが接着接合の特徴であるが，原材料ごとの分別回収・リサイクルを可能とするには，使用後に解体し易い接合技術が必要である。一方で，製品の使用中には十分な強度が要求されるため，「良くくっつく」性能としての高接着強度と，「はがせる」性能である部材解体性を都合よく両立させる技術が求められていることになる。

　こうした接着性と解体性の両立に向け，加熱や温水浸漬等の操作によりはく離する接着剤が既に開発され，化粧板を貼り付けた石膏ボードのような内装建材，ガラス/金属複合ボトル，LSI等の電子部品のリワーク用途などに適用されている[1～4]。具体的技術内容として，例えば，接着剤樹脂に熱膨張性マイクロカプセル等の膨張剤が分散されたものがある。マイクロカプセル中に封じ込められた液状炭化水素が加熱下にてガス化し膨張する応力により，柔軟な接着剤層も一緒に膨張し，被着体の解体分離がなされるといった仕掛けである[5]。但し，これら既存の解体性接着剤は，多くの場合直鎖状分子からなる熱可塑性樹脂がベースであり，あるいは架橋構造を有している場合でも熱軟化温度が低いため，構造材料に適用するには接着強さ，耐候性，耐溶剤性や耐熱性が不足するという課題がある。

　現在，NEDO主導の国家プロジェクトとして，地球温暖化防止新技術プログラム「自動車軽量化炭素繊維強化複合材料の研究開発」がある。自動車産業では二酸化炭素排出削減要求を背景に燃費向上が至上命題であり，車体軽量化達成に向け繊維強化プラスチックやアルミニウム合金といった軽量構造材の使用が増加傾向にある。こうした異種材料の接合にエポキシ樹脂系やアクリル樹脂系の接着剤が用いられるが，既存の構造用接着剤には解体性はない。本章では，上記プロジェクトテーマの1つとしても取り上げられている，構造材に用いうる接着強さと解体性を兼備する接着剤の研究動向について述べる。

---

*　Hajime Kishi　兵庫県立大学大学院　工学研究科　環境エネルギー工学部門　助教授

2 構造用接着剤への解体性付与[6〜8]

2.1 耐熱接着性を有する構造用解体性接着剤の設計思想

　前節にて述べたように既存の加熱膨張型解体性接着剤においては，樹脂に添加した膨張性フィラーの体積膨張を可能とするために，フィラーを膨張させる温度において十分軟らかくなる樹脂をマトリックス材として用いている。ところが，大きく熱軟化しうるタイプの熱硬化性樹脂は，一般にはガラス転移温度（T_g）が低く耐熱接着性に乏しい。一方，高 T_g を有し耐熱接着性能を発現するタイプの熱硬化性樹脂は，一般に T_g 以上の温度環境においても軟化程度が小さく，既存の熱膨張性フィラーを加えたとしても結果として十分膨張できないため解体性を付与し難い。つまり，既存技術においては耐熱接着性と加熱解体性はトレードオフの関係にある。したがって，この両特性を兼備させるためには，樹脂組成設計において新しい要素技術の発見が必要と考えられる。

　そこで，耐熱接着性と加熱解体性を兼備する構造用接着剤組成の設計指針として，次の2つの要素技術の組み合わせを考えた[6, 8]。

　①実用的に求められる耐熱温度以上の T_g を維持しながら，T_g を超えると著しく軟化し，ゴム状領域における弾性率を大きく低下させうるマトリックス樹脂組成をまず見出すこと。

　②次いで，上記樹脂の加熱軟化とタイミングを合わせて大きく体積膨張し，接着層を分離する新規解体トリガーを探索すること。

　以上の接着剤設計指針を概念図として図1に示した。図中に示す既存の構造用接着剤として，例えば芳香族アミン硬化型エポキシ樹脂が挙げられる。T_g が高く耐熱性に優れているが，既存

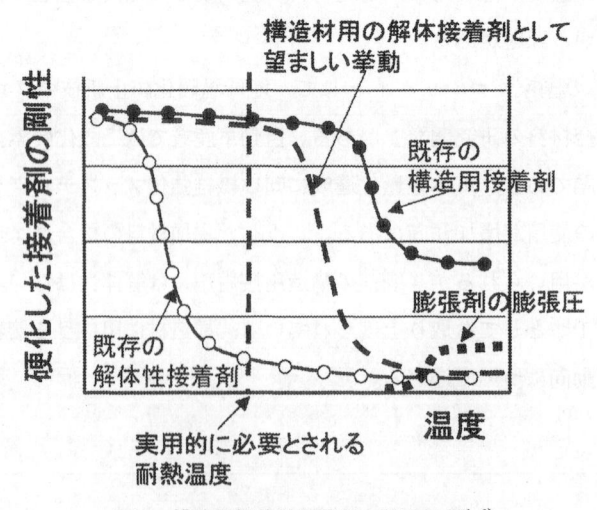

図1　構造用解体性接着剤の設計思想[6, 8]

膨張剤を添加しても樹脂のゴム状弾性率が高いため加熱膨張できず解体できない。一方，既存の解体性接着剤はゴム状弾性率が低く，添加した膨張剤の体積膨張によって解体性を発現するが，T_g が低く耐熱性に劣る。実用耐熱温度を越える T_g を有しながら，T_g 以上の温度領域にて解体トリガー（膨張剤）が働くレベルにまで大きくゴム状弾性率を低下させることができれば，目的に適った構造用解体性接着剤となり得ると考えた。このような特徴的な粘弾性挙動を実現するための具体的手段としては，「樹脂架橋密度を低下させ（すなわち，ゴム状弾性率を低下させ）ながら，一方で T_g 低下を抑制しうるために，剛直なあるいは高極性な化学構造を樹脂中に導入すること」が考えられる。

2.2　硬化樹脂粘弾性への単官能エポキシ添加効果

エポキシ樹脂の架橋密度を低下させゴム状弾性率を低下させるには単官能エポキシの配合が有効であるが，その際に生じがちな T_g 低下を抑制し得る化学構造の導入が鍵と考え，次の検討を行った。

検討に用いた材料の化学構造を図2に示した。2官能エポキシ樹脂であるビスフェノールAジグリシジルエーテル（DGEBA）中に各種単官能エポキシ（N-glycidyl phthalimide：GPI,

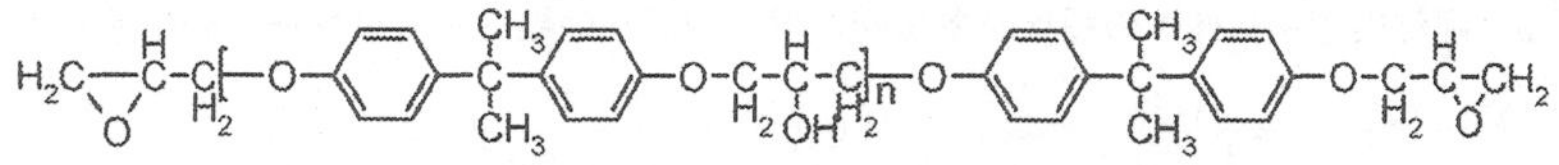

DGEBA(828):n=0.1,DGEBA(1001):n=2

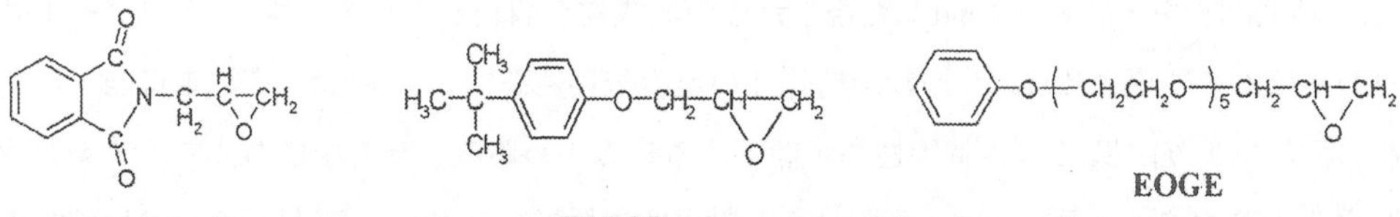

GPI　**TBPGE**　**EOGE**

Chemical structures of epoxy resins

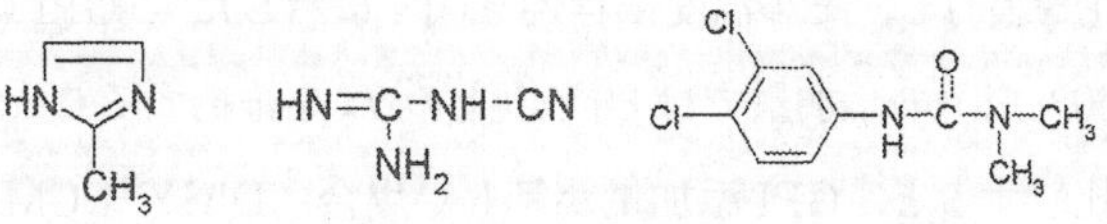

2MZ　**DICY**　**DCMU**

Chemical structures of curing agents

図2　接着剤原料の化学構造[6, 8)]

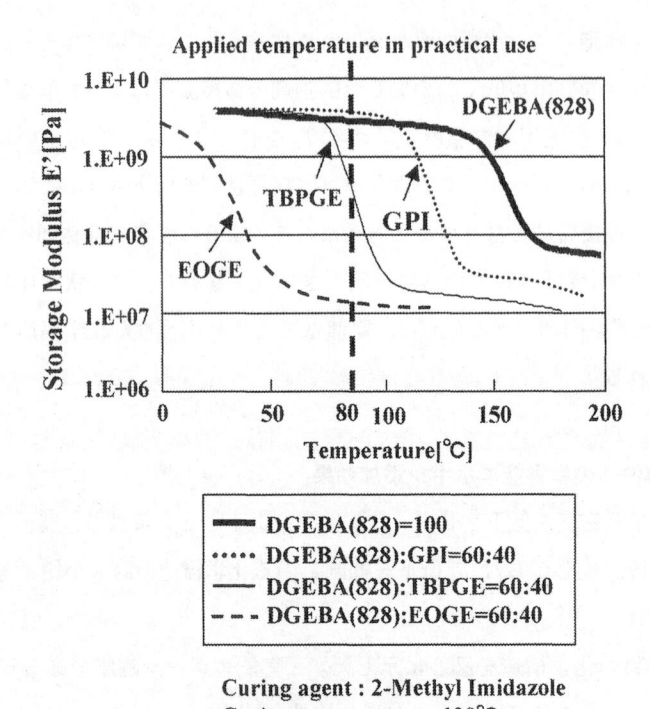

図3 硬化樹脂粘弾性への種々の単官能エポキシ添加効果（イミダゾール硬化系）[6, 8]

p-tertiary butyl phenyl glycidyl ether：TBPGE，および Phenol polyethyleneoxide glycidyl ether：EOGE) をそれぞれ40wt%配合した樹脂組成物を調製し，2-メチル-イミダゾール触媒（2-Mz）により硬化させた。その動的粘弾性の温度依存性を図3に示した[6, 8]。単官能エポキシ樹脂の添加により，T_g とゴム状弾性率が低下することがわかる。その中にあって，イミド骨格を有する GPI ブレンド系は，ゴム状弾性率を効果的に低減しながらも T_g 低下度合は比較的小さいことを見出した。GPI 分子構造の高極性高剛性が反映されたと考えられる。

貯蔵安定性に優れ，かつ接着力が高く，プリプレグや1液型接着剤用途に用いられているジシアンジアミド（DICY）-ジクロロフェニルジメチル尿素（DCMU）併用硬化系についても，GPI 添加による粘弾性変化を検討し，その温度依存性を図4に示した[8]。GPI の増加に伴い T_g も徐々に低下するものの，40%以下の添加量では 80℃以上の T_g を維持することがわかった。図3のイミダゾール硬化系と比較すると，GPI 添加量が等しい場合，DICY-DCMU 硬化系の方が効果的にゴム状弾性率を低下させ得ることもわかった。単官能エポキシ成分の導入により架橋密度が低下し，ゴム状弾性率を効果的に低減できる一方，GPI の高極性剛直イミド骨格の存在により T_g 低下を抑制できたと考えられる。

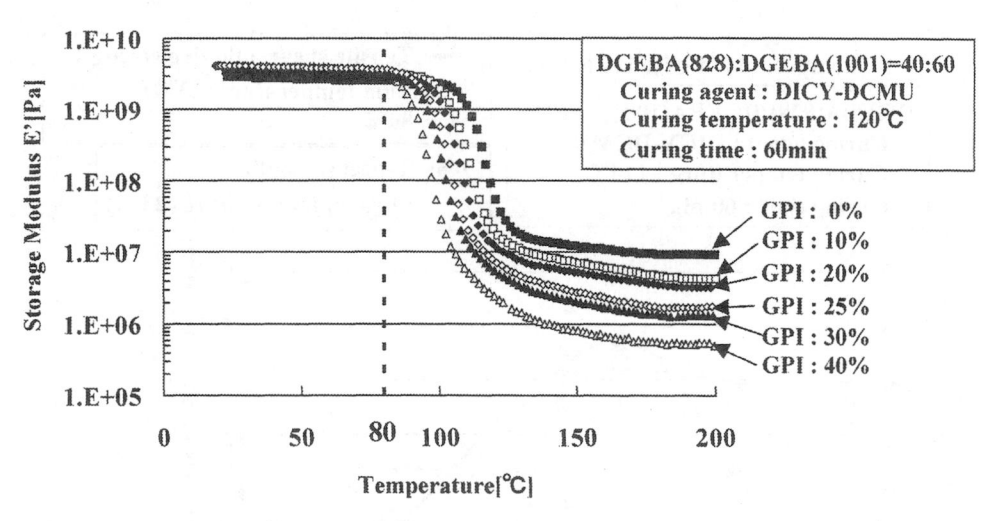

図4 硬化樹脂粘弾性への単官能エポキシGPI添加効果（DICY-DCMU硬化系）[8]

2.3 硬化樹脂接着強さへの高極性単官能エポキシ添加効果

　GPI添加が引張せん断接着強さおよびはく離接着強さに及ぼす効果を図5に示した[6,8]。両接着強さ共にGPI添加量20〜25%まではGPI添加による接着強さ向上傾向が認められたが，GPI添加量が25%を越えると接着強さの低下が認められ，特にはく離接着強さにおいてその傾向は顕著であった。その理由を検証するために，まず接着試験後の破面観察を行った。引張せん断接着試験後の破断面が図6，はく離接着試験後の破断面が図7である[8]。両試験ともに，GPI無添加の場合はアルミ/樹脂界面破壊モード主体であったが，GPIの添加量増加に伴い樹脂内凝集破壊モードに変化していくことがわかった。

　このGPIの添加が樹脂/アルミニウム界面接着性に及ぼす効果・メカニズムについて，他の樹脂組成についての検討ではあるが既に報告がある[7]。GPI無添加系（DGEBA/TBPGE＝60/40）は樹脂構造中にC＝O結合を含まないため，FT-IRスペクトルのCO/CH比は零となる。一方，単官能エポキシを全エポキシ中の40%に固定したうえでGPI/TBPGE比を増やすにつれ，GPIのイミド骨格中のC＝O結合によりCO/CH比は増加した。バルク樹脂中にGPIが均一混合されていると考えると，このバルク樹脂のCO/CH比はGPI存在比率の検量線といえる。そこで，各樹脂組成についてバルク樹脂と接着界面近傍樹脂のCO/CH比を比較した結果が図8であるが，接着界面樹脂のCO/CH比は同一組成のバルク樹脂のCO/CH比と比較して明らかに高いことがわかった[7]。例えば，GPI 20wt%添加樹脂組成の場合，あたかもGPI濃度が40wt%を超えるバルク樹脂組成に相当するCO/CH比となっており，アルミニウム界面近傍においてはGPI成分が高濃度化されていることを示唆する。DGEBAやTBPGEに比較して高極性成分であるGPIは，やはり高極性表面を持つ金属被着体との親和性が高く，硬化過程において樹脂/ア

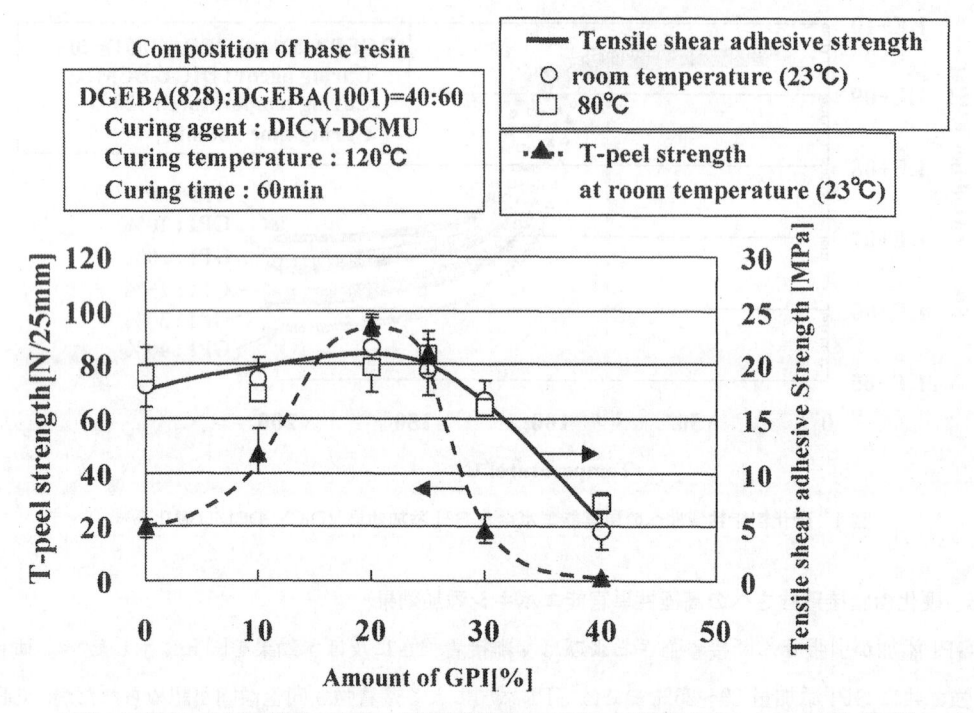

図5 DICY-DCMU 硬化系の引張せん断接着強さおよびはく離接着強さへのGPI添加効果[8]

ルミニウム被着体界面に引きよせられ局在化したと考えられる。その結果，極性成分であるGPIが樹脂/アルミニウム界面付近に多量に存在する事により，樹脂とアルミニウムとの引力的相互作用が増し，結果として接着強さ向上につながったと考えられる[7]。

他方，GPI添加量が一定量を超えるとせん断接着強さ，はく離接着強さ共に低下傾向を示したが，破断面観察によって樹脂内凝集破壊モードであることが明らかとなったことから，硬化樹脂のバルク物性の変化が反映されたものとの仮説が生まれる。そこでこの仮説を検証すべく，各組成のバルク樹脂の破壊靭性を評価した。図9にGPI添加量とバルク樹脂破壊靭性との関係を示した。図5と図9との比較により，接着強さのGPI添加量依存性とバルク樹脂破壊靭性のGPI添加量依存性が類似しており，中でもはく離接着強さにおいてその傾向が顕著であることがわかる。つまり，接着強さ発現メカニズムへのバルク樹脂靭性の寄与は明確であり，30%以上のGPI添加により樹脂靭性が低下したゆえに接着強さも低下したものと考えられる[8]。

第 2 章　解体可能な耐熱性接着材料

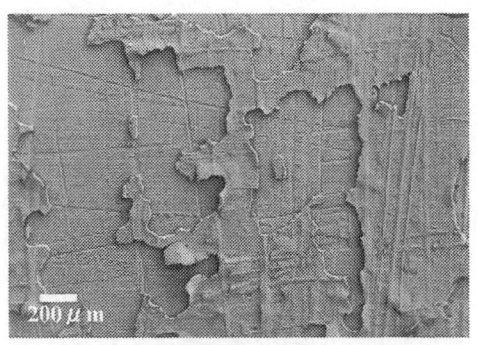

(a) GPI : 0%

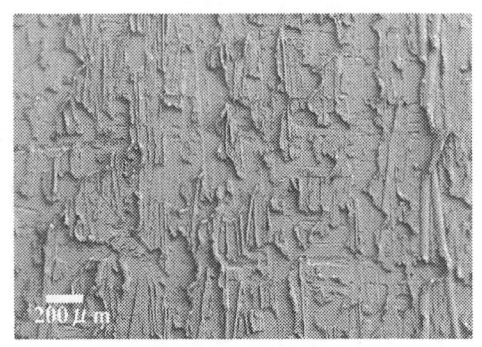

(b) GPI : 10%

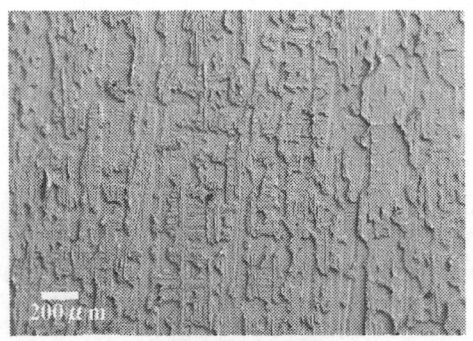

(c) GPI : 25%

図 6　GPI 添加樹脂（DICY-DCMU 硬化系）の引張せん断接着試験後の破断面 SEM 観察像
(a)DGEBA(828) : DGEBA(1001)＝40 : 60
(b)DGEBA(828) : DGEBA(1001) : GPI＝36 : 54 : 10
(c)DGEBA(828) : DGEBA(1001) : GPI＝30 : 45 : 25

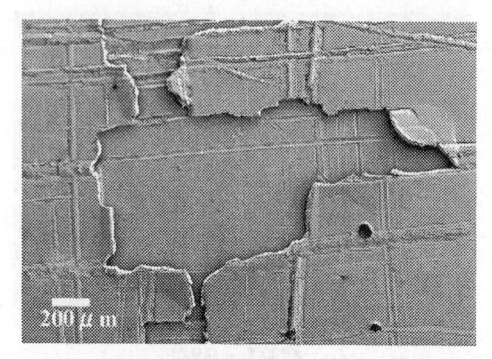

(a) GPI : 0%

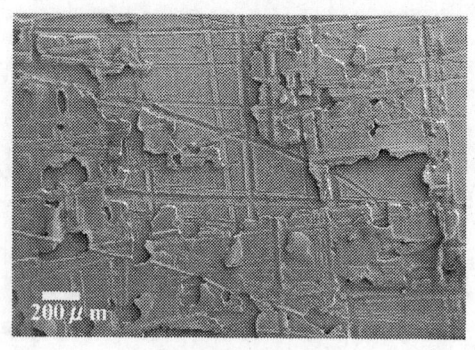

(b) GPI : 10%

(c) GPI : 25%

図7　GPI 添加樹脂（DICY–DCMU 硬化系）のはく離接着試験後の破断面 SEM 観察像[8]
(a)DGEBA(828)：DGEBA(1001)＝40：60
(b)DGEBA(828)：DGEBA(1001)：GPI＝36：54：10
(c)DGEBA(828)：DGEBA(1001)：GPI＝30：45：25

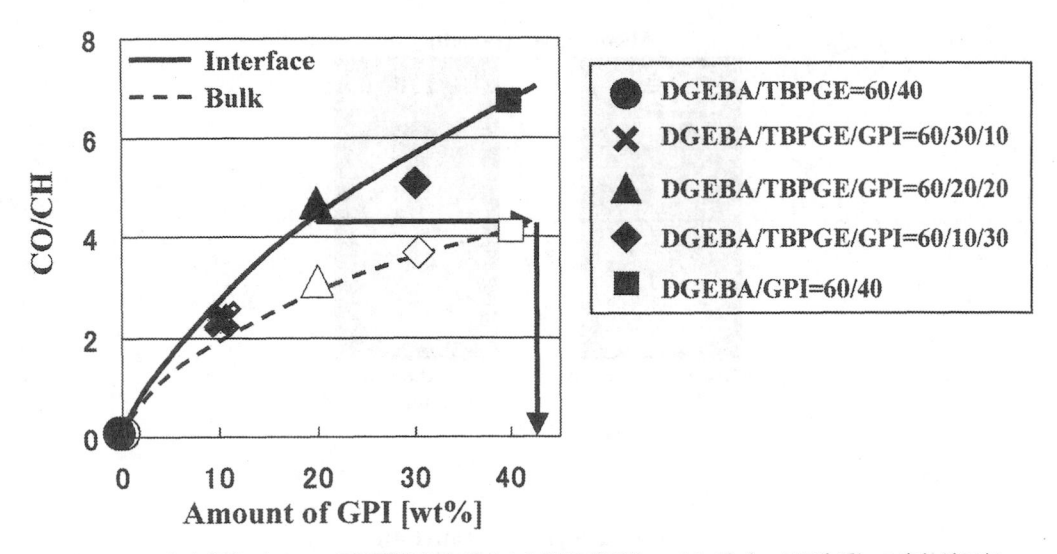

図8 GPI含有樹脂（アルミ界面近傍およびバルク樹脂成形体，イミダゾール硬化系）の赤外線吸収スペクトルより求めたCO/CH比とGPI添加量の関係[6]

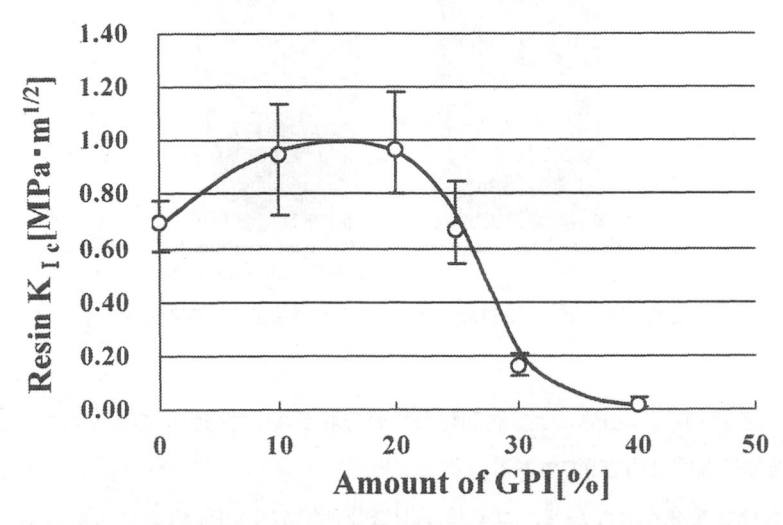

図9 GPI添加各バルク樹脂硬化物（DICY-DCMU硬化系）の破壊靭性[8]

2.4 樹脂粘弾性制御と加熱膨張剤添加の併用による解体性構造用接着剤設計

そこで，ここまでに見出したGPI添加エポキシ樹脂組成物に，加熱により体積膨張する解体トリガーを添加し，解体性と耐熱接着性を両立しうる樹脂組成を探索した。

熱解体性を付与するための膨張剤として，熱膨張性マイクロカプセルと膨張黒鉛を比較して用いた（図10）。熱膨張性マイクロカプセル（松本油脂製薬㈱製 F-100D）の平均粒子径は20〜30 μm，シェル組成はポリアクリロニトリル系コポリマーであり，膨張開始温度は約170℃である。膨張黒鉛（エア・ウォーター㈱製 80LTE-U）は，天然鱗片状黒鉛の層間に化学品を挿入（イン

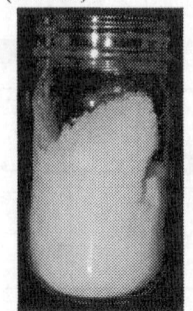

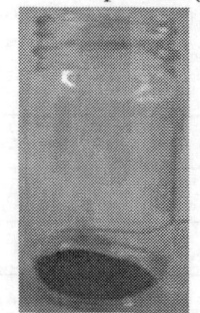

図10 熱膨張マイクロカプセルおよび膨張黒鉛の加熱膨張性[8]

ターカーレーション）し，加熱による層間化合物の分解ガス圧で膨張するメカニズムを持っている。その膨張開始温度は約200℃である。

　十分な接着強さを発現しながら，ゴム状平坦域弾性率が2MPa以下にまで低下した前項のGPI添加量25%の樹脂組成に，これらの膨張剤を添加した組成物をそれぞれ作成し，23℃でのせん断接着強さおよび解体性（上記の各膨張剤の膨張温度にて5分保持した後，23℃にまで冷却し，せん断接着強さを評価）を比較した（図11）。マイクロカプセル添加系については20wt%添加しても加熱解体せず，10MPaものせん断接着強さが残存していた。これに対し，膨張黒鉛添加系では初期せん断接着強さが15MPaであったものが，10wt%の膨張黒鉛添加により加熱解体し，残存強度がゼロとなることがわかった。粒子単独での体積膨張率はマイクロカプセルの方が大きいものの，膨張応力で考えると膨張黒鉛の方がマイクロカプセルより大きいためと考えられる。

第2章 解体可能な耐熱性接着材料

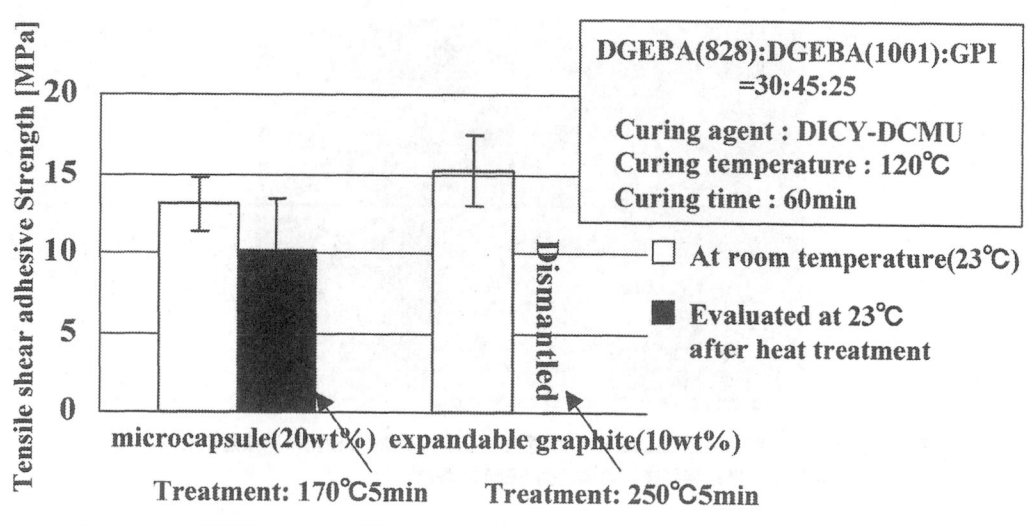

図11 GPI/膨張性フィラー（熱膨張マイクロカプセル，膨張黒鉛）添加樹脂の加熱解体性と室温せん断接着性（DICY/DCMU 硬化系）[8]

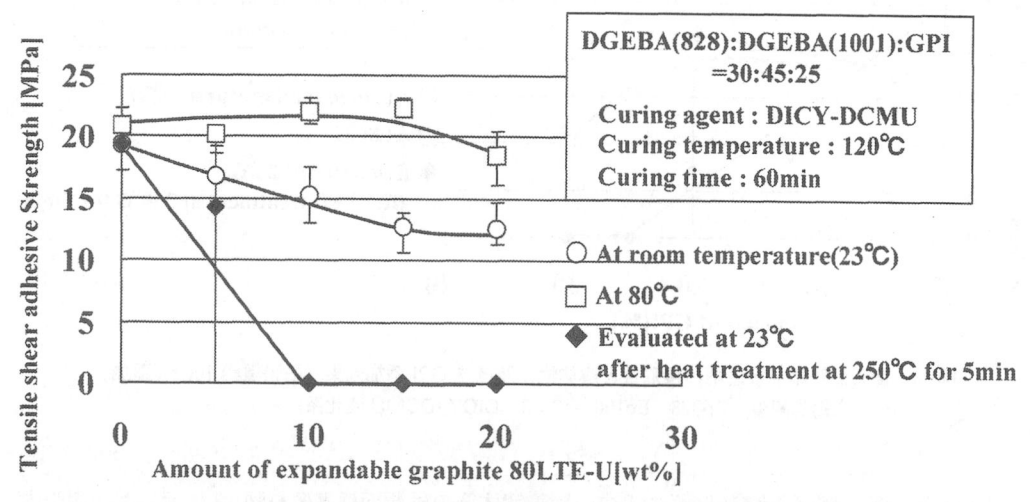

図12 GPI 25%添加樹脂の 23℃，80℃ せん断接着強さおよび 250℃ 5 分加熱解体性における膨張黒鉛添加効果（DICY/DCMU 硬化系）[8]

　この膨張黒鉛添加樹脂系について，23℃せん断接着強さ，80℃せん断接着強さおよび解体性に対する膨張黒鉛添加量の関係を図12に示した。GPI 25%，膨張黒鉛 10%添加樹脂は，80℃せん断接着強さが 20MPa という構造材適用レベルの耐熱接着性を発現しながら 250℃ 5 分の加熱にて解体する接着剤組成となったことがわかった[8]。検討したいずれの組成においても 80℃せん断接着強さが 23℃せん断接着強さより高めにあるが，接着剤樹脂硬化物の T_g（約 95℃）に評価温度が近づくことにより，接着剤層の残存内部応力が緩和されることがその理由と考えられる。

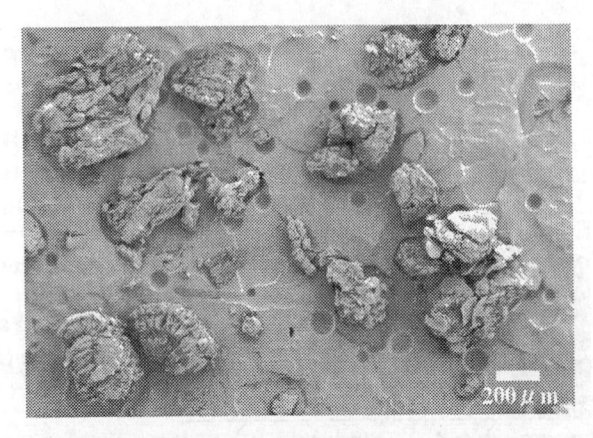

図13 GPI 25%，膨張黒鉛 80LTE-U 10%添加（DICY/DCMU 硬化系）接着剤を用いた加熱解体後（黒鉛膨張後）の破断面 SEM 観察像[8]

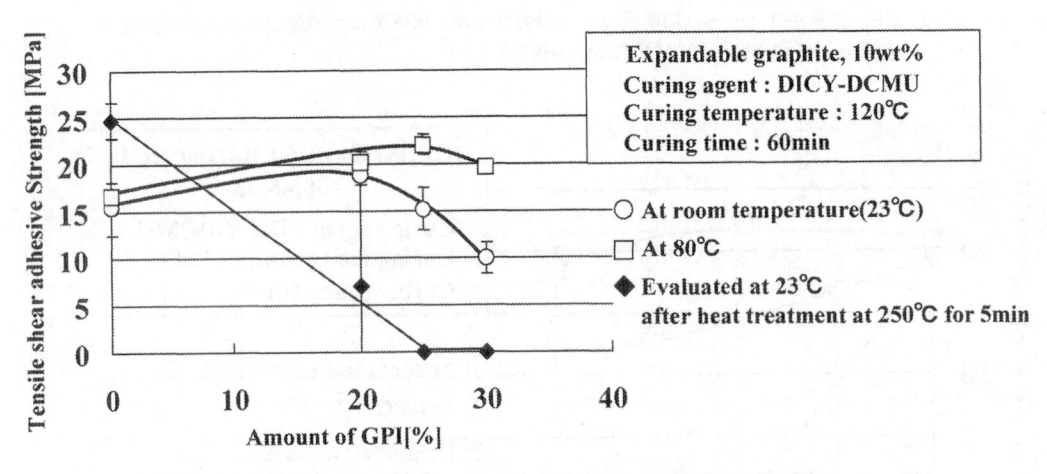

図14 膨張黒鉛添加接着剤の接着性と解体性に及ぼす GPI 添加効果（膨張黒鉛 10wt%添加。ベース樹脂組成：Ep828：Ep1001＝2：3，DICY/DCMU 硬化系）

上記 GPI25%，膨張黒鉛 10%添加組成の接着解体後の破断面観察像を図13に示した。樹脂内での黒鉛の膨張により接着層が凝集破壊し，解体に至ったことがわかる。

ここで，膨張黒鉛 10wt% 添加を前提として，GPI 添加量が解体性に及ぼす効果を検証した。DGEBA ベース DICY/DCMU 硬化系樹脂のエポキシ組成中の GPI 添加量を横軸にとり，23℃せん断接着強さ，80℃せん断接着強さおよび解体性（250℃ 5分加熱後の常温せん断接着強さ）を評価した結果を図14に示した。GPI 添加量の増加に伴い解体性は向上し，全試験片が解体するのに必要な GPI 添加量は 25%との結果であり，GPI 添加による硬化樹脂の粘弾性制御（T_g 低下を抑制しつつ，ゴム状弾性率を低下させる効果）が解体性と耐熱接着性の両立をもたらしたことを，改めて確認できた。

第2章　解体可能な耐熱性接着材料

　以上，高極性高剛直な骨格を有する単官能エポキシの導入を1つの手段とし，硬化エポキシ樹脂粘弾性（耐熱性とゴム状弾性率のバランス）の制御と適切な加熱膨張性解体トリガー配合を組み合わせるコンセプトによって，耐熱接着性と加熱解体性を兼備する構造材用解体性接着剤を組成設計できた。本研究において暫定目標とした80℃という温度は，種々の用途展開を考えると十分な耐熱性とはいえないが，上記の硬化樹脂粘弾性制御コンセプトが耐熱接着性と解体性の両立に有効であることが証明できたことに意味があると考える。今後さらに解体性と接着性をハイレベルに兼ね備えた理想的な接着剤・接着システムが生み出され，循環型社会の構築に役立つことを期待する。

文　　献

1) 石川博之，瀬戸和夫，前田直彦，下間澄也，佐藤千明，日本接着学会誌，**40**（4），146-151（2004）
2) 石川博之，瀬戸和夫，中川雅博，岸信夫，牧野雅彦，佐藤千明，日本接着学会誌，**40**（5），184-190（2004）
3) Y. Nishiyama, N. Uto, C. Sato, H. Sakurai, *Int. J. Adhesion and Adhesives*, **23**（5），377-382（2003）
4) 宇都伸幸，ECO INDUSTRY, **11**（1），32-38（2006）
5) 西山勇一，佐藤千明，宇都伸幸，石川博之，日本接着学会誌，**40**（7），298-304（2004）
6) 岸肇，稲田雄一郎，植澤和彦，松田聡，村上惇，第51回高分子研究発表会（神戸），A-21，p.37（2005）
7) 岸肇，植澤和彦，稲田雄一郎，西田裕文，松田聡，佐野紀彰，村上惇，日本接着学会誌，**42**（6），224-230（2006）
8) 岸肇，稲田雄一郎，今出陣，植澤和彦，松田聡，佐藤千明，村上惇，日本接着学会誌，**42**（9），356-363（2006）

第3章　ラジカル連鎖分解型ポリペルオキシド

松本章一*

1 はじめに

　近年，環境調和型ポリマーの合成や，できるだけ環境への負荷をかけない重合プロセスの新規開発が盛んに行われている。環境低負荷型のポリマー材料に対する期待は大きく，ポリマーが持つこれまでの高性能や高機能性に加えて，さらに分解性付与が求められることが多くなっている。この背景には，合成ポリマー材料をとりまく状況の変化がある。石油化学工業に支えられ，大きく発展してきた20世紀の合成高分子化学は，現在，大きな転機を迎えている。当初，天然素材由来の材料の代替として合成ポリマーの歴史は始まり，その後，少しでも強く，少しでも安定な材料をめざす方向に発展してきた。しかしながら，循環型物質社会への移行が始まると，ポリマー材料の再使用，再資源化の必要性が急激に高まり，エネルギーや物質の有効利用が欠かせなくなってきた。

　ここで，ポリマーが持つ様々な優れた性能や機能を損なわずに，さらにそこに分解性が加われば，循環型物質社会に対応した材料開発に有用であることは誰の目にも明らかである。分解性ポリマーの中で最も代表的なものであるポリ乳酸やポリグリコール酸は，バイオマテリアル分野でまず生体吸収材料として開発され，その後，外科用縫合糸や骨固定ピンなどとして実用化された。現在では，バイオマス由来の資源循環型（カーボンニュートラル）ポリマー材料としての将来性，可能性が高く評価され，ポリ乳酸やポリグリコール酸に加えて，一連のポリα-ヒドロキシ酸誘導体を含む各種グリーンプラの開発，あるいは天然高分子素材の実用化研究が急速に進められている[1]。その一方で，従来から利用されてきた材料や技術を活かしながら，より効率よく循環型物質社会に対応するための技術開発も盛んに行われている。例えば，解体性接着技術は総エネルギーやコスト削減のための有効な方法であり，本書で解説されているように様々な取り組みがなされている[2〜5]。新規分解性ポリマー材料の開発は，新しい技術の開発と発展に欠かせない重要な要素のひとつである。

　われわれは，ジエンモノマーの一種であるソルビン酸誘導体を酸素とラジカル交互共重合すると，主鎖中にペルオキシ結合を含む分解性ポリマーを合成できることを数年前に見いだした[6〜8]。

---

*　Akikazu Matsumoto　大阪市立大学大学院　工学研究科　化学生物系専攻　教授

第3章 ラジカル連鎖分解型ポリペルオキシド

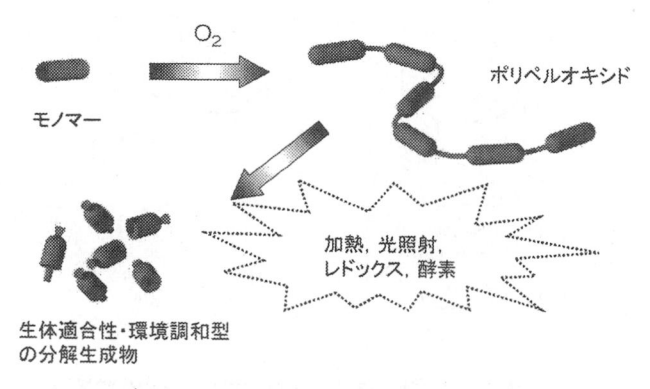

図1 ポリペルオキシドの生成と分解

ジエンモノマーを酸素存在下でラジカル重合すると、くり返し構造中に酸素単位を含むポリペルオキシドが容易に得られる。ポリペルオキシドは用いるジエンモノマーの構造に応じて、液状、ゴム状、粉末状、ゲル状などいろいろな形態で合成することができ、側鎖に極性基を導入すると水溶性ポリペルオキシドも設計できる。これらペルオキシドポリマーは容易に熱分解するだけでなく、光、酵素、化学反応など様々な刺激によって、低分子にまで一気にラジカル連鎖分解できる新しいタイプの分解性ポリマーであり、分解特性や分解生成物の構造を分子設計できるところに特徴がある（図1）[8~13]。側鎖に様々な官能基の導入が可能であり、また、汎用ポリマーの末端や側鎖に導入したジエニル基と酸素の反応によって、これまでにない類いの分解性ポリマーを設計できる。分解性塗料や解体性接着技術分野への応用はもちろん、その他の様々な分野での応用展開が期待され、例えば、生体内吸収材料やドラッグデリバリーシステムなどの医療・医薬品分野、生分解性ポリマー材料分野での利用をめざした研究も始まっている。

ここでは、将来の解体性接着技術への応用を念頭におきつつ、これまで得られている成果を中心に、ポリペルオキシドの基本的な特性について解説する。

2 ポリペルオキシドの特徴

ポリ乳酸をはじめとする生分解性ポリマーは、いずれも主鎖中に切断しやすい結合を含んだ特徴的な構造をもつ（図2）。生分解性ポリマーの分解過程では酵素分解反応や加水分解反応が重要であり、優れた分解性を示すポリマーは、くり返し構造中にエステルやグリコシド結合などをもつことが必要条件となる。

一方、ビニルポリマーやジエンポリマーは、主鎖が炭素－炭素間の結合だけでつながったポリマー構造をもつ。そのため、熱や化学的刺激に対して比較的安定であり、特に生分解性に乏しい

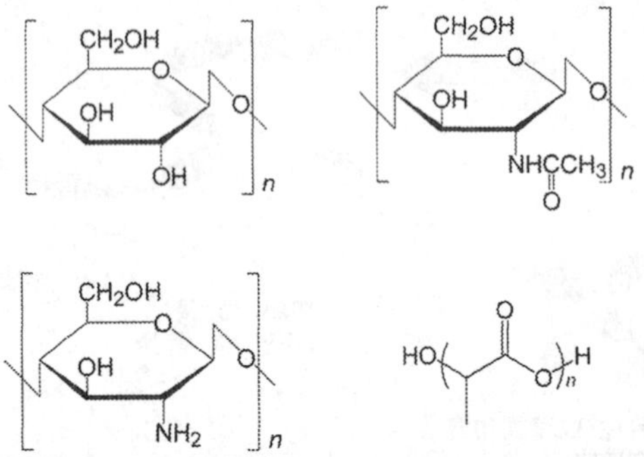

図2 一般によく用いられる生分解性ポリマーの化学構造

ことが知られている。ラジカル重合の反応活性種は活性なフリーラジカルであり，好ましくない反応を避けるため，多くの場合，窒素やアルゴンなどの不活性ガス中や減圧脱気して反応が行われる。酸素が存在すると，開始ラジカルや成長ラジカルと反応し，重合阻害するためである。

酸素は，重合停止剤あるいは抑制剤として働く一方，ごく微量の酸素がラジカル重合を開始，あるいはラジカル反応を誘起することもある。1930年代，エチレンの重合が反応装置に混入した空気によって引き起こされることをICI社の研究者が発見し，高圧法のポリエチレン合成プロセスを確立するに至ったことはよく知られている。ラジカル重合の反応系中に酸素が存在し，ある条件下（酸素分圧，温度，濃度，用いるモノマーの種類などに依存する）では，酸素がモノマーとして重合に積極的に関与してラジカル共重合が進行し，ポリマー中にくり返し構造としてペルオキシ結合を含むポリマー，すなわちポリペルオキシドが生成する。ポリエチレンの例と対照的に，この事実は意外に知られていない[14～16]。

ペルオキシ構造を含むポリマーの発見は古く，1920年代の論文[17, 18]にポリマーの推定構造が書かれており，一部の教科書にも同様のポリマーについて簡単な記述がある[19, 20]。ポリペルオキシドがこれまで分解性ポリマー材料として注目されることがなかった理由は2つある。まず，重合反応性が高くないため合成条件に制約があり，ビニルモノマーとの反応では高圧条件で重合を行うことが多かったことである。もうひとつは，分解生成物としてホルムアルデヒドを含むことである。われわれは，出発原料としてジエンモノマーを選択して反応性を高めることに成功した。さらに，ジエンモノマーの分子構造設計によって，ポリペルオキシドの分解特性や生成物の構造を制御し，これらの問題を解決した。

ここでは，まず，ポリペルオキシドが汎用のビニルポリマーとどのように異なるのかを示すため，ポリペルオキシドの特徴を列挙する。

第3章　ラジカル連鎖分解型ポリペルオキシド

- 豊富に存在する酸素をモノマーとして用いて，空気や酸素雰囲気下で重合するため，簡便な装置や反応で合成できる。
- 通常のラジカル重合プロセスをそのまま用いることができる。共重合も可能である。
- ジエンモノマーの選択により，液状，ゴム状，粉末状，ゲル状など生成物の形態を変化できる。
- ポリペルオキシドの側鎖に機能性基の導入することが容易であり，ポリペルオキシドに別の機能性を付与できる。
- ポリペルオキシドの構造に応じて，70〜120℃付近まで熱分解の開始温度を設定できる。
- 酸素分圧やジエンモノマーの濃度を調節して，酸素含有率を変えることができ，分解特性を調整できる。
- オリゴマーの生成を伴わずに瞬時に低分子まで分解し，無害な分解生成物のみを与えるよう分子設計できる。
- 紫外線照射によって分解が可能である。
- レドックス分解を利用して，アミンなど化学薬品によって分解が可能である。
- 酵素を用いて分解が可能であり，生体内での利用も期待できる。
- 様々な形態で汎用ポリマーとの複合化が可能である。
- ただし，熱分解性ポリマーであるので，溶融，射出成形することは難しい。

以下，それぞれ詳しい内容について説明する。

3　ポリペルオキシドの合成

　モノマーとラジカル開始剤を含む溶液に酸素あるいは空気を吹き込むだけで，簡単にポリペルオキシドが得られる。ソルビン酸エステル，ソルビン酸アミド，ヘキサジエン，その他多くの種類のジエンモノマーを原料として用いることができ[21,22]，生成するポリペルオキシドの側鎖部分の構造に応じて，形態は液状，粉末状，固体状，ゴム状，ゲル状と，様々に変化する（図3）。二官能性モノマーを用いると容易にゲルを合成することもでき[23,24]，親水基を導入するとハイドロゲルが得られる。

　ビニルモノマーと酸素のラジカル共重合では耐圧容器を用いて酸素の加圧下で重合が行われることが少なくないが，ソルビン酸エステルと酸素のラジカル交互重合性は高いため，温和な条件下で交互のくり返し構造をもつポリペルオキシドが生成しやすい。図4に，実験室規模での合成用の反応装置を示す。ガラス製のフラスコを用いて，ラジカル開始剤を含むモノマーの溶液に酸

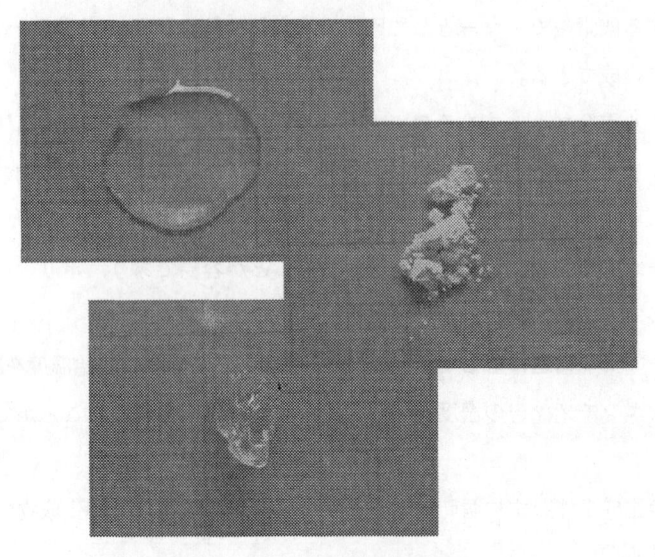

図3 ポリペルオキシドの形状
側鎖の構造を少し変えるだけで,液状,粉末状,ゲル状など様々な形態のポリペルオキシドを合成できる。

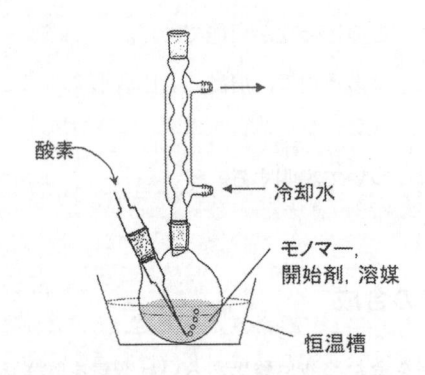

図4 ソルビン酸エステルを用いるポリペルオキシドの合成の簡単な反応装置(実験室用,大気圧下で反応)
従来のビニルモノマーからのポリペルオキシド合成では高圧条件下での反応が必要。

素や空気を吹き込むだけで,ごく簡単に合成できる。

　反応後は減圧下で溶液を濃縮後,沈殿剤に投入,ポリペルオキシドを沈殿させ,ろ過やデカンテーションにより単離する。反応溶液をそのまま用いてもよい。このように,ポリペルオキシドは市販されている原料や試薬と酸素を用いて,簡便な操作で合成することができ,また重合方法として,溶液重合だけでなく,バルク重合,けん濁重合,分散重合,乳化重合など,通常用いら

れる重合方法をそのまま適用できる。しかも，原料として酸素や空気を用いるので，反応前の不活性ガスの吹き込みや置換などの酸素除去の工程は必要ない。ただし，生成するポリペルオキシドが容易に熱分解するため，反応は低温で行うことが好ましい。

過酸化ベンゾイルなどの低分子化合物と同様，ポリペルオキシドも高い反応性をもつ過酸化物の一種であることを忘れず，その取り扱いには十分な注意が必要である。大量に扱う場合には，バルク状態でポリペルオキシドを取り扱わないよう工夫することが望ましい。また，不用意に酸化還元反応が起こらないように，反応容器の種類，使用する溶剤や試薬などに留意する必要がある[25]。

4 ポリペルオキシドの分解

ポリペルオキシドは加熱により容易に分解し，70～120℃で分解が起こり始めるが，室温以下ではほとんど分解は進行せず，低温にすれば比較的長期保存も可能である。分解反応は，主鎖中のペルオキシ結合のラジカル解離とそれに続く2種類の低分子量成分の連続的な脱離によって，連鎖的（解重合的）に進行する。そのため，分解の途中でポリマーの分子量低下やオリゴマーの生成は認められず，分解生成物は特定の低分子化合物だけとなる。ただし，合成時に用いたジエンモノマーに戻るわけではなく，重合と分解では中間体のラジカルの構造が異なり，原料とは違った構造の分解生成物が生じる。分解開始温度は，ポリペルオキシドのくり返し構造に応じて変化し，主鎖中のペルオキシ結合の隣の炭素上に，かさ高く，電子供与性の置換基を導入すると，分解開始温度が低下する傾向にある。

分解の手段として様々な刺激が利用でき，加熱だけでなく，光，化学反応，酵素反応によってポリペルオキシドの分解は進行する。様々な条件下でポリペルオキシドを分解した結果を表1にまとめる[26]。予想されるように，分解速度は温度に応じて変化し，ここで用いたポリペルオキシドの場合，90℃では90％分解するまでに数時間を要するが，110℃では1時間以内に分解は完結する。このように，ポリペルオキシドは容易に熱分解するため，汎用の熱可塑性ポリマーと同様の方法で，ポリペルオキシドそのものを溶融，射出成形することはできない。

ポリペルオキシドは紫外線照射によっても分解できる。さらに，熱や光などの物理的刺激だけでなく，化学反応による分解も可能である。例えば，強塩基性の化合物であるトリエチルアミンをポリペルオキシドに加えるとレドックス反応が起こり，ポリペルオキシドは瞬時に分解する。西洋ワサビペルオキシダーゼ（HRP）を用いた酵素分解も有効である。この場合には，比較的ゆっくり分解が進む。このように，いろいろな条件下での分解が可能な点は，ポリペルオキシドの大きな特徴のひとつである。

表1 様々な条件下におけるポリペルオキシドの分解

分解方法	分解温度 (℃)	分解時間 (h)	添加物	分解率 (%)	アセトン生成量 (%)
熱	90	1	なし	45.8	52.6
熱	90	2	なし	78.7	76.0
熱	90	3	なし	88.1	87.8
熱	90	5	なし	97.8	83.0
熱	110	0.5	なし	91.0	85.8
熱	110	1	なし	～100	～100
紫外線	30	3	なし	42.5	53.4
紫外線	30	12	なし	81.8	85.0
レドックス	30	0.5	トリエチルアミン	～100	—
酵素	30	72	HRP	45.7	—

5-メチルソルビン酸エステルから合成したポリペルオキシド（図5(c)の中段参照）を使用

表2 ソルビン酸エステルから得られるポリペルオキシドのガラス転移温度と熱分解温度

エステルアルキル基	アルキル炭素数	DSC T_g (℃)	DSC T_m (℃)	TGA T_{95} (℃)	TGA T_{50} (℃)	DTA T_{init} (℃)	DTA T_{max} (℃)
メチル	1	−10.7	—	119.5	149.8	107.9	147.5
エチル	2	−13.0	—	122.3	149.9	107.4	147.0
n-プロピル	3	−28.0	—	110.4	148.3	108.2	142.3
n-ブチル	4	−29.7	—	113.8	152.9	105.7	142.7
n-ペンチル	5	−36.2	—	118.1	153.2	106.3	144.3
n-ヘキシル	6	−37.2	—	124.9	153.4	106.6	145.0
n-ヘプチル	7	−37.9	—	123.4	155.0	106.8	141.5
オクチル	8	−53.5	—	125.4	166.7	103.5	145.6
ノニル	9	−47.3	—	134.0	172.8	106.7	148.3
デシル	10	−53.5	—	141.4	206.2	104.5	148.1
ドデシル	12	—	0.4	142.7	217.1	103.9	149.2
テトラデシル	14	—	23.7	145.4	285.4	106.3	146.2
オクタデシル	18	—	52.3	161.8	281.7	107.2	152.2

表2に，種々のエステルアルキル基をもつソルビン酸エステルを原料に用いて得られたポリペルオキシドのガラス転移温度（T_g）と熱分解温度をまとめる[22]。ここでは，窒素ガス中，一定速度（10℃/min）で昇温を行い，示差熱分析（DTA）より求めた分解開始温度（T_{init}）と最大分解温度（T_{max}），熱重量分析（TGA）より求めた T_{95} と T_{50} を分解温度の指標として用いた。T_{95} と T_{50} はそれぞれ5％，50％重量減少する温度を示す。

ポリペルオキシドの T_g と側鎖アルキル基の構造の関係を調べたところ，T_g は側鎖アルキル基

第3章 ラジカル連鎖分解型ポリペルオキシド

の構造に応じて変化し，アルキル炭素数が大きくなるほど低下することがわかった。炭素数が10を超えると側鎖アルキル基の先端部分で結晶化が起こり，融点（T_m）が観察できるようになる。多くのポリペルオキシドは粘性の高い液状あるいは固体状であるが，側鎖の結晶化温度が室温を超える長鎖アルキル基を含むポリペルオキシドは粉末状ポリマーとして単離できる。このように，T_gに関しては，ポリアクリル酸エステルなどの汎用のアクリル系ポリマーと同様の傾向を示すことがわかる。必要な物性や形状にあわせて，使用する原料のジエンモノマーの構造を選択するとよい。

ポリペルオキシドの熱分解はラジカル連鎖的に進行する。まず，ポリペルオキシドの主鎖のくり返し構造のうち，どこか一箇所でペルオキシ結合（O−O結合）がラジカル分解し2つの酸素中心ラジカル（RO・）が生成すると，それに引き続いて解重合的にβ−開裂反応が連続して起こる。エステルアルキル基が直鎖状に長くなるとT_{95}やT_{50}は高くなるが，これは分解生成物の分子量が増大し揮発性が低下するためである。DTAから求めたT_{init}やT_{max}はアルキル基に依らず一定の値を示し，分解温度そのものは側鎖のアルキル基の構造には依存しないことがわかる。

ここで，分解生成物はラジカル連鎖反応で生じる低分子化合物であるので，分解が一部進行するだけでポリペルオキシドのみかけの形状は大きく変化する。例えば，ソルビン酸ヘキシルより合成したポリペルオキシドは室温では柔らかい固体状でほとんど流動性を示さない（T_g＝−37.2℃）が，80℃でわずか5分加熱するだけでポリペルオキシド全体は液状に変化する。室温に冷却後も粘性は低下したままなので，一時的な加熱によりはく離できる接着材料に応用できる。従来の熱可塑性材料を用いる接着やはく離とは異なる機構の解体性接着材料の開発への展開が期待されている。

5 ポリペルオキシドの分解生成物と分子設計

ビニルモノマーから同様のポリマーが得られることは古くから指摘され，特にスチレン系モノマーを用いた研究が以前に報告されている[14, 15]。しかしながら，比較的高圧力下での酸系を用いた場合など，限られた合成条件でのみ構造の明確な交互共重合体が生成することや，分解生成物として常にホルムアルデヒドを含むことが問題であった。一方，ソルビン酸エステルを原料として用いると，合成反応が容易になるだけでなく，分解生成物中にホルムアルデヒドは含まれず，代わりにアセトアルデヒドが生じる。原料として用いるジエンモノマーの構造を工夫して，反応する二重結合上にさらに置換基を導入することにより，分解生成物の構造を大きく変えることができる。反応設計の具体的な例を図5に示す[26, 27]。

ソルビン酸エステルの5−メチル基をプロピル基に変えると，分解生成物は揮発性の低いブチ

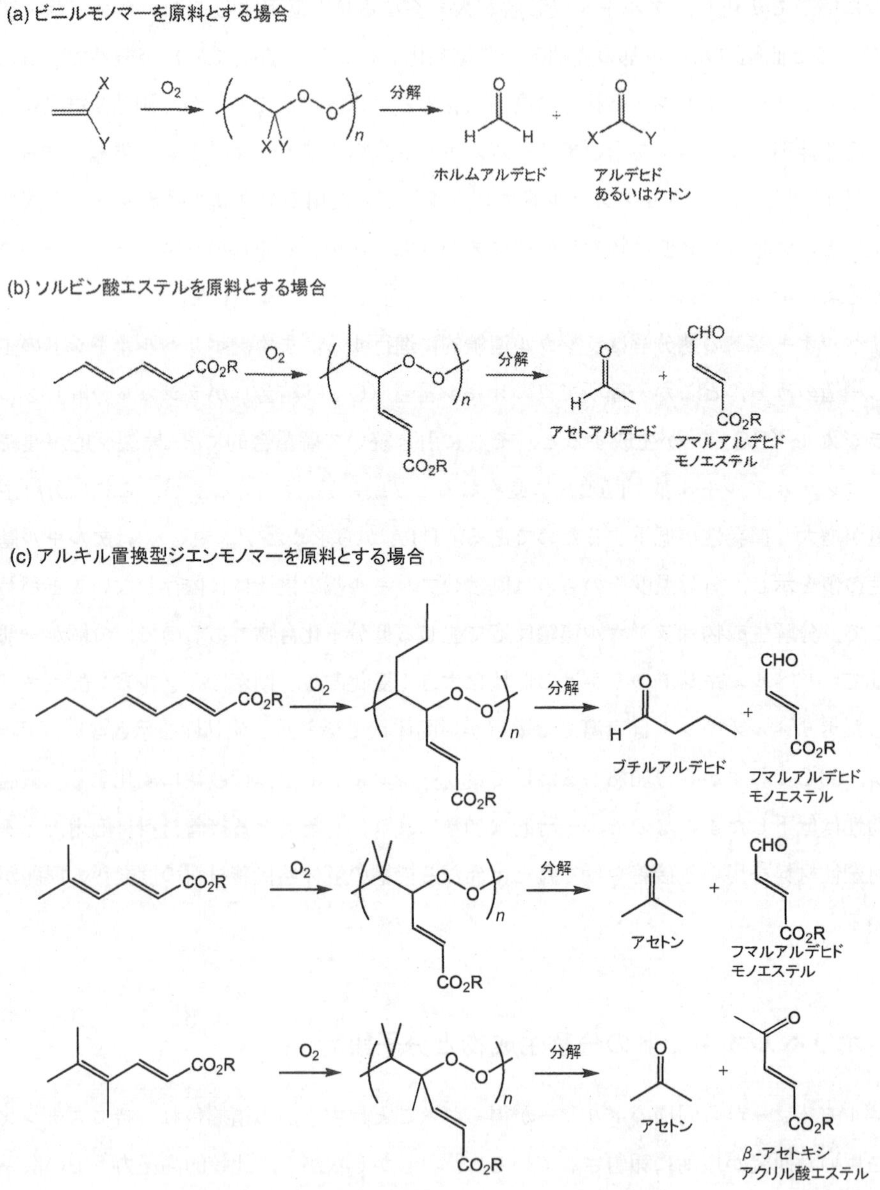

(a) ビニルモノマーを原料とする場合

(反応スキーム:ビニルモノマー + O_2 → ポリペルオキシド → 分解 → ホルムアルデヒド + アルデヒドあるいはケトン)

(b) ソルビン酸エステルを原料とする場合

(反応スキーム:ソルビン酸エステル + O_2 → ポリペルオキシド → 分解 → アセトアルデヒド + フマルアルデヒドモノエステル)

(c) アルキル置換型ジエンモノマーを原料とする場合

(反応スキーム1:+ O_2 → ポリペルオキシド → 分解 → ブチルアルデヒド + フマルアルデヒドモノエステル)

(反応スキーム2:+ O_2 → ポリペルオキシド → 分解 → アセトン + フマルアルデヒドモノエステル)

(反応スキーム3:+ O_2 → ポリペルオキシド → 分解 → アセトン + β-アセトキシアクリル酸エステル)

図5 ジエンモノマーの置換基の導入によるポリペルオキシドの構造の変化と分解生成物の制御

ルアルデヒドとなる。5位にメチル基を2つ導入すると,アセトアルデヒドではなくアセトンが生成する。フェニル基を置換した場合には,ベンズアルデヒドが生成物となる。この場合には,酸素と交互共重合体が2種類のくり返し構造を含むため,ある構造のくり返しの部分からは,ベンズアルデヒドとフマルアルデヒドモノエステルが,もう一つのくり返しの部分からはグリオキシル酸とケイ皮アルデヒドが生成する。ポリマーは複雑な構造となるが,酸素との交互共重合体

第3章 ラジカル連鎖分解型ポリペルオキシド

(d) フェニル置換型ジエンモノマーを原料とする場合

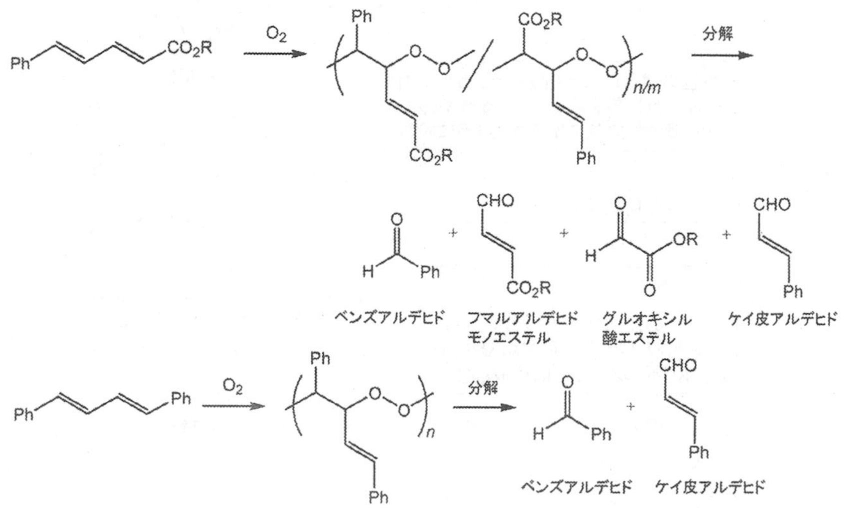

図5 ジエンモノマーの置換基の導入によるポリペルオキシドの構造の変化と分解生成物の制御（つづき）

の構造はしっかり保持しているため，他のポリペルオキシドと同様のラジカル連鎖的な機構で分解が起こる。ジエンの両端にフェニル基を導入した構造の1,4-ジフェニルブタジエンを用いると，分解生成物はベンズアルデヒドとケイ皮アルデヒドのみとなる。これらはいずれも香料や食品添加物として広く用いられている化合物である。

このように，分解生成物を不揮発性のものや毒性の低いものにすることができるが，1,4-ジフェニルブタジエンの場合を除いて，他のポリペルオキシドは分解生成物として，フマルアルデヒドモノエステルを必ず含んでいる。この化合物は揮発性や毒性の低いものであるが，使用する状況によっては，アルデヒドの生成そのものが好ましくない場合がある。そこで，分解生成物にアルデヒドを全く含まないポリペルオキシド合成のための反応設計を行った。設計にあたっては，次のような論理構成に基づいて，反応設計を進めた（図6）[27]。

まず，分解生成物をアルデヒドの形にしない，すなわち生成物のカルボニル基に隣接する水素をなくすためには，ポリペルオキシドの主鎖中のペルオキシ結合に隣接する炭素上に水素を持たないことが必要である。このようなポリペルオキシドを与えるモノマーの構造として，四置換型のエチレンモノマーを出発物質として用いることが条件となる。ところが，一般にエチレン上の置換基の数が増えるほど重合反応性は低下し，酸素との共重合でも四置換モノマーの反応は不利である。事実，テトラメチルエチレン（2,3-ジメチル-2-ブタジエン）を酸素と反応させると，酸素が付加してペルオキシラジカルが生成した後，水素の引き抜き反応が優先して起こり，ヒド

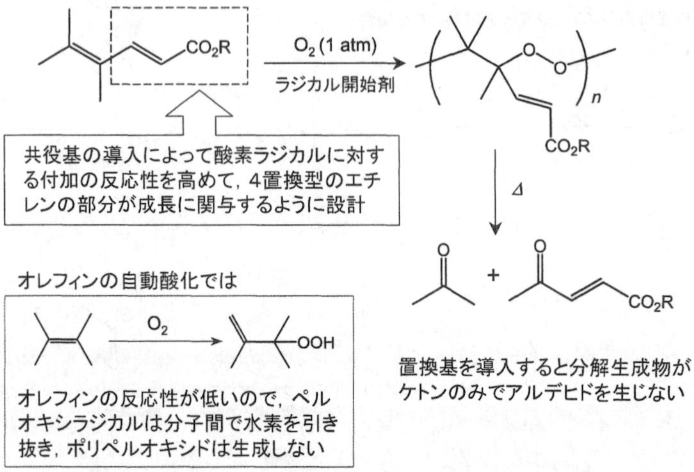

図6 アルデヒドフリー型のポリペルオキシドの設計

ロペルオキシドが生成する。水素が引き抜かれた分子は酸素と反応し，ペルオキシラジカルの生成，再び水素引き抜きのサイクルをくり返す。この場合にはポリペルオキシドは得られない。

ここで，エチレン上の4つのメチル基のひとつを共役基であるアクリル基に変え，生成するアリルラジカルの共鳴安定化の効果により，ペルオキシラジカルのジエンモノマーへの付加の促進を利用して，ポリペルオキシドがうまく生成するように反応設計したところ，他のポリペルオキシドと同様，設計どおりに目的のポリペルオキシドが合成できることがわかった。これらジエンモノマーと酸素のラジカル交互重合反応では，著しく高い位置選択性を伴って成長反応が進行し，成長反応の機構は密度汎関数法（DFT）を用いた計算化学実験によって解明されている[27]。

6 ポリペルオキシドの機能化

ポリペルオキシドは従来の分解性ポリマーとは大きく異なる分解特性をもつが，分解することだけで満足できる材料はなく，何らかの機能に分解性が加わってこそ，機能化ポリペルオキシドの価値がある。そこで，ポリペルオキシドの側鎖部分に機能団を導入し，ポリペルオキシドの主鎖部分の分解特性を利用して，分解が起こって低分子物質が放出されると同時に機能が発現できるようポリマーを設計した。

ポリマー側鎖へ機能を導入する方法として，アジドやイソシアネート基など反応性の高い置換基をあらかじめ導入しておき，官能基や機能団を含むアルコールやアミンを反応して目的の機能を組み込むのが効果的である（図7）[22]。機能の導入は，あらかじめモノマー段階で行ってもよいし（図8），ポリペルオキシドとしてから反応してもよい（図9）。まずポリペルオキシドを合

第3章 ラジカル連鎖分解型ポリペルオキシド

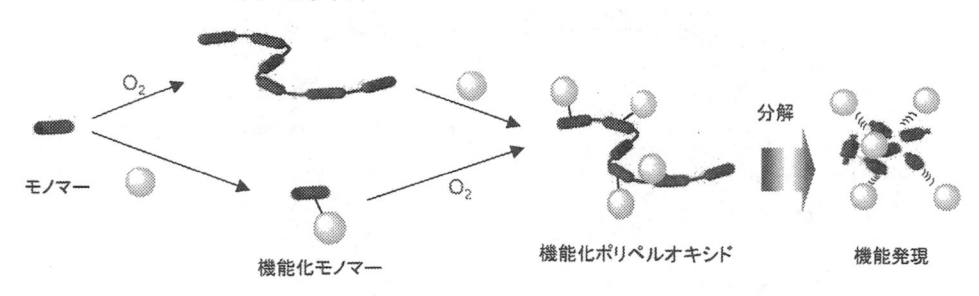

図7 ポリペルオキシドの機能化の反応経路と分解による機能発現

図8 エステル基に機能性基を含むソルビン酸誘導体の重合による機能化ポリペルオキシドの合成

成して，さらに側鎖置換基と反応する場合には，反応条件に制約を生じ，ポリペルオキシドが分解しない条件下で導入反応を行う必要がある。アジドやイソシアネート化したジエンモノマーを用いてポリペルオキシドを合成すると，後の機能化反応が容易に行える。側鎖に導入する官能基の具体的な例として，抗癌剤，多糖類，薬理活性置換基，オリゴペプチド，オリゴヌクレオチドなど，様々なものがあげられる。また，メタクリロイル基などの反応性基を導入すると，ポリペルオキシドを架橋でき，分解によって再び可溶化することもできる。反応だけでなく，何らかの

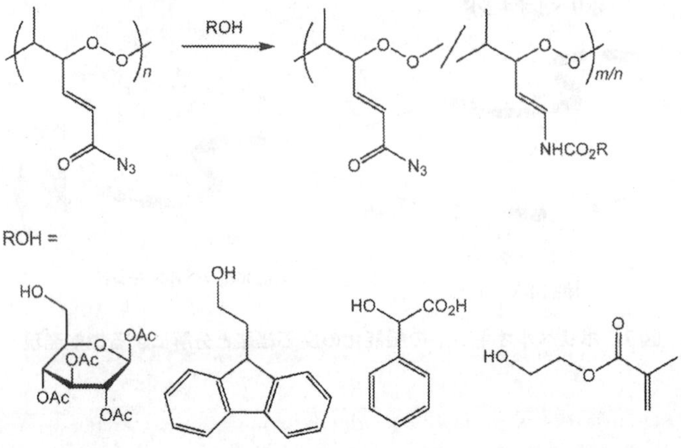

図9 側鎖にアジド基をもつポリペルオキシドのポリマー反応による機能化ポリペルオキシドの合成

表3 親水性基を導入したポリペルオキシドの溶解性

側鎖エステル置換基	クロロホルム	テトラヒドロフラン	メタノール	水
H	可溶	可溶	可溶	不溶
CH_2CO_2H	可溶	可溶	可溶	不溶
CH_2CH_2OH	可溶	可溶	可溶	不溶
$(CH_2CH_2O)_4H$	不溶	可溶	可溶	可溶
CH_3	可溶	可溶	不溶	不溶

電子・光機能基を導入すると，ポリペルオキシド側鎖に束縛された状態と，分解後に低分子として放出された状態とでは応答に差が生じることを利用して，分解の状態をモニターすることも可能であると考えられる。

また，実際の応用にあたっては，水溶性ポリペルオキシドが必要となることも少なくない。そこで，ポリペルオキシド側鎖への親水性基の導入を行った[28]。カルボキシル基やヒドロキシ基の導入でアルコールには可溶となるが，水溶性にするためには，オリゴエチレングルコール単位を導入する必要がある（表3）。このように，側鎖エステル基の疎水性，親水性の選択によって，有機溶媒に可溶なものから水溶性のものまで，ポリペルオキシドの溶解性を制御することができる。側鎖エステル基に極性基などを導入しても分解開始には違いはみられず，分解特性には影響しない。

さらに，疎水性のメチルエステル基と親水性のテトラエチレングリコールエステル基の両方を含むポリペルオキシドを共重合によって合成すると，室温付近にLCST（下限臨界溶液温度）型

第3章 ラジカル連鎖分解型ポリペルオキシド

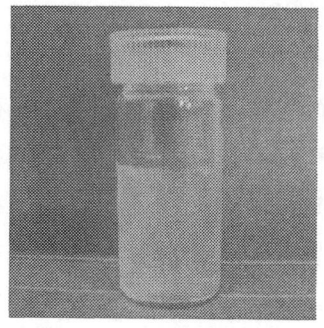

　　　　LCST以下　　　　　　　　LCST以上

図10　LCST以下（左）とLCST以上（右）でのポリペルオキシド
　　　水溶液の状態の変化

相分離挙動を示すことがわかった[28]。低温では水に溶解するが，ある温度以上で不溶となるポリマーは温度応答性ポリマーとして応用できるため，多くの研究がなされている。例えば，ポリN-イソプロピルアクリルアミド，メチルセルロース，ポリエチレンオキシド，ポリビニルエーテルなどがLCST型の相分離現象を起こすことが知られている[29]。図10は，LCST以下と以上でのポリペルオキシド（ソルビン酸メチルエステルとソルビン酸テトラエチレングリコールエステルの共重合体）の状態変化を示したものである。このポリペルオキシドのLCSTは36℃であり，室温では水に溶解しているが，LCST以上に加熱するとポリマーは凝集し，溶液は白濁する。80℃付近までの間では，この変化は可逆的であり，ポリN-イソプロピルアクリルアミドなど他のポリマーと同様である。ただし，不均一になった水溶液を100℃付近まで加熱すると，ポリペルオキシドは分解し，白濁は消失する。分解後は，低分子量の分解生成物の水溶液となる。ポリペルオキシド合成に二官能性のモノマーを用いるとゲルが合成でき，温度応答性のポリマーゲルに分解性を付与することができる。

7　ポリペルオキシドとポリ乳酸の複合化

　過酸化ベンゾイルに代表される結晶性の低分子系過酸化物と異なり，ポリペルオキシドは粘性の高い液状，あるいは固体状でも非晶性あるいは部分結晶性であるため，静電気や摩擦，衝撃などによる爆発の危険性は低い。ただし，先に述べたように，ポリペルオキシドも過酸化物の一種であり，慎重に取り扱う必要がある[25]。ポリペルオキシドを安全に取り扱うため，不必要に加熱しない，還元性の化合物や金属と接触させないなど，通常の過酸化物の取り扱いと同様の基本的な注意がいる。工業的に使用するには，他の材料との複合化を行い，取り扱いの利便性をできる

限り高める必要がある。ポリマーブレンドだけでなく，薄膜多層化，さらには重合・合成反応を工夫してポリマーの化学構造の一部にポリペルオキシド構造を組み込むなどして，安全性やハンドリング性を高めつつも，ポリペルオキシド本来の分解特性を損なわない形での使用が望まれる。逆の立場から考えると，他のポリマーの一部にポリペルオキシド構造を導入することは，汎用ポリマーに分解性を容易に付与できることになる。後者に期待する特性は，材料が分解してその場からなくなることではなく，分解によって物性などの特性が不連続に大きく変わることにある。

　ポリ乳酸は天然物由来の原料から生産され，加水分解によって乳酸となり生体内で代謝吸収可能な循環型材料のひとつとして注目されている。しかしながら，ポリ乳酸の物性と分解性を同時に制御することは容易ではなく，用途に合わせた複合化技術や材料設計が必要とされている。ポリペルオキシドとポリ乳酸はそれぞれ異なった分解特性を持ち，両者を組み合わせることにより新しい機能が期待される。そこで，環状2量体であるラクチドのリビングアニオン重合によって，開始および停止反応で末端にジエニル基を導入したマクロモノマーを合成し，さらに酸素と共重合して，側鎖にポリ乳酸をもったグラフト型のポリペルオキシドを得た[30]。生成するポリマクロモノマーの重合度は低く，数量体から十数量体程度である。このようなくり返し構成単位がポリ乳酸でできているポリペルオキシドを加熱すると，主鎖のポリペルオキシド部分だけが速やかに分解し，もとのマクロモノマーとほぼ同じ分子量のポリ乳酸が残る。ポリ乳酸は比較的ゆっくり分解する（図11）。

　また，両末端にジエニル基を導入したテレケリックポリ乳酸からはポリ乳酸ゲルが生成する。このポリ乳酸ゲルも，直鎖状や分岐状のポリマーと同様の機構で分解する。架橋点となっている部分がポリペルオキシド構造であるため，刺激によって架橋点のみが速やかに分解し，可溶性のポリ乳酸が生じる。トルエンで膨潤したポリ乳酸ゲルを100℃で加熱するとポリマーがすべて可溶化する様子を図12に示す。ポリペルオキシドとポリ乳酸を組み合わせて分岐構造を制御するだけで，ポリ乳酸部分の結晶性が変化することが見いだされている。ポリ乳酸に限らず，他の種類，様々な構造のポリマーと，ポリペルオキシド骨格をうまく組み合わせることにより，必要な特性や状態変化を期待できる新規な分解性ポリマー材料が設計できる。

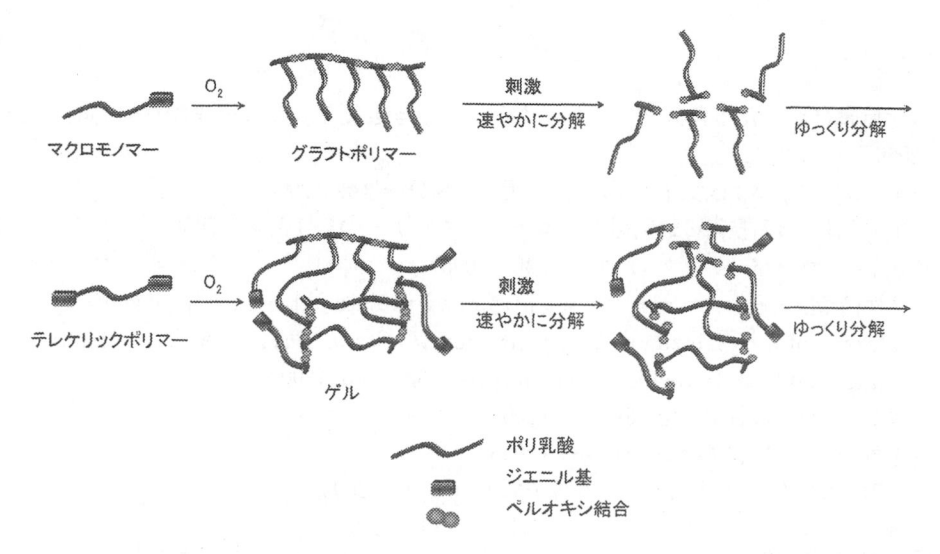

第3章 ラジカル連鎖分解型ポリペルオキシド

図11 ポリ乳酸マクロモノマーとテレケリックポリ乳酸から得られるポリペルオキシドの構造と分解

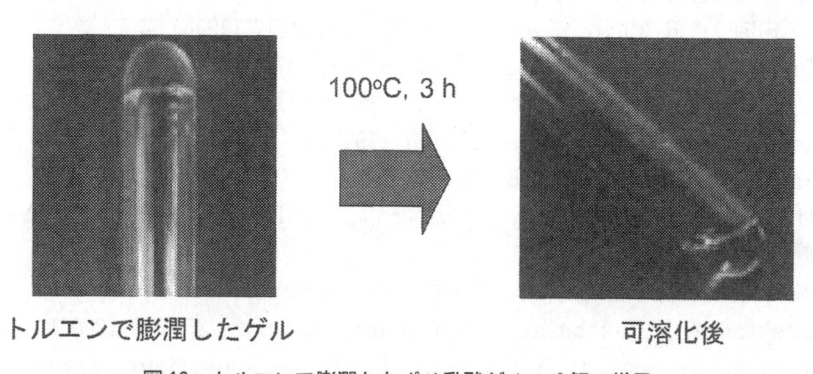

図12 トルエンで膨潤したポリ乳酸ゲルの分解の様子

8 おわりに

　以上，ジエンモノマーと酸素を原料として簡単に合成できるポリペルオキシドについて，合成法，分解の特徴，分解反応の制御と分子設計，機能化，ならびに材料設計の考え方について紹介した。ポリペルオキシドは，加熱，光照射，レドックス，酵素など，様々な刺激によって分解できるので，多くの場面での利用が期待できる。用途にあわせて分子設計が容易に行える点で機能性ポリマー材料として有望である。また，資源面でも酸素は地球上で最も豊富な資源のひとつである。酸素分子は高い反応性を持ち，多くの場合，発熱的に反応するので，酸素酸化反応をうまく利用すれば，省資源，省エネルギー型の新しい材料設計が，さらに開発できるものと期待される。

文　献

1) 木村良晴ほか，天然素材プラスチック，高分子学会編集，高分子先端材料 One Point 5 (2006)
2) 特集「つけてはがす高分子」，高分子，6月号，高分子学会 (2005)
3) 特集「解体性接着技術の最前線」，エコインダストリー，**11**，1月号 (2006)
4) 佐藤千明，コンバーテック，2月号，p.40 (2005)
5) 解体性接着技術研究会ホームページ：http://www.csato.pi.titech.ac.jp/disadh/
6) A. Matsumoto, Y. Ishizu, K. Yokoi, *Macromol. Chem. Phys.*, **199**, 2511 (1998)
7) A. Matsumoto, H. Higashi, *Macromolecules*, **33**, 1651 (2000)
8) 松本章一，日本接着学会誌，**39**, 308 (2003)
9) 松本章一，日本接着学会誌，**41**, 289 (2005)
10) 竹谷秀司，杉本祐子，松本章一，高分子加工，**54**, 51 (2005)
11) 松本章一，エコインダストリー，**11**, 1月号，p.39 (2006)
12) 松本章一，ファインケミカル，**35**, 2月号，p.15 (2006)
13) 松本章一，工業材料，**54**, 3月号，p.76 (2006)
14) A. A. Miller, F. R. Mayo, *J. Am. Chem. Soc.*, **78**, 1017 (1956) など
15) T. Mukundan, K. Kishore, *Prog. Polym. Sci.*, **15**, 475 (1990)
16) V. A. Bhanu, K. Kishore, *Chem. Rev.*, **91**, 99 (1991)
17) H. Staudinger, *Z. Angew. Chem.*, **35**, 657 (1922)
18) H. Staudinger, *Chem. Ber.*, **58B**, 1075 (1925)
19) G. Odian, *Principles of Polymerization*, 3rd ed., Wiley-Interscience, New York, p.264, p.517 (1991)
20) 大津隆行，改訂高分子合成の化学，化学同人，p.104 (1979)
21) H. Hatakenaka, Y. Takahashi, A. Matsumoto, *Polym. J.*, **35**, 640 (2003)
22) Y. Sugimoto, S. Taketani, T. Kitamura, D. Uda, A. Matsumoto, *Macromolecules*, in press
23) 松本章一，長瀬科学技術振興財団研究報告集，**15**, p.69 (2003)
24) A. Matsumoto, S. Taketani, *Macromol. Chem. Phys.*, **205**, 2451 (2004)
25) 第5版実験化学講座15 有機化合物の合成Ⅲ，日本化学会編，p.425 (2003)
26) A. Matsumoto, S. Taketani, *Chem. Lett.*, **33**, 732 (2004)
27) A. Matsumoto, S. Taketani, *J. Am. Chem. Soc.*, **128**, 4566 (2006)
28) S. Taketani, A. Matsumoto, *Chem. Lett.*, **34**, 104 (2006)
29) 青島貞人，金岡鍾局，杉原伸治，高分子ゲルの最新動向，柴山充弘，梶原莞爾監修，シーエムシー出版，p.3 (2004)
30) 北村倫明，松本章一，第54回高分子討論会予稿集，講演番号2Y16 (2005)；T. Kitamura, A. Matsumoto, 投稿中

第4章 酸化分解性ポリアミド

木原伸浩[*]

1 はじめに

　理想的な接着剤の要件として，接着強度などの基本的な性質の他に，必要が無くなったら容易にはがせることが挙げられる。もちろん，接着強度とはく離のしやすさは相反するので，接着強度を保ちながら高いはく離性を持たせるには，接着剤には特別の設計が要求される。

　分解性ポリマーは，高いはく離性を持つ接着剤として使用できる可能性がある。必要が無くなった時点で分解させてしまえば，接着強度を直ちにゼロにできるからである。すなわち，外部刺激によってポリマーを分解させることができれば，接着強度とはく離性を併せ持つ接着剤を得ることができるであろう。問題は，どのような刺激を用い，その刺激でどのようにポリマーを分解させるか，である。

　外部刺激としては，様々なものが考えられるが，物理的なもの，生物的なもの，化学的なもの，に大別できる。物理的な刺激とは熱，光，機械的刺激，電場，などである。このうち，熱と光以外は，接着剤という均質性が要求される系でポリマーの分解という化学反応を引き起こす刺激にはなりにくい。光分解性ポリマーは様々なものが知られているが，接着剤のはく離に利用するのは難しい。熱刺激については本書でも多くの最新技術が解説されているが，熱的安定性との両立が最大の問題点となる。生分解性材料は生物的な刺激で分解する高分子材料であるが，分解性接着剤として利用するには，分解速度などの点で困難が大きいであろう。そのようなことを考えると，化学的な刺激で分解するポリマーは分解性接着剤として最も有望であるように思われる。そもそも，ポリマーの分解は化学反応であるから，化学的な刺激は，本質的に分解性接着剤の分解の刺激としやすいのである。

　化学的な刺激として，加水分解反応の利用（水が刺激となる）は最もよく研究されているものである[1]。しかし，水のように環境中に大量に存在するものを刺激とするのでは，接着強度の保持に問題が生じる。刺激としては自然にはないものが望ましい。そのような接着剤は，自然環境下では安定であり，使用者が分解させたいと企図した時に容易に分解させることができる。さらに分解反応が制御できるのであれば，分解生成物の構造は明確にすることができるので，分解生

---

* Nobuhiro Kihara　神奈川大学　理学部　化学科　教授

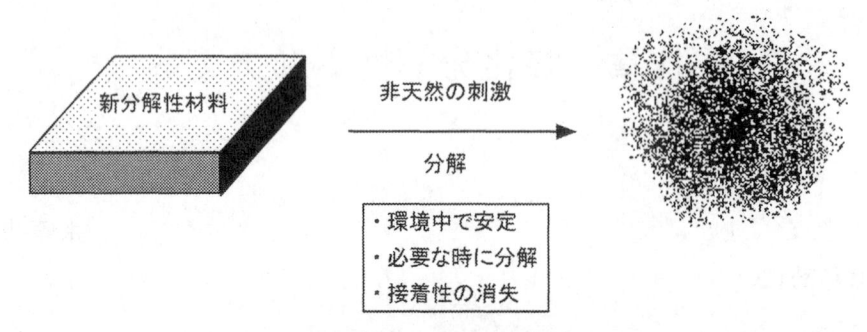

図1　非天然刺激による新分解性ポリマー

成物による環境汚染などについても十分にケアすることができよう（図1）。

そんな都合の良い化学的な刺激とそれに応答する官能基はあり得るのだろうか。そして，分解のスイッチとなる刺激には何を使うべきであろうか。

2　酸化分解性ポリマーの分子設計

ポリマーを崩壊させるスイッチとしては，容易に入手でき，安価で扱いやすいものが望ましい。そのような観点から，スイッチとなる反応として酸化反応に着目した。我々の暮らす大気は酸化雰囲気なので，還元剤に比べて酸化剤の取り扱いは容易である。ここで，酸化剤と反応するといっても，空気中の酸素と反応してしまっては困る。しかし，分子状の酸素はラジカルであるので，通常の酸化剤とは反応性が大きく異なる。酸素のこの特殊性を利用すれば，空気中で安定であるにもかかわらず酸化分解を受けるポリマーが実現できる。

酸素とは反応せず，安価な酸化剤とは容易に反応するような官能基はいくつか考えられる。問題は，そのような官能基を持つポリマーが酸化を受けたときに，酸化された部分が容易に分解するような分子設計である。そこで，ヒドラジンのジアミドであるジアシルヒドラジン（モノアミドはヒドラジドという）に注目した[2]。ジアシルヒドラジンは，ヒドラジンとは異なり空気中では安定な化合物であるが，様々な酸化剤と反応してアゾジカルボニル化合物となる。ヒドラジドは加水分解をほとんど受けないが，アゾジカルボニル化合物は，アゾ基の高い脱離性のために容易に加水分解を受ける官能基である[3]。したがって，ポリ（ジアシルヒドラジン）は酸化分解性ポリマーとなることが期待できる（図2）。

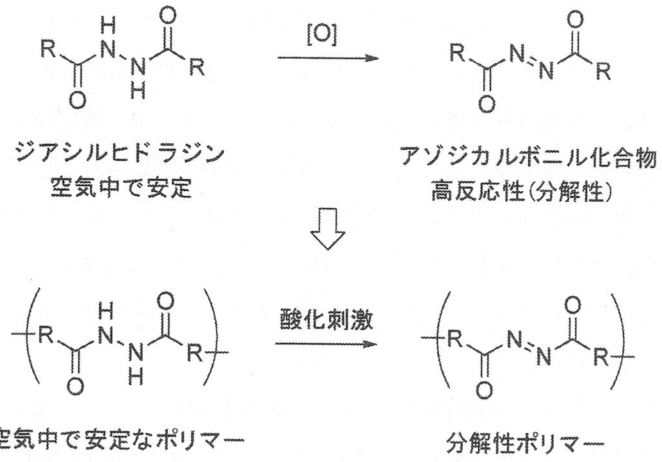

第4章 酸化分解性ポリアミド

図2 酸化分解性ポリマーの分子設計

3 ナイロン-0,2 の合成と特性

同じ酸化分解性を持つのであれば，完全に気体にまで分解してほしい。ポリ（ジアシルヒドラジン）では，ヒドラジン由来の部分は窒素まで酸化されると考えられるから，ジカルボン酸部位が（酸化によって）気体になるようなものであればよい。そのようなジカルボン酸としては炭酸あるいはシュウ酸が考えられる。これらのポリマーはナイロンの一種であり，ナイロンの一般的な命名法にしたがって，それぞれナイロン-0,1 およびナイロン-0,2 と呼ぶ（図3）。

ナイロン-0,1 はヒドラジンと炭酸の活性エステルとの重縮合で合成できると期待できる。しかし，この重合方法では速やかに起こる6員環への環化を防ぐことは難しい。したがって，気体にまで分解する酸化分解性ポリマーとしてはナイロン-0,2 が最も期待される。

ナイロン-0,2 はヒドラジンとシュウ酸との重縮合で合成される。このような重縮合を実験室的に行なう時には，無水条件下でアミンと酸クロリドとの反応を行なうのが常法である。しかし，無水ヒドラジンは爆発性と腐食性を持つ危険な化合物である。そこで，いくつか検討を行なったところ，扱いやすい抱水ヒドラジンやヒドラジン塩酸塩を用いて重縮合を行なうことが可能であった。特に，抱水ヒドラジンは扱いやすく，モノマーとして優れている。

まず，シュウ酸誘導体としてシュウ酸ジクロリドを用いて重縮合を行なったところ，低温でも非常に激しい反応が起こり，強く着色した塊が得られた。後に述べるように，純粋なナイロン-0,2 は無色であり，何らかの副反応が起こったことがわかる。ポリ（ジアシルヒドラジン）は脱水によって1,3,4-オキサジアゾールを与えることが知られているので（後述），シュウ酸ジクロリドによってこのような芳香族化が起こったものと考えられる。

そこで，活性エステルとしてシュウ酸ジフェニルを用いたところ，きれいなナイロン-0,2が得られた。しかし，ナイロン-0,2は有機溶媒にほとんど溶けないため，重合中に沈殿してしまい，収率，分子量ともに低いものであった。そこで，ナイロン-0,2が比較的溶解するジメチルスルホキシド（DMSO）を溶媒として用い，ナイロン-0,2の水素結合を阻害するために塩化リチウムを添加して重合を行なったところ，定量的に白色粉末のナイロン-0,2を得ることができた。ただし，この場合でも，生成するナイロン-0,2は沈殿してきてしまい，分子量は6,000程度で頭打ちとなった。様々な重合条件を検討したが，これ以上高分子量のナイロン-0,2を得ることには成功していない（スキーム1）。

得られたナイロン-0,2は熱分解開始温度360℃の耐熱性の良いポリマーであった。ジアシルヒドラジン部位が熱的に十分安定であることを示している。また，熱分解開始温度以下には，T_mもT_gも観測されなかった。ナイロン-0,2は高密度に水素結合サイトを持つため，極めて強く分子間相互作用が働いているものと考えられる。

ナイロン-0,2はDMSOなどの非プロトン性極性溶媒に一部（おそらく低分子量分画が）溶け

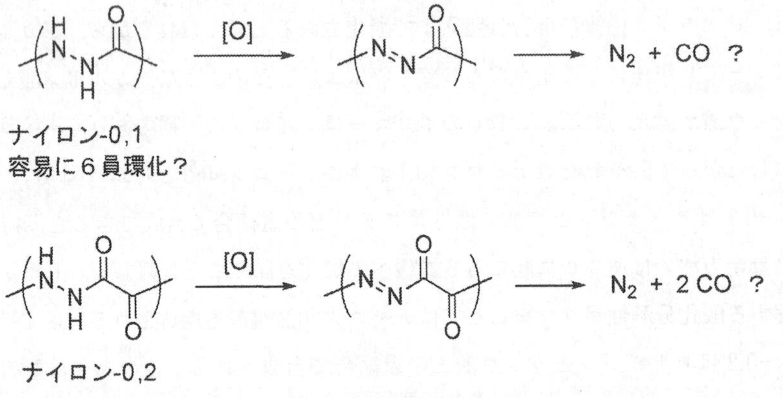

図3 ナイロン-0,X

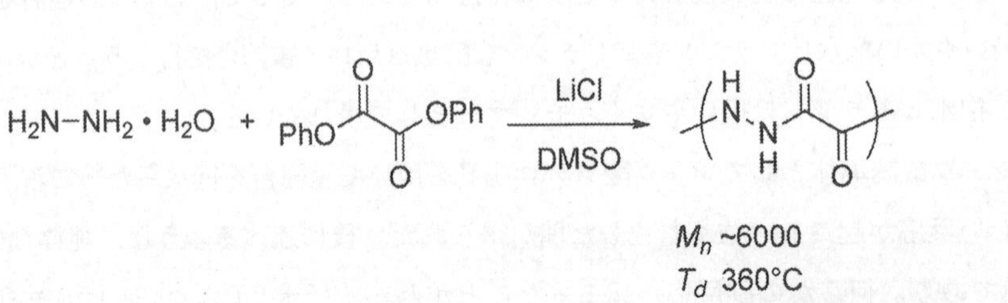

M_n ~6000
T_d 360℃
水・有機溶媒に不溶
塩・アミン水溶液に可溶

スキーム1

第4章 酸化分解性ポリアミド

るが，それ以外の有機溶媒には全く溶解しない。ナイロンの溶媒となる硫酸やトリフルオロ酢酸にも溶解しない。しかし，ナイロン-0,2は塩類やアミン類の水溶液には溶けることが分かった。そこで，アンモニア水あるいはトリエチルアミン水溶液の溶液からナイロン-0,2のフィルムを作成することができた。また，これらの水溶液を用いて接着剤とすることもできた。ガラスはよく接着されたが，木材，プラスチックは接着されなかった。ただし，ナイロン-0,2は非常に硬くてもろいためフィルムは自立せず，また，ガラスの接着面も力を加えると比較的容易に破断する。

4 ナイロン-0,2の酸化分解

まず，ジアシルヒドラジンの酸化に最もよく用いられる臭素を用いてナイロン-0,2を酸化し，アゾジカルボニル構造へと誘導することを検討した[4]。トリエチルアミンを含むDMAcにナイロン-0,2を分散し，ここに臭素を加えたところ，ナイロン-0,2は気体を発生しながら溶解していき透明な溶液を与えた。しかし，反応混合物を水にあけても，一切の沈殿は見られなかった。ジアシルヒドラジン類よりもアゾジカルボニル化合物の方が疎水的であるので，期待したような高分子反応が起これば，そのポリマーが水溶性であるとは考えられない。したがって，アゾジカルボニル部位は，生成した直後に分解してしまったものと考えられる。

ナイロン-0,2のジメチルアセトアミド（DMAc）中での酸化による自発的な分解反応は再現性に乏しく，気体の発生量や発生速度は一定しなかった。これは系に含まれる水によるものと考え，水溶液中での酸化を検討した。酸化剤としてハロゲン系酸化剤である次亜塩素酸ナトリウム水溶液を用いて酸化反応を行なったところ，期待通りに再現性よく，しかも速やかに分解することを見いだした。すなわち，ナイロン-0,2粉末に次亜塩素酸ナトリウム水溶液を注ぐと直ちに激しく発泡しながら分解が起こり，後には水に不溶の有機物は何も残らなかった。また，反応後の水溶液を有機溶媒で抽出しても何も抽出することはできなかった。この酸化反応で生成する気体の体積を測定したところ，ナイロン-0,2の1ユニットあたり3モルの気体が発生していた。以上の実験事実は，ナイロン-0,2が酸化によって直ちに完全に気体にまで分解する酸化分解性ポリマーであることを示している。そして，酸化分解には水の存在が必須である（スキーム2）。

酸化剤として臭素水を用いても次亜塩素酸ナトリウムと同様に速やかな分解が起こった。過酸化水素水を用いると，ゆっくりと酸化が進行し，やはり完全に気体にまで分解した。また，鉄イオンを添加すると酸化分解が強く促進された。一方，ナイロン-0,2を水に分散させた状態で放置しても，特に変化は見られなかった。すなわち，ナイロン-0,2は水の存在下であっても空気中で全く安定であるが，酸化性の水溶液によっては直ちに分解され，また，酸化剤によって分解

酸化剤	酸化分解速度
酸素	反応しない
過酸化水素	ゆっくり
次亜塩素酸ナトリウム 臭素 過酸化水素＋Fe(III)	非常に速い

スキーム2

スキーム3

第4章　酸化分解性ポリアミド

速度を自由にコントロールできることがわかる。

　ナイロン-0,2の酸化分解で発生する気体の成分は主に窒素と二酸化炭素であり，少量の一酸化炭素を含むだけであった。このことと，ナイロン-0,2の酸化分解に水の存在が必須であることを考え合わせると，いったんアゾジカルボニル構造を有するポリマーとなった後に分解しているのではなく，スキーム3に示すような，水による加水分解を伴う逐次的な反応によってナイロン-0,2は酸化分解しているものと考えることができる。すなわち，まず，ジアシルヒドラジンが酸化されてアゾジカルボニル部位が生成する。アゾ基は良い脱離基なのでこれは直ちに水の求核攻撃を受ける。生成するシュウ酸モノアミド末端は酸化され，二酸化炭素を発生してヒドラジド末端となる。一方，同時に生成するモノアシルジイミド末端はラジカル的に分解してヒドラジド末端となるか，さらに酸化を受けてアシルジアゾニウム塩となった後シュウ酸モノアミド末端となるか，二つの経路が考えられる。生成物に一酸化炭素の混入が見られたことは前者の経路の存在を示しているが，主たる経路はアシルジアゾニウム塩を経由する分解過程である。いったんこのような末端ができると，あとはジッパー式に酸化分解を受け，ポリマー全体が完全に分解してしまうと考えられる。

　ナイロン-0,2の分解性接着剤としての性能を調べるために，ナイロン-0,2で接着したガラス板を次亜塩素酸ナトリウム水溶液で処理した。ガラスの隙間でしか反応しないため，粉末の酸化分解に比べれば反応は遅いものの，接着剤となっているナイロン-0,2は発泡しながら分解した。分解に伴い次亜塩素酸ナトリウム水溶液がガラス板の隙間に侵入していき，ガラス板同士は自発的にはく離した。接着剤を溶剤で溶かす方式では，高粘度のポリマー溶液は狭い隙間の中でほとんど流動しないことから，このように容易にはく離させることは難しい。また，発泡することで液が撹拌され，はく離を促進しているようである。はく離面にはナイロン-0,2はもちろんのこと，どのような有機物も全く残らない。これは，ナイロン-0,2が完全に気体にまで分解する酸化分解性ポリマーであるからこそである。

5　ナイロン-0,12の合成と酸化分解

　前節で述べた酸化分解の反応機構が正しいのであれば，ジアミン成分としてヒドラジンを用いたナイロン（ポリアミド）は全て酸化分解を受けるものと期待できる。ジカルボン酸成分として二酸化炭素にまで酸化されるシュウ酸を用いたナイロン-0,2ではポリマー全体が気体にまで分解したが，一般に高級ジカルボン酸を用いたナイロン-0,Xでは酸化によって窒素とジカルボン酸を与えるであろう。

　そこで，ナイロン-6,6の異性体であるナイロン-0,12について検討した。ナイロン-0,12は，

$$H_2N-NHCO-(CH_2)_{10}-CONH-NH_2 \ + \ ClCO-(CH_2)_{10}-COCl$$

$$\xrightarrow[DMAc]{LiCl} \ \ \begin{array}{c} H \ H \\ -N-N-CO-(CH_2)_{10}-CO- \end{array}$$

ナイロン-0,12

$$\xrightarrow[water]{NaClO} \ \ N_2 \ + \ HOCO-(CH_2)_{10}-COOH$$

スキーム 4

ドデカン二酸ジクロリドを抱水ヒドラジンあるいはドデカン二酸ジヒドラジドと重縮合させることによって白色の粉末として定量的に得ることができた．重合は溶媒に DMAc を用いた時に最も良い結果を与えたが，この場合も生成するポリマーは重合中に沈殿してしまい，分子量は伸びなかった（スキーム 4）．

ナイロン-0,12 の粉末に次亜塩素酸ナトリウムの水溶液を注いだところ，ナイロン-0,2 に比べるとかなりゆっくりとではあるが気体の発生を伴いながら分解した．反応混合物を塩酸に注いだところ，純粋なドデカン二酸が定量的に回収された．すなわち，ナイロン-0,12 は期待通りにジアシルヒドラジン部位の加水分解を伴う酸化分解を受け，ジカルボン酸にまで分解したものと考えられる．しかし，ナイロン-0,12 は低分子量のものしか得られなかったので，得られたポリマーにはまだヒドラジド末端が残っていると考えられる．そのため，この分解挙動が本質的にジアシルヒドラジンに由来するものなのか，それとも，残存末端の影響があるのか，明確ではない．

6 溶媒可溶なポリヒドラジド

ジアシルヒドラジン部位が，ポリマーに酸化分解性を付与するために優れた部分構造であることを示唆する結果を得てきた．しかし，これまで得られたポリマーはいずれも溶媒に対する溶解性が極端に悪く，分子量を上げることが困難であったため，ジアシルヒドラジン部位を有するポリマーの真の酸化分解性については明確ではなく，高分子量のポリマーでの酸化分解挙動を明らかにする必要があった．また，溶解性が悪かったため，得られたポリマーの物性を測定することにも多大の困難があり，重合条件を最適化することもままならなかった．これまで様々なポリヒドラジドが合成されてきたが，単純なポリヒドラジドで溶媒可溶なものはほとんどない．そこで，有機溶媒に可溶なポリ（ジアシルヒドラジン）として，1 を分子設計した．1 では屈曲したベンゼン環がポリマー分子の剛直性を低下させるだけでなく，かさ高い tert-ブチル基によって高い溶

第4章 酸化分解性ポリアミド

スキーム5

解性が確保できるものと期待できる（スキーム5）。

まず，ジヒドラジド 2 とジカルボン酸クロリド 3 との重縮合を検討した。重合は DMAc 中で終始均一系で進み，期待したポリ（ジアシルヒドラジン）1 が定量的に得られた。1 は期待した通り DMAc や DMSO などの有機溶媒に可溶であった。そこで 1 の GPC を測定したところ，分子量は低く，また，多峰性のクロマトグラムを与えた。このような GPC の特徴はナイロン-0,12 でも見られたことであり，重合中に架橋を伴う副反応が起こっていることを示唆している。これは，酸クロリドの反応性が高過ぎるため，ヒドラジドだけでなく，ジアシルヒドラジンが過剰なアシル化を受けたからであると考えられる。

そこで，ナイロン-0,2 の合成と同様に，酸クロリドの代わりにフェニルエステル 4 を用いて重縮合を検討した。その結果，期待した通り，単峰性の GPC を与える高分子量（$M_n > 10,000$）の 1 が定量的に得られた。

1 は空気中で 290℃ まで重量減少を示さず，耐熱性が高いだけでなく，酸素に対しては非常に

安定なポリマーである。しかし，期待した通り，次亜塩素酸ナトリウムなどの酸化剤とは反応し分解した。分解速度は，ナイロン-0,2に比べるとかなり遅く，粉末状でも数分を要した。これは，1がナイロン-0,2に比べるとはるかに疎水性であることと，ナイロン-0,2とは異なり，ジッパー式の分解をしないためであると考えられる。分解終了後の水溶液からは，1のカルボン酸部位である5が定量的に得られた。すなわち，ジアシルヒドラジン部位を持つポリマーは一般に，空気中では安定な酸化分解性ポリマーであり，酸化分解によって定量的にカルボン酸部位を与えるということが確認された。

7 おわりに

以上のように，ヒドラジンをジアミン成分とするポリアミドが酸化分解性ポリマーという新しいタイプの分解性ポリマーとして分解性接着剤に利用できる可能性があることを述べた。いずれも，接着性などに課題が多く，これらのポリマー自体が直ちに分解性接着剤として利用できるというものではない。しかし，それはポリマーの一次構造の問題であって，それよりも，自然界に無い刺激によって直ちに完全に分解し，構造明確な物質を与えるという特性をどのように活かすかが問題である。分解のスイッチを入れる次亜塩素酸ナトリウムは非常に安価で扱いやすい物質であり，分解のコストも低い。また，生成物の再利用も可能である。さらに，分解性だからといって耐熱性などの物性が悪いわけでもなく，むしろ，高耐熱性の部類に属する。これらの優れた特性は，ジアシルヒドラジンの特性に基づくものであり，ジアシルヒドラジンを活用することによって，接着剤以外にも様々な用途が期待できる。

ここで，ヒドラジンをジアミン成分とするポリアミド自体が古くから知られ，今でも活発に研究されていることは指摘しておく必要があろう[5]。得られたポリマーは脱水処理され，ジアシルヒドラジン部位が芳香族性の1,3,4-オキサジアゾールへと変換されることにより高耐熱性ポリマーが得られるとされている。しかし，ポリヒドラジド自体の酸化分解性については検討されていないのである。また，ポリヒドラジドの合成には酸クロリドを用いた重縮合が一般に使われているが，我々が明らかにしたように，酸クロリドを用いると分岐構造が混入する。古典的なポリマーではあるものの，ポリ（ジアシルヒドラジン）の合成についても再検討の余地が残っている。さ

スキーム6

第4章 酸化分解性ポリアミド

らに，脱水して生成するとされている 1,3,4-オキサジアゾールが酸化されるかどうかについても検討する必要があろう（スキーム6）。

一方，酸化分解性ポリマーには，新しいタイプの分解性ポリマーとして，接着剤以外の用途もあろう。酸化分解性ポリマーは自然環境では分解しないため，現在活発に研究されている分解性ポリマーに期待されている環境負荷の軽減といった用途には向いていないかもしれない。しかし，いくら自然環境で分解する性質があるからといって，生分解性ポリマーでできた製品をそこらへんに捨てていいというものではあるまい。生分解性ポリマーといえども貴重な資源であるから，回収して再利用するのが本筋であろう。しかし，自然環境下で分解する材料は，再利用しようにも，回収した時点で性能が劣化している可能性がある。それに対してポリ（ジアシルヒドラジン）ならば，酸化処理によって原料のジカルボン酸が定量的に回収できる。回収したジカルボン酸は，もう一度ポリマーにすることも，別な物質の原料として利用することも容易である。リサイクルという観点でいえば，酸化分解性ポリマーに軍配が上がるように思われる（図4）。

一方，生分解性ポリマーには，例えば，コンポスト化できるなどといった特性もある。しかし，ここでも酸化分解性材料が活躍できる可能性がある。例えば，ナイロン-6,6 は本質的には生分解性である。しかし，糸として使われるようなナイロンでは，微生物やカビが取り付くには高分子量すぎるので実質的には分解性は無い。ここで，ナイロン-6,6 を合成する際に，わずかにヒドラジンを混ぜておいたらどうであろうか。ヒドラジンで変成されたナイロン-6,6 は酸化処理によって低分子量のナイロンへと崩壊するであろう。すると，ナイロンの生分解性が表に現れてくる可能性もあるのである（図5）。

このようなアプローチをさらに押し進めれば，原理的に，どのようなポリマーあるいは接着剤にでも酸化分解性を付与できることになる。もちろん，より高度なヒドラジン変成による高い酸化分解性の付与は，より大きな物性の変化を伴うから，ヒドラジン変成によるポリマーの酸化分解性化は全ての場合に適用できるというわけではない。しかし，目的とするポリマーに本質的な

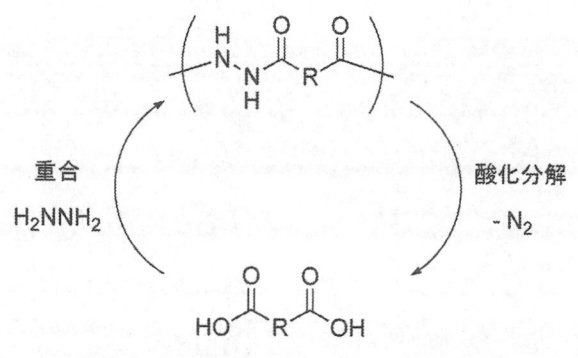

図4 酸化分解性ポリマーのリサイクル

```
～～P～～～～～～～～～～～～～～～    汎用ポリマー
                                    非分解性
            ⇓ ヒドラジン変性
～～P～～～CO-N-N-CO～～～～    分解性ポリマー
              H H
```

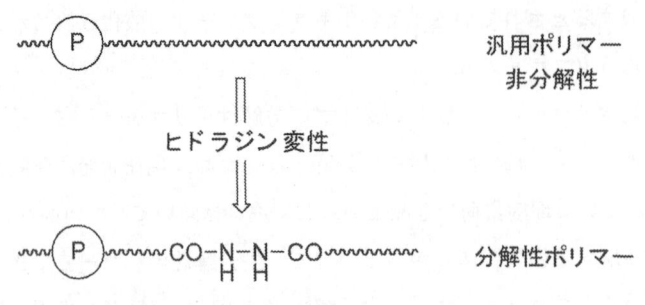

図5　汎用ポリマーへの酸化分解性の付与

安定性を保ったままで分解性を付与できるのは酸化分解性だからである。すなわち，ジアシルヒドラジンの基本構造を用いることによって，本章に述べたポリアミドに限ることなく，様々な酸化分解性材料・接着剤を生み出すことが可能になるのである。

文　献

1) a) D. C. Wright, *Rapra Review Reports*, **11**, 1 (2001); b) J. Heller, *Drug Targeting and Delivery*, **7**, 99 (1997); c) V. V. Pchelintsev, A. Yu. Sokolov, G. E. Zaikov, *Polymer Degradation Stability*, **21**, 285 (1988)
2) 横田俊雄，ヒドラジン-性質とその応用，地人書館 (1968)
3) a) V. Hoffman, A. Kumar, *J. Org. Chem.*, **49**, 4014 (1984); b) C. L. Bumgardne, S. T. Purrington, P.-T. Huang, *J. Org. Chem.*, **48**, 2287 (1983); c) J. Nicholson, S. G. Cohen, *J. Am. Chem. Soc.*, **88**, 2247 (1966)
4) 日本化学会編，新実験化学講座 15 酸化と還元 [I-1]，丸善 (1976)
5) a) V. A. Shenai, *Fibres & Polymers*, **1**, I (1970); b) 卯西昭信，真空化学，**16**, 73 (1969); c) M. Hasegawa, *Encyclopedia of Polymer Science and Technology*, **11**, 169 (1969)

第5章 細胞シート工学と再生医療への応用

笹川　忠[*1]，岡野光夫[*2]

1 はじめに

　組織工学（Tissue Engineering）は1993年米国の化学者であるLangerおよび外科医のVacantiらにより提唱され[1]，医学と工学の融合により生まれた新たな学問体系である。彼らは生体組織の再構築には，細胞，細胞の足場となる細胞外マトリックス（Extracellular Matrix：ECM），そして細胞の増殖・分化に必要なサイトカインの三つの要素が重要であると定義した。彼らの試みの中でも注目すべきは，3次元的な組織を培養系で再構築するために細胞の足場として生体吸収性高分子であるポリグリコール酸（PGA）とポリL-乳酸（PLLA）との共重合体からなる多孔性の3次元支持体（スキャフォールド）を用いた点にある。3次元的に成形加工された支持体上に細胞を播種し，しばらく培養した後に生体内へ移植すると支持体成分の分解・吸収が徐々に進み，それに伴って生体由来のECM成分と置換されるため，最終的にはスキャフォールドの形状を反映した組織が再現されるというストラテジーであった。実際，この手法により軟骨組織が再生され，臨床応用がなされている。現在では，PGAやPLLAなどの合成高分子の他，コラーゲンやゼラチンなどの生体に由来する天然高分子も細胞の足場として用いられ，あらゆる組織に関する3次元的な組織再構築の研究が精力的に行われている。しかしながら，移植後における足場材料の分解・消失に伴う周辺組織に対する炎症反応の惹起を懸念する声も少なくはない。

　これらの現状を受けて，我々は細胞と材料とを一緒に生体内へ移植する方法ではなく，新規に開発した細胞培養表面上で増殖させた培養細胞組織をそのままの形状で脱着・回収し，これを単層組織のまま，あるいは重層化組織として移植に用いる再生医療への応用研究を展開している。

　本章では，我々が確立した日本発のテクノロジーである「細胞シート工学」の要素技術の中でも，特に電子線重合法を用いた温度応答性表面加工技術と細胞シートマニピュレーション技術について概説し，さらに最近の臨床応用を目指した再生医療分野の研究成果について紹介する。

[*1] Tadashi Sasagawa　東京女子医科大学　先端生命医科学研究所　助手
[*2] Teruo Okano　東京女子医科大学　先端生命医科学研究所　所長・教授

2 電子線重合法による温度応答性表面の開発と細胞シート工学

ポリ（N-イソプロピルアクリルアミド）（PIPAAm）は，32℃に下限臨界溶液温度（Lower Critical Solution Temperature：LCST）を有する温度応答性高分子である。水中条件下において，LCSTより低温側では疎水性であるイソプロピル基周辺の水分子がクラスター構造を形成するため，疎水性水和が促進され，見かけ上親水性を示す。反対に，LCSTより高温側では温度上昇に伴い水和していた水分子が脱水和し，疎水基同士が凝集構造を呈するため，不溶化し沈殿を生ずる（図1）。親水性・疎水性の物性変化は可逆的であり，この特性は温度変化に応答した薬物放出制御を可能とするため，これまでに薬物送達システム（DDS）やクロマトグラフィーの担体材料の一つとして幅広く研究されてきた。

我々は，このPIPAAmを基材表面上に共有結合で固定化した温度応答性培養皿を開発し，培養細胞を非侵襲的に脱着・回収できるシステムを世界に先駆けて実現させた[2]。モノマーであるN-イソプロピルアクリルアミド（IPAAm）の溶液を市販のポリスチレン製組織培養皿上に塗布し，電子線を照射する。これにより，基材のポリスチレンから生起したラジカルによってモノマーの重合とポリスチレン表面への固定が同時に生じ，PIPAAmを共有結合で固定化した表面を作製することができる。

この温度応答性培養基材表面は，通常の細胞培養で用いられる37℃の温度では市販のポリスチレン製の組織培養皿と同程度の軽度な疎水性を示し，細胞は接着し伸展状態を呈する。その後，

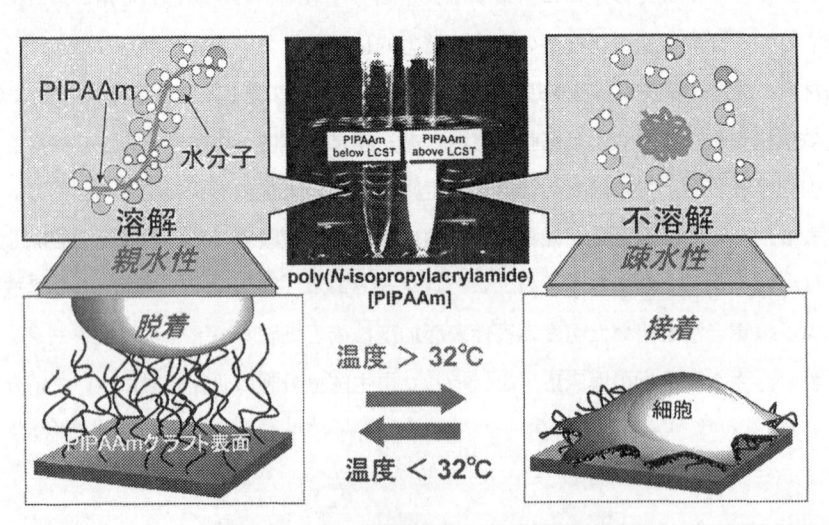

図1　温度応答性高分子グラフト表面
相転移温度である32℃を境に水との親和性を大きく変化させる温度応答性高分子のポリ（N-イソプロピルアクリルアミド）（PIPAAm）が基材表面上で共有結合的に固定化されており，温度変化のみで細胞の接着・脱着を制御できる。

第5章　細胞シート工学と再生医療への応用

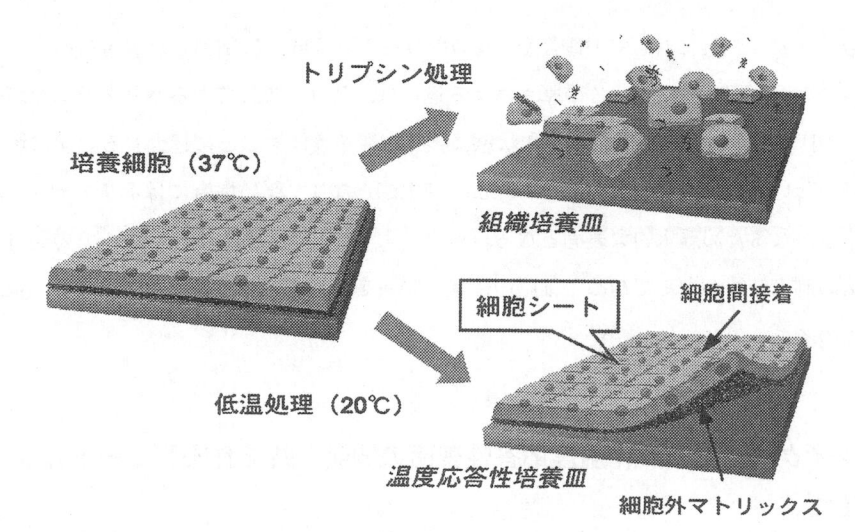

図2　温度応答性培養皿からの細胞シートの回収
細胞を密の状態で培養すると細胞間接着因子により細胞と細胞が互いに接着する。トリプシン等のタンパク質分解酵素で処理すると，細胞と培養皿の接着が解離するとともに，細胞間接着も破壊されるため，それぞれの細胞が解離して浮遊状態となる。これに対し，温度応答性培養皿上で培養した場合は，低温処理によっても細胞間接着は全く影響を受けずに，培養細胞下面にある細胞外マトリックス成分と基材表面の接着のみが解離するため，細胞がシート状で脱着・回収できる。

培養温度をLCST以下に下げると，グラフトされているPIPAAmの水和が起こり，基材表面は軽度な疎水性から親水性へと変化し，細胞は形態を伸展状態から球状に変化させながら基材から脱着する[3]（図1）。

また，細胞をコンフルエント状態に達するまで培養を続けた場合，個々の細胞間では細胞間接着が形成され単層組織様の状態を呈する。この時，細胞の底面と基材表面との間には，培養中に産生したフィブロネクチンなどのECM成分が沈着される。通常，これらの細胞を基材表面からはく離・回収するためには，細胞－基材間に形成されたECMをトリプシンなどのタンパク質分解酵素で処理する必要がある。その場合，酵素処理により細胞間接着も破壊されるため，結果的に個々の細胞が解離した浮遊状態として回収される（図2上）。一方，温度応答性培養皿を用いた場合では，温度をLCST以下に下げるという温度変化のみで，細胞間接着には影響を与えないため，細胞は1枚のシート状ではく離・回収することができる（図2下）。回収された細胞シートは，培養中に産生したECM成分を保持した状態にあるため[4]，細胞シート同士の積層や生体組織への再接着が可能である。我々は，この技術を「細胞シート工学」と呼び，種々の組織に対する再生医療分野への応用を展開している[5]。

このような表面特性は，グラフトされたPIPAAm層の厚みにより厳密に制御されていることが明らかとなっている[6]。基材表面にグラフトされたPIPAAm層の厚みが30nm以上であると

細胞は接着せず，これに対して PIPAAm 層の厚みを 15〜20nm に制御した場合のみ，上述した表面特性の発現が認められる。この厚さによる違いは，基材の成分であるポリスチレンがグラフトされた PIPAAm の最表層領域の水和状態に強く影響を及ぼすことに起因する。すなわち，グラフト層が薄い場合は脱水和が促進され，より疎水的となり，厚い場合にはポリスチレンからの影響が小さくなるため親水的な表面となる。以上のように，ナノオーダーレベルでの高分子のグラフト量の制御技術があって初めて細胞の接着・脱着を可能とした温度応答性表面の実現が可能となったのである。

3 マイクロパターン化温度応答性表面の開発と共培養細胞シート作製への応用

実際の組織・臓器は，異なる機能を発現する細胞がパターン状に存在し形成されている。一方，IPAAm を親水性モノマーや疎水性モノマーと共重合させると，LCST を 32℃より高温側あるいは低温側へシフトさせることができ，この重合体を基材表面に固定化すれば，細胞の接着・脱着を生起する温度を制御することが可能となる。そこで，相転移温度の異なる温度応答性領域を同一表面上にマイクロパターンニングするというストラテジーで，共培養細胞シートの作製を試みた。

PIPAAm をグラフトした温度応答性培養基材表面上に，IPAAm と IPAAm よりも疎水性の強いモノマーである n-ブチルメタクリレート（BMA）の混合液を塗布し，金属製の多孔性マスクを介し電子線重合を行うと，同一平面上に相転移温度の異なるマスクパターン形状を反映したグラフト表面を構築することができる。電子線を照射された領域では，BMA が PIPAAm 層中で重合し，PIPAAm 鎖にグラフトされたため，PIPAAm の相転移温度が低温側へシフトする。このマイクロパターン化温度応答性培養表面を利用することで肝実質細胞と血管内皮細胞のパターン化共培養を実現させた[7]（図3）。両相転移温度の中間の温度である 27℃で肝実質細胞を播種すると，一方のドメインにのみ選択的に接着し島状の分布となる。次に，両相転移温度より高い温度である 37℃で血管内皮細胞を播種すると他方のドメインに接着し，パターン化された共培養を行うことができる。最終的に，温度を両相転移温度以下の 20℃まで下げると，1枚のマイクロパターン化した共培養細胞シートとして回収することができる。この共培養系では，肝実質細胞単独の場合と比べ長期培養を可能とし，さらには肝実質細胞のアルブミン産生能およびアンモニア代謝に伴う尿素合成能などの生理活性の向上も認められた。また，これらの生理活性がパターンのサイズに強く影響を受けることも明らかとなった[8]。このような肝実質細胞の機能向上は，肝実質細胞上に血管内皮細胞シートを積層した培養系でも確認されている[9]。今後，パター

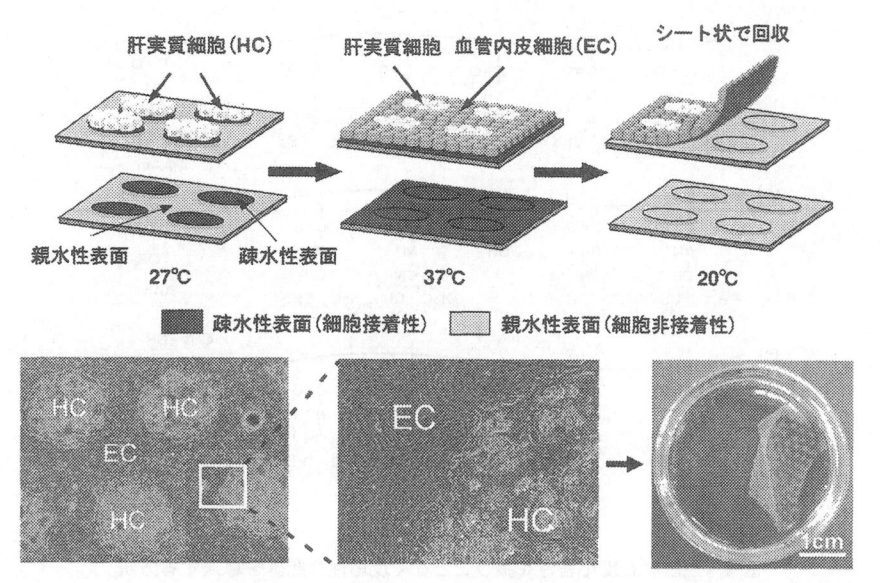

第5章　細胞シート工学と再生医療への応用

図3　マイクロパターン化温度応答性培養皿
相転移温度の異なる二種類の温度応答性領域をマイクロパターン化する。この表面に両相転移温度の中間の温度（27℃）で肝実質細胞を播種すると，一方のドメインにのみ選択的に接着する。次に両相転移温度より高い温度（37℃）で血管内皮細胞を播種すると他方のドメインに接着し，マイクロパターン化共培養を行うことができる。最後に温度を両相転移温度以下（20℃）に下げると，1枚のマイクロパターン化細胞シートとして回収される。

ンの大きさ，細胞の組み合わせを変えることにより，より生体の臓器に近い機能を発現する共培養細胞シートの作製およびその重層化組織の再構築が実現できるものと期待される。

4　反応性官能基を導入した温度応答性表面の開発と高機能化

　細胞培養では，細胞の増殖に必須のタンパク質や種々の生理活性物質を供給するために培養液への血清添加が一般的に行われている。しかし多くの場合，ウシやウマなど動物由来の血清が用いられているため，動物由来タンパク質の抗原性あるいは未知の病原体の混入などといった問題が懸念されている。現在では狂牛病（BSE）の発生に伴いウシ胎児血清（FBS）の使用に関しては十分の配慮が求められているのは周知の事実である。従って，再生医療を対象とした細胞の培養には動物由来血清を用いずに行うことが理想的である。そこで，我々は基材表面にグラフトされている温度応答性高分子に増殖因子や機能性ペプチドを結合させ，無血清条件下においても細胞培養を可能とする表面の開発を試みた。
　PIPAAmにタンパク質やペプチドを固定化するためには，反応性官能基を導入する必要がある。これまでに，官能基の導入にはカルボキシル基を有するアクリル酸（AAc）との共重合を

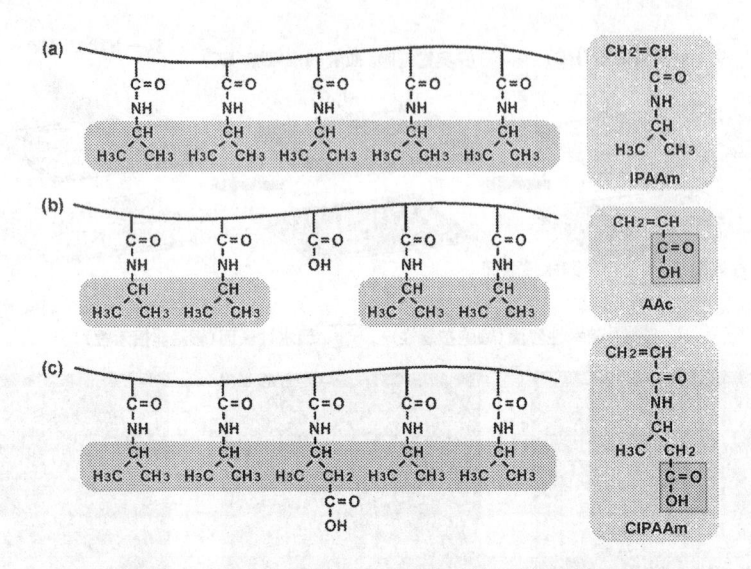

図4 鋭敏な温度応答性を損うことなく反応性官能基を導入する方法
PIPAAm分子内のイソプロピル基の構造連続性が鋭敏な温度応答性に必須である(a)。これまで用いられてきたアクリル酸（AAc）の導入では構造連続性が途切れてしまう(b)。新規に合成したCIPAAmを用いることで構造連続性を維持したまま反応性官能基の導入を可能とした(c)。

行う手法が用いられてきた。しかしながら，AAcの導入によりPIPAAmの持つ鋭敏な温度応答性が喪失されてしまうこと，さらにはLCSTが上昇してしまうことが問題となっていた。我々は，PIPAAmが温度上昇に極めて敏感に応答して脱水和・凝集するのは，側鎖のイソプロピル基の連続性が重要であり（図4a），AAcの導入により生じた諸問題の原因は，その構造的連続性が途切れることに起因するものと考えた（図4b）。そこで，イソプロピル基のメチルに存在する水素1つをカルボキシル基に置換したIPAAmと構造が類似したモノマー分子である2-カルボキシイソプロピルアクリルアミド（CIPAAm）を新規に合成した（図4c）。このIPAAmとCIPAAmの共重合体では，カルボキシル基の導入によっても相転移挙動が阻害されることはなく，PIPAAmと同様の鋭敏な温度応答性を有することが明らかとなった[10]。さらに，細胞接着性ペプチドであるRGD（Arg-Gly-Asp）配列を共有結合的に固定化することが可能となり，従来の温度応答性培養皿に比べ，細胞の接着性を促進し，かつ低温処理により細胞をシート状で回収できる表面を開発することができた[11]。また，細胞接着ペプチドの他に生理活性物質としてインスリンを固定化[12]，さらにはRGDペプチドとインスリンを共固定化した温度応答性表面の作製にも成功している[13]。

以上のように，反応性官能基を持った新規モノマーとの共重合により，温度応答性培養皿の高機能化が可能となった。

第5章 細胞シート工学と再生医療への応用

5 細胞シートマニピュレーション技術

温度応答性培養皿を用いて作製した細胞シートは，前述したように底面に糊となるECM成分を有しているため，容易に他の表面に接着させることが可能である．我々はこの性質を利用して，細胞シートを別の表面に移動させ再接着させる技術を「細胞シートの2次元マニピュレーション」と，細胞シート同士を積層することで3次元的な組織様構造体を再構築する技術を「細胞シートの3次元マニピュレーション」と呼んでいる．

細胞シートを別の表面に移動させる場合，細胞シートの回収を支持するためにキチン膜[14]や親水化PVDF（ポリフッ化ビニリデン）膜[15]などの多孔性の膜型支持基材（支持膜）を用いている．操作としては，移動させたい細胞シートの上に支持膜を乗せ，転写させた後，別の基材表面や培養細胞，または生体組織に再接着させるというものである（図5）．この方法の利点は，細胞シートを支持膜に転写した状態でマニピュレートするため，移動前の形状を維持したままでの再接着または移植が可能であることと，さらには特別な道具は必要とせず支持膜とピンセットが有りさえすれば容易に行えることにある．しかしながら，この2次元マニピュレーションでは1回の行程で1枚の細胞シートを移動するため，細胞シートを積層させて厚みのある3次元的な組織を再構築しようとするケースでは，必ずしも効率性が高いとは言えない．また，将来的に積層工程の自動化を実現するためにも新たな細胞シート積層システムとそれを支援するデバイスの開発は必須となってくる．

そこで我々は，細胞シートの3次元マニピュレーションを支援するデバイスとして「細胞シートマニピュレータ」を開発した．このデバイスは，スタンプ形状を呈した部位と細胞シート回収のための支持基材となるハイドロゲルから構成されている．操作としては，デバイスを温度応答性培養皿上に静置させ，低温処理（20℃）を施し，基材からの細胞シートの脱着と支持基材への

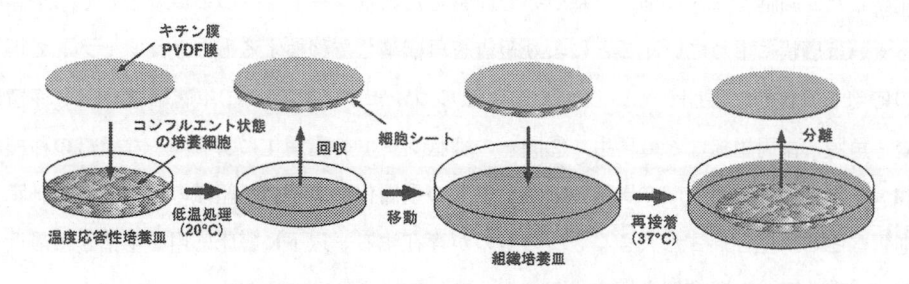

図5 細胞シートの2次元マニピュレーション技術

細胞シートは培養中に産生した細胞外マトリックス成分を保持しているため，それが糊の役割を果たし，支持膜に転写して別の基材表面または培養細胞，生体組織上に再接着させることができる．

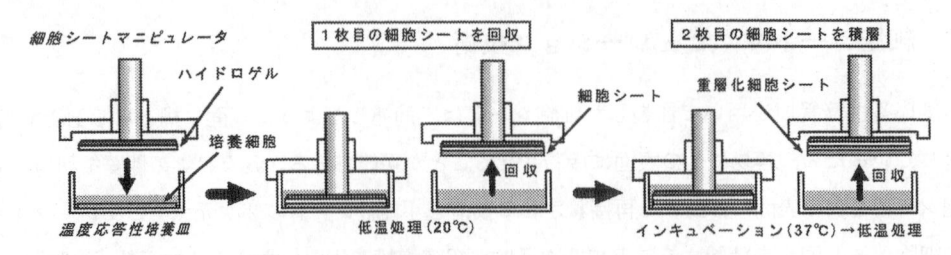

図6 細胞シートの3次元マニピュレーション技術
細胞シートマニピュレータを用いることで同一支持体上に連続して細胞シートを積層することが可能となり，簡便に重層化組織を構築できる。

接着を同時に行うことで1枚目の細胞シートを回収する。2枚目以降は，37℃でのインキュベーションによる「細胞シート間の結合を促す過程」とそれに続く20℃での「基材からの脱着過程」を経ることで回収できる（図6）。この工程を繰り返すことにより，同一支持基材上に連続して，安定かつ簡便に細胞シートを積層させることが可能である。以上のシステムを用いて，これまでに重層化骨格筋様組織の再構築にも成功している[16]。

細胞シートに対するマニピュレーション技術は，次世代の組織工学や再生医療にとって中核的な基盤技術になり得ると考えている。

6 細胞シート工学を用いた再生医療

近年，欠損部あるいは機能不全に陥った組織・臓器に対する治療法として再生医療が注目を集めている。再生医療には，細胞を注射針などで不全部に注入する細胞移植療法と組織工学的手法により細胞から組織を再構築した上で移植する方法とがある。後者はこれまでの医学だけでは実現が困難であった研究領域であり，工学的な技術との融合により急速に進歩してきた。我々は独自に開発した「細胞シート工学」に基づいて作製した細胞シートを一つの単位として，単層のまま，あるいは層状に重ねていくことにより組織を再構築して移植するというコンセプトで再生医療への応用を系統的に展開している（図7）。そのコンセプトには，①単層細胞シート移植による皮膚・角膜・歯周組織などの再生，②同一の細胞シートの重層化による均一な組織の移植による心臓・平滑筋などの再生，③異種の細胞シートの重層化による層状組織の移植による肝臓・腎臓・血管などの再生といった大きく3つのものが存在する。以下に臨床応用を目指した最近の培養細胞シートを用いた研究例を紹介する。

第5章 細胞シート工学と再生医療への応用

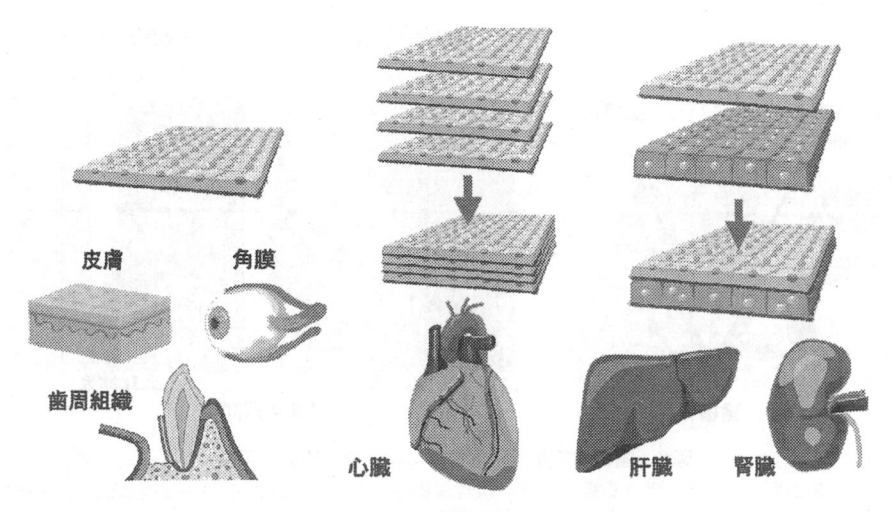

図7 細胞シート工学を用いた再生医療
再生医療を目指した培養細胞シート移植に関するコンセプトは大きく3つに分けられる。単層シートの移植（左側）。同一の細胞シートを重層化した均一な組織の移植（中央）。異なる細胞シートの重層化による層状組織の移植（右側）。

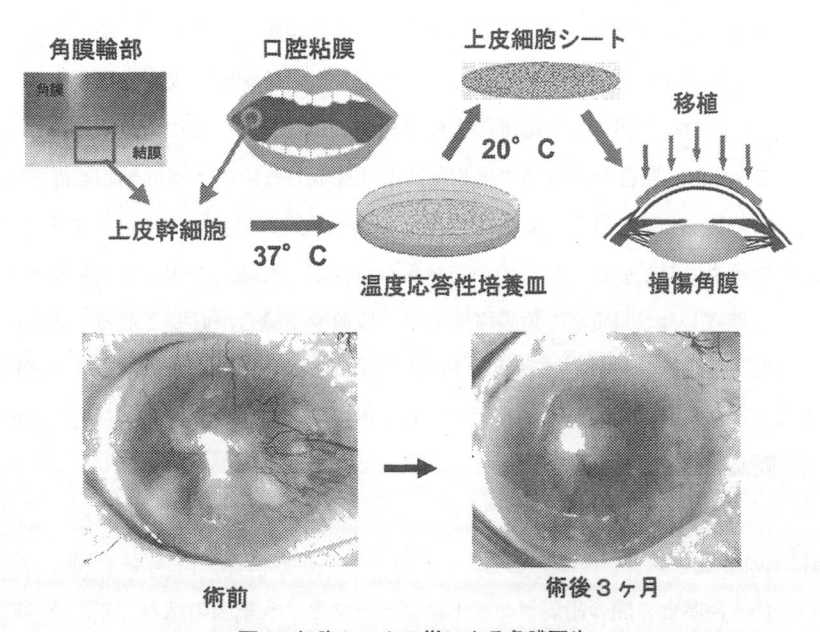

図8 細胞シート工学による角膜再生
角膜輪部または口腔粘膜に局在する上皮幹細胞を単離し，温度応答性培養皿上で培養する。温度を20℃に下げ，細胞シートとして回収し，これを移植に供する。写真：術前では角膜混濁と血管の侵入が認められたが，術後3ヶ月では透明な角膜が再生している。

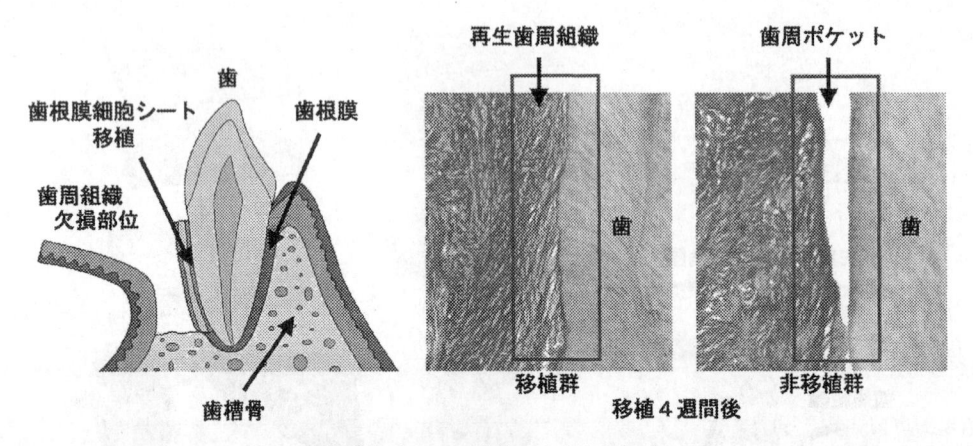

図9 歯根膜細胞シート移植による歯周組織の再生
歯根膜は歯と歯槽骨の間を埋める極めて薄い靱帯様組織である。また，その再生能は低く，歯根膜が障害されると歯周ポケットが生じ，歯周病になりやすい。写真：温度応答性培養皿を用いて作製した歯根膜細胞シートを移植することで歯周組織が再生する。非移植群では歯周ポケットが残存している。

6.1 再生角膜

　角膜移植に関しては，ドナー角膜の不足が問題となっており，組織工学的手法による角膜再生が追求されてきた。角膜は比較的単純な層状構造を呈した組織であるため，細胞シートを用いた再生医療としては最適なモデルケースと言える。これまでの幹細胞生物学的研究から，角膜上皮幹細胞は角膜と結膜の境界部である輪部の上皮組織中に局在していることが明らかとなっている（図8）。そこで我々は，自己の健常側の角膜輪部より採取した角膜上皮幹細胞を温度応答性培養皿上で培養して細胞シートを作製，これを損傷した病変角膜部に移植する治療法を開発した[17]。さらに，両眼性疾患に対しては，自己の口腔粘膜から採取した細胞を用いて細胞シートを作製し移植する方法も確立した[18]。通常の角膜移植では，移植後の縫合が必要となるが温度応答性培養皿を用いて作製した細胞シートでは底面にECMを保持しているため，移植後5分間程度で角膜実質層に生着し，縫合の必要性がない。すでにヒトへの臨床応用を開始し，視力の回復を確認している[19]（大阪大学眼科との共同研究）。

6.2 歯周組織の再生

　歯周病は，歯と歯茎との間の歯周ポケットにプラークという細菌の塊ができ，その結果歯を支えている歯根膜を中心とする歯周組織に炎症が生じる疾患である。成人の8割以上が患っていると言われており，その炎症を放置すれば歯の脱落を招く。従来の治療法では一度破壊された歯周組織を再生させることはできないため，高齢化社会におけるQOL(Quality of Life)低下の大きな要因の一つとなっている。従って現在では，歯茎を切開してプラークや歯石の除去により炎症

第5章　細胞シート工学と再生医療への応用

を抑えるといった病状進行の遅延を目的とした対処療法が一般的に行われている。それらの背景を受け，我々は歯と歯槽骨との間に存在する歯根膜から採取した細胞を用いて歯根膜組織由来細胞シートを作製し，歯周組織欠損部位へ移植することで，極めて有効的に歯周組織を再生できることを明らかにした[20]（図9）（東京医科歯科大学歯学部との共同研究）。この技術は，歯周組織の再生医療はもとより，歯根膜を持った次世代人工歯根（インプラント）の開発にも大きく貢献するものと期待されている。

6.3　心筋組織の再生および不全心に対する機能改善効果

これまでの心筋組織の再生に関する研究分野では，3次元的な心筋様組織を作製するために生体吸収性高分子のスキャフォールドを用いるのが主流であった。しかし，スキャフォールドそのものは物理的・空間的に細胞同士の密着や電気的結合を阻害し，さらには移植後の分解に伴う炎症反応に起因する移植部位周辺組織での線維化を発症させる恐れもあった。そこで我々は，温度応答性培養皿を用いて心筋細胞シートを作製し，それを積層することで，細胞が均一かつ密な状態にある生体に近い心筋様組織の再構築を可能とした。

温度応答性培養皿から回収したラット心筋細胞シートは自律拍動を認め，積層すると1時間以内に電気的な結合に重要であるギャップジャンクションが形成され，同期した拍動を示した。この短時間での電気的結合は，細胞シートに保持されたECMが糊のような役割をしていることに起因する。重層化された心筋細胞シートは $in\ vitro$ において肉眼レベルで拍動し，皮下組織に移植後，1年以上拍動を維持して生存することが示された[21]。また，重層化心筋細胞シートを心筋梗塞モデルラットへ移植しても，グラフト−ホスト間にはギャップジャンクションの形成が認められ[22]，さらには虚血によって低下した心機能も改善することが明らかとなった[23]。以上のことから，心筋細胞シート移植が心疾患に対する新しい治療法として期待されるようになった。しかしながら，成熟した心筋細胞は増殖能が喪失しているため，現時点では心筋細胞シート作製に必要な細胞数を確保することは困難であり，加えて心筋細胞のソースも未確立であるというのが実情である。

そこで臨床応用に際しては，代替として筋芽細胞シートや間様系幹細胞シートを用いた治療法の開発が進められている（大阪大学医学部心臓血管外科，国立循環器病センターとの共同研究）。すでに，心筋梗塞モデルラット[24]，拡張型心筋症モデルハムスター[25]およびイヌ[26]への筋芽細胞シート移植，心筋梗塞モデルラットへの脂肪組織由来間様系幹細胞シート移植[27]により心機能が改善することが確認されている。これらの細胞シート移植の心機能改善効果のメカニズムとしては，細胞が互いに連結した組織として損失なく移植されることで細胞浮遊液の注入と比較し，より効果的に心筋壁のひ弱化・心室の拡大を抑制しているものと考えられる。また，細胞シート

から分泌された血管内皮増殖因子（VEGF）や肝細胞増殖因子（HGF）などが強力に血管新生を促進し，stromal cell-derived factor 1（SDF-1）が傷害心筋への幹細胞動員に寄与している可能性が示唆されている。現在，これらの細胞シートを大型モデル動物へ移植してその効果を検討する前臨床試験が開始されており，早期の臨床応用が期待される。

6.4 肺切除後の気漏閉鎖修復材としての応用

気胸の原因となる肺嚢胞の切除または肺腫瘍の摘出手術において，胸膜欠損部またははく離面から気漏が生じ，その際に確実な気漏閉鎖がなされず遷延した場合，それが原因で術後に膿胸などの合併症が惹起されることがある。このような肺切除に伴う術中気漏に対しては，これまでに直接的な縫合やフィブリン糊による被覆，または吸収性人工膜の貼付などの処置が行われてきた。しかし，肺は呼吸により伸縮する臓器であり，従来の修復材による対処法では，癒着などによる肺の拡張制限を招く場合もある。そこで我々は，自己の皮膚より採取した線維芽細胞を用いて細胞シートを作製し，肺胸膜切除による気漏部位に対して移植を試みた。その結果，細胞シートは数分間貼付するだけで縫合せずとも肺胸膜に接着し，肺の収縮に同期しながら気漏を完全に閉鎖することが認められた。これらのことより，線維芽細胞シートが気漏閉鎖に対する修復材として有効であることが示された（東京女子医科大学胸部外科との共同研究）。ヒトへの臨床応用が期待される。

6.5 食道癌摘出後における食道組織の再建

食道壁は内側から粘膜層，粘膜下層，筋層，外膜の4層構造から構成されており，癌は粘膜層から発生することが知られている。早期の粘膜癌はほとんど転移しないため，最近では高い安全性そして侵襲性の低さから内視鏡的粘膜下層はく離術（ESD）による治療が増加傾向にある。一方で，ESD後における炎症反応および瘢痕拘縮による食道の狭窄が問題視されている。特に表在食道癌の広範囲に及ぶ切除を行った場合，術後の狭窄の予防として内視鏡的拡張術の反復的施行やステントの一時挿入が必要となり，術後における患者のQOLにとっては著しい低下を余儀なくされる。我々はこれらの問題を解決するために，自己由来の口腔粘膜上皮細胞シートを粘膜下層はく離後に内視鏡的に移植する治療法を開発した[28]（東京女子医科大学消化器外科との共同研究）。この治療法では，細胞シートによる潰瘍面の創傷治癒の促進および術後の狭窄に対する抑制効果が認められることから，現在，ヒトへの臨床応用に向けたトランスレーショナルリサーチが進められている。

第5章 細胞シート工学と再生医療への応用

7 おわりに

　本章では，細胞の接着・脱着を温度で制御できる新しい培養表面を利用した細胞シート工学の有効性と，これからの再生医療研究に与える効果について解説した。細胞シート工学は，既存の培養技術では不可能であったシート状態にある細胞の非侵襲的な回収，さらにはスキャフォールドを用いず重層化による3次元組織の構築を可能とし，再生医療において最も将来性のある手法としての地位を獲得しつつある。これらの革新的再生医療技術は，十数年前に我々が開発した材料表面と細胞との相互作用を自由に操る基盤技術がもたらしたものであり，今後の新たな技術革新の創出には，このようなフィールドを超えた研究者間の連携と融合がより求められるであろう。

文　献

1) R. Langer, J. P. Vacanti, Tissue engineering., *Science*, **260**, 920-926 (1993)
2) N. Yamada, T. Okano, H. Sakai *et al.*, Thermo responsive polymeric surfaces ; control of attachment and detachment of cultured cells., *Makromol. Chem. Rapid Commun.*, **11**, 571-576 (1990)
3) T. Okano, N. Yamada, H. Sakai *et al.*, A novel recovery system for cultured cells using plasma-treated polystyrene dishes grafted with poly (*N*-isopropylacrylamide)., *J. Biomed. Mater. Res.*, **27**, 1243-1251 (1993)
4) A. Kushida, M. Yamato, C. Konno *et al.*, Decrease in culture temperature releases monolayer endothelial cell sheets together with deposited fibronectin matrix from temperature-responsive culture surfaces., *J. Biomed. Mater. Res.*, **45**, 355-362 (1999)
5) M. Yamato, T. Okano, Cell sheet engineering., *Materials Today*, **7**, 42-47 (2004)
6) Y. Akiyama, A. Kikuchi, M. Yamato *et al.*, Ultrathin poly (*N*-isopropylacrylamide) grafted layer on polystyrene surfaces for cell adhesion/detachment control., *Langmuir*, **20**, 5506-5511 (2004)
7) Y. Tsuda, A. Kikuchi, M. Yamato *et al.*, The use of patterned dual thermoresponsive surfaces for the collective recovery as co-cultured cell sheets., *Biomaterials*, **26**, 1885-1893 (2005)
8) Y. Tsuda, A. Kikuchi, M. Yamato *et al.*, Heterotypic cell interactions on a dually patterned surface., *Biochem. Biophys. Res. Commun.*, **348**, 937-944 (2006)
9) M. Harimoto, M. Yamato, M. Hirose *et al.*, Novel approach for achieving double-layered cell sheets co-culture : overlaying endothelial cell sheets onto monolayer hepatocytes utilizing temperature-responsive culture dishes., *J. Biomed. Mater. Res.*, **62**, 464-470 (2002)

10) M. Ebara, M. Yamato, M. Hirose et al., Copolymerization of 2-carboxyisopropylacrylamide with N-isopropylacrylamide accelerates cell detachment from grafted surfaces by reducing temperature., *Biomacromolecules*, **4**, 344-349 (2003)
11) M. Ebara, M. Yamato, T. Aoyagi et al., Temperature-responsive cell culture surfaces enable "on-off" affinity control between cell integrins and RGDS ligands., *Biomacromolecules*, **5**, 505-510 (2004)
12) H. Hatakeyama, A. Kikuchi, M. Yamato et al., Influence of insulin immobilization to thermoresponsive culture surfaces on cell proliferation and thermally induced cell detachment., *Biomaterials*, **26**, 5167-5176 (2005)
13) H. Hatakeyama, A. Kikuchi, M. Yamato et al., Bio-functionalized thermoresponsive interfaces facilitating cell adhesion and proliferation Biomaterials, **27**, 5069-5078 (2006)
14) A. Kikuchi, M. Okuhara, F. Karikusa et al., Two-dimensional manipulation of confluently cultured vascular endothelial cells using temperature-responsive poly (N-isopropylacrylamide)-grafted surfaces., *J Biomater. Sci. Polym. Ed.*, **9**, 1331-1348 (1998)
15) M. Hirose, O. H. Kwon, M. Yamato et al., Creation of designed shape cell sheets that are noninvasively harvested and moved onto another surface., *Biomacromolecules*, **3**, 377-381 (2000)
16) T. Sasagawa, T. Shimizu, K. Sato et al., A novel three-dimensional cell sheet manipulation technique : Fabrication of multi-layer human skeletal myoblast sheets for cardiac repair., Regenerate World Congress on Tissue Engineering and Regenerative Medicine, Pittsburgh (2006)
17) K. Nishida, M. Yamato, Y. Hayashida et al., Functional bioengineered corneal epithelial sheet grafts from corneal stem cells expanded ex vivo on a temperature-responsive cell culture surface., *Transplantation*, **77**, 379-385 (2004)
18) Y. Hayashida, K. Nishida, M. Yamato et al., Ocular surface reconstruction using autologous rabbit oral mucosal epithelial sheets fabricated ex vivo on a temperature-responsive culture surface., *Invest. Ophthalmol. Vis. Sci.*, **46**, 1632-1639 (2005)
19) K. Nishida, M. Yamato, Y. Hayashida et al., Corneal Reconstruction Using Tissue-Engineered Cell Sheets Comprising Autologous Oral Mucosal Epithelium., *N. Engl. J. Med.*, **351**, 1187-1196 (2004)
20) M. Hasegawa, M. Yamato, A. Kikuchi et al., Human periodontal ligament cell sheets can regenerate periodontal ligament tissue in an athymic rat model., *Tissue Eng.*, **11**, 469-478 (2005)
21) T. Shimizu, M. Yamato, Y. Isoi et al., Fabrication of pulsatile cardiac tissue grafts using a novel 3-dimensional cell sheet manipulation technique and temperature-responsive cell culture surfaces., *Circ. Res.*, **90**, e40-48 (2002)
22) H. Sekine, T. Shimizu, S. Kosaka et al., Cardiomyocyte bridging between hearts and bioengineered myocardial tissues with mesenchymal transition of mesothelial cells., *J. Heart Lung Transplant.*, **25**, 324-32 (2006)

23) S. Miyagawa, Y. Sawa, S.Sakakida *et al.*, Tissue cardiomyoplasty using bioengineered contractile cardiomyocyte sheets to repair damaged myocardium : their integration with recipient myocardium., *Transplantation*, **80**, 1586–1595 (2005)
24) I. A. Memon, Y. Sawa, N. Fukushima *et al.*, Repair of impaired myocardium by means of implantation of engineered autologous myoblast sheets., *J. Thorac. Cardiovasc. Surg.*, **130**, 1333–1341 (2005)
25) H. Kondoh, Y. Sawa, S. Miyagawa *et al.*, Longer preservation of cardiac performance by sheet–shaped myoblast implantation in dilated cardiomyopathic hamsters., *Cardiovasc. Res.*, **69**, 466–475 (2006)
26) H. Hata, G. Matsumiya, S. Miyagawa *et al.*, Grafted skeletal myoblast sheets attenuate myocardial remodeling in pacing–induced canine heart failure model., *J. Thorac. Cardiovasc. Surg.*, **132**, 918–924 (2006)
27) Y. Miyahara, N. Nagaya, M. Kataoka *et al.*, Monolayered mesenchymal stem cells repair scarred myocardium after myocardial infarction., *Nat. Med.*, **12**, 459–465 (2006)
28) T. Ohki, M. Yamato, D. Murakami *et al.*, Treatment of oesophageal ulcerations using endoscopic transplantation of tissue engineered autologous oral mucosal epithelial cell sheets in a canine model., *Gut*, in press (2006)

第6章　バイオ接着剤

山本浩之[*1]，大川浩作[*2]

1　はじめに―バイオ接着剤の分類

バイオ接着剤（Bioadhesive）という用語は，今日，多数の研究論文において用いられているが，それぞれの研究分野においての使われ方と指し示す意味が異なっている（図1）。

バイオ接着剤は主に，(1) 本来の生命機能としての接着物質，および (2) 生体組織用接着剤としての高分子材料開発の研究対象に分けられる。(1) は生命科学に，また (2) は生体組織接着剤開発の材料工学に立脚した用法である。(1) はさらに，(1a) 生物体内および (1b) 生物体外で働く接着物質に分類される。(1a) は，カドヘリンおよびコネクチンなどの細胞接着タンパク質に代表される。(1b) は，生物体外に分泌された後に特定の対象物に"接着する"物質であ

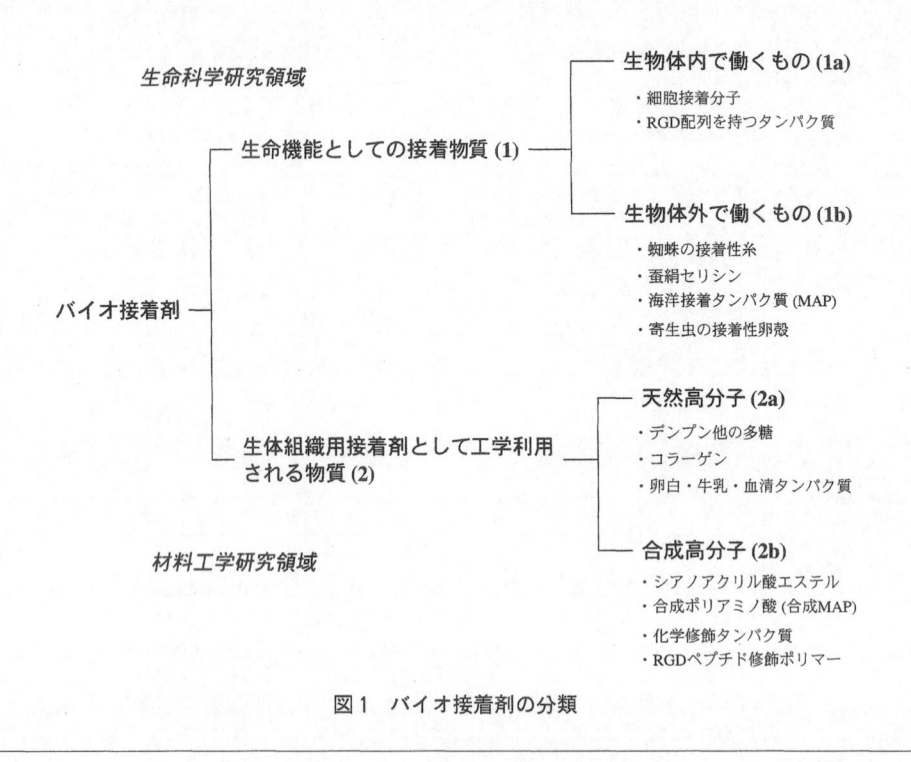

図1　バイオ接着剤の分類

[*1] Hiroyuki Yamamoto　信州大学　繊維学部　高分子工業研究施設　信州大学特任教授
[*2] Kousaku Ohkawa　信州大学　繊維学部　高分子工業研究施設　助教授

る。これらの多くは無細胞組織であり，真の天然接着物質と定義できる。

材料工学分野（2）におけるバイオ接着剤は，それらの機能ではなく，物質の種類による分類が適当である。物質の種類とは（2a）天然高分子，および（2b）合成高分子である。（2a）は，人類がその文化史の中で"接着剤として使える"ことを見出してきた天然物群のことを指す。（2b）の合成高分子は生体組織，例えば手術に使われる組織用接着剤開発を目指した応用研究の対象であり，生細胞または組織を"接着させる"ための物質群である。（2b）に関する材料工学研究においては，生物用接着剤（Biological Glue）という用語も用いられる。

以上述べた各項の分類は，いずれも生命に関わる接着現象（Bioadhesion）を基礎と応用の両面から取り扱うことにおいて共通している。同時に，バイオ接着剤研究領域は（1a）から（2b）までの異なる分類項の組み合わせにより，学際的に形成されており，生物学，生化学，高分子化学，医療工学にわたる広範な学術分野を含んでいる。バイオ接着剤における物質レベルでの研究課題は，（ⅰ）接着物質（1aおよび1b）の化学構造と接着機能部位の同定，（ⅱ）生体分子間架橋のエンジニアリング，（ⅲ）新規な接着分子の構造設計と合成手法の確立，（ⅳ）バイオ接着剤と生体表面との相互作用解析および界面制御，（ⅴ）接着物質の自己集合過程の解析，（ⅵ）細胞・組織の接着特性評価のための実験系の確立，（ⅶ）医療用接着剤としての臨床評価，を含み非常に多岐にわたる。

自然界の種々の天然接着物質（1b）は，タンパク質および多糖である。この内，上記（ⅰ）～（ⅶ）に関する系統的な研究が継続されているものは，（1b）に属する海洋生物由来の生体外接着タンパク質（海洋接着タンパク質；Marine Adhesive Protein；MAP）である。本章では，最初にバイオ接着剤の開発研究において利用可能なタンパク質分子間架橋反応について解説する。次いで，MAPに関連する基礎および応用研究を体系的にまとめ，新規接着材料開発研究，および接着過程における高分子間反応を利用する材料創製の可能性についても言及する。

2 タンパク質架橋様式と架橋反応に関わる酵素群

生体内での接着現象に積極的に関わるのは，おもにタンパク質である。バイオ接着剤の分子構造，および接着・固化原理を新たに設計する場合，特に生体適合性を重視する医療用途においては，生物体内でのタンパク質の架橋反応を手本にすることは重要である。

2.1 架橋酵素

架橋酵素という学術用語は厳密にはない。基本的には，酵素の作用によりタンパク質に含まれるアミノ酸側鎖官能基は，次段階の化学反応が可能な中間体に変換され，結果としてタンパク質

表1 バイオ接着剤として工学利用可能な酵素架橋反応

酵素	架橋反応	架橋構造
ペルオキシダーゼ		
ポリフェノールオキシダーゼ		
リシルオキシダーゼ		
トランスグルタミナーゼ		

分子間に架橋構造が生じる。ここでは，アミノ酸側鎖間を架橋反応に導く酵素を指して"架橋酵素"と呼ぶ。この類の酵素としては，4種類が知られている（表1）。各酵素研究の原報については，文献1)に記載した。

2.1.1 ペルオキシダーゼ

ペルオキシダーゼは，2分子のTyr側鎖のフェノール核間を酸化的に二量化する。架橋構造はジチロシン，あるいはトリチロシンである。これらの架橋構造は無脊椎動物の結合組織形成に重要な役割を持つ。

2.1.2 ポリフェノールオキシダーゼ（別名：チロシナーゼ）

ポリフェノールオキシダーゼは，Tyr側鎖フェノール核の3位を酸化し，3,4-ジヒドロキシフェニルアラニン（DOPA）に変換するモノフェノールオキシダーゼ活性，および生じたDOPAをさらにo-キノンに変換するポリフェノールオキシダーゼ活性の2つの触媒作用を併せ持つ。この架橋反応系では，DOPAあるいはキノンの2分子がラジカルカップリングを経て二量化した生成物が生じる。他の求核性側鎖（Lys側鎖のε-アミノ基，あるいはCys側鎖のチオール基）もまた，o-キノンと反応して別の架橋構造を作る。

2.1.3 リシルオキシダーゼ

リシルオキシダーゼは，1分子のLys（またはヒドロキシルリシン）側鎖のアミノ基を酸化的

に脱アミノ化してアルデヒドに変換する。酵素反応生成物はアリシンと呼ばれる。2分子のアリシン間でアルドールカップリング，また，Lys およびアリシンがカップリングして表1中の多様な架橋構造が形成される。4分子のリシンからは，デスモシンあるいはイソデスモシンが生じる。天然コラーゲンに見られる架橋様式は，Tanzer の総説[2]に詳しい。結合組織に含まれるエラスチンの C 末端部位は Ala と Lys に富み，1から4分子の Lys 側鎖が関与する複雑な架橋様式を持つ。

2.1.4 トランスグルタミナーゼ

トランスグルタミナーゼは，1分子の Gln 残基の側鎖カルボキシルアミド基に，他のタンパク質の Lys 残基の側鎖アミノ基を転移し，タンパク質分子間にイソペプチド結合を生じる。後述する手術用フィブリンシーラントの接着過程における必須の酵素である。

3 海洋接着タンパク質

接着という現象は，接着剤分子と被着体界面との相互作用力（界面化学反応または物理吸着），および接着剤分子自体の凝集力という二つの異なる力が組み合わされて成立する。生体組織・細胞表面との相互作用に特化した分子構造を持ち，かつ，同一分子内に2節において述べた架橋酵素の基質部位を含む高分子は，バイオ接着剤として利用可能である。地球上に生息する多様な生命の中には，何かにくっつくことを生存戦略の中心に位置づけている種が少なからずいる。このような生物種が産生する天然接着物質（1b）は，永く研究者の興味を引き続け，化学構造解明と体系化の努力が成されてきた。海洋生物を中心に，自然界に存在する接着物質については，Lucas[3] あるいは Vreeland[4] の総説にまとめられている。

3.1 イガイ類の接着タンパク質

イガイ類は日本沿岸にも普通にみられる二枚貝であり，足糸（Byssus）と呼ばれる接着器官を数十本形成して貝本体を固定する（図2）。足糸は先端接着円盤と糸状部から成り，イガイ自身に負荷される波の力に耐えるのに十分な接着力をもつ。イガイ類の足糸研究に関しては，形態学的・組織化学的な研究が最も古く，1970年代には，足糸はポリフェノール性物質を含み，コラーゲン様のタンパク質から構成されることが判っていた。分子レベルでの知見は，J. H. Waite の報告[5] が最初であり，同グループによって現在では，ムラサキイガイ足糸を構成するタンパク質の内，5種のポリフェノールタンパク質（*Mytilus edulis* foot protein (Mefp-1 から Mefp-5)[6,7]，3種のコラーゲン様タンパク質（Col-D，Col-P，Col-ND)[8]，および1種のマトリックスタンパク質が同定されている。これらの足糸の原料タンパク質がどのように複合化され

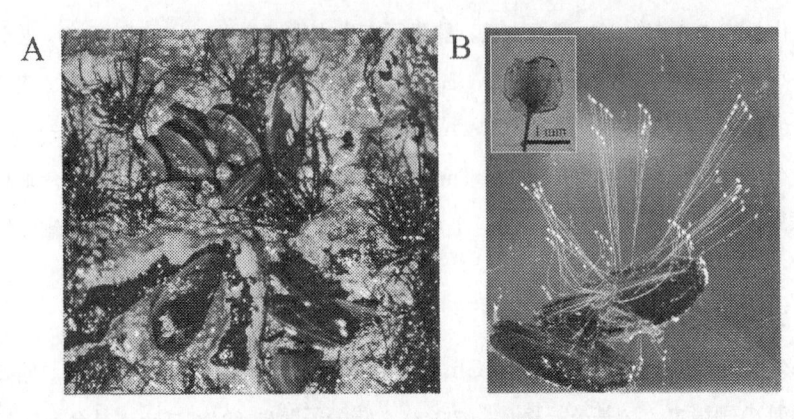

図2　ミドリイガイの接着形態
(A)天然岩石への接着　(B)飼育水槽壁への接着と先端接着円盤の拡大写真

て水中接着機能を果たしているかという問題については，未だ詳細は分かっていないが，接着時の界面化学反応に直接関わる重要なものは，Mefp-1 および Mefp-3 であると考えられている。ゆえに，イガイ足糸の接着機構研究においては，Mefp-1 あるいは Mefp-3 と被着体基盤間の相互作用，特に界面化学反応および吸着様式とその駆動力の解析が重要である。

3.1.1　Foot Protein-1 (fp-1)

　これまでに報告された種々の MAP の内，ムラサキイガイ由来 Mefp-1 の生化学的・高分子化学的性質の解析は最も進んでいる。Mefp-1 は，図3Aに示す10残基のアミノ酸（デカペプチド）からなる周期構造を持つ。デカペプチド配列に含まれる 4-Hyp（ヒドロキシプロリン）および 3,4-diHyp（ジヒドロキシプロリン）は Pro から，また DOPA は Tyr から，酸化酵素の作用によって生ずる。Mefp-1 の全アミノ酸配列を通して，デカペプチド配列は約80回繰り返し現れ，それらの間には類似の構造を持つヘキサペプチド配列が点在する。Pro および Tyr が酸化される位置および程度はデカペプチドの繰り返し単位毎に異なる。DOPA は Mefp-1 の接着機構において重要な役割を持つ（後述）。Mefp-1 の優れた接着特性については，Waite による総説[6]に詳しく述べられている。我々は最近，ミドリイガイ（*Perna viridis*）由来の Pvfp-1 の周期構造を報告した（図3B）。Pvfp-1 は O-結合糖鎖を持つ Thr 残基を含むことが示唆された[9]。淡水産のイガイの fp-1 においても，O-結合糖鎖の存在が報告されているが，糖鎖の役割はまだ分かっていない。

　ムラサキイガイの Mefp-1 を初め，種々のイガイから fp-1 に分類される MAP の周期構造が決定されている（表2）。これらの周期構造を比較することによって，イガイ類の fp-1 において共通に見られる特徴とその意義を議論することができる。6種の海産イガイおよび2種の淡水産イガイの fp-1 は，N-末端から C-末端に向かって，疎水領域（通常2-3残基），-Lys-Pro/Hyp-,

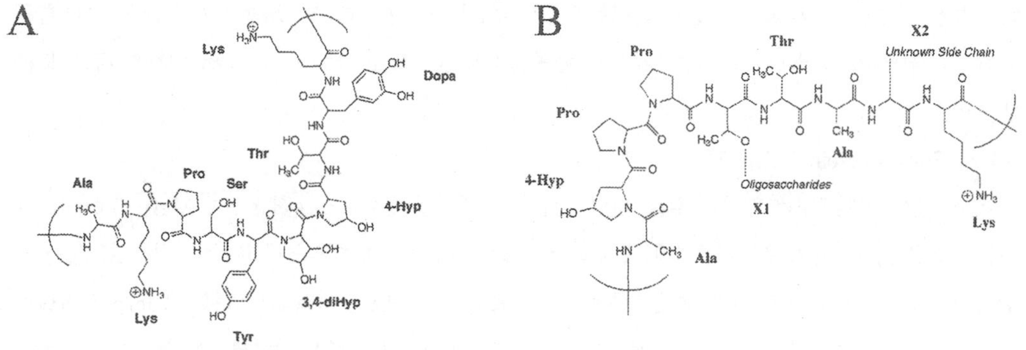

第6章　バイオ接着剤

図3　Foot protein-1 の周期構造
(A)ムラサキイガイ Mefp-1　(B)ミドリイガイ Pvfp-1

表2　Foot Protein-1 の周期構造

Species	Sequences																
	1	2	3	4	5	6	7	8	9	10	11	12	13	14	15	16	17
Perna viridis[a]	A	P	P	K	P	–	–	–	–	–	T*	T	A	–	X_2	–	K
	A	P	P	–	P	–	A	–	–	–	T*	T	A	–	X_2	–	K
Mytilus edulis[a]	A	–	–	K	P	S	–	Y	P	P	–	T	–	–	Y	–	K
Mytilus californianus[a]	P	–	–	K	X	T	–	Y	P	P	–	T	–	–	Y	–	K
Brachiodontes exustus[a]	G	–	–	K	P	S	P	Y	D	Y	–	–	G	–	Y	–	K
Septifer bifurcatus[a]	Z	–	–	K	P	S	S	Y	G	–	–	T	G	–	Y	–	K
Geukensia demissa[a]						T	G	Y	S	A	–	–	G	–	Y	–	K
Dreissena polymorpha[b]				K	P	G	P	Y	D	Y	–	D	G	P	Y	D	K
Limonperna fortunei[b]				K	P	T	Q	Y	S	–	–	D	E	–	Y	–	K

a) 海産イガイ，b) 淡水産イガイ
Z：疎水性ペプチド，P：Pro または Hyp，T*：糖鎖をもつ Thr,
Y：Tyr または DOPA，X_2：未知のアミノ酸

　親水領域（1-2残基），-Tyr/DOPA-，親水疎水混在領域（2-5残基），-Thr-，-Ala/Gly-，-Tyr/DOPA-Lys- の順に並ぶ共通構造を持つ。

　fp-1型の MAP を構成するアミノ酸配列は，タンパク質分子と表面との相互作用力，およびタンパク質分子間の凝集力の向上に寄与していると考えられる。例えば上述の親水疎水混在領域において，海産イガイの場合は疎水性アミノ酸に富み，淡水イガイでは親水性アミノ酸，特にカルボキシル基を有する酸性アミノ酸（Asp あるいは Glu）がより多く存在する。海産イガイは疎水性残基間の凝集力，一方，淡水産イガイは Asp/Glu と Lys 残基間の静電結合力を fp-1 分子間相互作用の駆動力として利用していると考えられる。静電結合力は周囲にイオンが存在すると弱まるので，0.15M 程度の NaCl を含む海水中では，淡水産イガイ fp-1 にとっては不利な環

境となり，他方，溶存塩により疎水性残基間の凝集力が高まるので，海産イガイ fp-1 には有利となる。架橋反応の進行とともに Mefp-1 分子は水和水を放出しつつ，より密に基盤表面に集積する[10]。

3.1.2 Foot Protein-3 (fp-3)

イガイ足糸の接着円盤部分の接着界面に存在する低分子量タンパク質として Mefp-3 が同定され，その役割は安定な接着界面を形成するためのプライマーであると推定された[11]。Mefp-1 と異なり，Mefp-3 は明確な周期構造を持たない。また，DOPA の含有量は 5 種の Mefp の内最も高く，全アミノ酸組成の約 20 モル％以上を占める。Mefp-3 に特異的な構造特徴は，アルギニン（Arg）の酸化誘導体であるヒドロキシアルギニンを高頻度に含むことである。このアミノ酸の役割は，被着体表面との相互作用力を高める働きをしていると推測されている。Mefp-3 にはおよそ 20 種類の変異体があり，ムラサキイガイは，付着する基盤の性質に応じて最も強力な接着力を得るために，プライマーとして働くタンパク質の構造を変えているという興味深い仮説が提案されている。

ムラサキイガイと近縁種のカリフォルニアイガイ（*Mytilus californianus*）からも，Mefp-3 に相当するタンパク質（Mcfp-3）が同定され，ヒドロキシアルギニンおよび DOPA に富む Mcfp-3 の分子構造特徴は，被着体表面との水素結合および荷電相互作用に特に有利であると結論されている。

3.2 接着機構における DOPA の役割

3.2.1 界面化学反応

ムラサキイガイの足糸糸状部の破断強度は 300MPa 程度である。基盤の種類によって変化するが，イガイ一個体につきおよそ 40～50 本以上の足糸が張られる。合計の強度は，潮間帯の波の力に抵抗して貝を固定するのに十分であろう。イガイ本体を固定する強度は，糸状部自体の機械強度，および接着円盤自体の接着力の両方が組み合わされている。ゆえに，糸状部の機械強度が高くても，被着体と接着円盤との界面の接着力が弱ければ，潮間帯特有の水力学的応力下において貝本体を接着し続けることは困難になる。イガイ類は海水圏だけでなく，河川・湖沼を含む陸水圏にも生息しており，生存戦略において共通する最重要点は，強力な接着界面を形成できるタンパク質分子の獲得である。

Waite らは，海産の棲管多毛類（*Pharagmatopoma calfornica*）から DOPA を含む接着タンパク質を単離し，DOPA のカテコール側鎖と砂粒表面の金属酸化物との間に界面化学反応が起こるという仮説（Surface Coupling 機構）を提唱した（図 4 A）。DOPA のカテコールは特定の二価金属イオンに対して高い錯安定化定数を示すので，この機構は後にイガイ類の MAP にも拡

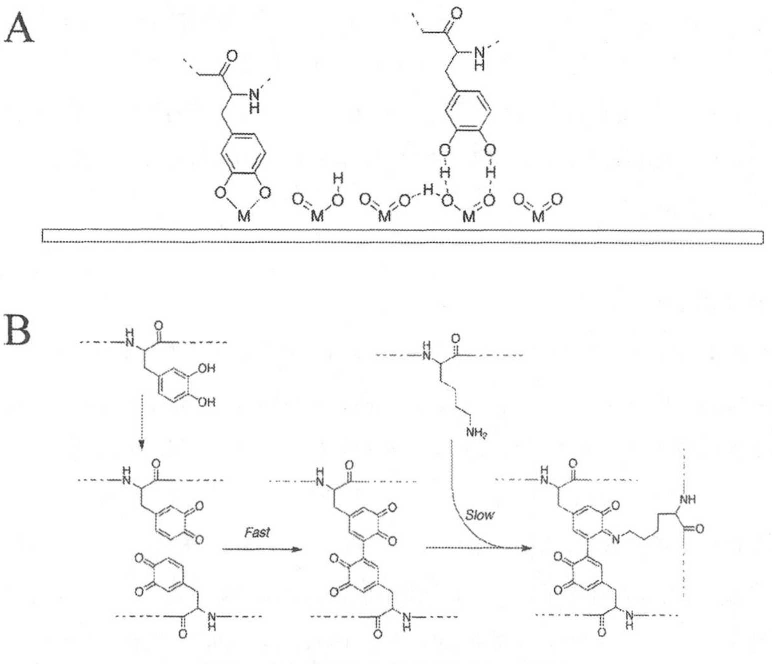

第6章 バイオ接着剤

図4 水中接着における DOPA の役割
(A)界面化学反応 (B)架橋反応

張された。ラマン分光法による解析から，DOPA が 2 つの水酸基を介して基盤表面固体表面と相互作用することが明らかにされた[12]。最近では，DOPA の水酸基と金属酸化物との間の水素結合形成に基づく界面反応も提案されている。

3.2.2 架橋反応

イガイ類の MAP は足組織内部で生合成され，可溶性タンパク質としてフェノール腺内に貯蔵される。足糸形成時にフェノール腺から分泌された MAP は被着体表面に集積する。同時に分泌されるポリフェノールオキシダーゼの酸化作用を受けて，MAP 分子間には架橋構造が形成され，強固な接着界面ができる。ポリフェノールオキシダーゼの基質は，MAP 分子に含まれる Tyr および DOPA 残基である。DOPA 残基の酸化とカップリングによって進行する分子間架橋反応は，"キノン架橋（Quinone Cross-linking）"と呼ばれる。キノン架橋反応には，Tyr/DOPA の酵素酸化過程，および DOPA-キノン間の酸化還元化学過程が混在しているので，酵素架橋反応における動力学解析が大変困難である。古くから多数の研究報告があるが，観察結果と仮説が混同して理解されてきた[13]。

MAP の架橋不溶化反応について，Lindner は単純な低分子化合物と吸収スペクトルを用いた実験から，キノンの二量化，およびキノンに対するアミノ基の付加の 2 つの機構を 1970 年代に提唱していた。現在では固体 NMR および質量分析を用いて，MAP の架橋反応を直接観察でき

るようになり，足糸内部ではキノンの二量化反応がより高頻度に起こることが指摘されている（図4B）。また，リシン残基側鎖のアミノ基のキノンへの付加は比較的遅い反応であることが示されている。キノンの二量化は MAP を迅速に架橋不溶化させ，接着界面を短い時間で安定に形成する。接着円盤の固化後，リシンが関与する遅い架橋反応の進行により，接着円盤が成熟し，接着強度をさらに高める。

3.3 フジツボ類の接着タンパク質

フジツボ類の接着物質の基礎物性およびバイオ接着剤開発は古くから研究されてきた[14]。フジツボの付着に関わる物質はセメントと呼ばれ，最近の研究については紙野による総説[15]に詳しい。セメントを構成する成分の90%以上は，セメントタンパク質（cement protein；cp）である。アカフジツボ *Megabalanus rosa* の Mrcp は10種類見いだされており，現時点で単離・同定されているのは6種である。Mrcp-20k の立体構造は NMR，また，Mrcp-100k と固体表面との相互作用は分子力学計算を用いて，それぞれ解析されている。セメントを構成するタンパク質は，疎水性アミノ酸に富むバルク接着物質（cp-100k, cp-52k），吸着-プライマー物質（cp-68k, cp-19k），炭酸カルシウム特異的吸着物質（cp-20k），および溶菌酵素様物質（cp-16k）に分けられる。吸着-プライマー物質は水酸基に富み，被着体表面に吸着している水分子と置換して被着体-タンパク質界面を形成し，同時に，バルク接着物質は界面にある分子を取り込み，疎水相互作用により凝集・接着すると考えられている。

フジツボのセメントタンパク質は DOPA 残基を含んでおらず，凝集したタンパク質が分子間架橋を経て硬化するイガイ類 MAP の場合とは機構を異にしている可能性が高い。フジツボ類 cp のバイオ接着剤としての利用工学に関する具体的な研究例はまだ無い。

図5 クロフジツボの付着形態

4 バイオ接着剤の設計法

　生物組織接着剤の材料科学においては，天然物高分子および合成高分子の両方が研究対象となる。既に市販されているものに加え，図1中の（1b）および（2a）に属する物質の性質を基に，新たな組織接着剤開発のため研究開発が行われている。

4.1 医療用接着剤（Biological Glue）

　医療用接着剤は，多量の水分を含む生物組織を接着させる目的のために開発された。現在市販されている天然高分子系医療用接着剤の主流は，フィブリンシーラントである[16]。フィブリンシーラントによる接着機構は，血液凝固反応の原理に基づいている。血液凝固過程において，プロテアーゼの一種であるトロンビンはフィブリノーゲンをフィブリンに変換し，フィブリンは可溶性の重合体を作る。トロンビンは同時に，XIII因子（トランスグルタミナーゼ）を活性型に変換する。活性型のXIIIa因子は，フィブリン分子間を架橋して不溶性のフィブリン重合体を形成するのと同時に，組織細胞表層にあるタンパク質とフィブリン重合体間もまた化学架橋して凝固過程を完了する。フィブリンシーラントは止血剤，組織接着剤，および外科手術用密閉剤として用いられる。他には，アルブミンをグルタルアルデヒドにより架橋する組織接着剤も市販されている。

　合成高分子では，シアノアクリル酸エステルの重合反応を利用する組織接着剤が各種市販されている[17]。1964年に，シアノアクリル酸メチルは犬の膀胱切開手術後の閉鎖のために最初に試験された。初期のシアノアクリル酸エステルは，組織に対する毒性・炎症性の問題があった。今日では，例えば N-ブチルシアノアクリル酸あるいはシアノアクリル酸オクチルなどの種々の改良された誘導体が，比較的簡単な裂傷部，あるいは開腹部組織の閉鎖のために用いられている。シアノアクリル酸オクチルは，フィブリンシーラントよりも素早く，かつ，強力な組織接着が可能であるという報告があり，フィブリンシーラントの場合のような感染症の問題も無いことが利点の一つである。しかしながら体内における分解の速さ，および低毒性においては，天然物由来の組織接着剤のほうが優れる。医療用接着剤として求められる理想的な性質は，適用時の感染症の危険が無く，迅速かつ強力な接着力，および治癒後の良好な生分解性を併せ持つことである。以下に述べる天然・合成MAP関連化合物は，新規医療用接着材としての実用化の可能性が最も高い高分子材料である。

4.2 MAPの接着機構の応用

　MAP関連化合物は細胞培養用接着剤，および外科手術のための組織接着剤の二つの応用研究がなされている。Cell-Takはムラサキイガイ由来のMefp-1を成分とする細胞・組織用接着剤

の商標である。仔ハムスター腎臓 BHK-21 および人リンパ球 U937 細胞培養実験において，Mefp-1 が優れた細胞接着活性を示すことを根拠に製品として開発された。Cell-Tak は多くの培養細胞に対して優れた接着性を示すが，外科用の組織接着剤としては，現状においてはまだ開発途上にある。天然・合成 MAP の組織・細胞接着特性に関連する研究報告を以下に列挙する。

4.2.1 生細胞と生物組織に対する天然 MAP の接着特性

胎児性視床下部細胞および胎仔脳細胞の接着活性の試験では，Cell-Tak は比較対照である poly-D-lysine およびコラーゲンの，それぞれ 2 倍および 4 倍高い値を示した[18]。ラットの骨端軟骨細胞および骨性癌腫造骨細胞の培養実験では，天然 MAP 添加系は無添加系に比べて 2〜5 倍の細胞接着数を示し，これらの細胞種に対する無毒性が証明された[19]。ムラサキイガイの近縁種である *Mytilus galloprovincialis* 由来の fp-3 タンパク質の組み替え体のひとつ（Mgfp-3A）の細胞接着特性は，Cell-Tak に匹敵し，有望なバイオ接着剤として期待されている[20]。

豚皮を試験片として，ムラサキイガイの接着タンパク質抽出物（MAE），フィブリンシーラント製品である Tiseel，およびシアノアクリル酸エチル（ECA）を比較した報告がある。相対湿度 80%，37℃で 48 時間静置した後の接着力は，MAE では 0.95MPa，Tiseel では 1.04MPa とほぼ同等の値を示し，ECA は他の二つよりもはるかに高い接着力を持つ[21]。Mefp-1 をコートしたカバーガラスを豚の腸内粘膜に貼付け，脱着時の強度が測定された。その結果，既知の良好な粘膜付着性高分子であるポリカルボフィルとほぼ同等の強度を示した[22]。

上記のように天然 MAP は，バイオ接着剤として実用化できる可能性が非常に高い。Cell-Tak および天然 MAP は，イガイから抽出純化されたものであるから，種々の生細胞との適合性を改善するために，分子構造（アミノ酸配列）を改良することはできない。他方，天然 MAP の接着機構の原理を保持した合成ポリアミノ酸（合成 MAP）の場合は，接着剤自体の分子構造を自在に設計できる。分子設計と合成研究，生体界面化学特性，細胞接着特性，および組織接着強度の評価を含めた基礎・応用の両面においての研究は，合成 MAP 実用化のために特に重要である。

4.3 合成 MAP 関連化合物

1987 年に Yamamoto は，Mefp-1 のデカペプチドの繰り返し構造を持つポリペプチドを最初に合成し，その接着強度を報告した[23,24]。以来，著者らはこれまでに，種々の fp-1 型の周期構造を持つ MAP の合成手法，および MAP 関連化合物の表面化学的特性および接着強度について報告してきた。さらに，周期構造の必須要素である Tyr（DOPA の前駆体）および Lys を含み，かつ，天然の fp-1 の構造を単純化したポリペプチド，例えば poly(X-Tyr-Lys)（X＝Gly, Ala, Leu, Phe, Pro）等の MAP 関連化合物の合成も行っている。合成 MAP 関連化合物の接着仕事，吸着仕事，さらに酵素酸化反応を組み合わせた一連の研究から，我々は，合成ポリペプ

第6章 バイオ接着剤

チドのアミノ酸周期構造が天然 MAP の配列に近くなると，ガラス，プラスチック，金属，および生体（後述）を含む広範囲の表面に対して有利な接着特性を示すようになると結論した[25〜27]。

合成ポリペプチドのアミノ酸配列の周期構造は，分子鎖のコンフォメーション，分子間の会合状態，および酸化酵素の基質特異性に直接影響する。合成 MAP を用いた我々の実験から，天然 MAP のアミノ酸配列は，接着過程の酵素架橋反応および界面反応に適していることが分かる。他方，単純な構造を持つ合成 MAP 関連化合物は，特定の被着体に対してのみ天然 MAP よりも優れた接着特性を示すことがある。以上は，イガイ類 MAP を積極的に利用する工学技術の創成のために重要な知見である。

4.3.1 合成 MAP のバイオ接着研究

合成 MAP をガラス表面にコートし，そこに接着する魚類精子細胞を計測することにより細胞接着活性を求めるアッセイ系が，Yamamoto によって開発された。この手法は，遊泳する精子細胞がガラス表面に接着したときの形態により，接着細胞を見分けて短時間に計測することができ，かつ，細胞培養設備が無くても実施できる簡便さを持つ。図6は，合成 MAP 関連化合物の魚類精子の接着活性評価の結果を示している。種々の単純なポリアミノ酸，および天然と同じ周期構造をもつ合成 MAP を比較すると，明らかに後者の方が接着活性が高いことが分かる。poly(Lys) および poly(Orn) は，ポリアミノ酸の中でも高い接着活性を示しており，細胞接着における塩基性アミノ酸の重要さを示している。一方，同じ塩基性アミノ酸でも，poly(His) および poly(Arg) は接着活性が低く，さらにランダム共重合体である copoly(Lys Tyr) も同様である。これらの結果は，より高い細胞接着活性発現のためには，架橋反応に関与するアミノ酸だけでなく，合成 MAP の周期構造を含めて設計する必要性を明示している。

天然 MAP の周期構造を単純化した合成 MAP 関連化合物の豚皮に対する接着試験方法とその結果を次に述べる[28]。図7Aに従い，合成 MAP を用いて接着した2枚の豚皮をポリメタクリル

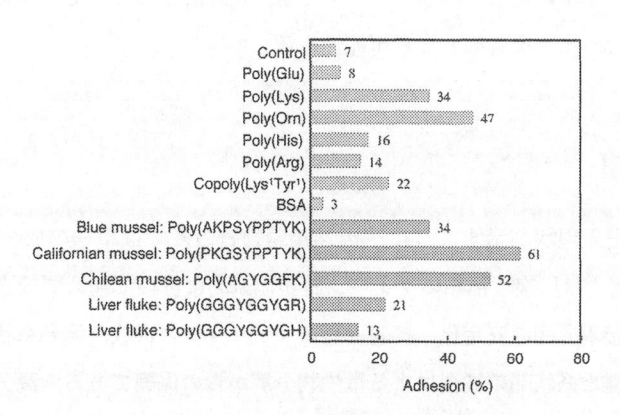

	Adhesion (%)
Control	7
Poly(Glu)	8
Poly(Lys)	34
Poly(Orn)	47
Poly(His)	16
Poly(Arg)	14
Copoly(Lys^{1}Tyr^1)	22
BSA	3
Blue mussel: Poly(AKPSYPPTYK)	34
Californian mussel: Poly(PKGSYPPTYK)	61
Chilean mussel: Poly(AGYGGFK)	52
Liver fluke: Poly(GGGYGGYGR)	21
Liver fluke: Poly(GGGYGGYGH)	13

図6　合成 MAP の魚類精子接着活性

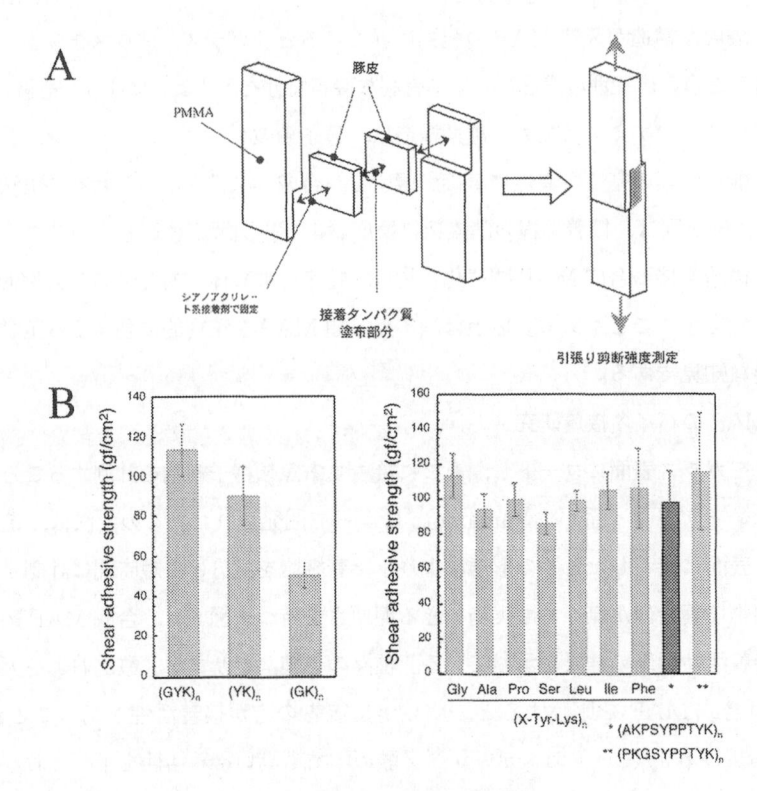

図7 合成MAPの豚皮接着試験

酸メチル板の間に固定して，豚皮接着層間の剪断強度を測定した。図7B左は試験結果を示し，poly(GK)，poly(YK)，およびpoly(GYK)の順に接着強度が増加した。3種の合成MAPの内，poly(GYK)は天然MAPの周期構造を持つ2つのポリペプチドに匹敵する強度を持つ（図7B右）。さらに，豚上皮組織の治癒過程において，poly(GYK)はTiseelよりも低毒性である[29]。これらの事実は構造を単純化したポリペプチドでも，設計次第によっては，強度および製造コスト面において有望なバイオ接着剤となる可能性を示している。

5 今後の展望

MAP研究の歴史と現状が示すように，天然接着物質の多くは単一の成分でない。水中でのMAPの強力な接着力は，複数種類のタンパク質が協調的に働いて初めて成立する。個々のタンパク質の役割は，接着界面の安定化，接着円盤のマトリックス形成，足糸糸状部と接着円盤の連結，および接着円盤と糸状部の被覆による微生物分解からの保護である。高分子合成化学に立脚したバイオ接着研究の先端課題の一つは，各タンパク質の機能を一つに集約するような分子設計

第6章　バイオ接着剤

と合成，ならびに，接着特性評価である。

　生物由来の接着物質の探求はいまもなお活発に行われている。MAP 関連の天然接着物質では，ミドリイガイ類，および多毛類接着物質は，現時点での最新の研究課題である。他にも，生物学的な興味から，出芽細菌 Caulobacter crescentus の付着器官の接着強度が測定され，70MPa という強力な接着力を持つことが明らかにされている。図1中の（1b）に属する MAP の分子構造を解明し，それらのアミノ酸配列と接着特性とを対応させる研究は，材料科学の多彩なアイデアを引き出す。著者らは天然 MAP の接着機構に含まれる高分子化学過程に着目し，接着材料だけでなく，含水ゲル，繊維，カプセル等の材料科学研究に展開してきた[30]。天然接着物質の研究の進展により，さらなる応用研究の萌芽が生まれることを期待している。

文　献

1) K. Ohkawa, H. Yamamoto in *Biopolymers*, A. Steinbüchel, S. Fahnestock eds. (Wiley-VCH, Weinheim, Germany), **7**, p.456 (2003)
2) M. L. Tanzer, J. H. Waite, *Collagen Rel. Res.*, **2**, 177 (1982)
3) J. Lucas, E. Vaccaro, J. H. Waite in *Biopolymers*, A. Steinbüchel, S. Fahnestock eds. (Wiley-VCH, Weinheim, Germany), **8**, p.359 (2003)
4) V. Vreeland, J. H. Waite, L. Epstein, *J. Phycol.*, **34**, 1 (1998)
5) J. H. Waite, M. L. Tanzer, *Biochem. Biophys. Res. Commun.*, **96**, 1554 (1980)
6) J. H. Waite, *Ann. N Y Acad. Sci.*, **875**, 301 (1999)
7) J. H. Waite, X. Qin, *Biochemistry*, **40**, 2887 (2001)
8) J. H. Waite, X.-X. Qin, K. J. Coyne, *Matrix Biol.*, **17**, 93 (1998)
9) K. Ohkawa, A. Nishida, H. Yamamoto, J. H. Waite, *Biofouling*, **20**, 101 (2004)
10) C. Fant, K. Sott, H. Elwing, F. Höök, *Biofouling*, **16**, 119 (2000)
11) V. V. Papov, T. V. Diamond, K. Biemann, J. H. Waite, *J. Biol. Chem.*, **270**, 20183 (1995)
12) A. Ooka, R. L. Garrell, *Biopolymers*, **57**, 92 (2000)
13) B. R. Brown in *Oxidative Coupling of Phenols*, W. I. Taylor, A. R. Battersby eds. (Marcel Dekker, Inc., New York), **1**, p.167 (1967)
14) R. S. Manly ed., *Adhesion in Biological Systems* (Academic Press, New York, 1970)
15) 紙野圭, 日本接着学会誌, **42**, 117 (2006)
16) D. Albala, J. Lawson, *J. Am. Coll. Surg.*, **202**, 685 (2006)
17) C. Vauthier, C. Dubernet, E. Fattal, H. Pinto-Alphandary, P. Couvreur, *Adv. Drug. Deliv. Rev.,* **55**, 519 (2003)
18) M. Notter, *Exp. Cell. Res.*, **177**, 237 (1988)
19) J. P. Fulkerson, L. A. Norton, G. Gronowicz, P. Picciano, J. M. Massicotte, C. W. Nissen,

J. Orthopaed. Res., **8**, 793 (1990)
20) D. Hwang, Y. Gim, H. Cha, *Biotechnol. Prog.*, **21**, 695 (2005)
21) L. Ninan, J. Monahan, R. L. Stroshine, J. J. Wilker, R. Shi, *Biomaterials*, **24**, 4091 (2003)
22) J. Schnurrer, C.-M. Lehr, *Int. J. Pham.*, **141**, 251 (1996)
23) H. Yamamoto, *J. Adhesion Sci. Technol.*, **1**, 177 (1987)
24) H. Yamamoto, *J. Chem. Soc. Perkin Trans. I*, **1987**, 613 (1987)
25) H. Yamamoto in *Biotechnology & Genetic Engineering Reviews*, M. Tombs ed. (Intercept, Andover), **13**, p.133 (1996)
26) H. Yamamoto in *The Polymeric Materials Encyclopedia*, J. Salamone ed. (CRC Press, Inc., Bocca Raton, Florida), **6**, p.4025 (1996)
27) H. Yamamoto, K. Ohkawa in *Encyclopedia of Surface and Colloid Science*, A. Hubbard ed. (Marcel Dekker, Inc, New York), p.4242 (2002)
28) H. Tatehata, A. Mochizuki, T. Kawashima, S. Yamashita, H. Yamamoto, *J. Appl. Polym. Sci.*, **76**, 929 (2000)
29) H. Tatehata, A. Mochizuki, K. Ohkawa, M. Yamada, H. Yamamoto, *J. Adhesion Sci. Technol.*, **15**, 1003 (2001)
30) 山本浩之, 繊維学会誌, **58**, 12 (2002)

第3編　手法開発

第1章 動的共有結合化学による架橋システム

大塚英幸*

1 はじめに

「接着とはく離」という現象において,「化学結合の生成と開裂」は重要な役割を演じている。接着においては,特に共有結合系を利用することで高い強度を実現できるが,逆にはく離させる場合には高い強度は欠点となる。近年,共有結合でありながら可逆的な解離‐結合が容易に実現できる系,すなわち平衡性(可逆性)を有する共有結合への関心が高まってきており,それを活用する化学は「動的共有結合化学(Dynamic Covalent (Bond) Chemistry)」と呼ばれている[1]。動的共有結合化学に基づいて形成される構造体は,熱力学的に安定な構造をもつ一方で,平衡を揺るがすような外的な要因(例えば,温度,光,圧力,触媒や鋳型の有無など)により,その構造を大きく変化させることができる。このような動的共有結合化学の概念は,ごく最近になり総説が出始めた考え方であり,様々な分野に波及し始めている。本章では,このような「動的共有結合化学」に基づく高分子の架橋システムに焦点をあてて基礎的な視点から解説する。

2 動的共有結合とは

古典的な有機合成化学において,不可逆な結合の形成による速度論的反応,すなわち分子運動論に基づきエネルギー的に有利な反応経路により生成する化合物がその反応系の主生成物となる反応,が主流であった[2]。速度論的反応の場合,図1の自由エネルギープロファイルの反応において,Sを出発原料とする反応の主生成物はP2となる。反応が不可逆であるため,いったん反応生成物P2が得られると原料Sに戻すことも,他の生成物P1を得ることも出来ないためである。従って,速度論的反応により目的物を得るためには,試薬,触媒,反応条件等を注意深く選択し,活性化エネルギー($\Delta G_1^{\ddagger}$と$\Delta G_2^{\ddagger}$)を制御する必要がある。実際に,多くの有機反応は,この問題を解決して,ターゲットとする化合物を得ることができるように,精密に反応条件が設定されてきた。

一方で,可逆的な反応(平衡反応)の場合,結合の形成が可逆的であるため,遷移状態の活性

---

* Hideyuki Otsuka 九州大学 先導物質化学研究所 助教授

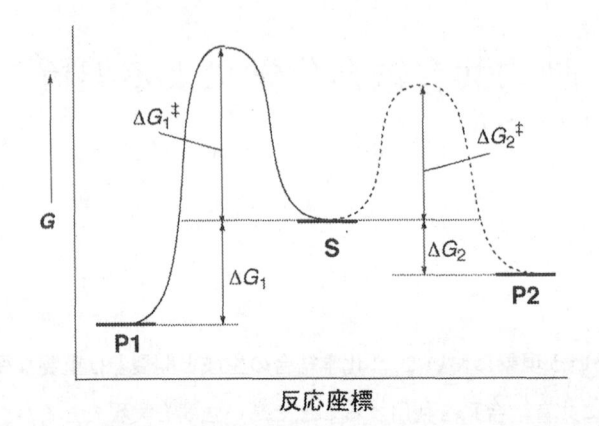

図1 速度論的反応（S→P2），熱力学的反応（S→P1）の自由エネルギープロファイル

図2 代表的な動的共有結合の平衡反応

化エネルギーの差ではなく，相対的な安定性（ΔG_1とΔG_2）の差が生成物の割合を支配し，熱力学的（エネルギー的）に安定な生成物P1が選択的に形成される。すなわち，平衡反応系では生成物（または構造体）の熱力学的安定性を制御することにより，目的物を選択的に合成することが可能である[1]。このような熱力学的支配に基づき可逆的に変化する共有結合こそが，動的共有結合である。ちなみに非共有結合系の構造体形成においては，生成物は熱力学支配に基づき割合が決定され，超分子化学[3]に代表されるように共同性やエラーチェック機能が発現されるため，自己集合，分子認識などに利用され，新材料開発の基盤となりつつある。

代表的な動的共有結合の平衡系を図2に示す。いずれも有機化学の基本的な反応であるが，このような動的共有結合は，①基質に対する立体的，電子的な効果の付与による制御，②温度，濃

度，圧力，添加物（テンプレート）による制御，③反応系における化学量論比の制御などにより平衡状態を操ることが可能であり，目的物を選択的に合成する反応系，目的の分子構造体を形成する分子システムを構築できるという特徴を有する。これらの動的共有結合は，熱力学的平衡下にある環状オリゴマー，カテナン，ロタキサンなどの超分子構造体や分子集合体を特定の状態で固定するツールとしても利用されている[1]。

3 高分子化学における動的共有結合

高分子化学の分野では，「可逆的な共有結合」という考え方は古くから認識されてきた。最も代表的な例として，平衡重合性モノマーの重合反応ではモノマーとポリマーとの間に共有結合を介した平衡関係が存在する。系中のモノマー濃度が平衡モノマー濃度に達した場合または天井温度以上の場合，見かけ上，重合は停止することになる。さらに重合反応後の単離されたポリマーに対して，再び開始剤や熱などの刺激を与えると，平衡モノマー濃度になるまで解重合によりモノマーが再生する。メタクリル酸メチルなどのビニル化合物[4]，テトラヒドロフランなどの環状エーテル[5]，1,3-ジオキサンなどの環状アセタール[6]，ラクチドなどの環状エステル[7]，ε-カプロラクタムなどの環状アミド[8]，のようなモノマー類の重合系は，古くより知られた平衡重合系である。さらには，重合反応の成長末端をドーマント種として可逆的に活性制御することで達成されたリビングカチオン重合[9]やリビングラジカル重合[10]の開発も，共有結合の結合エネルギーの精密制御に基づく「可逆的な共有結合」を利用した成功例である。

4 動的共有結合化学による架橋システム

架橋高分子は，古くから接着剤，封止剤，ゴム，ゲルとして工業的に利用されており，現在もより高度な性能，機能を有する材料の開発を目指して活発に研究が展開されている[11〜14]。一般に三次元架橋高分子は応用範囲が多岐に渡るものの，「不溶不融」であるため，分子構造や形状を自由に変えることが困難であるという欠点を有している。共有結合を基盤とする化学架橋高分子の構造や形状を変えるには，結合の化学的切断を伴わなければならない。架橋高分子骨格中に動的共有結合を導入することができれば，構造再編成可能な動的高分子架橋システムの構築が期待できる。実際に，動的共有結合系を架橋部位に導入することにより，熱や物理的な刺激により選択的に架橋部位の切断を行うことができる例が報告されている。

古くはDiels-Alder反応を利用した架橋システムが報告されており，加熱による逆Diels-Alder反応を進行させることで架橋高分子から直鎖状高分子を再生できる[15]。逆Diels-Alder反

応を利用した反応系は水溶性高分子を利用したヒドロゲルにも展開されている（図3）[16]。また，Diels-Alder反応により構築された高密度架橋高分子は，加熱により自己修復できる材料となることが報告されている[17]。

精密な分子設計と反応条件に基づいて，平衡重合性を有する双環状モノマー[18]を利用した動的架橋システムが報告されている。スピロオルトエステル誘導体は重合条件を適宜選択することで，ポリ（環状オルトエステル）との平衡重合系を示すことが報告されている（図4a）[19]。二官

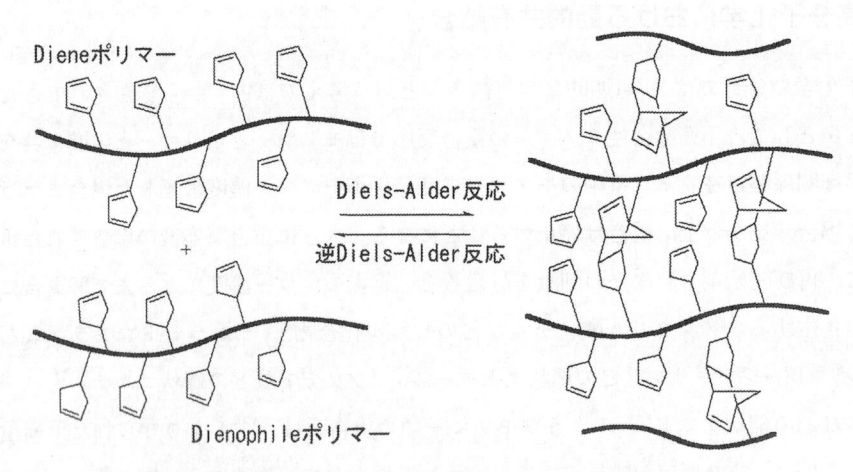

図3 Diels-Alder反応と逆Diels-Alder反応を用いた可逆的架橋システム

図4 (a)スピロオルトエステルの平衡重合，(b)二官能性スピロオルトエステルによる可逆的架橋システム

第1章 動的共有結合化学による架橋システム

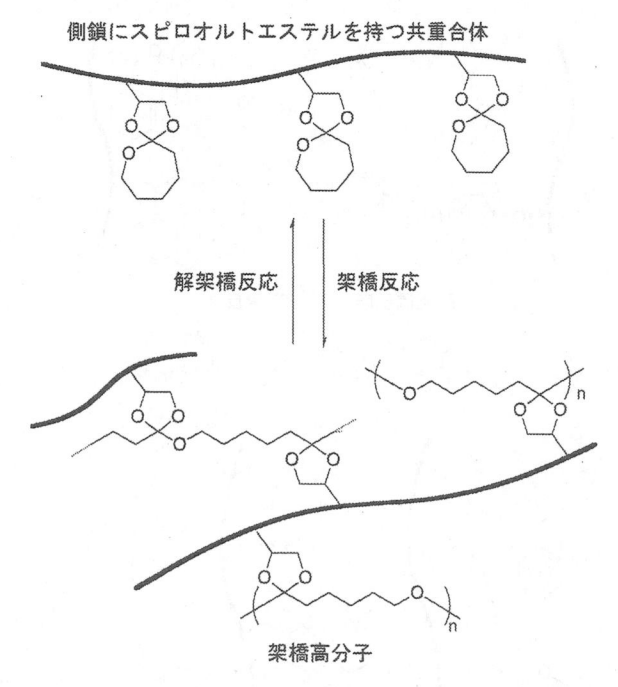

図5 側鎖にスピロオルトエステル骨格を有する線状高分子を利用した可逆的架橋システム

能性のスピロオルトエステル誘導体は，図4bに示すように架橋高分子との間で可逆的な反応が進行する[20]。

さらに，この反応系は線状高分子と架橋高分子との間の可逆的な架橋システムにも展開されている。エキソメチレンやメタクリル酸エステルのような重合性置換基を有するスピロオルトエステル誘導体と種々のビニルモノマーとの共重合反応により得られる線状高分子は，側鎖にスピロオルトエステル骨格の反応性に起因して，架橋高分子との間で可逆的な反応が進行することが示されている（図5）[21]。スピロオルトエステル以外にも，平衡重合性を示す環状分子骨格を導入した可逆的な高分子架橋反応も報告されており[22]，次世代のケミカルリサイクルを指向した研究が現在も精力的に行われている[23]。

ここで紹介した平衡重合系は全てイオン的な反応により制御可能な動的共有結合を有する骨格を利用しているが，ラジカル的な反応に基づく動的高分子反応の構築も可能である。筆者のグループでは，側鎖にアルコキシアミン骨格を有するポリ(メタクリル酸エステル)が，加熱によるラジカル交換反応[24]により，架橋反応が進行することを明らかにしている。2,2,6,6-テトラメチルピペリジン-1-オキシ（安定ラジカル）とスチリルラジカルの付加体であるアルコキシアミン誘導体は，リビングラジカル重合の開始骨格および成長末端の構造として知られているが[10b]，モノマー不在下ではC-ON結合のラジカル的な解離に由来する結合組み換え反応が進行する[24]。

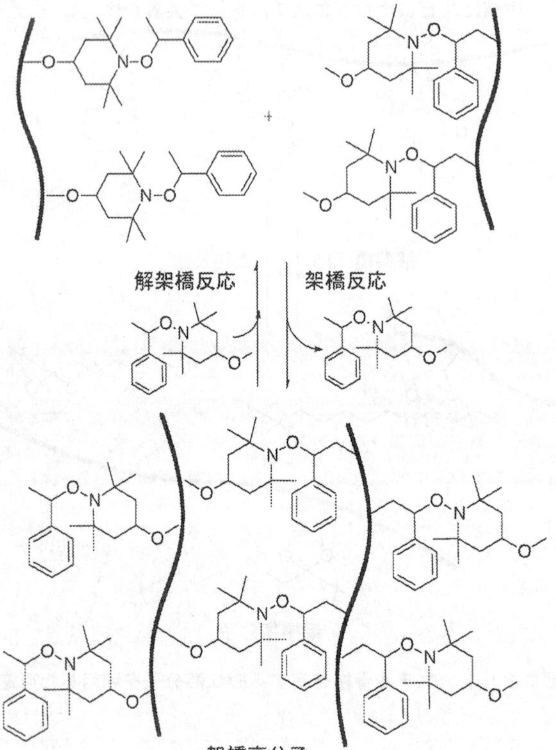

図6 側鎖にアルコキシアミン骨格を有する線状高分子を利用した可逆的架橋システム

アルコキシアミン骨格を異なる位置で側鎖に連結したポリ(メタクリル酸エステル)は,それぞれ単独でアニソール溶液として加熱を行っても何も反応は起こらないが,それらの混合アニソール溶液を加熱すると,側鎖間でのラジカル交換反応に基づく架橋反応が進行しゲル化が観測される。この反応により得られる架橋高分子は,過剰のアルコキシアミン誘導体存在下で加熱を行うことで,直鎖状高分子を再生する(図6)[25]。ラジカル反応は,多くの官能基に対して不活性であり,種々の高分子系に応用できる潜在性を有しているので極めて有用である。

次に,トポロジカルな結合が入った可逆架橋高分子システムについて少し紹介しよう。図2でも紹介したようにジスルフィド結合は単純な骨格を有する動的共有結合として位置づけられる。環状ジスルフィド誘導体を開始剤不在下で加熱により重合させると,ポリカテナン構造を有する高分子が合成できることが報告されている(図7)[26]。ゴム弾性発現の本質は分子鎖間の絡み合いによるものであり,ポリカテナンは理想ゴムとされることからも環状ジスルフィドの重合から新規エラストマー材料の開発が可能となることが期待される。また,ポリカテナン構造を有する環状ジスルフィドポリマーが形状記憶材料としての特性を有することも見出されている[27]。環状高分子の空間的な絡み合いのみで形成されたポリカテナンのような空間的束縛に起因する形状記

第1章　動的共有結合化学による架橋システム

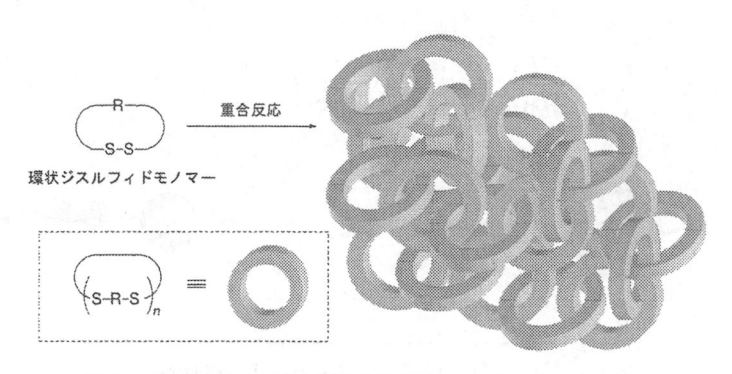

図7　ポリカテナン構造を有する環状ジスルフィドポリマー

憶材料の例はこれまで報告されていない。そのトポロジカルな空間的結合から，これまでにない概念による新規形状記憶ポリマーの開発が可能となるかもしれない。

　さらに，チオール-スルフィド交換反応およびクラウンエーテルとアンモニウムイオンとの相互作用を巧みに利用した分子設計により，ポリロタキサンネットワークの構築が報告されている。具体的には，24員環により構成されるジベンゾクラウンエーテルを多官能化したものの存在下で，軸となるアンモニウムカチオン部位を持つジスルフィド誘導体を触媒となるチオール誘導体で処理すると，チオール-ジスルフィド交換反応により，軸部分がクラウンエーテルの環を貫通し，[3]ロタキサン構造を持つポリロタキサンネットワークが合成される（図8)[28]。架橋体は定量的に得られており，通常のゲルと同様に乾燥状態では固体であるが，溶媒に膨潤してゲルを形成することが明らかにされている。

　さらに，動的共有結合の特徴を利用してトポロジカルゲルのリサイクル性に関しても検討されている。興味深いことに，3次元架橋構造を有するゲルでありながら完全なリサイクルが達成されている（図9)[28]。

　このように，熱および物理的，化学的処理による様々な架橋部位の結合開裂や解重合が報告されてきているが，これらの方法では反応後に高分子の力学物性が大きく変化してしまう。力学物性を維持したまま架橋高分子の形状を変える方法の一つとして，光照射による共有結合組み換え反応によりネットワーク構造の再編成ができる新しいタイプの高分子材料設計が最近提案された[29]。基本となるネットワーク構造として，二官能性のビニルエーテル誘導体と四官能性のチオール誘導体とをラジカル重付加反応することで得られる架橋高分子が用いられており，この架橋反応系の中に開環重合性のモノマーを添加することで，ネットワーク中にアリルスルフィド結合を組み込むことに成功している。ラジカル重付加反応は，チオール由来の硫黄中心ラジカルとビニルエーテル由来の炭素中心ラジカルとが交互に生成し逐次的に進行するが，環状モノマーは硫黄中心ラジカルにより開環重合し硫黄中心ラジカル生長末端を与えるので，化学量論比には影響を与える

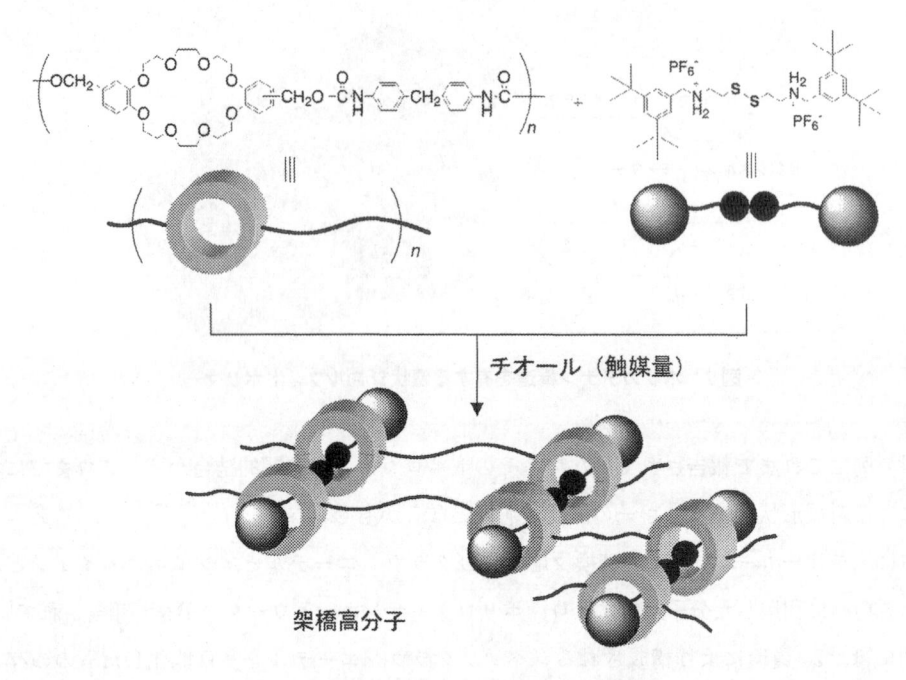

図8 チオール-ジスルフィド交換反応を利用した可逆的化学架橋型トポロジカルゲルの合成

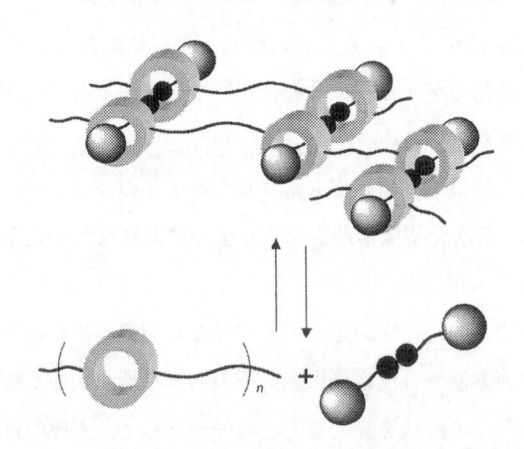

図9 トポロジカル変化に基づく可逆的架橋システム

ことなく，添加割合を自由に設定できる（図10）。

このようにしてラジカル重付加反応により得られた高分子は，一般的な有機溶媒に対して溶解はせずに膨潤するという特性を持つだけでなく，力学物性評価からも通常の条件下では典型的な架橋高分子であることが明らかにされている。

ところが，ネットワーク構造中にあるアリルスルフィド結合の反応性[30]に起因して，この架

第 1 章 動的共有結合化学による架橋システム

図 10 ラジカル重付加反応によるアリルジスルフィド骨格含有架橋高分子の合成

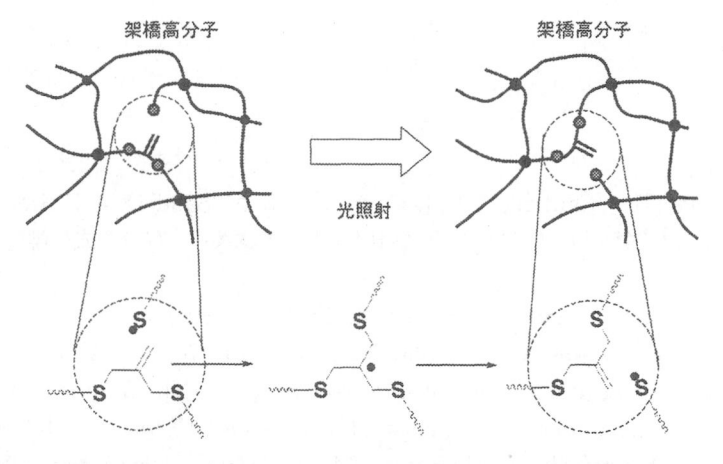

図 11 架橋高分子中におけるアリルジスルフィド骨格の光誘起結合組み換え反応

橋高分子は通常の高分子とは全く異なる特徴を有することが明らかにされた。すなわち，光照射を行うことで高分子マトリクス中に残存する光開始剤よりラジカルが発生し，アリルスルフィドを攻撃するため，付加−解離型の連鎖移動機構によってネットワーク中の多くのアリルスルフィドへと拡散する。結果的に，結合の組み換え反応がドミノ的に進行し（図 11），全体として化学構造を変えることなくネットワーク構造のトポロジーを変化させることに成功している[29]。

具体的には，アリルスルフィド含有架橋高分子に暗所で引張応力を印加した場合は，弾性変形を示すのに対し，光照射下で同様の実験を行うと，応力を取り除いた後も歪みが完全には元に戻らないことが示されている。また，残存した歪みの大きさはアリルスルフィドの含有率が高いほど顕著であり，未含有率のサンプルでは歪みは全く観測されていない。さらに，光照射下での応力緩和も明確にされており，光反応前後で弾性率や化学構造にほとんど変化がないことも証明されている。

5 おわりに

本章では，動的共有結合を利用した架橋システムについて解説した。動的な性質を持つ高分子材料がここ数年の間に相次いで報告されており，環境応答性材料，自己修復性材料，可逆的架橋高分子としての応用が試みられている。中でも，架橋システムへの展開は，接着とはく離に代表される高分子産業とも密接にかかわっている。このような動的高分子材料の新展開として動的共有結合の概念の導入が非常に注目を集めており，今後の一つの潮流になると予測される。

文　　献

1) a) S. J. Rowan, S. J. Cantrill, G. R. L. Cousins, J. K. M. Sanders, J. F. Stoddart, *Angew. Chem. Int. Ed.*, **41**, 898 (2002); b) 高田十志和，大塚英幸，有機合成化学協会誌，**64**, 194 (2006)
2) D. Seebach, *Angew. Chem. Int. Ed. Engl.*, **29**, 1320 (1990)
3) a) T. Kunitake, *Angew. Chem., Int. Ed. Engl.*, **31**, 709 (1992); b) J.-M. Lehn, *Supramolecular Chemistry: Concept and Perspective*, VCH, Weinheim (1995); c) L. Brunsveld, B. J. B. Folmer, E. W. Meijer, R. P. Sijbesma, *Chem. Rev.*, **101**, 4071 (2001); d) A. Ciferri, *Supramolecular Polymers*, Marcel Dekker, New York (2000); e) 超分子科学，中嶋直敏編，化学同人 (2004)
4) a) F. S. Dainton, K. J. Ivin, *Nature*, **162**, 705 (1948); b) S. Bywater, *Trans. Faraday Soc.*, **51**, 1267 (1955)
5) a) D. Sims, *J. Chem. Soc.*, **1964**, 865; b) C. E. H. Bawn, R. M. Bell, A. Ledwith, *Polymer*, **6**, 95 (1965); c) D. Vofsi, A. V. Tobolsky, *J. Polym. Sci., Part A*, **3**, 3261 (1965); d) M. P. Dreyfuss, P. Dreyfuss, *J. Polym. Sci., Part A*, **4**, 2179 (1966); e) K. J. Ivin, J. Leonard, *Polymer*, **6**, 621 (1965)
6) a) J. M. Andrew, J. A. Semlyen, *Polymer*, **13**, 142 (1972); b) S. Penczek, *J. Polym. Sci., Part A*, **38**, 2121 (2000)
7) A. Duda, S. Penczek, *Macromolecules*, **23**, 1636 (1990)
8) a) A. V. Tobolsky, E. Eisenberg, *J. Am. Chem. Soc.*, **81**, 2302 (1959); b) A. V. Tobolsky, E. Eisenberg, *J. Am. Chem. Soc.*, **82**, 289 (1960); c) A. B. Meggy, *J. Chem. Sci.*, **1953**, 796; d) O. Fukumoto, *J. Polym. Sci.*, **22**, 263 (1956); e) M. Mutter, U. W. Suter, P. J. Flory, *J. Am. Chem. Soc.*, **98**, 5745 (1976)
9) a) M. Sawamoto, *Prog. Polym. Sci.*, **16**, 111 (1991); b) J. P. Kennedy, B. Ivan, *Designed Polymers by Carbocationic Macromolecular Engineering: Theory and Practice*; Hanser: Munich, Germany (1992); c) *Cationic Polymerizations*; K. Matyjaszewski, Ed., Marcel Dekker: New York (1996)

10) a) M. Kamigaito, T. Ando, M. Sawamoto, *Chem. Rev.*, **101**, 3689 (2001) ; b) C. J. Hawker, A. W. Bosman, E. Harth, *Chem. Rev.*, **101**, 3611 (2001) ; c) *Handbook of Radical Polymerization* ; K. Matyjaszewski, T. P. Davis, Eds.; Wiley-Interscience : New York (2002) ; d) J. Chiefari, Y. K. Chong, F. Ercole, J. Karstina, J. Jeffery, T. P. T. Le, R. T. A. Mayadunne, G. F. Meijs, C. L. Moad, G. Moad, E. Rizzardo, S. H. Thang, *Macromolecules*, **31**, 5559 (1998)
11) a) 野瀬卓平・中浜精一・宮田清蔵編, 大学院高分子科学, 講談社, 東京 (1997) ; b) 高原淳著, 現代工学の基礎・高分子材料, 岩波書店, 東京 (2000)
12) T. Kaiser, *Prog. Polym. Sci.*, **14**, 373 (1989)
13) Y. Osada, K. Kajiwara ; *Gel Handbook*, Academic Press, New York (2001)
14) D. Y. Ryu, K. Shin, E. Drockenmuller, C. J. Hawker, T. P. Russell, *Science*, **308**, 236 (2005)
15) a) J. P. Kennedy, A. D. Jenkins, *J. Polym. Sci., Polym. Chem. Ed.*, **17**, 2055 (1979) ; b) M. P. Stevens, A. D. Jenkins, *J. Polym. Sci., Polym. Chem. Ed.*, **17**, 3675 (1979) ; c) J. C. Salamone, Y. Chung, S. B. Clough, A. C. Watterson, *J. Polym. Sci., Polym. Chem. Ed.*, **26**, 2923 (1988)
16) Y. Chujo, K. Sada, T. Saegusa, *Macromolecules*, **23**, 2636 (1990)
17) X. Chen, M. A. Dam, K. Ono, A. Mal, H. Shen, S. R. Nutt, K. Sheran, F. Wudl, *Science*, **295**, 1698 (2002)
18) a) T. Takata, T. Endo : in *Expanding Monomers : Synthesis, Characterization, and Applications*, CRC Press : Boca Raton, p.63 (1992) ; b) T. Endo, F. Sanda, *React. Funct. Polym.*, **33**, 241 (1997)
19) a) S. Chikaoka, T. Takata, T. Endo, *Macromolecules*, **24**, 331 (1991) ; b) S. Chikaoka, T. Takata, T. Endo, *Macromolecules*, **24**, 6557 (1991) ; c) S. Chikaoka, T. Takata, T. Endo, *Macromolecules*, **24**, 6563 (1991) ; d) S. Chikaoka, T. Takata, T. Endo, *Macromolecules*, **27**, 2380 (1994)
20) a) T. Endo, T. Suzuki, F. Sanda, T. Takata, *Macromolecules*, **29**, 3315 (1996) ; b) K. Yoshida, F. Sanda, T. Endo, *J. Polym. Sci., Polym. Chem.*, **37**, 2551 (1999)
21) a) T. Endo, T. Suzuki, F. Sanda, T. Takata, *Macromolecules*, **29**, 4819 (1996) ; b) T. Endo, T. Suzuki, F. Sanda, T. Takata, *Bull. Chem. Soc. Jpn.*, **70**, 1205 (1997)
22) a) M. Hitomi, F. Sanda, T. Endo, *J. Polym. Sci., Polym. Chem.*, **36**, 2823 (1998) ; b) M. Hitomi, F. Sanda, T. Endo, *Macromol. Chem. Phys.*, **200**, 1268 (1999)
23) 遠藤剛, 未来材料, **4**, 8 (2004)
24) a) H. Otsuka, K. Aotani, Y. Higaki, A. Takahara, *Chem. Commun.*, **2002**, 2838 ; b) H. Otsuka, K. Aotani, Y. Higaki, A. Takahara, *J. Am. Chem. Soc.*, **125**, 4064 (2003) ; c) Y. Higaki, H. Otsuka, A. Takahara, *Macromolecules*, **37**, 1696 (2004) ; d) G. Yamaguchi, Y. Higaki, H. Otsuka, A. Takahara, *Macromolecules*, **38**, 6316 (2005)
25) Y. Higaki, H. Otsuka, A. Takahara, *Macromolecules*, **39**, 2121 (2006)
26) K. Endo, T. Shiroi, N. Murata, G. Kojima, T. Yamanaka, *Macromolecules*, **37**, 3143 (2004)

27) 圓藤紀代司, 高分子, **54**, 805 (2005)
28) T. Oku, Y. Furusho, T. Takata. *Angew. Chem. Int. Ed.*, **43**, 966 (2004)
29) T. F. Scott, A. D. Schneider, W. D. Cook, C. N. Bowman, *Science*, **308**, 1015 (2005)
30) a) G. F. Meijs, E. Rizzardo, S. H. Thang, *Macromolecules*, **21**, 3122 (1988) ; b) R. A. Evans, E. Rizzardo, *Macromolecules*, **29**, 6722 (2000)

第2章　熱膨張性マイクロカプセル

下間澄也[*]

1　はじめに

　接着剤に対する要求性能には，接着作業性・貯蔵安定性・安全性・コストなど多種多様なものがあり，最終性能に関しては常態における高い接着強さのみならず，耐水性・耐熱性・耐寒性・耐熱衝撃性・耐クリープ性などの高耐久性の追求，すなわち，使用環境において考えられる種々の条件下において半永久的に接着を維持することであり，この実現のために，使用環境以上の過酷な条件下でも接着を維持することを求められてきた。

　大量生産・大量消費・大量廃棄の時代が終わり，資源の有効利用を目的とした循環型社会への転換を図っていくことが課題になっている現代社会において，資源の有効利用の観点から，役割を終えた接着構成物をリサイクル技術により再利用するとすれば，まず素材毎に容易で工場のインライン作業のように連続的，かつ，比較的低コストで分別回収することが最低条件となる。

　このような時代背景の中，接着剤に求められてきた基本性能は，これまでと同様に通常の使用環境下において半永久的に維持し，通常の使用環境では起こりえない条件を付加することで，接着剤層に劇的な変化を発生させ，各素材を変質させることなく接着剤層から容易に再はく離することのできる技術の開発が急がれている。

　本章では，熱膨張性マイクロカプセルを使用したはく離技術について詳述する。

2　熱膨張性マイクロカプセルとは

　熱膨張性マイクロカプセルは，繊維や壁紙などに立体印刷を行うためにインキ中に配合されたり，断熱性向上などを目的として紙コップなどの紙製品に配合されたりしているもので，その構造は，図1に示すように，一般的には塩化ビニル樹脂やアクリル系樹脂などの熱可塑性樹脂からなる膜厚が3～7μmの外殻の内部に低沸点の炭化水素が内包された構造で，その粒径は平均10～30μmのものが多く市販されている。

　熱膨張性マイクロカプセルを昇温させていくと，外殻の熱可塑性樹脂が軟化し，さらに昇温す

---

[*] Sumiya Shimotsuma　コニシ㈱　大阪研究所　研究開発管理部　リーダー

図1 熱膨張性マイクロカプセル

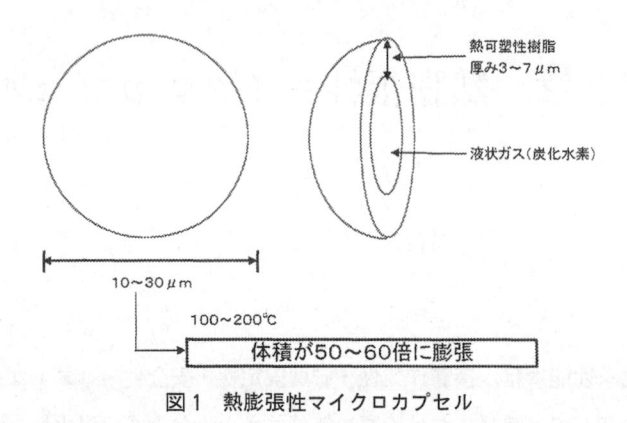

表1 熱膨張性マイクロカプセルの市販代表グレード

メーカー名	グレード名	平均粒子径（μm）	外殻組成	膨張開始温度（℃）	最高膨張温度（℃）	耐溶剤性
AKZO NOBEL	EXPANCEL007	10～16	MMA・AN	90～98	132～140	中
	EXPANCEL091	10～16	MMA・AN・MAN	120～128	161～171	高
	EXPANCEL092	28～38	MMA・AN・MAN	116～126	188～198	高
松本油脂製薬	F-30	10～20	VCl2-アクリル系コポリマー	80～85	130～140	低
	F-50	10～20	アクリル系コポリマー	100～105	130～140	中
	F-100	20～30	アクリル系コポリマー	130～135	180～190	高

ることで内包されている低沸点の炭化水素が気化することでカプセル内の内圧が上昇し，マイクロカプセルが直径で2～5倍，体積は50～100倍にまで膨張する。熱膨張が発生する温度は外殻を構成する熱可塑性樹脂と内包されている炭化水素の組成によって調整されており，80～200℃の範囲に最高膨張温度を有するグレードが多く，膨張開始温度と膨張最高温度には10～50℃の温度差があり，検討する際にはそのグレードの熱機械分析装置（TMA）による熱膨張データを参考にするとよい。

熱膨張性マイクロカプセルの耐圧性は300kg/cm^{2}以上あるものが多く，ホモジナイザーやディスパーなどによる高速攪拌にも十分に耐えることができる機械的強度を有しているが，耐溶剤性に関して注意が必要で，グレードによっては耐溶剤性を向上させた製品もあるが，熱可塑性樹脂を外殻としていることから，一般的には耐溶剤性に乏しく，使用する系に少量でも可塑化作用を有する溶剤類等が存在する場合では経時で熱膨張性マイクロカプセルの機能が失われることがあるので十分な貯蔵安定性試験が必要となる。

熱膨張性マイクロカプセルの代表的なグレードを表1に示しておくので参考にしていただきたい[1,2]。

第2章 熱膨張性マイクロカプセル

3 はく離発生のメカニズム

はく離の手段を検討する際に必ず考慮しなければならないことは，当該接着物の使用環境条件ではありえない外的な条件を接着物に付加することによって再はく離性を実現できる手法を考えなければならない。

例えば，住宅部材の使用環境を考えた場合，水や温水中に数ヶ月の長期間浸せきされることは考えがたいが，この条件を再はく離に利用しようとすると長い時間を必要とし効率的な作業が実現できない。また，極低温領域環境での再剥離を実現しようとすれば大きな設備投資と比較的高価なランニングコストが必要となる。

高温領域における再はく離性の付与を考えたとき，住宅部材では100℃以上の耐熱性能を要求されることはなく，100～200℃の温度領域で再はく離性を付与することで比較的安価なランニングコストで実用化できると考えられる。

熱可塑性樹脂を主成分とする接着剤中に熱膨張性マイクロカプセルを効率よく分散させた接着剤を調製し，その接着剤を使用して貼り合わせた接着物に加熱処理を施すことで，図2に示すように，主成分である熱可塑性樹脂の軟化と同時に接着剤中に分散された熱膨張性マイクロカプセルが大きく膨張し，接着剤層に応力が発生することで被着材料のはく離が発生する。

一方，被着材料に目を向けると，接着剤によって貼り合わせた接着物には木質材料同士や金属材料同士などのように同種類同士が接着されている場合のみでなく，金属と無機質材料・プラスチック材料および木質材料，プラスチック材料と木質材料などのように異種の材料を接合している場合も多い。熱膨張性マイクロカプセルを配合した接着剤によって異種の材料を貼り合わせた接着物を加熱処理した場合のはく離プロセスを図3に示す。加熱することで熱可塑性樹脂を主成分とする接着剤層の軟化と同時に熱膨張性マイクロカプセルによる接着剤層の膨張による応力発生により接着力を低下させるだけでなく，被着体それぞれの熱膨張または熱収縮の違いにより，はく離特性をさらに優れたものとしていると考えている[3, 4]。

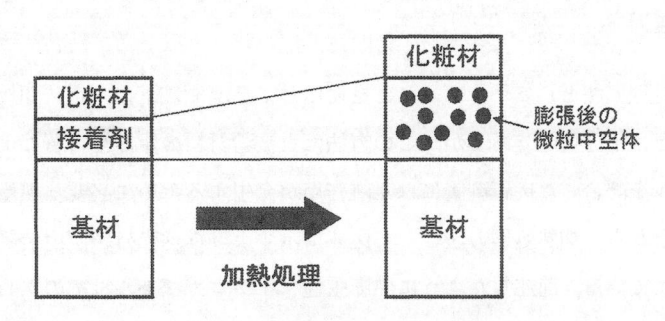

図2 はく離発生のイメージ図

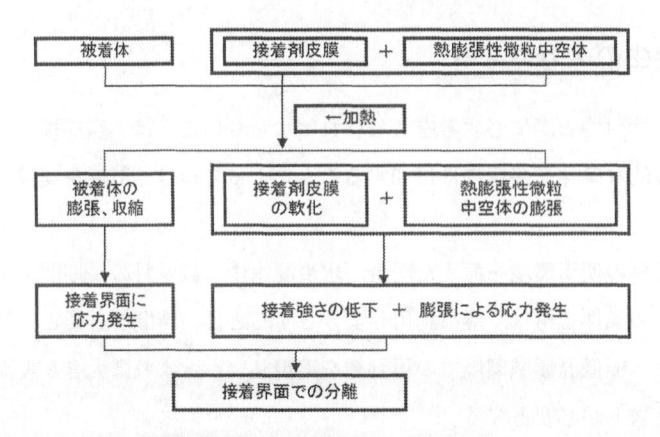

図3 異種材料接着物のはく離プロセス

　また，熱膨張性マイクロカプセルを配合したエポキシ樹脂系接着剤の熱膨張特性についての報告が行われている[5]。ここでは主剤としてエピコート828，硬化剤としてエポメートB002（ともにジャパンエポキシレジン㈱製）が使用され，これらに熱膨張性マイクロカプセルとしてマイクロスフィアーF-30（松本油脂製薬㈱製）を0〜50wt%配合して，室温で24時間硬化させたもので測定を行っている。
　その結果，大気圧下における熱膨張はマイクロカプセルを50wt%配合した試験片で約60℃から，その他の試験片では約80℃から急激な膨張が始まり，約100℃で膨張がほぼ停止している。膨張が停止した際の膨張量はマイクロカプセルを50wt%配合した試験片で元の体積の約4倍に膨張しており，マイクロカプセルの配合量に応じて膨張量も変化したとしている。また加圧下においても，3MPa程度の圧力下においても加熱により元の体積の4倍以上に膨張するとしている。そして，マイクロカプセル内の炭化水素は加熱膨張する際に拡散，漏洩し，マイクロカプセル配合接着剤の熱膨張挙動に影響するとともに，マイクロカプセルの膨張力のみでなく樹脂の軟化が同時に起こることで大きく膨張すると結論づけている。

4 加熱処理方法

　接着物の加熱処理方法としてオーブンなどを使用して高温領域下に一定時間放置することでもはく離を行うことは十分可能であるが，この方法だと被着材料の厚みや材質によっては熱膨張性マイクロカプセルを配合した接着剤層にはく離作用が発生するために必要な熱量が達するまでに時間を要することから，加熱処理方法として図4に示すような遠赤外線照射装置を用いることが有用であると考えている。前述したように熱膨張性マイクロカプセルはそのグレードにより膨張のピーク温度は異なるだけでなく，膨張のピーク温度と膨張開始温度もグレードにより10〜50

第2章　熱膨張性マイクロカプセル

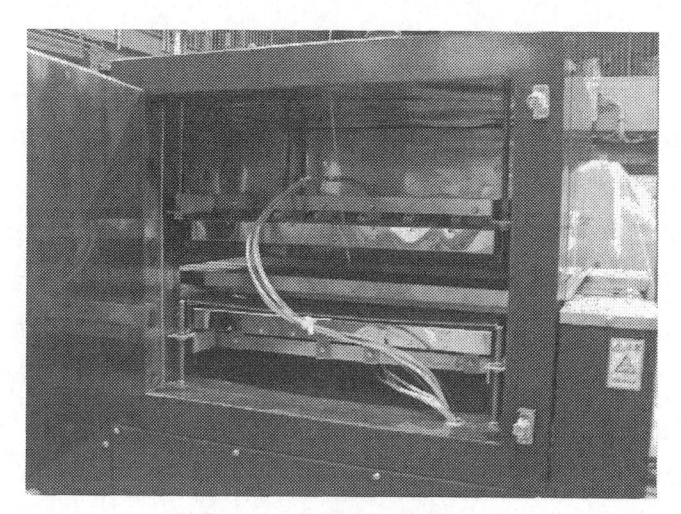

図4　遠赤外線照射装置

℃程度の温度差が存在する。高温領域下に接着物を放置し接着剤層の温度が徐々に上昇していくと，接着剤層に配合されている熱膨張性マイクロカプセルは膨張ピーク温度よりも低い温度にて膨張を開始する粒子から順次膨張を開始していく。しかし，遠赤外線の使用により，接着剤層の温度が比較的短時間で上昇し，配合されている熱膨張性マイクロカプセルのほとんどが一気に膨張することで接着剤層に発生する応力が増大し，はく離性能が一段と向上すると考えている。

遠赤外線照射装置の利用は，特に被着体の一方が紙などのように表面強度が弱く脆弱な場合に有効であり，塗装鋼板と石膏ボードから構成されるパネルのはく離試験にて，オーブン中で加熱処理した場合ではオーブンから取り出した直後は簡単に化粧金属板の界面ではく離できるが，そのまま常温まで冷却すると再び石膏ボードの紙破が生じる。しかし，遠赤外線照射による加熱処理を行うと加熱工程終了後に被着体が完全にはく離した状態で加熱炉より出てくる。このため，その後に常温まで被着体が冷却されてからも被着体の再融着が発生しない。

このように遠赤外線の利用により，はく離作業のライン化と接着面積が大きい被着体への展開が期待できることから有用性が高い方法であると考えている。

5　熱膨張性マイクロカプセルを使用したはく離技術の応用例

ここまで熱膨張性マイクロカプセルを利用した接着剤のはく離メカニズムと加熱手法について説明を行ってきたが，本手法を用いた具体的事例として水性エマルジョン型接着剤と弾性系接着剤への応用例について以下に紹介する。

5.1 水性エマルジョン型接着剤への応用

水性エマルジョン型接着剤は住宅部材や設備に多く使用されており，一般的に知られている木質材料や紙などの多孔質材料同士の接着のみでなく，異種材料の接着，具体的には各種金属類やプラスチック類と木質材料および無機材料との接着にも広く使用されている。

水性エマルジョン型接着剤に使用されている樹脂は，酢酸ビニル樹脂，酢酸ビニル樹脂系共重合樹脂，アクリル系樹脂などの熱可塑性樹脂が主体であるため，加熱することで接着剤皮膜の軟化により接着強さは低下する。しかし，被着体の種類にもよるが，一般的には被着体の片方が合板・木質繊維板・パーティクルボードに代表される木質材料や紙などの多孔質材料であることから表層強度も比較的弱く，加熱処理するだけで被着体を簡単に接着界面にてはく離できるまでの接着強さの低下には至らない。

エチレン-酢酸ビニル共重合樹脂エマルジョンとウレタン系樹脂ディスパージョンおよびアクリル系樹脂エマルジョンの混合系に熱膨張性マイクロカプセルを配合した場合の接着強度と解体性の評価が発表[6]されており，熱膨張性マイクロカプセルの配合割合は，接着力低下への影響が小さく，かつはく離性も容易という観点から，5～20%が有効であったとしている。以下に具体的展開例を紹介する。

5.1.1 塗装鋼板/石膏ボードの接着用途

化粧金属板と多孔質ボードから構成される接着パネルは，オフィス，マンション，住宅などの建材，住宅機器あるいは車輌などの分野で広く用いられている。これらは，カラー塗装された鋼板はその他の金属板，あるいは，燐酸塩処理した鋼板や陽極酸化処理されたアルミニウム板などのように表面処理を施された金属板と石膏ボードなどの多孔質ボードとを水性エマルジョン型接着剤を使用して接着されている。住宅部材における接着パネルの主な用途は，浴室パネルや間仕切りパネルなどである。

2000年5月に公布された建設工事に係る資材の再資源化等に関する法律（建設リサイクル法）では，2002年5月より分別解体等および再資源化等が義務づけされており，アスファルト，コンクリートおよび木材の回収が対象とされているが，将来的に石膏ボードが対象物として追加される可能性があり，本用途への展開を検討している。

ベースとなる接着剤としては，酢酸ビニル共重合系樹脂からなる水性エマルジョン型接着剤のほか，アクリル系樹脂，クロロプレンエラストマー，スチレンブタジエンエラストマーからなる水性エマルジョン型接着剤の中に120℃以上の温度領域で膨張する熱膨張性マイクロカプセルを配合し調製した。使用したはく離可能な接着剤は，通常の住宅部材における使用環境温度領域において熱膨張性機能材料は膨張しないため，住宅部材としての接着性・耐久性・耐熱性に問題がなく，さらに150mm角の試験体を用いた①耐熱長期試験（84℃雰囲気中30日間放置），②耐湿

第2章 熱膨張性マイクロカプセル

長期試験（65℃95％相対湿度（RH）雰囲気中30日間放置），③寒熱繰り返し試験（80℃×2時間→－20℃×2時間 20サイクル），④乾湿繰り返し試験（40℃30％RH×8時間→40℃90％RH×16時間 10サイクル）の促進耐久性試験後においても接着性能を維持している。

また，上記促進耐久性試験後の接着物を使用したはく離性能についても，前述のようにオーブン中でのはく離試験では，被着体が素手で触ることができる温度まで冷却すると石膏ボード表面の紙が再接着し，紙破が発生したが，炉内温度を500℃，試験体表面が150～180℃になるように設定した遠赤外線加熱炉にて2分間の加熱を行うことで接着物が冷却されても再接着することなく良好なはく離性を示した。

上記確認試験は実寸サイズ試験体でも試みられ，12mm厚で800×800mmサイズの石膏ボードと同サイズで0.6mm厚の化粧鋼板を用いた試験においても，前述の各種促進耐久性試験の結果，接着部のはがれ等の異常はなく，耐久試験後の加熱処理で各々はく離可能であり，実大サイズにおいても耐久性とはく離性の双方を満たすものであったと報告[7]している。

5.1.2 プラスチックシート/木質材料の接着用途

表面にナラ，ヒノキなどの銘木の印刷を施したポリ塩化ビニル，ポリオレフィン，ポリエチレンテレフタレートなどのプラスチックシートと合板，木質繊維板などの木質材料板とから構成されるプラスチック化粧板は，住宅産業において，額縁，廻り縁，巾木，内装ドアなどの各種造作材や住宅部材として広く使用されている。

プラスチックシートの表面には木目調などの印刷が施されていることから，解体されたこれら部材を積層接着して再使用を試みたとき，通常インキ加工面に接着することは困難で再生利用の障害となる。このことから，再はく離型接着剤を使用することで表面プラスチックシートと木質材料板とを再はく離することを可能にし，使用済みの木質材料板の再利用を推進することで木材資源の有効利用になると考え検討を行った。

各種プラスチックシートと木質材料板との接着に使用される接着剤には常態接着性のほか，耐水，耐熱，耐寒性能などが要求され，特に直射日光が当たる窓額縁に使用される場合では化粧板表面にアルミサッシュを取り付けてボルト締めを行うことが多く，局部的な荷重が化粧板に連続的に負荷されるため局部荷重ふくれ現象が発生する可能性から高度な耐熱クリープ性能が要求される場合が多い。

表2に変性ビニル共重合エマルジョンとウレタンエマルジョンとからなる混合物をベース接着剤に熱膨張性マイクロカプセルを配合したはく離可能な接着剤における各種プラスチックシートと木質材料の接着基本性能を示した。ポリ塩化ビニルシート，ポリオレフィンシートおよびポリエチレンテレフタレートの各プラスチックシートと木質材料とのプラスチック化粧板において180度ピーリング接着強さ試験ではすべて木破100％を呈し良好な接着性を発現したほか，脂肪

表2 プラスチックシート/木質材料用のはく離可能接着剤の基本性能

プラスチック シート種	常態接着強さ N/25mm		耐熱クリープ mm/24h	
	硬化剤無	硬化剤有	硬化剤無	硬化剤有
ポリ塩化ビニル	35（木破100%）	40（木破100%）	100以上	1
ポリオレフィン	37（木破100%）	42（木破100%）	100以上	0
ポリエチレンテレフタレート	18（木破100%）	20（木破100%）	100以上	0

常態接着強さ：180度ピーリング
耐熱クリープ：25mm巾試験片，70℃雰囲気，500g荷重
硬化剤：脂肪族ポリイソシアネート化合物

表3 遠赤外線照射によるシート別再はく離可能温度

プラスチック シート種	120℃雰囲気			150℃雰囲気		180℃雰囲気		200℃雰囲気	
	3分照射	6分照射	9分照射	3分照射	6分照射	3分照射	6分照射	90秒照射	3分照射
ポリ塩化ビニル	×	○	○	○	○	○	○	○	○
ポリオレフィン	×	○	○	○	○	※	※	※	※
ポリエチレンテレフタレート	×	×	×	×	×	○	○	×	○

○：再はく離可能，×：再剥はく離不可，※：シート溶解

族イソシアネート系硬化剤を配合することで高度な耐熱性を発現しており窓額縁などの耐久部材への展開も可能と考えている。

本用途への展開として，各種プラスチックシートの熱的性質の違いによる問題点が挙げられる。表3にプラスチック化粧板を遠赤外線により再はく離する際の遠赤外線照射温度とはく離可能温度のデータを示す。

ポリ塩化ビニルシートを接着したプラスチック化粧板では遠赤外線照射装置の雰囲気温度が120～200℃の範囲で良好なはく離性を発現するのに対し，熱軟化温度が比較的低いポリオレフィン系シートを接着したプラスチック化粧板では180℃にて遠赤外線を照射することでプラスチックシートの溶解が発生し，熱軟化温度が高いポリエチレンテレフタレート系シートを接着したプラスチック化粧板では180℃以上の雰囲気下で遠赤外線を照射しなければ再はく離できないことが判った。これら3種類のプラスチックシートは市場に多く流通しており，また，試験を行ったすべての温度領域で良好なはく離性を示したポリ塩化ビニルシートは燃焼した際にダイオキシンを発生する可能性があることから住宅部材としての使用量が減少している現状がある。

熱膨張性マイクロカプセルを利用したはく離技術の本用途への展開には，プラスチックシート

の種類を容易に見分けるシステムの開発または素材の統一といった実用面での課題を解決する必要がある。

5.2 塗装鋼板/セメント板および樹脂板の接着用途

化粧金属板とセメント板またはポリエステル樹脂などからなる樹脂板との接着物はキッチンや浴室等で使用されており，変成シリコーン樹脂系接着剤に代表される弾性系接着剤が使用されている。

本接着用途向けのはく離可能な接着剤として，主成分として変成シリコーン系樹脂，加熱時の柔軟性を付与するエーテル系樹脂，脱水剤としてのテトラエトキシシラン，充填剤としての炭酸カルシウムから構成される接着剤ベースに熱膨張性マイクロカプセルを配合した接着剤が提案されている[8]。

ここでは，脱水剤と熱膨張性微粒中空体の配合量が貯蔵安定性および接着強さに与える影響について詳細に報告されている。脱水剤配合量については4〜8％が適しており，配合量を2％まで減量すると50℃雰囲気で30日間放置後の接着剤粘度が初期の160％まで上昇し貯蔵安定性に悪影響を及ぼし，配合量を10％まで増量させると接着強さが2％配合の60％程度まで低下するとともに，JIS K6251に準拠した接着剤の伸び率の測定において脱水剤配合量10％の場合では20％程度しか伸びず，熱膨張性マイクロカプセルの膨張の妨げになることを懸念している。また，熱膨張性マイクロカプセルの配合量については5〜15％が適していると報告している。その根拠として配合量が3〜20％の範囲において貯蔵安定性への影響は認められないものの，配合量が20％になると接着剤中の樹脂成分割合が減少することに起因して接着強さは50％程度まで低下し，また，接着剤の伸び率も10％程度しか伸びず，弾性体としての性能低下が懸念され，熱膨張性マイクロカプセルの配合量が2％になると接着物のはく離は不可能であったとしている。

そして，熱膨張性マイクロカプセルを接着剤中に10％配合することで，接着剤の硬化皮膜は遠赤外線照射によって体積が初期の200〜300倍まで膨張するとしている。

この接着剤の性能は150mm角の8mm厚ポリエステル樹脂板と0.6mm厚ステンレス鋼板の接着物で，各種耐久性試験およびはく離性能が検討され良好な結果であったことからキッチンユニットへの使用が検討された。樹脂板と鋼板および木質材料とからなるキッチンカウンターの模型を使用した実大サイズでの検討で寒熱繰り返し試験（60℃×2時間→−20℃×2時間　100サイクル），温湿度サイクル耐久性試験（40℃10％RH×8時間→40℃90％RH×16時間　7サイクル），耐熱長期試験（60℃×240時間），耐寒長期試験（−20℃×96時間），耐熱性試験（100℃×8時間），耐衝撃荷重試験（15kg砂袋を0.5m高さから落下）において接着部のはがれは認められず，その後の図5に示すシンクの満水試験でも漏水が認められなかった。また，図6に示すように耐

接着とはく離のための高分子―開発と応用―

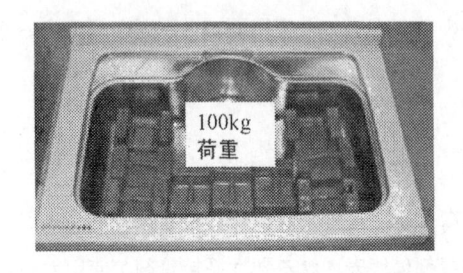

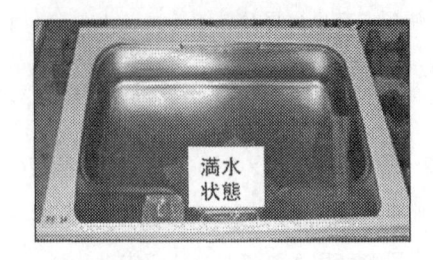

試験方法 : 接着性能試験実施後に100kgの荷重を負荷し，その後シンクを満水にして漏水の有無をチェックする。

図5　高周波誘導加熱装置

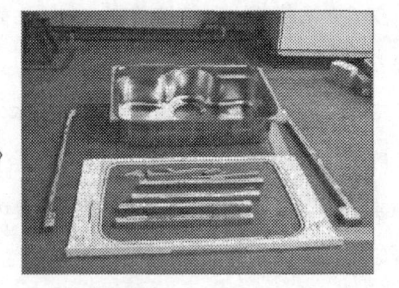

図6　キッチンカウンター模型のはく離試験

久試験後のキッチンカウンター模型を熱風乾燥機を用いて180～200℃雰囲気下で15分間放置することで再はく離できたことから，現在では実際の製品に使用されている。

文　　献

1) 日本フィライト㈱製品カタログ
2) 松本油脂製薬㈱製品カタログ
3) 下間澄也, 日本接着学会誌, **38**, No.6, p.223 (2002)
4) 石川博之, プラスチックエージ, **47**, p.135 (2001)
5) 西山勇一, 佐藤千明, 宇都伸幸, 石川博之, 日本接着学会誌, **40**, No.7, p.298 (2004)
6) 石川博之, 瀬戸和夫, 前田直彦, 下間澄也, 佐藤千明, 日本接着学会誌, **40**, No.4, p.146 (2004)
7) 石川博之, 瀬戸和夫, 下間澄也, 岸肇, 佐藤千明, 日本接着学会誌, **53**, No.10, p.1143 (2004)
8) 石川博之, 瀬戸和夫, 中川雅博, 岸肇, 牧野雅彦, 佐藤千明, 日本接着学会誌, **40**, No.5, p.184 (2004)

第3章　誘導加熱・オールオーバー工法

富田英雄[*]

1　はじめに

　昨今，建設リサイクル法[1]，家電リサイクル法や自動車リサイクル法などの各種法規制を契機として，リサイクルのための解体が容易な接合や接着の方法が工夫された製品が出現している。また，産業界では製品リサイクルを具現化するための多くのビジネスが生まれていることも，周知のとおりである。

　接着剤は，建材，建設，電気器具，機械部品や自動車など，あらゆる産業分野に取り入れられている。この接着剤を使用している製品を，廃棄物としてリサイクルするための分別処理の際，あらかじめ容易に解体できるように接着を工夫する手法を「解体性接着」[2]とよんで話題となっている。

　本章では，その一つの熱可塑性接着剤（いわゆるホットメルト）と誘導加熱を利用した解体性接着手法である建築内装工法「オールオーバー工法」[3~6]とその応用例について述べる。

2　オールオーバー工法

　ホットメルト等の解体を容易にするいくつかの新しい接着剤が開発されている[7]。それらの主なタイプは熱可塑性や熱硬化性樹脂あるいは粘着剤を用いたものであり，解体操作としては，加熱または温水や水の浸漬によるものが多い。これらの多くは熱可塑性接着剤を基剤としており，加熱による樹脂の軟化・溶融を利用している。

　解体性接着といえども，生産や作業における接着工程に組み入れられ，それが例えば省力化やコストダウンなどに貢献していることが，手法の採用に重要な要素となる。解体性接着手法を採用して，かえって極端なコスト高や非効率化を招いたのでは，採用されないのが現状である。オールオーバー工法は，「始めに解体ありき」ではなく，低コスト，省力化工法の開発から出発したものである。今や，建設リサイクル法が施行されて以来，住宅やビルの内外装・リフォームや廃建材リサイクルのために，ホットメルト等の解体性接着剤を用いた建築施工法が注目されてはい

---

[*]　Hideo Tomita　東京電機大学　理工学部　電子情報工学科　教授

接着とはく離のための高分子—開発と応用—

るが，当初，電磁誘導加熱とホットメルト接着剤とによる建築内装工法の省力化を提案したときにはリサイクルは念頭になかったのである。現在でも本工法のネックとなるものは，解体性メリットよりも施工による材料コスト高にある。普及に拍車がかかれば，いずれコスト問題は解決すると考えている。

この工法は，十年ほど前から著者らが研究を始めたもので，スチールハウスや金属を間柱とする住宅の壁材の取り付けの際に，ビスや釘を用いないで金属柱そのものを部分的に現場で誘導加熱し，その熱をもって壁材との間のホットメルト接着剤を溶かして接着取り付けするもので，五年ほど前に「オールオーバー工法」と名づけられ，実用化された。

図1に本工法を示す。被接着材料とは建築における内装間柱や床・天井等の下地材である。この間柱や下地材に石膏ボードや化粧板，床材等を取り付ける場合に，通常釘を用いるが，釘打ちでは釘の頭隠しやさらには壁紙等の装飾が必要になる。そこで，接着工法にすれば始めから装飾化粧板を取り付けることができ，省力化が期待できる。しかし，エポキシ等の熱硬化の接着剤では解体性に問題が生じる。そこで，常温固形の熱可塑性接着剤を使用して，熱のかけ方を工夫すれば取り付け解体が何度でもできる。その熱の発生に電磁誘導加熱を用いようとしたのが，オールオーバー工法である。話を内装壁工法に戻すと，図1において間柱はビルやスチールハウスなどは金属柱（スチールスタッド）であるが，木造住宅などでは木の間柱が使われる。木造の場合，誘導加熱を生じさせる金属が必要となり，実用上 $25\mu m$ のアルミ箔に上下 $100\mu m$ ずつのホットメルト接着剤をコーティングしたテープ（MK50WF）を使用する（図2，表1）[4]。金属柱の場

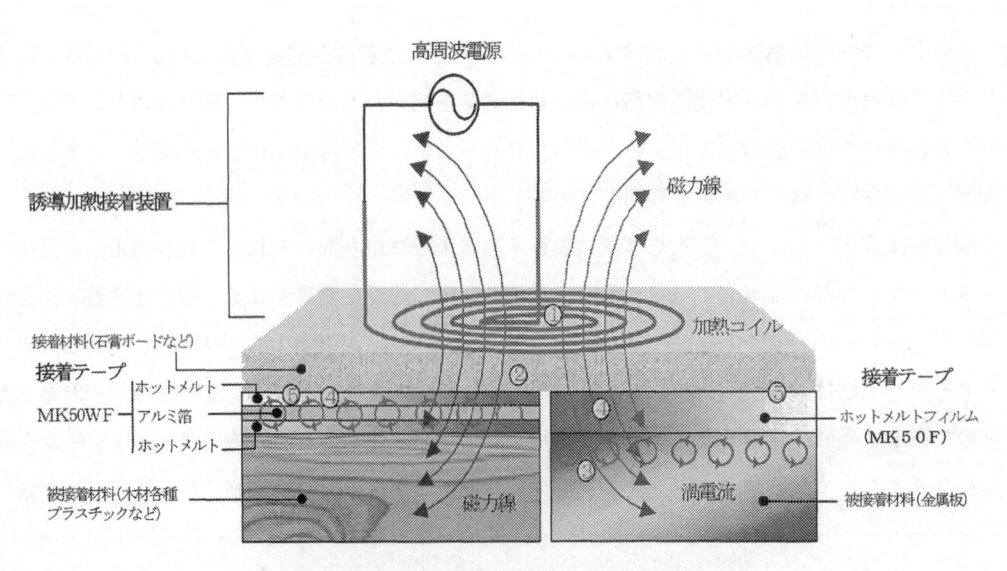

図1 誘導加熱を用いたオールオーバー工法

第3章　誘導加熱・オールオーバー工法

図2　オールオーバー工法用ホットメルト接着テープ（コニシ㈱）

表1　オールオーバーテープの仕様（コニシ㈱）

Product No.	寸法	適用
MK50WF	40mmW×50mL, 225μm T	木材等各種内装建材の接着（アルミホイルにホットメルトコーティング）
MK50F	40mmW×50mL, 200μm T	各種内装建材の金属への接着（ホットメルトテープのみ）

合は，200μm のホットメルト接着剤のみのテープ（MK50F）を使用する。このホットメルト接着剤は，加熱導体に金属を使用することから，金属に対する接着性，耐熱性能に優れるポリアミド系接着剤を選択している。主成分は変性ポリアミド樹脂であり，色相は淡黄色半透明である。軟化点（環球（R&B）法）は131℃であるが，溶融にもっていくには160℃以上に加熱することが必要である（建築使用を考慮して溶融点を上げている）。各種接着・経年試験結果から，十分な接着強度が検証されている[8]。

以上は，内装工法における接着剤テープ使用の例であるが，あらかじめ壁材，床材あるいは金属間柱に接着剤を直接コーティングしたものや，0.1mm 程度の薄板鋼板に接着剤がコーティングしてあるものをあらかじめ取り付け，その上にタイルや壁床材を置いて誘導加熱で接着する方法など，いろいろな手法が採られている。図3はコルク床材に，図4はタイルに，ホットメルトがコーティングされた 0.115mm の薄板鋼板を組み合わせた製品の例である。

そして，図1ではホットメルトに接して9〜15mm 程度の石膏ボード等の内装壁材や床材を挟み，その上から誘導加熱コイルに約 20〜40kHz の高周波電流を数秒間流すと，アルミ箔等の金属に誘導電流が流れて発熱する。発熱により接着剤が溶けた状態で圧締すると，常温復帰とともに接着が完了する。同様な作業を再度行えば，建材をはがすことができる。接着・離脱作業プロセスをイラスト化して図5に示した。作業は，従来の釘打ち工程と同様に数秒で接着する必要があり，誘導加熱機も瞬時に高い電力が発生するよう工夫されている。もちろん現場で携帯するた

図3 ホットメルトコーティング鋼板を張り合わせたコルク床材

図4 ホットメルトコーティング鋼板を張り合わせたタイル

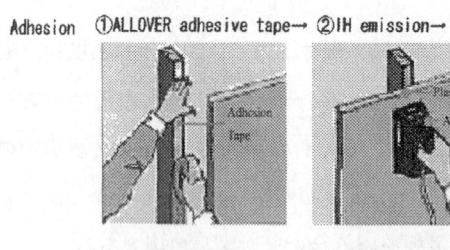

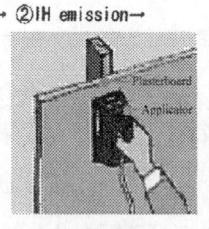

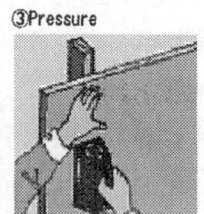

図5 接着と離脱のプロセス

第3章 誘導加熱・オールオーバー工法

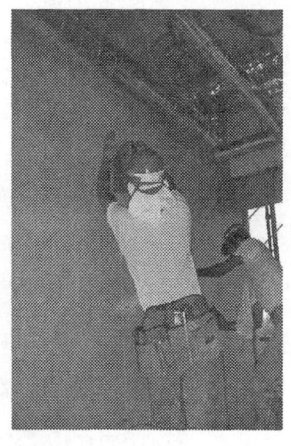

図6 内装工事風景（旧型機を使用）

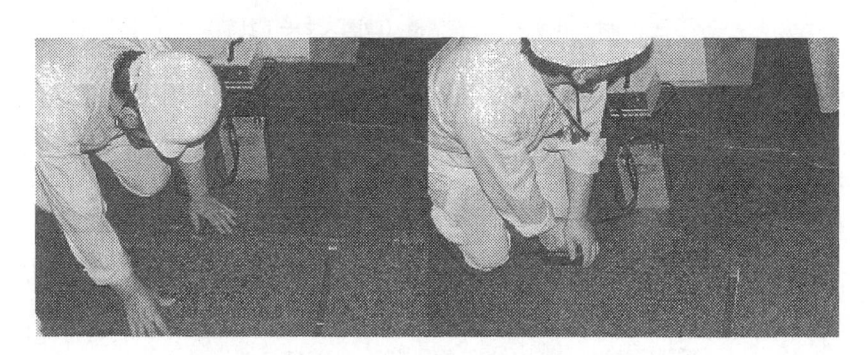

図7 コルク材床貼り作業風景

め，軽量でなければならない。図6は内装工事現場の作業風景，図7はコルク床材の貼り付け作業風景である。

　建築では，いまや接着剤が多用されているが，本工法の特長は，無振動・無騒音工法であることや仕上材に傷がつかないこと，クリーンな作業環境が作れること，作業時間の短縮が図れることなどの上に，解体・再利用が容易であることに帰する。すなわち，接着剤で一度取り付けた壁材や床は極めて強固なため簡単にははがせない。電磁誘導によるホットメルト接着ならば，再度の誘導加熱で再びメルト化した状態に戻せば簡単に建装材をはがすことができるのが最大のメリットである。また，接着剤に溶剤を使わないので，シックハウス対応[9~11]としても有効である。

　図8に著者ら（㈲サイヒット）が開発し，韓国スマート社で製品化した接着装置を示し，その仕様を表2に示す。接着機は図9のようにコイル部分（Applicator）と電源部（High frequency inverter）に分けられ，ハンディで取り扱い容易さや安全に配慮している。作業にあたっては，

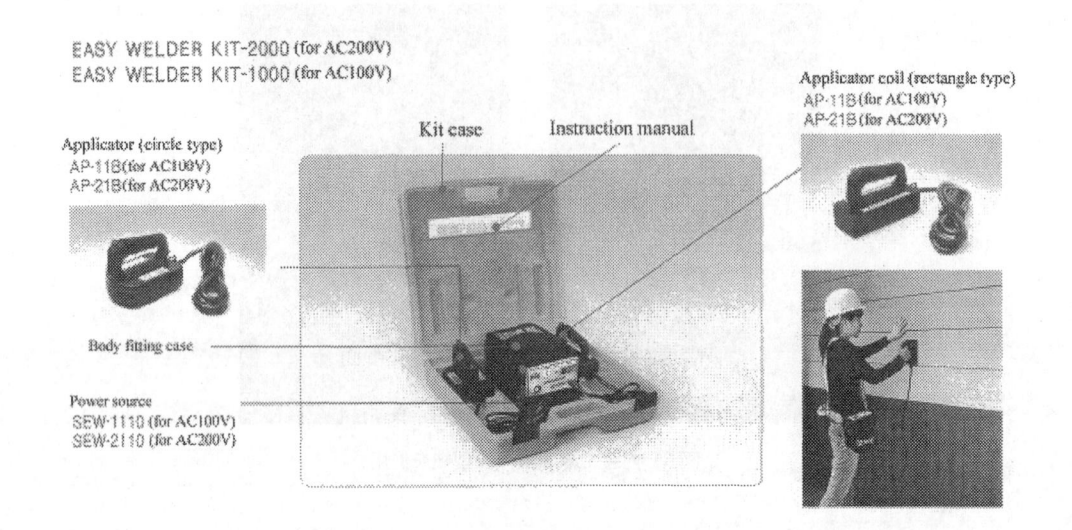

図8 オールオーバー接着機(韓国スマート社製)

表2 接着機の仕様

	仕様
Type	SEW-2110 (200V), SEW-1110 (100V)
入力	AC200/100V, 50/60Hz, 1,500W
出力	1,300W (20kHz)
出力周波数	20kHz
電源部寸法	140 (W)×200 (D)×100 (H) mm
電源部重量	2.5kg
アプリケータ寸法	90 (W)×140 (D)×120 (H) mm
アプリケータ重量	0.7kg
電源ケーブル	1.5m
高周波出力ケーブル	1.8m
保護	過負荷保護(過電流リミッタ)
加熱コイル直径	ϕ80mm

図10のように電源部(約1.5kg)を専用腰袋に入れて,アプリケータ部分(約500g)のみを手に持って使用できるので疲れない。当初,建築作業現場を考慮して入力を交流100V電源機として製作したが,より強力な接着力を得るため,交流200V電源機(韓国では主に200Vが標準)も開発した。電源やコイルの大きさは変わらない。なお,現場が100V電源のみでも200V機を使用できるように小形トランスも用意されている。コイル(アプリケータ)は,間柱などへの点

第3章　誘導加熱・オールオーバー工法

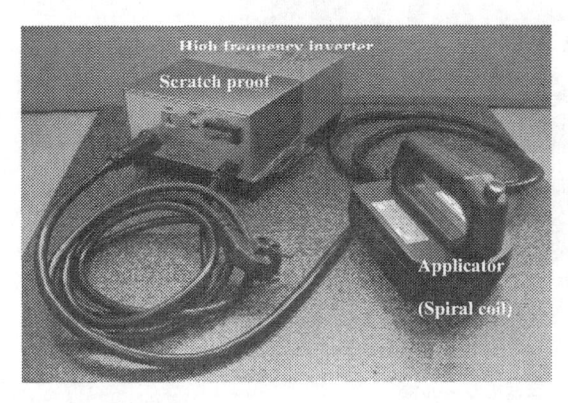

図9　接着機の高周波電源とアプリケータ（加熱コイル）

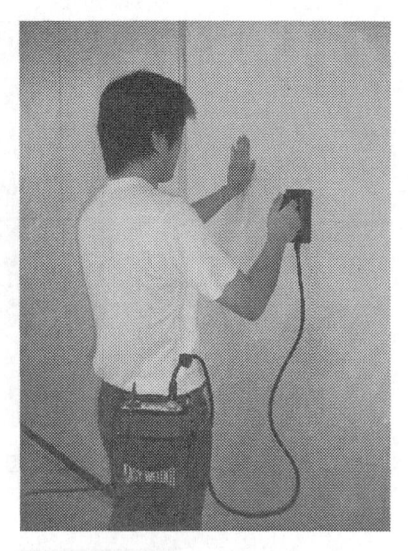

図10　腰装着型電源と携帯型アプリケータ

図11　屋上防水シート接着作業風景

図12　灌漑用水の水漏補修作業風景

接着用に丸形コイル（渦巻きコイル），床材などへの長手方向接着用コイル（図5），その他タイルなどへの平面接着用コイルなど，用途に応じた各種コイルが考案されている。

　以上は，内装工法の例であるが，本工法の様々な応用が発現している。一例を示すと，図11は屋上の防水シートを張るために誘導加熱とホットメルトを使用した作業風景である。図12は，農業用灌漑用水補修のための防水シートを張る作業に誘導加熱を用いた例[12]である。これらはいずれも解体から出発したものではなく，いわゆる省力化工法であり，結果としてそれが解体を容易にするものである。次に，建築建設工事ではない応用例を紹介する。図13は，プラスチック容器のフタやシール材の誘導加熱密閉装置であり，コンベアで通過させる間に接着する。また，図14はゴルフクラブのシャフトとヘッドを容易に分離できる誘導加熱装置である。いままでは，

167

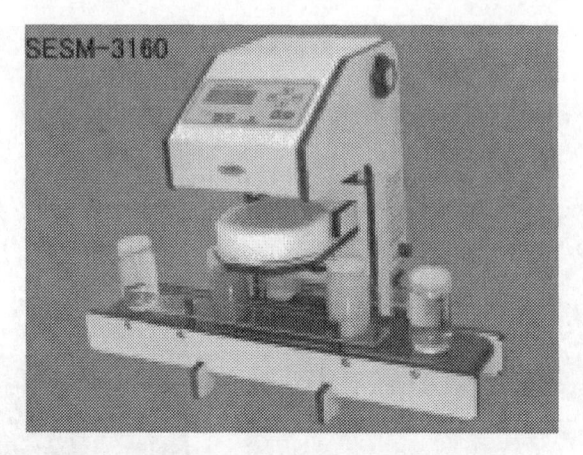

図13 容器のシール機

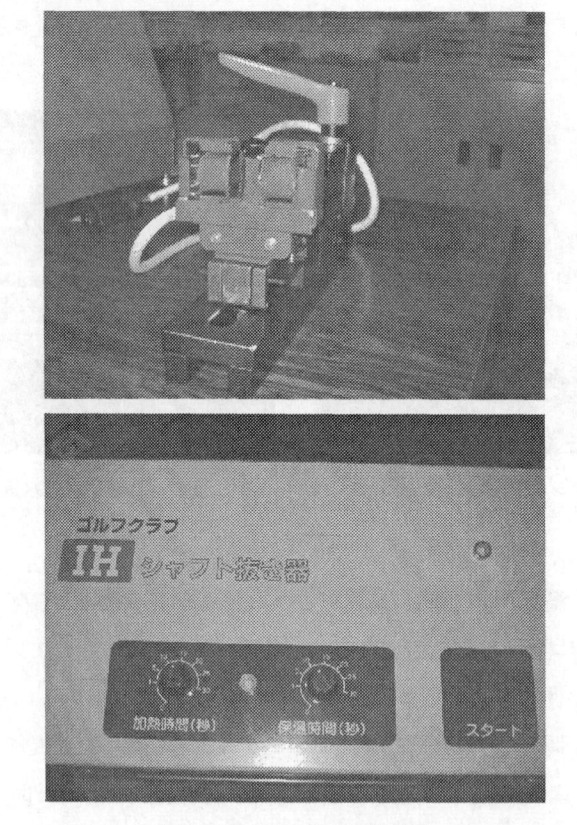

図14 ゴルフクラブ解体装置

専門家がガスバーナで熱を加え分離していたクラブを，安全でより簡単に分離できるようにしたもので，これらも「始めにリサイクルありき」ではない例である。

第3章 誘導加熱・オールオーバー工法

3 薄板鋼板への加熱特性

ここでは，0.115mm の亜鉛メッキ薄板鋼板への本接着機による加熱特性を検討してみよう。この鋼板は，4種類のホットメルト（溶融温度a：85℃，b：150℃，c：170℃，d：210℃）をコーティングして汎用商品化されている。接着剤の溶融温度はそれぞれ用途に応じて選択される。鋼板の大きさも数種類あるが，本実験では専用の厚さ 0.115mm で 212×300mm の鋼板を使用した。

作業者に必要なデータとは，ある厚さの壁材や床材の接着に対して，どれぐらいの加熱時間を与えればホットメルトの溶融点に到達できるかが判断材料となろう。また，壁材や床材によっては熱伝導率が高く，鋼板を加熱してもその熱が壁材や床材に伝導してしまい，熱が発散して所望の温度上昇が得られなくなる。例えば，大理石などは極端に熱伝導が良い。このような材料の接着には，より強い電力で一気に加熱する必要がある。著者らの実験によれば，一般の壁材等は熱伝導率が低いので本機で十分であり，加熱時間は1秒毎に設定可能，10秒を最大加熱設定時間とした。また壁材厚では 20mm までを接着可能と定めた。以下の実験データは，壁厚をギャップと称し，空気スペースとして扱った。

3.1 渦巻型コイルによる加熱特性

始めに，図15に直径 80mm の渦巻型コイルを使用して，ある加熱時間後の鋼板の温度分布をサーモグラフで表した。この図から分かるように，中心部と外縁部は温度が上がらず，半径円部（＋印付近）が最高温度に達する。この点を注意してホットメルトの接着面積を考える必要がある。もっとも，さらに加熱時間を経れば，鋼板の熱伝導により全般に温度上昇が見込まれる。し

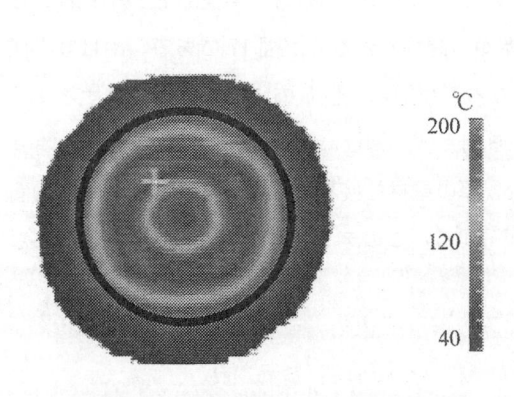

図15 渦巻型コイル（黒線内）による鋼板加熱時のサーモグラフ
　　（ギャップ：6 mm，2秒加熱後）

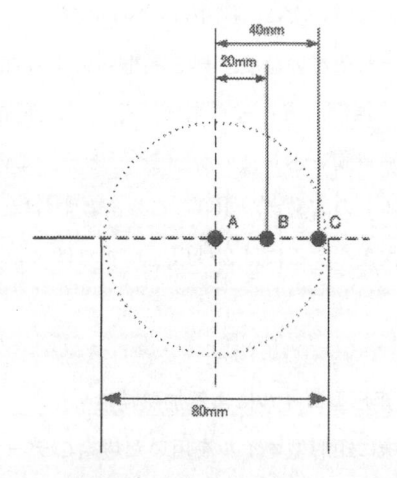

図16 渦巻型コイル下の鋼板の温度検出位置

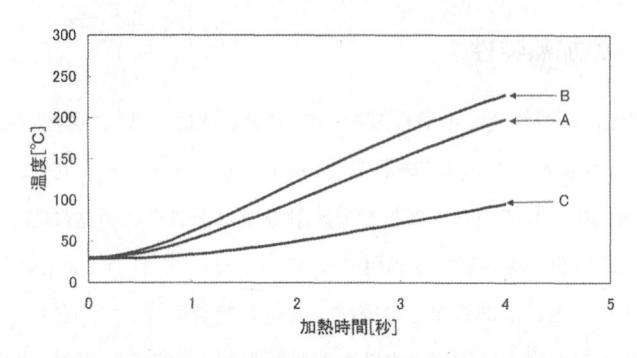

図17 高周波投入後の鋼板各位置の温度上昇
(渦巻型コイル, 鋼板厚:0.115mm, ギャップ:6mm)

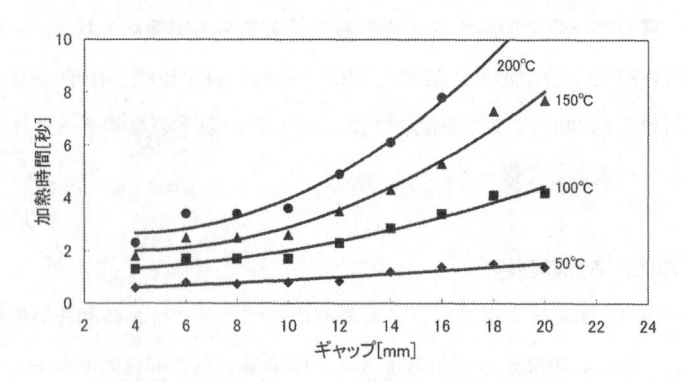

図18 上昇温度パラメータ時の壁厚—加熱時間
(渦巻型コイル, 鋼板厚:0.115mm, ギャップ:空間)

かし，極端にある部分への加熱集中は，鋼板の歪やホットメルトの過熱を招くので，避けなければならない。次に，図16のように鋼板のコイルが当てられた中心部A・半径部B・外縁部Cとし，それぞれの温度上昇を熱電対により加熱開始から記録したものが図17である。やはり半径部Bの温度上昇が最も高い。そこで，高温度になる半径部に注目して，ある温度に達するまでの加熱時間を示したのが図18である。この図から例えば，鋼板にコーティングされたあるホットメルトの溶融点が100℃であるとすれば，12mm厚の壁材を接着するには2秒間加熱（溶融面積を大きくするには2秒以上）すればよいことが分かる。このデータが作業者にとって参考になる。

3.2 矩形型コイルによる加熱特性

同様に矩形型コイルを用いた場合のデータを示そう。矩形型コイルは，床材など2枚同時に貼り合わせる場合などに有効である。長手方向をどのくらいとるかはアプリケータの形状・重量も

第3章 誘導加熱・オールオーバー工法

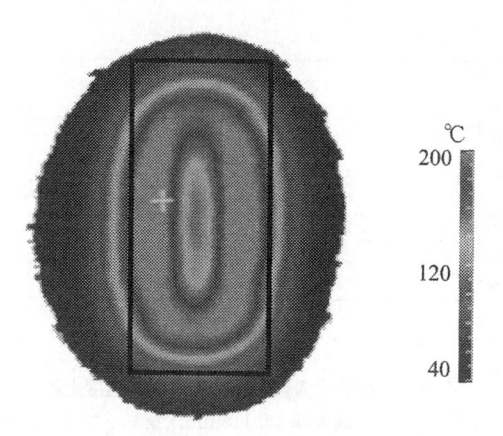

図19 矩形型コイル(黒線内)による鋼板加熱時のサーモグラフ
（ギャップ：6 mm，6秒加熱後）

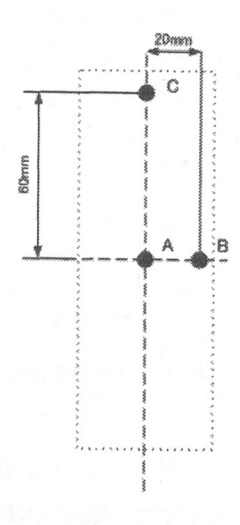

図20 矩形型コイル下の鋼板の温度検出位置

関係するので，一概には決め兼ねるが，現矩形型コイルは使い勝手を考慮して決めたものである。矩形型コイルによる加熱鋼板の温度分布を図19に示す。渦巻型コイルの場合よりも温度上昇が少ない部分が多いことが分かる。そして，図16と同じように鋼板の3つの部分を図20のようにとり，それぞれの温度上昇を加熱開始から記録したものを図21に示した。やはりコイルのある部分B，Cの温度が高く，コイルのない中心部Aの温度が上がらないことが分かる。いま，このコイルを使用して，高温部Bの規定温度到達時間を見たのが図22である。図18と同様に作業者の参考図となると考える。ちなみに，矩形型コイルの場合は図18と比較すると，同じギャップに対して約2倍の加熱時間が必要となっている。

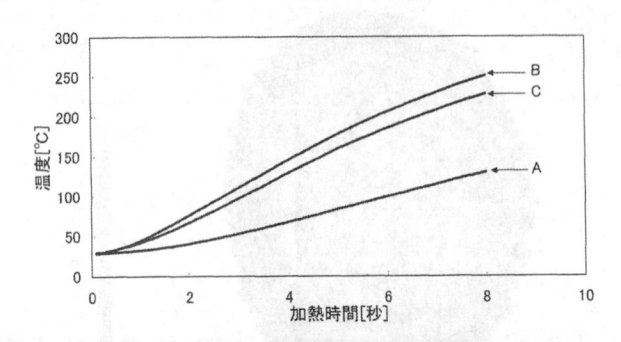

図21 高周波投入後の鋼板各位置の温度上昇
(矩形型コイル,鋼板厚:0.115mm,ギャップ:6mm)

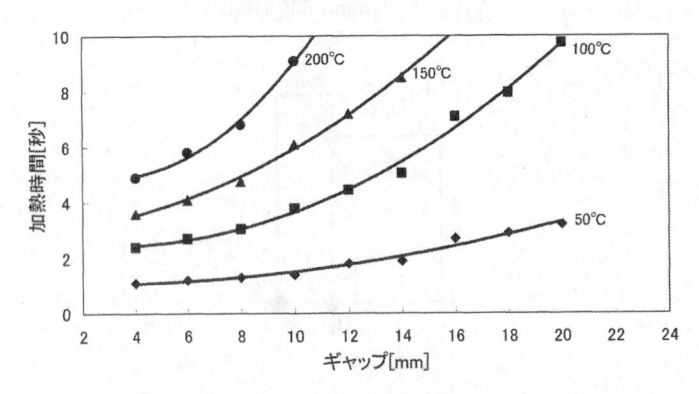

図22 上昇温度パラメータ時の壁厚－加熱時間
(矩形型コイル,鋼板厚:0.115mm,ギャップ:空間)

　以上,被加熱鋼板の温度上昇を検証したが,建材の熱伝導を考慮していない。実際には鋼板熱が他の建材等に伝導することが考えられるので,解析や実験検証のみならず現場での周囲温度を含む環境を考慮した実作業経験が重要である。

4 解体性接着剤

　熱可塑性,いわゆるホットメルト接着剤は,再加熱による溶融が可能であるため,解体が容易である。一方,接着力が強固でよく使用される熱硬化性接着剤に代表されるエポキシの場合,誘導加熱によって硬化が促進されるので,作業工程の省力化に役立つ反面,解体には困難さを伴う。手法としては,接着箇所をガラス転移点以上に再加熱し,軟化状態(温度)を保ちつつの離脱作業は難しい。他方,接着剤が炭化するまで高温加熱し,接着力を低下させて被着材を引きはがす方法もあるが,炭化に伴う有毒ガスの発生や時間がかかる欠点がある。最近,熱溶融性エポキシ

第3章　誘導加熱・オールオーバー工法

接着剤の開発が注目されている[13]。この接着剤は，加熱により再溶融するので，ホットメルトと同様の手法により解体できる。熱溶融性エポキシは，分子構造の組み合わせによる自由度が高いという従来からのエポキシの長所と，廃棄物のリサイクルに柔軟に対応する熱可塑性という特徴を併せ持った接着剤であるといえる。

5　まとめ

本章では建築接着工法から出発したオールオーバー工法を紹介したが，住宅や自動車など，適用環境が過酷でかつ耐久消費財に接着剤を使用するときは，種々の環境でのエージングテストは不可欠なものである。様々な環境変化に耐える接着剤の開発に期待するが，さらに付け加えるとすれば，ホットメルトやエポキシ接着剤は接着強度が高い反面，接着後の粘性が無いため，地震や落下等で多少の揺れや衝撃を伴う環境にはかえって材料破壊を生じることがある。無理な要求かもしれないが，多少の粘性を維持しつつ，かつ長期にわたる過酷な環境変化に耐えうる弾性接着剤を強く望む。良好な弾性接着剤の出現は，新たな接着剤市場を呼ぶことになるだろう。さらに，ホットメルトまたは他の方法により接着と離脱が繰り返し使用できる接着剤の実現を期待する。

誘導加熱を利用した解体性接着手法は，開発当初は電気使用による危険視の感があったが，昨今の誘導加熱を利用した家庭用電磁調理器の普及によって，本工法が安全であるとの認識が生まれたので普及に弾みがかかることを期待している。また，接着剤メーカー，建材・建築メーカーはもとより，自動車・電気・機械メーカー等が環境に配慮した解体性の部品構成や組立手法などの提案を強く望むものである。

文　献

1) 国土交通省のリサイクル HP：http://www.mlit.go.jp/sogoseisaku/region/recycle/index.htm
2) 解体性接着技術研究会の HP：http://www.csato.pi.titech.ac.jp/disadh/
3) 富田英雄ほか，先端接着接合技術，5. 将来の接着剤，pp.73-79，エヌジーティー出版（2000）
4) 平田，オールオーバー工法とオールオーバーテープ，*JETI*（Japan Energy & Technology Intelligence），**50**，No.11，pp.125-127（2002）
5) 富田英雄，熱可塑性・熱硬化性接着剤を用いた解体性接着手法，日本接着学会誌，**39**，No.7，pp.271-278（2003）

6) 富田英雄, オールオーバー工法, *ECO INDUSTRY*, **11**, No.1, pp.19-24, シーエムシー出版 (2006)
7) 佐藤千明ほか, リサイクルの必須アイテム・解体性接着技術の原理と応用, 日本機械学会機械材料・材料加工部門講習会資料集, No.01-86 (2001)
8) 見村博明, 富田英雄, 須藤高志, 戸松孝博, 電磁誘導加熱装置を用いた接着工法に関する研究, 日本建築学会技術報告集, No.23, pp.59-62 (2006)
9) 井上雅雄, 環境対応と高機能化に向けた接着剤・接着技術の開発動向, WEB Journal, No.67, pp.27-31, アクトライエム (2005)
10) 井上雅雄, 環境に対応した無溶剤化の流れに期待されるホットメルト形接着剤, WEB Journal, No.67, pp.41-43, アクトライエム (2005)
11) 安心して壊せる建物を目指す, 日経アーキテクチュア, pp.79-82 (2002)
12) 小俣富士夫, 竹村浩志, 山本晴彦, 梅沢俊雄, 高橋松善, 森充洋, 長束勇, ジオメンブレンを活用した農業用水路の漏水補修, ジオシンセティックス論文集, No.19, pp.77-80 (2004)
13) 西口隆公, 熱溶融エポキシ樹脂とその応用, *ECO INDUSTRY*, **11**, No.1, pp.25-31 (2006)

第4章　金属とプラスチックのレーザ直接接合

片山聖二[*1], 川人洋介[*2]

1　はじめに

　金属およびプラスチック（樹脂）は，いずれも，自動車，航空機，家電・電子などの産業分野において広範囲に利用されている。ところで，金属とプラスチックの接合は，通常，接着剤による溶着，ねじ・はみ合わせによる接合，リベット等による機械的な結合などで行われている。しかしながら，溶着では，(1)接着に長時間を要する，(2)接合強度がばらつく，(3)はく離接着強度が弱い，(4)VOC規制（揮発性有機化合物の排出抑制）の対象となる，(5)適正な保管・管理が必要である，などの諸問題がある。一方，機械的な結合では，(1)設計の自由度が制限される，(2)別の機械加工工程が必要である，(3)接合用部品が必要である，(4)平坦でない，などの問題が存在する。

　このような背景から，接着剤やリベット等を用いず，金属とプラスチックをレーザで直接接合する方法[1〜4]が開発されている。この方法を，以下，LAMP（Laser-Assisted Metal and Plastic）接合法と略述する。LAMP接合法は，金属とプラスチックを重ねたところにレーザを照射する簡便な方法であり，自動化が可能で，従来の接合法での諸問題をほとんど改善できる可能性がある。ここでは，レーザ直接（LAMP）接合方法，LAMP接合部の特徴と良好な高強度接合部を得るための接合条件，継手部の強度評価結果，接合機構などについて概説する。

2　レーザ直接（LAMP）接合方法

　レーザを利用するLAMP接合法は，図1に示すように，プラスチック板と金属板を重ね合わせて固定保持させた後，プラスチック側または金属側から連続またはパルスレーザを照射して，重ね部のプラスチックを溶融させ，一部，気泡を発生させて接合する方法[1〜4]である。

　レーザ光透過性が高いプラスチックの場合，レーザエネルギーが金属板に十分投入され，レーザによるダメージがプラスチック表面に現れないなら，図1(a)または(b)に示すように，プラスチック板側からレーザが照射できる。図1(a)では，比較的大きなパワーのYAGレーザ，ファイバー

[*1]　Seiji Katayama　大阪大学　接合科学研究所　教授
[*2]　Yousuke Kawahito　大阪大学　接合科学研究所　助手

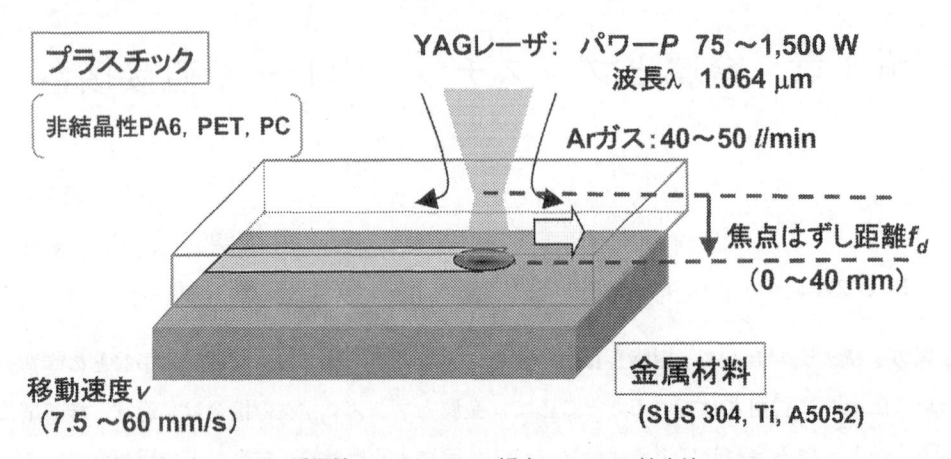

(a) 透過性プラスチックの場合のLAMP接合法

プラスチック
[非結晶性PA6, PET, PC]

YAGレーザ： パワー P 75〜1,500 W
波長 λ 1.064 μm
Arガス：40〜50 l/min
焦点はずし距離 f_d
（0〜40 mm）
移動速度 v
（7.5〜60 mm/s）
金属材料
(SUS 304, Ti, A5052)

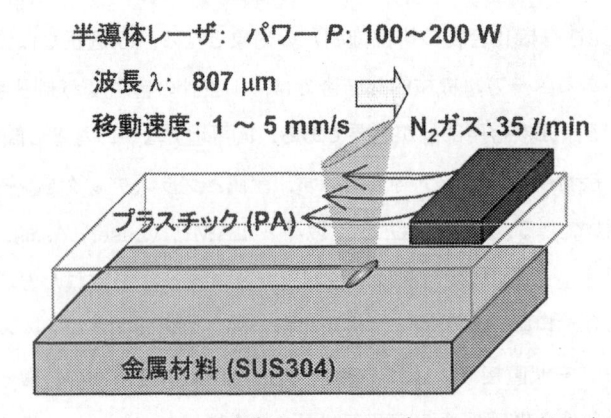

(b) レーザ照射部のモードを工夫したLAMP接合法

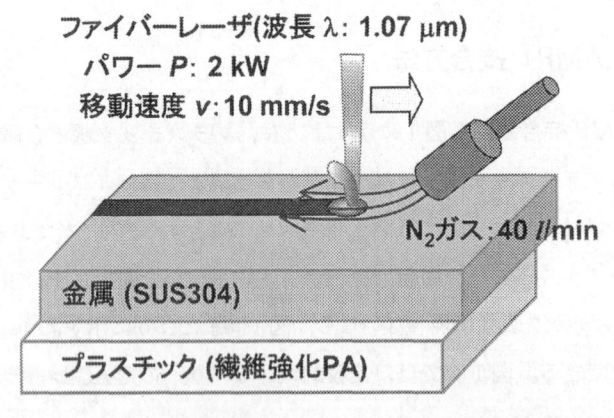

半導体レーザ： パワー P: 100〜200 W
波長 λ: 807 μm
移動速度：1〜5 mm/s
N_2ガス：35 l/min
プラスチック (PA)
金属材料 (SUS304)

(c) 非透過性プラスチックの場合のLAMP接合法

ファイバーレーザ(波長 λ: 1.07 μm)
パワー P: 2 kW
移動速度 v: 10 mm/s
N_2ガス：40 l/min
金属 (SUS304)
プラスチック (繊維強化PA)

図1 レーザ直接照射（LAMP）接合法

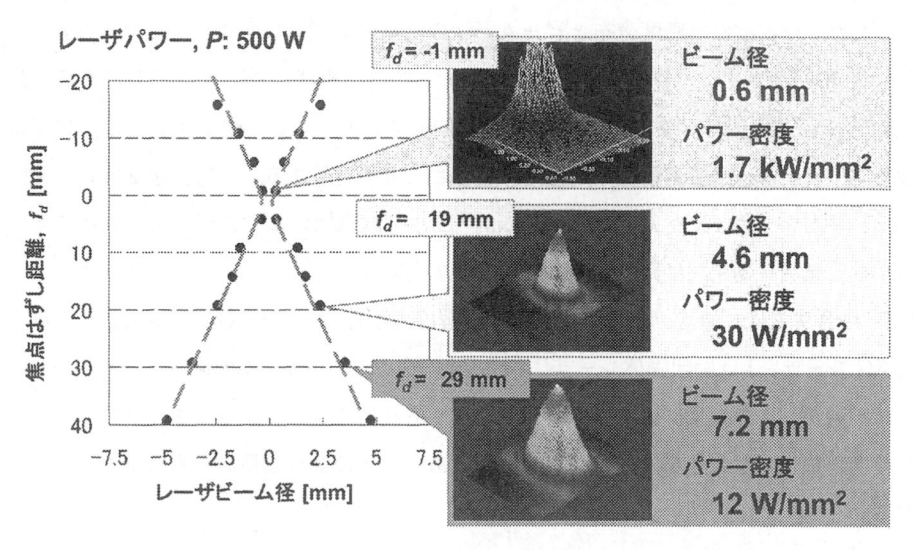

第4章　金属とプラスチックのレーザ直接接合

(a) 各焦点はずし距離におけるYAGレーザの集光状況（パワー密度分布およびビーム径）の測定結果

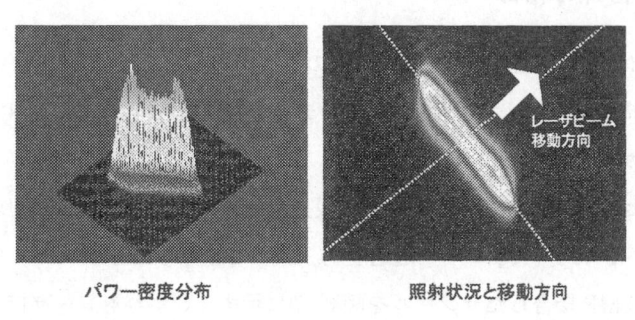

(b) 半導体レーザビームのパワー密度の測定結果と移動方向
ビーム形状：1.2mm×9.4mm；レーザパワー密度：32W/mm²

図2　LAMP接合法に利用したレーザビームの差とパワー密度分布の測定結果

レーザなどを用い，焦点はずしの条件で接合を行う。特に，図1(b)は線状のパワー密度分布を持つ半導体レーザの照射状況であり，良好な接合部を得るのに適したビーム横モードと考えられている[3]。板厚2mm程度のプラスチック板の場合，レーザ透過度は，通常，約70％以上に高いことが必要である。一方，結晶性や繊維強化型のプラスチックのようにレーザ光の透過性が（約60％以下と）低い場合には，図1(a)または(b)に示す方法は利用できず，図1(c)に示すように，金属板側から，その材質と板厚に応じた高パワー密度のレーザを照射し，LAMP接合することができる[1~4]。なお，この場合は，レーザ以外に，電子ビーム，プラズマ，アークなど，金属板に熱を投入できる熱源なら，どのようなものでも利用できることになる。

利用されたレーザパワー密度分布とビーム形状の測定例を図2に示す。図2(a)はYAGレーザ（波長λ：1.064μm）で、パワー500Wの例[2]であるが、円錐状のモードを示している。最大パワー1.5kWのYAGレーザまたは最大パワー10kWファイバーレーザを用いれば、焦点はずしの条件でレーザパワーや接合速度を広範囲に変化させて検討できる。一方、図2(b)は、最大出力200Wの半導体レーザ（波長λ：807μm）の例[3]であり、線状のビーム形状で、プラスチック溶融部に小さい気泡を効果的に発生させる熱源として有効である。

LAMP接合法では、通常、波長が0.8〜1μm程度の半導体レーザ（LD）や波長が1.06μm程度のYAGレーザ、LD励起固体レーザ、ファイバーレーザ、ディスクレーザなどが使われる。また、プラスチックの種類によっては、CO_2レーザも利用できる。プラスチックにダメージを与えずに接合部に十分な入熱が投入できるレーザであればどのような種類のものであってもよいことになる。

3　LAMP接合部の特徴

プラスチックには、熱可塑性または熱硬化性のものがあるが、LAMP接合法では、熱可塑性のプラスチック、特に、エンジニアリングプラスチックと金属材料との接合性について検討され、接合ができることが報告されている[1〜4]。

YAGレーザまたは半導体レーザを用いて、板長70mm、板幅30mmで、板厚約2.3mmの非結晶性ポリアミド（PA6；YAGレーザ透過度約91%）を板厚3mmのステンレス鋼（SUS 304）に重ね合わせてLAMP接合したサンプルを図3[2,3]に示す。いずれもレーザ接合部の痕跡が見られ、レーザ照射部界面近傍のプラスチック中に小さい気泡が多数形成しているのが確認される。レーザ透過度約90%の非結晶性ポリエチレンテレフタレート（PET）またはポリカーボネート（PC）とSUS 304とのLAMP接合部でも同様な特徴が観察されている[1]。

ポリカーボネート（PC）とSUS 304とのLAMP接合部断面の走査型電子顕微鏡（SEM）による観察結果を図4[1,2]に示す。金属は溶融せず、プラスチックが溶融し、気泡が形成していることが確認される。その気泡は（切断面によるが）接合部界面から離れて見られ、接合部はほぼ全面にわたってプラスチックが金属に対して溶着している様子が認められる。

非結晶性PA6とSUS 304のLAMP接合部の外観に及ぼすレーザパワーの影響を図5[2]に示す。レーザパワーが100W以下と小さい場合は接合できず、適切な値以上でPA6が溶融し、気泡が発生して接合ができている。パワーが増加すると、接合部の面積（幅）が増加するが、PA6中に大きな気泡が多く形成するようになる。レーザパワーが高すぎると、空洞状の未接合部が形成し、接合部は弱い力で外れるようになる。この結果から、綺麗なLAMP接合部は、適切なレー

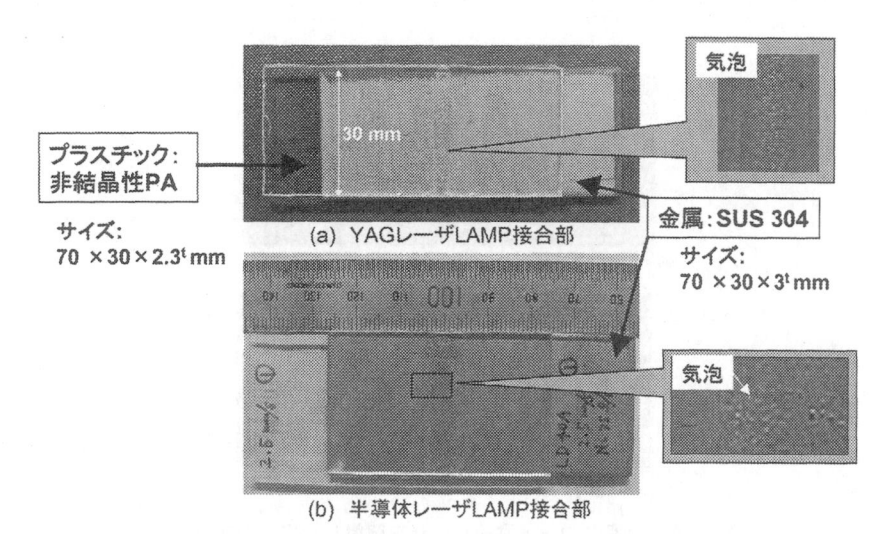

第4章 金属とプラスチックのレーザ直接接合

図3 YAGレーザ(a)および半導体レーザ(b)による非結晶性PA6とSUS 304のLAMP接合結果
　　　接合部に小さい気泡が多数発生している

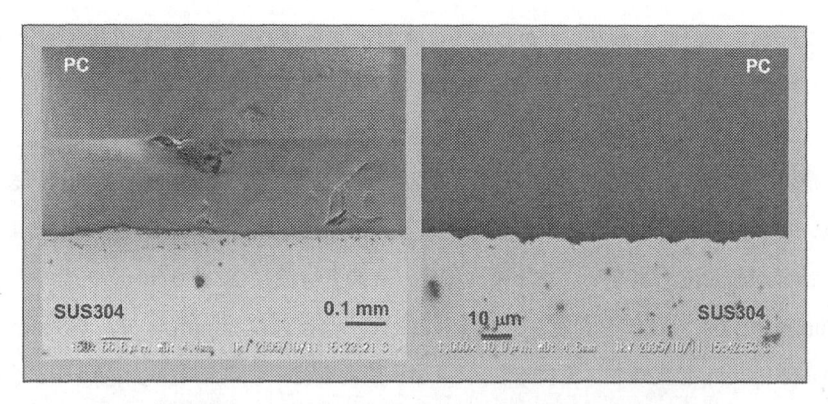

図4 非結晶性PCとSUS 304のLAMP接合部断面のSEM観察結果

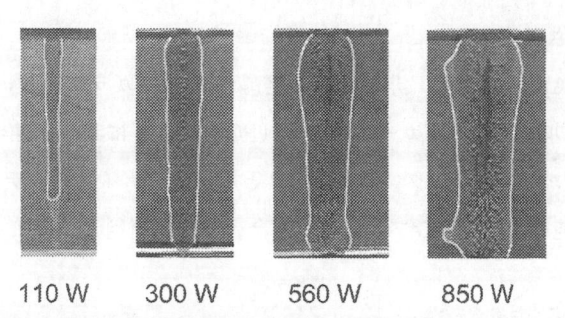

図5 非結晶性PA6とSUS 304のLAMP接合部の外観に及ぼすYAGレーザパワーの影響
　　焦点はずし距離, f_d：20mm；接合速度, v：10mm/s；Arシールドガス流量：50l/min

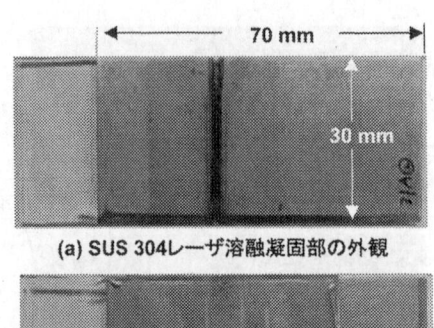

(a) SUS 304レーザ溶融凝固部の外観

(b) PA側からのLAMP接合部の観察結果

図6 金属板側にファイバーレーザを照射した場合の非結晶性
PA6 と SUS 304 の LAMP 接合結果
接合部に小さい気泡が多数発生しているのが特徴である

ザパワーで作製する必要があることがわかる。なお，レーザパワー 100W で接合できないのは，焦点はずし距離が 20mm と長く，パワー密度とエネルギー密度が小さいためであり，焦点はずし距離を短かくしたり接合速度を遅くすると接合が可能になる。

　レーザ光の透過性が（60％以下と）低いプラスチックを想定し，金属側からレーザを照射する方法についても検討されている。SUS 304 表面と非結晶性 PA6 の外観を観察した結果を図 6 に示す。これは，最大出力 10kW のファイバーレーザ装置（波長 λ：1.07μm）を用い，焦点はずし距離 20mm の位置で試料を固定し，パワー 2kW，溶接速度 10mm/s で，ϕ8mm のサイドノズルから 40l/min で窒素ガスを供給し，LAMP 接合を行った例である。PA6 中に小さい気泡が認められ，LAMP 接合が可能であることが確認される。この方法により，ガラス繊維を 30％添加した強化 PA（T-602G30）に対して LAMP 接合を行った結果，同様に，高強度の接合部が得られることが確認されている[3]。

　以上のように，LAMP 接合は，非結晶性，結晶性およびガラス繊維入り結晶性ポリアミド（PA）（ナイロン），非結晶性ポリカーボネート（PC）ならびに非結晶性ポリエチレンテレフタレート（PET）のエンジニアリングプラスチックとオーステナイト系ステンレス鋼（SUS 304），鉄鋼材料（SPCC）純チタンおよびアルミニウム合金の金属材料との間で可能であることが確認されている[1~3]。

第4章　金属とプラスチックのレーザ直接接合

4　LAMP 接合部の強度特性

LAMP 接合部の強度特性は，引張せん断試験で評価されている。引張せん断試験前後の LAMP 接合サンプルを図 7 に示す。適切な LAMP 接合部を作製した場合，破断が接合部近傍のプラスチック母材で起こっている。

接着剤を用いる金属とプラスチックの接着では，溶着性に金属表面状態が影響を及ぼすことが知られている。図 8[2)] は，LAMP 接合部の強度特性に及ぼす表面状態の影響を示すとともに，市販接着剤を用いた場合の強度特性を比較として示している。LAMP 接合部の引張せん断荷重は，

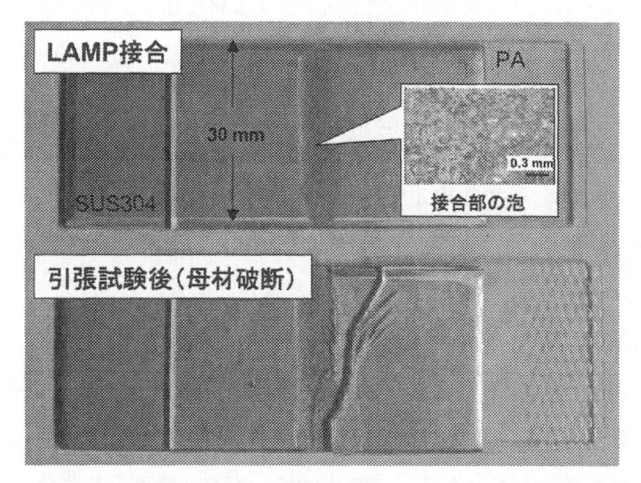

図 7　非結晶性 PA6 と SUS 304 の LAMP 接合部を有する試験片の引張せん断試験前後の様子

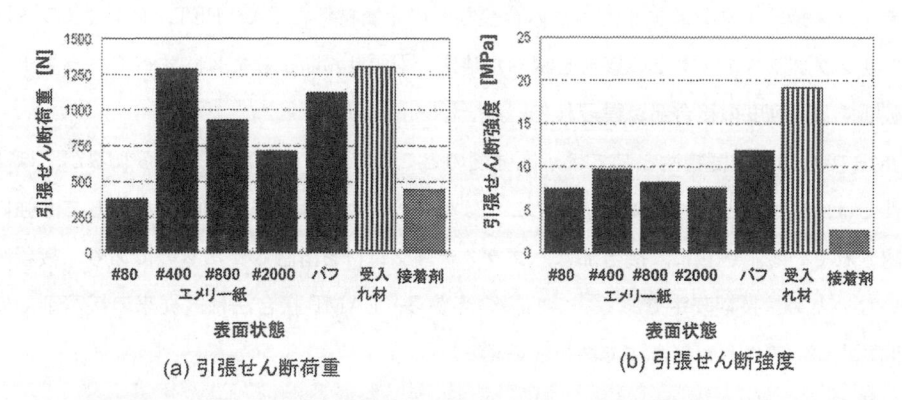

(a) 引張せん断荷重

(b) 引張せん断強度

図 8　非結晶性 PA6 と SUS 304 の LAMP 接合部の引張せん断強度特性に及ぼす金属表面状態の影響およびそれらと接着剤強度の比較

300N 以上あり，接着剤による溶着と同等以上に高く，1,250N 程度も得られている。接合部の（見かけの）面積から，引張せん断強度に換算すると，LAMP 接合部はいずれも接着剤の場合より高く，特に，受入れ材で高いことがわかる。なお，エメリー#80 で引張せん断荷重が低いのは，接合部の面積が狭いためである[2]。これらの結果から，接合強度に対しては，金属表面の凹凸の影響は少なく，酸化皮膜の効果が大きいことが推察されている[2]。

　LAMP 接合部の高強度化に対して，高パワーのレーザでは，種々の条件で検討できる。非結晶性 PA6 と SUS 304 の YAG レーザによる LAMP 接合において，3 レベルの焦点はずし距離および接合速度でそれぞれレーザパワーを種々変化させて得られた継手の引張せん断荷重を測定した結果を図 9 および図 10[2] に示す。いずれも適切なレーザパワーで荷重（強度）が高くなる傾向がある。高荷重のものは，すべて破断がプラスチック母材で起こっている。特に，レーザパワー 750W，焦点はずし距離 30mm および接合速度 10mm の条件では，2,000N の高荷重が達成されている。

　半導体レーザ（170W）を用いた場合の結果を図 11[3] に示す。LAMP 接合部の引張せん断荷重は 3,000N 以上に高くなり，最大で約 3,400N のものも得られている。

　以上のような検討結果から，高強度の接合部の作製は，LAMP 接合部の面積が比較的広く，気泡が比較的小さい場合に対応することが明らかにされている。

　金属板側から YAG レーザを照射した場合の強度特性の結果をプラスチック板側からの結果と比較して図 12 に示す。金属板を溶融させて，その熱の影響でプラスチックを溶融させ，気泡を発生させて接合する方法でも，最大で約 2,430N の高荷重・高強度が得られており，強度特性の優れた接合が可能であることがわかる。この方法で，ガラス繊維入り強化プラスチックと SUS 304 の接合（図 6 参照）を行い，強度特性を評価した結果，最大荷重は約 1,900N を超え，高強度接合が可能であること[3] が確認されている。

　ステンレス鋼，チタン，アルミニウム合金などの金属材料と PA，PET，PC などの各種エンジニアリングプラスチックとの接合を試みた結果，引張せん断試験では，すべてプラスチック母材で破断する高強度の接合部が得られている[1,2]。

　LAMP 接合部の強度特性としては，高強度のところでばらつきが若干見られるが，ほぼ同様な条件では，高強度と低強度にばらつくことはない。また，はく離接着強度に対しても強いことが確認されている。さらに，接合部は，プラスチック母材を溶融させたものであり，接着剤を用いていないため，長期安定である。これらの点から，LAMP 接合法は，従来の接着剤での強度上の問題点が改善された接合法であるといえる。

第4章 金属とプラスチックのレーザ直接接合

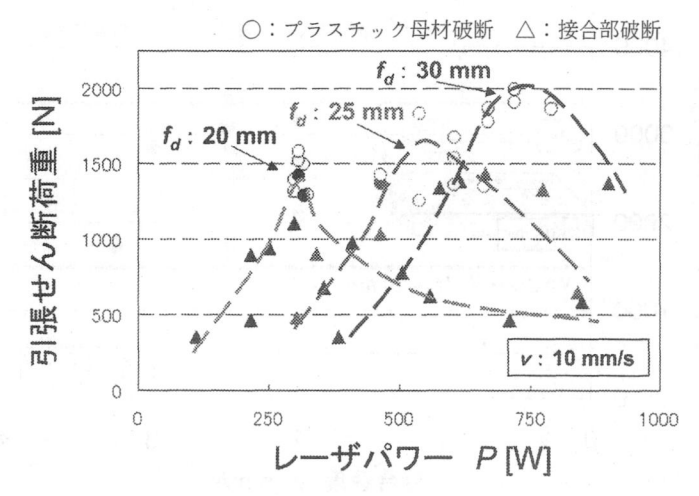

図9 非結晶性 PA6 と SUS 304 の YAG レーザ LAMP 接合部の引張せん断荷重に及ぼす焦点はずし距離（f_d）とレーザパワーの影響

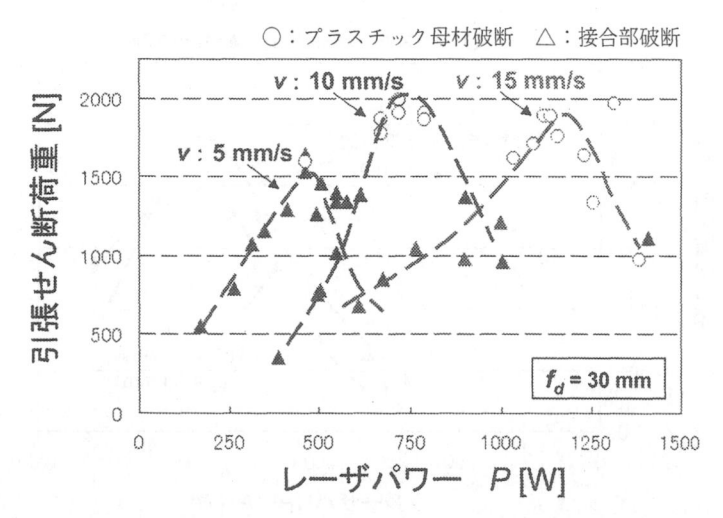

図10 非結晶性 PA6 と SUS 304 の YAG レーザ LAMP 接合部の引張せん断荷重に及ぼすビーム移動速度（v）とレーザパワーの影響

5 LAMP 接合機構

　LAMP 接合機構について理解するため，接合中の現象が高速度ビデオで観察され，SUS 304 表面温度が熱電対で測定されている。パワー 215W，310W および 560W の YAG レーザ照射中の観察結果を図13[2]に示す。パワーが（215W と）小さいと，金属表面の最高温度は，840K であるが，SUS 304 表面と PA6 中に熱影響痕が観察されるだけで，PA6 の十分な溶融と接合は達

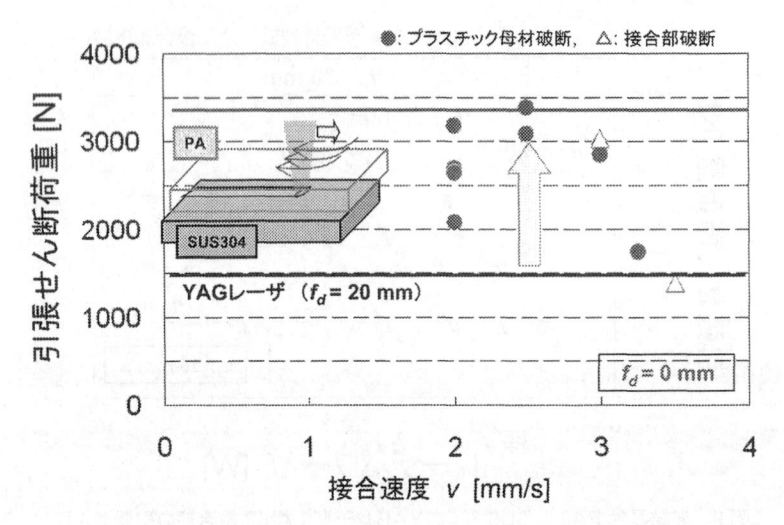

図11 非結晶性PA6とSUS304の半導体レーザLAMP接合部の引張せん断荷重に及ぼすビーム移動速度（v）の影響

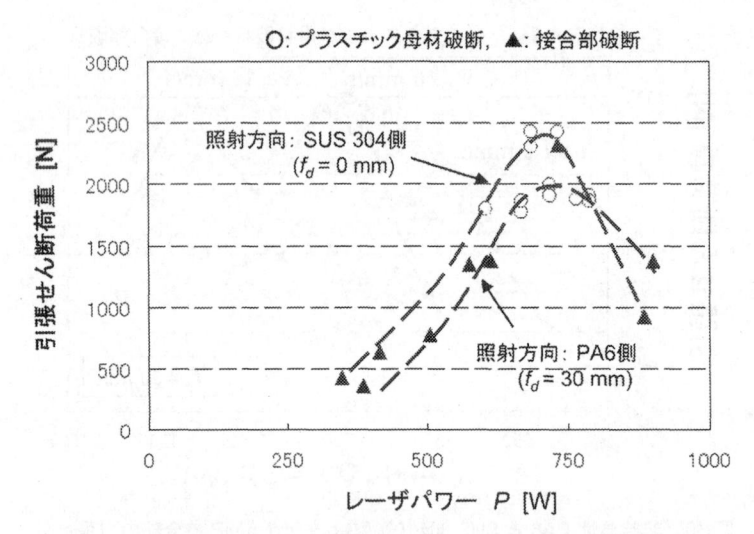

図12 非結晶性PA6とSUS304のLAMP接合部の引張せん断荷重に及ぼすYAGレーザ照射方向およびレーザパワーの影響

成されていない．一方，310Wでは，表面温度が1,060Kとなり，プラスチックに明瞭な溶融痕が認められ，その進行方向先端部近傍で気泡の発生が観察される．560W（最高表面温度：1,370K）の場合には，PA6中の溶融部が広くなり，レーザ照射部全域において大きな気泡の発生と合体が認められ，溶融部前方周辺においては黒煙状ガスの噴出がときどき確認されている．このことから，PA6は溶融と分解温度以上の加熱による気泡の発生が起こっていることが明らかに

第4章 金属とプラスチックのレーザ直接接合

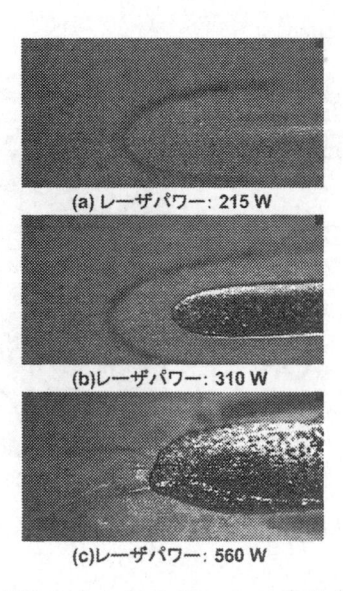

図13 非結晶性 PA6 と SUS 304 の LAMP 接合時における
レーザ照射部近傍の高速度ビデオ観察結果

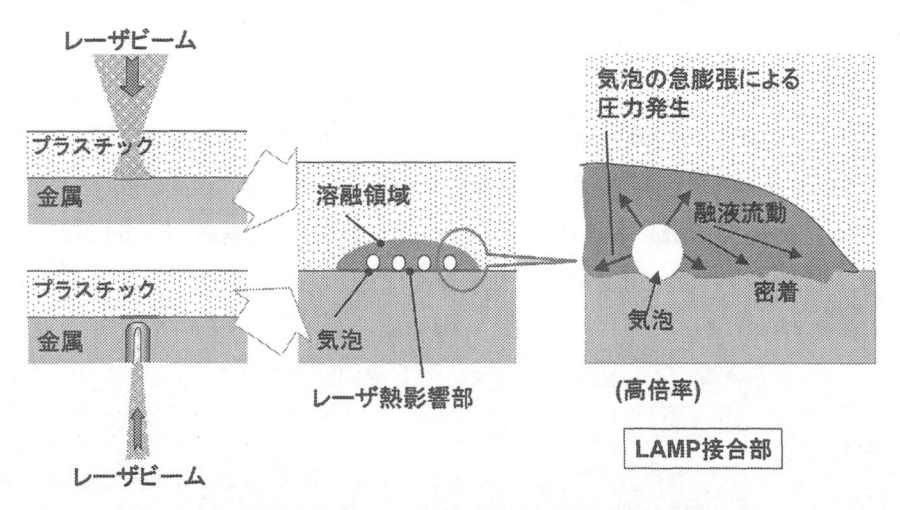

図14 金属とプラスチックの LAMP 接合機構の模式図

されている。

　LAMP 接合部界面近傍のプラスチックを順次研削して XPS（ESCA）で分析した結果，LAMP 接合部の界面近傍に酸素が多いことが検出されている[2]。このことと受入れ材で高強度な接合部が作製できたこと，PA，PC および PET と金属との接合が可能であることから，接合に対する酸素の関与による高強度化学結合の可能性が推察されている[2]。

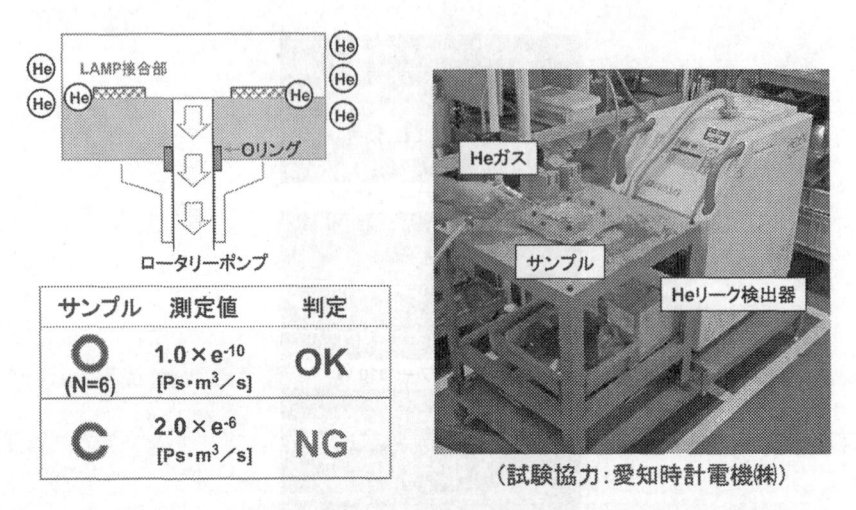

図15 Heリーク試験方法および装置とLAMP接合部のリーク試験結果

このような観察結果から，LAMP接合機構を推察した結果を模式図として図14[4)]に示す。LAMP接合は，プラスチックの光透過性とレーザの高パワー密度を利用し，プラスチック側または金属側のどちらかからレーザを照射し，金属材料に接しているプラスチックを選択的に溶融させ，分解温度以上に急速に加熱して気泡を発生させる方法である。この気泡の発生と急速な膨張に伴う高圧の発生は，高温状態のプラスチック融液を金属表面に対して流動させ，金属表面（酸化皮膜）とナノオーダの界面接合を達成させていることが推察されている。

LAMP接合界面の密着性を確認するために，Heガスリーク試験[3)]が実施されている。PETとSUS 304の円周状のLAMP接合部に対してリーク試験を行った結果，図15に示すように，LAMP接合部からのガス漏れは検知されず，LAMP接合は，ガス漏れのない有効な接合法であることが確認されている。

6 おわりに

従来の溶接界では，金属とプラスチック（高分子）の異材溶接・接合はほとんど不可能と考えられていたが，開発されたレーザ直接LAMP接合法では，条件を適切に選定すると，瞬時に高強度の接合部が形成できることが明らかになってきている。

LAMP接合法の長所は，(1)短時間で固化・強化する接合法である，(2)自動化が容易である，(3)接合部は長時間安定である，(4)金属の表面状態の影響が少ない，(5)適切な条件下で得られた接合部は強度のばらつきが少ない，(6)はく離接着強度が高い，(7)接着剤を用いないため，揮発性有機化合物の排出を大幅に抑制できる，(8)接着剤やリベットを用いないので，これらのコストやサ

第4章 金属とプラスチックのレーザ直接接合

イズの制限がない，(9)接着剤や部品の保管や品質管理が不要であるなど，多い。

　LAMP接合では，レーザが金属材料に吸収され，金属の急加熱でプラスチックが溶融・分解し，プラスチック中に微小気泡が発生することにより接合界面に高圧が発生して高温の活性金属と溶融プラスチックが接合すると考えられる。したがって，アンカー効果と化学結合・水素結合（ファンデルワールス力）などにより高強度の接合界面が得られる画期的な方法であり，今後，自動車，電機・電子・家電業界，医療分野等への応用・実用化展開が期待される。

謝辞

　プラスチックの提供等については，東洋紡の山下勝久氏，丹下章男氏および久保田修司氏にお世話になった。また，XPSによる分析は，東洋紡の船城健一氏にご協力頂いた。Heガスリーク試験では，愛知時計電機㈱の浅野和之氏および吾妻耕一氏にお世話になった。一部の実験は，大阪大学元修士の大倉淳君および4回生の丹羽悠介君にお世話になった。ここに，各位に心より感謝申し上げます。

文　　　献

1) 片山聖二ほか，溶接学会全国大会講演概要　第78集，pp.112-113 (2006)
2) S. Katayama *et al.*, Proc. LAMP 2006, JLPS, #06-7 (2006)
3) 片山聖二ほか，溶接学会全国大会講演概要　第79集，pp.274-275 (2006)
4) 川人洋介，片山聖二，阪大接合研ニュースレター　第17号，8月号，p.2 (2006)

第5章　熱溶融エポキシ樹脂とその応用

西口隆公*

1　はじめに

　熱溶融エポキシ樹脂の開発を当社が始めて，すでに数年がたった。エポキシ樹脂といえば，耐熱性のある接着剤の代表と考えられていた当時は，この熱による溶融現象は性能を低化させる挙動であった。しかしながら，環境アセスメントの観点からみると，接着剤を使用した複合製品は分別回収に非常に労力が必要とされる。特に接着性と耐熱性を特長とするエポキシ樹脂は，リサイクルの観点からすると不適合なポリマーといえる。

　そこで，リサイクルが可能なエポキシ樹脂を開発のテーマとして設定し，新たな熱溶融機能（熱可塑性）をもったエポキシ樹脂の開発を進めた。現在，当社が熱溶融エポキシ樹脂の応用として開発を進めている製品は，二次加工可能な繊維強化プラスチック（FRP）成形品，シート接着剤，BGA（Ball Grid Array）封止剤などがある。これら用途の中より，今回は，日東紡績と共同で開発を進めているFRP成形品に応用した事例をあげ，熱溶融エポキシ樹脂の特長を紹介する（図1）。

2　熱溶融エポキシFRP

　本研究では，モノマーの段階で繊維強化材を混合し，含浸後に反応させて，反応後は架橋構造を有さない直鎖状ポリマーとなるエポキシ樹脂をマトリックスとする新しいFRPの提案を行う。

　現在，実用化されている長繊維で強化した熱可塑性樹脂をマトリックスとする繊維強化熱可塑性プラスチック（FRTP）は，カーボン繊維とポリエーテルエーテルケトン（PEEK）との先端複合材料（ACM）などその種類はきわめて少ない。その原因としては，複合材料として力学的な特性が得られにくいことがあげられる。これはガラス繊維やカーボン繊維への熱可塑性樹脂の接着・密着性が悪いことが原因と考えられる。また，熱可塑性樹脂を強化繊維へ含浸させる工程では熱可塑樹脂を溶融するための高温が必要であり，さらに高溶融粘度の熱可塑樹脂を強化繊維へ含浸させるための高圧力が必要となる。このため，熱可塑性樹脂をマトリックスとするFRTP

　＊　Takahiro Nishiguchi　ナガセケムテックス㈱　電子・構造材料事業部　部長補佐

第5章 熱溶融エポキシ樹脂とその応用

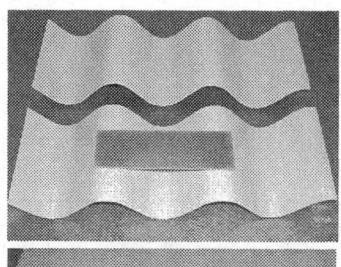

An FRTP plate was heated at 160℃ and put on a wave-shaped aluminum mold

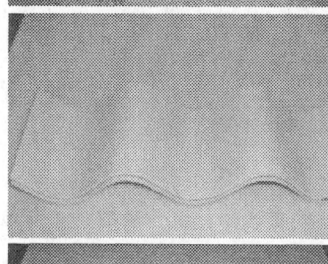

The FRTP plate was pressed between two aluminum molds

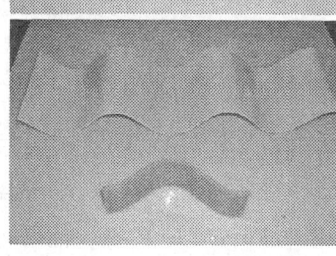

The FRTP plate was reformed into wave shape

図1 新規 FRTP（IF-31）の二次加工性

は，二次加工性やリサイクル，リユース性に優れるといった特徴をもってはいるものの，成形時に非常に高いエネルギーが必要となるなど，大型の成形品を経済的に成形する材料，装置などのシステムが確立されていない。

そこで，架橋構造をほとんど含まない直鎖状ポリマーのエポキシ樹脂とガラス繊維を強化材に用いた FRP を試作してその基本特性を調べ，従来の FRTP の特長である二次加工やリユースが可能でありながら，その一方では，熱硬化性樹脂をマトリックスとする FRP と同等の成形性を有する FRP の開発を試みた。

3 試験方法

(1) 検討材料

- AER260（ビスフェノール A タイプ，エポキシ価 190g/eq：旭化成）
- Epikote 1002（ビスフェノール A タイプ，エポキシ価 650g/eq：ジャパンエポキシ）
- Bisphenol A（OH 価 114g/eq：三井化学）
- Bisphenol F（OH 価 100g/eq：本州化成）

- アリルフォスフィンおよびフォスフォニウム塩（北興化学）
- 2-フェニルイミダゾール（四国化成）
- WF230（日東紡績）

(2) 計測機器類

- 熱分析：DSC-210（セイコーインスツル）
- 分子量：GPC2695（Waters Corporation）
- 機械特性：Model4204（Instron Corporation）
- 動的粘弾性測定：DMS-6100（セイコーインスツル）

(3) FRPの試作

ドライの状態のガラスクロス（WEA1901，日東紡績）に，溶剤（メチルセロソルブ）を重量部数で20%混入した熱溶融エポキシ樹脂（IF-31，ナガセケムテックス）を含浸させて，150℃で8分の乾燥条件で溶剤を除去してプリプレグ基材（成形中間基材）に加工した。このプリプレグ基材を16枚重ねて，150℃に加熱した平板形状の金型を用いて30分，1時間，3時間の3種類の硬化時間でそれぞれ成形圧力1.0MPaでプレス成形を行った（以下，熱溶融FRP）。また，このほかに比較材料として，熱硬化性エポキシ樹脂（エピコート828，油化シェルエポキシ）をハンドレイアップ法にてドライの状態のガラスクロスを16枚積層し，150℃にて3時間，成形圧力1.0MPaでプレス成形を行った（以下，熱硬化FRP）。FRP積層板の仕上がりは，どちらの板も同じ寸法になるように調整し，幅 $b=300$ mm，長さ $l=300$ mm，厚さ $t=3$ mm であった。また，成形品の繊維体積含有率 V_f は45%であった。

(4) 3点曲げ試験

試作したFRPの静的な強度と弾性率を確認するため，JIS K7198に準じて3点曲げ試験を行った。試験片形状は，高さ $h=3$ mm，幅 $b=15$ mm，長さ $l=80$ mm で，曲げスパンは60mmである。

(5) 動的粘弾性試験

試作した熱溶融FRPの熱溶融性を確認するため，JIS K7244-5に準じた動的粘弾性試験を行った。試験片形状は，厚み $h=3$ mm，幅 $b=10$ mm，長さ $l=20$ mm である。両端部を完全固定とし，試料中央部を5mm幅でクランプし，曲げによる正弦的ひずみを加えた。

試験条件は，測定温度 $T=-20\sim200$ ℃ とし，昇温速度を2℃/min，加振周波数は1Hzである。

(6) 耐薬品性試験

試作した熱溶融FRPの耐薬品性を評価するため，JIS K7114に準じた耐薬品性試験を行った。試験片寸法は，高さ $h=3$ mm，幅 $b=25$ mm，長さ $l=25$ mm の直方体に切り出したものとした。

第5章　熱溶融エポキシ樹脂とその応用

試薬として 10% H_2SO_4 水溶液，10% NaOH 水溶液を使用し，試験温度は 25℃である。耐薬品性の評価は，薬品浸漬後の重量変化，厚み寸法変化率を測定することにより行った。

(7) 曲げ加工試験

試作した熱溶融 FRP の二次加工性を確認するため，高さ $h=3$ mm，幅 $b=50$mm，長さ $l=250$mm の試験片を 160℃に加熱し，山高さ $H=48$mm，ピッチ $P=146$mm の FRP 製の波板で挟み込んで曲げ加工を行った。この際，波板には鉛直方向に 50N の荷重を作用させた。

4　エポキシ樹脂の熱溶融化機構

実用化を考えた場合，エポキシ樹脂の熱溶融化の反応スピードは重要な項目であり，この解決のために反応を促進する触媒が必要となる。2官能性のエポキシとフェノールの反応は，スキーム1で示したような機構で直鎖状に反応が進むことが熱溶融性を発現するための必須条件である。そこで，われわれは表1に示した各種触媒について検討を進めた。反応触媒を用いたエポキシと

スキーム1　熱溶融エポキシ樹脂の反応メカニズム

表1　ビスフェノールAタイプエポキシと各種触媒の反応時の発熱曲線[*1]

catalyst	Abbreviation	$a\Delta H_1 + b\Delta H_2$ (J/mg)
2-Phenyl imidazole	2PZ	57.2
Triphenyl phosphine	TPP	3.3
Tri-o-tolyl phosphine	TOTP	0.0
Tri-p-tolyl phosphine	TPTP	5.7
Dicyclohexylphenyl phosphine	DCPP	4.2[*3]
Triphenyl phosphin triphenyl boron	TPPS	1.5
Tetraphenyl phosphonium tetraphenyl borate	TPPK	26.2
Tetraphenyl phosphonium bromide	TPPPB	0.0[*3]
Tetramethyl ammonium chloride	TMAC	0.0[*3]
N-benzyl DBU[*2] tetraphenylborate	DBUK	0.0[*3]
3-(3,4-Dichlorophenyl)-1,1-dimethylurea	DCMU	6.7

[*1]The content of catalyst : 1 phr
[*2]DBU : 1,8-Diazabicyclo (5,4,0) undecene-7
[*3]Exothermic heat generated additionally at elevated

(a) 反応図: Self-polymerization of epoxy, $\triangle H_1$

(b) 反応図: Addition of secondary alcoholic OH, $\triangle H_2$

(c) 反応図: Addition of phenolic OH, $\triangle H_3$

[DGEBA] $n=0.14$ — Catalyst → ? + $a\triangle H_1 + b\triangle H_2$ ···(1)   ($0 \leq a+b \leq 1$)

スキーム2　各種触媒による反応様式

フェノールの反応は，スキーム2(a)(b)(c)に示す3種類の反応が考えられる。

(a)反応はエポキシの自己重合反応であり，(b)反応は(c)反応で生じる2級アルコール性OH基またはエポキシ樹脂中にある2級アルコール性OH基との反応である。また，(c)反応はフェノール樹脂のOH基との反応である。

表1には5℃から210℃まで昇温される間にAER260骨格中に含まれる2級OH基と反応触媒のみとの反応熱を示した。これからわかるように，反応触媒の中で2PZおよびTPPKは非常に大きい発熱を示している。これは，これら反応促進剤が(a)反応によるエポキシ基との反応性が高いことを示している。一方，反応触媒のTOTP，TPP-PB，TMACおよびDBU-Kではこの発熱がみられない。しかしながら，TOTPを除いた反応触媒では200℃以上の温度条件で発熱が認められる。そこで，以降の反応解析に用いる反応触媒としては，エポキシ樹脂の自己重合を起こしにくいTOTPを用いて検討を進める。

AER260/Bisphenol F/TOTP系の150℃硬化の条件にてさまざまな評価を行った結果を以下に示す。

図2のDSC曲線からは，150℃の硬化温度では1時間で反応がほとんど終了し，T_g も80℃近辺で安定しており，1時間以上加熱しても変化はほとんど認められない。しかしながら，図3のGPCでは重合の数平均分子量が10,000から20,000まで硬化時間に応じて増加の傾向を示している。これらの結果は，本系の反応機構がビニル基の重合のような連鎖反応ではなく，逐次反応により進行していることによるものと考えられる。

図4および5は，150℃硬化での機械的強度の変化を示す。図4の曲げ強度，図5の引張りせん断強度に，それぞれ硬化時間の延長による強度アップが認められる。GPCでの分子量増加お

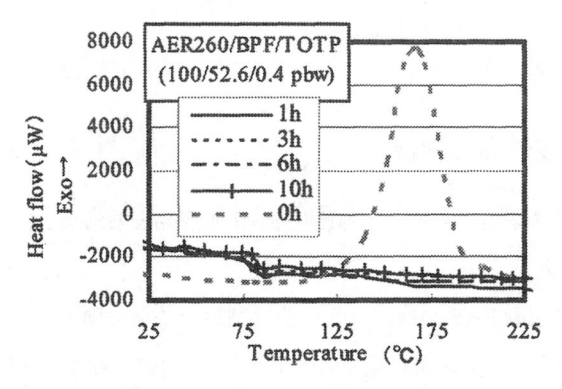

第5章 熱溶融エポキシ樹脂とその応用

図2 熱溶融エポキシ樹脂のDSC曲線（150℃硬化）

Polymerizing time at 150℃ (h)	M_w	M_n	M_w/M_n*
1	22506	10568	2.1
3	48716	15506	3.1
5	71812	17961	4.0
7	86755	19003	4.6
10	96663	19601	4.9

*means polydispersity

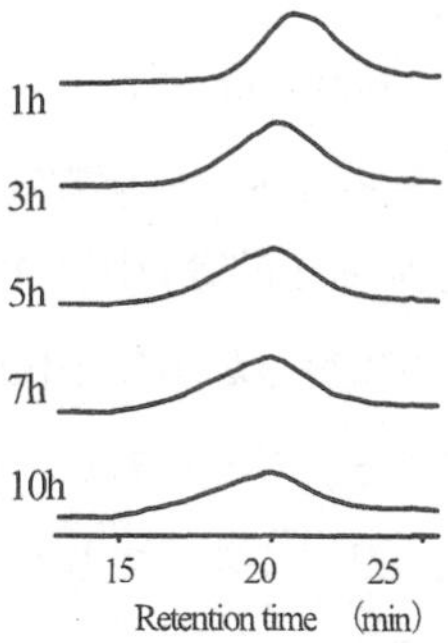

図3 熱溶融エポキシ樹脂のGPC曲線（150℃硬化）

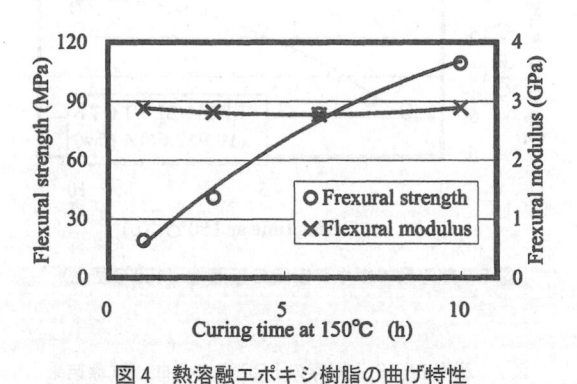

図4 熱溶融エポキシ樹脂の曲げ特性

よび機械的強度アップの結果より，逐次反応の重合物の強度発現のためには一定以上の分子量が必要であり，図2および図4のデータから，弾性率やT_gは樹脂骨格の剛直度に関係し，分子量の増加による変動はほとんどないと考えられる。さらに，今回の重合物は，3次元架橋構造を有さないにもかかわらず高い接着力を示すことより，ある程度の芳香環と水酸基を有することが接

着性に対して効果があることが確認された。

5 熱溶融FRP成形品の評価

今回の熱溶融化機構の結果を参考に，熱硬化FRP成形品と熱溶融FRP成形品の諸特性についての比較評価を行った。

表2に，試作した熱溶融FRPの静的な3点曲げ試験の結果を熱硬化FRPと比較して示す。この表から，同様のガラスクロス含有量で熱硬化FRPと同等の強度と弾性率が得られた。すなわち，通常の熱硬化性エポキシ樹脂の成形条件の150℃，1時間という成形条件で同等の特性が得られる。

150℃，1時間の成形条件で試作した熱溶融FRPの動的粘弾性試験の結果を図6に示す。図6から明らかなように，貯蔵弾性率E'については，熱溶融FRPはT_g以上の温度域で，熱硬化FRPと比較すると貯蔵弾性率の大きな低下を示す。一方，損失の温度分散結果からは，熱硬化FRPはT_g点に差しかかると$\tan\delta$が急激に増大し，転移を終了すると元の低い値に復帰することが確認できる。これに対し，熱溶融FRPの場合，T_gに差しかかると$\tan\delta$が急激に増大するが，それ以上高温になっても元の$\tan\delta$値に復帰することなく高い値を維持している。これは，

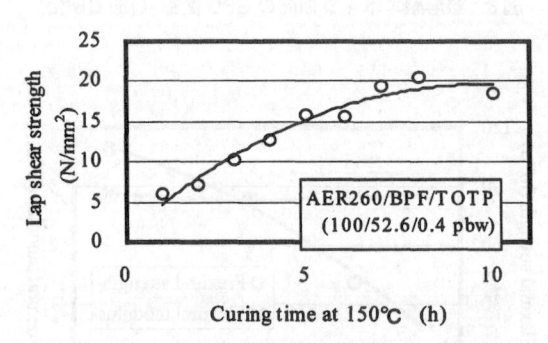

図5 熱溶融エポキシ樹脂の接着性（150℃硬化）

表2 新規FRTPと既存のFRPの3点曲げ試験結果

Test piece	Matrix resin	Bending strength (MPa)	Bending modulus (GPa)
Newly developed FRTP	Reversibly fusible epoxy resin (IF-31*)	403	21.5
General purpose FRP	Unsaturated polyester resin	391	24.7

*The formulation IF-31 was optimized for the matrix resin of FRTP.

第5章 熱溶融エポキシ樹脂とその応用

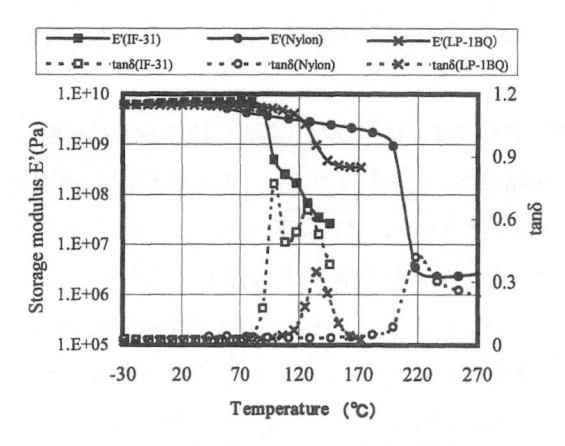

図6 各種FRPとFRTPの粘弾性特性

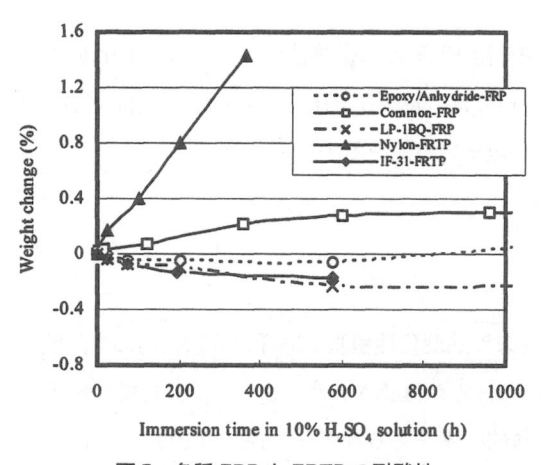

図7 各種FRPとFRTPの耐酸性

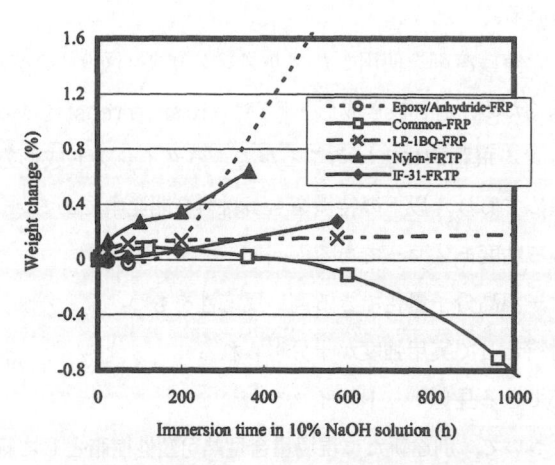

図8 各種FRPとFRTPの耐アルカリ性

熱溶融FRPがマトリックスのT_g以上で粘性的性質が大きくなり，溶融（再液状化）していることを示唆している。

次に，150℃，1時間の成形条件で試作した熱溶融FRPの耐薬品試験の結果を図7および8に示す。図7の耐酸性試験結果から明らかなように，熱溶融FRPは熱硬化FRPに比べて重量，厚み寸法ともに変化量が若干大きいが，ほぼ同等の耐酸性を有しているといえる。その一方で，図8に示す耐アルカリ性試験では，熱溶融FRPは熱硬化FRPと比較して重量，厚み寸法ともに変化量が小さかった。熱硬化FRPは，マトリックスが酸無水物硬化型エポキシ樹脂からなり，骨格中にエステル結合を多く有している。このエステル結合がアルカリ条件下により加水分解を起こしたため，重量，厚み寸法変化量が大きくなったと考えられる。それに対して熱溶融FRPは，フェノール硬化型エポキシ樹脂で骨格中にエステル結合を有さないため，加水分解が起こりにくいと考えられる。

これらの結果より，熱溶融FRPは，耐酸性については熱硬化FRPと同等の耐性を有する一方で，耐アルカリ性においては，熱硬化FRPよりも優れた耐食性を示しており，耐薬品性についても熱硬化FRPと同等以上の性能を示す。

6 おわりに

今回の実験により，従来の熱硬化性樹脂と同様の成形条件にて，熱可塑性の性能をもつFRP成形品の作製が可能であることが確認された。また，この新規の熱可塑性FRPは従来の熱硬化FRP成形品と同等の機械的強度をもちながら，特定の温度にて容易に二次加工ができる特長をもっている。この特長を生かすには，ハンドレイアップ成形（HLU）法以外の成形法への適用が実用上必要と考えられる。

そこで，今回紹介した有機溶剤を使用したプリプレグ方式（図9）の溶剤の環境負荷，対応する繊維の制限を取り除くため，引き抜き成形・RTM（Resin Transfer Molding）などにより製品形態のバリエーションを飛躍的に広げることができるダイレクト成形方式（図10）の樹脂材料についても検討を進めており，以下の特徴をもつ材料を開発中である。

① 容易に含浸できる粘度モノマーである
② 短時間でモノマーが高分子量化できる高い反応性をもつ
③ マトリックス材料として実用強度が十分得られる
④ 連続生産に対応できる長いポットライフをもつ

今後はこの材料系について，別途新たに現場重合型熱可塑性樹脂として紹介を進めていきたい。

第5章　熱溶融エポキシ樹脂とその応用

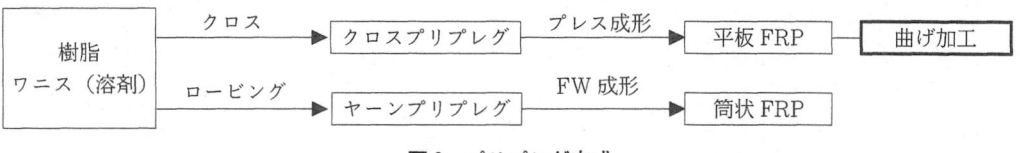

図9　プリプレグ方式

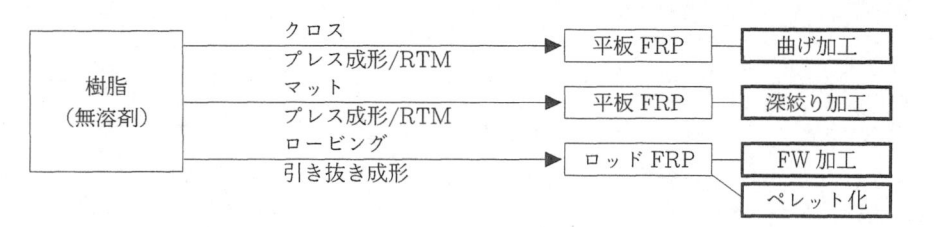

図10　ダイレクト方式

文　　献

1) E. L. d'Hooghe, C. M. Edwards, *Adv. Mater.*, **12**, 1865 (2000)
2) 西田裕文, 菅克司, 日本接着学会第41回年次大会講演要旨集, p.163 (2003)
3) 平山紀夫, 友光直樹, 西田裕文, 菅克司, 強化プラスチック, **50** (12), p.519 (2004)

第4編　応用展開

第1章　接着剤・エラストマー分野

1　自動車用架橋高分子の高品位マテリアルリサイクル

福森健三[*]

1.1　はじめに

　高分子材料の主要な用途の一つである自動車産業に関わる廃棄物処理の現状を考えてみると，現在，国内では年間約500万台の使用済み車両が発生し，シュレッダーダスト（金属等の有価物を分別した後の残渣で1台当たり平均160kg）として，約80万トン/年が発生している[1]。更に2005年1月より自動車リサイクル法が施行され，それに伴い2015年度までに使用済み自動車（ELV）のリサイクル率95%以上を達成することが将来的な課題となっている。したがって，廃棄物による環境への負荷低減，資源の有効活用が不可欠であり，シュレッダーダストや産業廃棄物（例えば，製品・部品の製造工程での発生する廃材）の埋立て処分量削減とともに，高分子材料（樹脂，ゴム）をターゲットにした廃棄物の有効活用，そして再資源化に対する社会的要求がますます高まってきている。

　自動車部品を構成する各種材料の中で，高分子材料は，鉄，アルミなどの金属類に比べて再利用あるいは再資源化が不十分であり，図1[1]に示すようにシュレッダーダストの主要成分を占めている。そこで，自動車メーカおよび素材メーカが中心となって，部品重量および解体性を考慮して大物樹脂部品廃材（製造工程あるいは市場からの回収において発生）を対象として種々のマテリアルリサイクル技術の開発が進められている[2]。一方，ゴム材料に関しては，タイヤ用ゴムを対象としたリサイクルの研究および実用化の歴史は樹脂材料に比べて古く，現在，国内での廃タイヤのリサイクル率は約90％となっている[3]。ただし，その内訳として，本来望ましいと考えられているマテリアルリサイクルの比率は，2002年の実績で9％（ゴム粉，再生ゴムとして利用）のみである。またタイヤ用途以外の架橋ゴム廃材（主に部品製造工程内で発生）を対象とした場合，燃焼によるエネルギー回収が主体であり，大量の再資源化に有効な素材活用技術は未だ確立されていない現状にある。

　本節では，まず高分子系廃材のリサイクルの現状について概説し，つぎに高分子材料の高品位マテリアルリサイクル技術として，新材同等の特性をもつ高品質な再生材を得る方法，あるいは廃材を原料として付加価値の高い再生材を得る方法に重点を置いて解説する。特に樹脂，ゴムに

---

[*] Kenzo Fukumori　㈱豊田中央研究所　材料分野　有機材料研究室　主席研究員

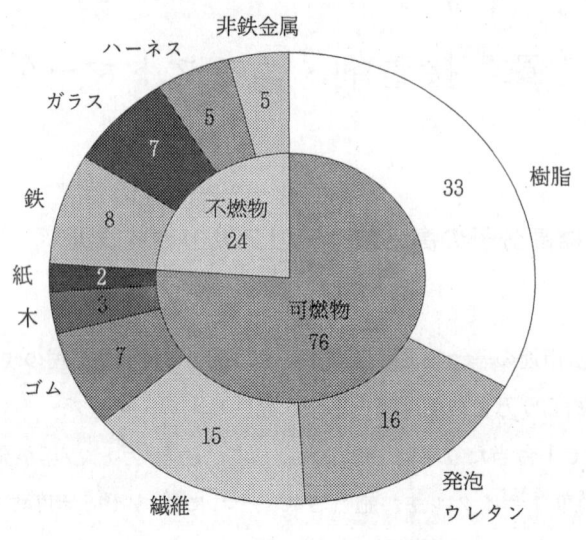

図1 シュレッダーダストの材料構成[1]

共通な技術課題として，従来高品質の再生材を得ることが困難とされた架橋高分子を含む系のマテリアルリサイクルを中心に，最近の自動車用高分子材料の高品位リサイクル技術に関する研究開発例について紹介する。

1.2 高分子材料のリサイクル方法とマテリアルリサイクルの重要性

　高分子材料を対象としたリサイクル方法を大別すると，日本では，(a)マテリアルリサイクル，(b)ケミカルリサイクル（またはフィードストックリサイクル）および(c)サーマルリサイクル（エネルギー回収）に分類されている。マテリアルリサイクルとは廃材を機械的あるいは物理的，化学的手法により材料として再生（あるいは利用）することであり，ケミカルリサイクルとは熱，触媒などの化学的手法により高分子を分解して（油化，ガス化），燃料や化学原料として利用すること，サーマルリサイクルとは廃材を燃焼させて熱エネルギーとして有効活用することである。リサイクル対象の特定の材料に対して，いずれのリサイクル方法を適用すべきであるかを判断するには，材料あるいは製品が製造から廃棄の段階までに地球環境に与える全ての負荷を定量化し，リサイクルの実施に関わる環境負荷を総合的に評価する手法としてライフサイクルアセスメント（Life Cycle Assessment：LCA）の導入が有効である。例えば，「リサイクル性に優れた製品の開発」という目標を設定し，仮に廃棄物のリサイクルが容易な製品を開発しても，生産工程で大量にエネルギーを消費する製品であれば，電力消費に関連した二酸化炭素の大気中への排出を含めて，地球環境に対して本当に優しい製品に相当しないことになる。

第1章 接着剤・エラストマー分野

表1 ゴム材料製造,リサイクル工程における消費エネルギー[4]

製造,リサイクル工程	消費エネルギー（kWh/kg）
タイヤ生産	20
ポリマー製造	13
カーボンブラック製造	13
タイヤトレッド	6
廃タイヤゴム粉製造	0.2
再生ゴム製造	0.7
ゴム粉表面改質	0.4
燃焼	−5

架橋ゴム廃材のリサイクル方法に関するLCA解析に必要なデータとして,表1[4]は,各工程における消費エネルギー（正の符号）あるいは回収エネルギー（負の符号）を示す。マテリアルリサイクル（再生ゴム製造）では,他のリサイクル方法（ケミカルリサイクル,サーマルリサイクル等）に比べて,原料ゴムに再資源化した際の回収エネルギーが極めて大きい。すなわち,架橋ゴム廃材を再生ゴムとして再資源化することは,原料ゴムの製造エネルギーに加えて,副資材である補強性充てん剤（カーボンブラック）の製造とゴムとの混練に消費されるエネルギーの大部分を節約できることを意味する。だだし,ここでは,再生ゴムを原料（新）ゴムと同等なレベルに高品位化することが前提となる。

すなわち,このようなLCA解析から明らかなように,樹脂,架橋ゴム廃材を新材と同等な特性をもつように再生できれば,マテリアルリサイクルは最も望ましいリサイクル方法と結論づけられる。なお,当然のことながら,それを実行するには回収システムの構築,経済性の確保などの課題を含めた総合的な事前評価が不可欠といえる。

1.3 自動車用高分子材料のマテリアルリサイクル

1.3.1 樹脂廃材の高品位リサイクル

自動車樹脂部品に関して,部品重量および解体性に基づきリサイクル対象となり得る各種樹脂部品（総重量は全樹脂部品の約80％）[2]の中で,単純なリサイクル方法（異物除去→洗浄→粉砕→押出・ペレット化）が適用できないものは,表2[5]に示す非相溶な異種ポリマーの複合構成,熱可塑性樹脂と架橋体（発泡材,塗膜等）との組合せ,などにより混合樹脂廃材が発生する部品である。これらの混合樹脂廃材は比較的製造コスト（材料,成形工程,塗装工程等に関連）が高い部品から発生する場合が多いために,できる限り元の部品あるいは付加価値の高い用途へのマテリアルリサイクルが望まれる。すなわち,樹脂廃材中の主成分樹脂に対して,本来ブレンドを

表2 自動車に関わる混合樹脂廃材[5]

自動車樹脂部品		混合樹脂廃材の構成	
		非相溶な異種ポリマー	異物（架橋体など）
複合部品（内装）	インパネ	○	架橋フォーム材
	ドアトリム	○	架橋フォーム材
	カーペット	○	
	シート	○	架橋フォーム材
	天井材	○	架橋フォーム材　ガラス繊維
塗装部品（外装）	熱可塑性樹脂バンパほか		塗膜
自動車 架橋ゴム部品		熱溶融困難な架橋構造	

　意図しない非相溶な異種ポリマーや熱溶融しない異物（例えば，3次元的に架橋された熱硬化性樹脂である塗膜）を含む系を対象とするものであり，構成ポリマーをブレンド・アロイ化して付加価値を高めて元の部品あるいは新規用途に再利用（高品位再生）する高品位マテリアルリサイクル技術の開発が重要となる。しかしながら，塗膜片のような架橋体を含む混合樹脂系については，単純なブレンド・アロイ化手法は必ずしも有効ではなく，その架橋体を破壊の起点とならない程度の大きさまでに小さくする（すなわち，無害化）ために，機械的せん断力による微粉砕，更には架橋結合点の切断に有効な化学反応とせん断力の組合せによる・可塑化・微細分散などの方法が必要となる。以下に，架橋高分子を含む混合樹脂廃材の高品位マテリアルリサイクル技術として，自動車大物樹脂部品を対象とする最近の研究開発例を幾つか紹介する。

(1) 塗装熱可塑性樹脂バンパ

　熱可塑性樹脂製バンパは，自動車の廃車時にリサイクルの対象となる大物樹脂部品として取り外しが容易で単一の材料で大量に回収でき，かつ元の部品への再生利用が期待できる最も重要な部品の一つである[2]。ただし，国内市場ではその大部分が塗装バンパであり，そのまま廃バンパを粉砕して再生すると，熱溶融しない数$100\mu m$の大きさの塗膜片が異物となり，バンパ用樹脂としては耐衝撃性，外観品質などの点で要求性能を満足しないという問題点がある。そこで，塗装バンパ廃材をバンパ用樹脂として再利用するために，機械的な方法と化学的な方法に基づいて，様々な塗膜の除去あるいは無害化技術が提案されている[6]。ただし，それらの大部分は，基本的には塗膜除去により高品質の再生材を得るために，まず何らかの処理で塗膜と樹脂との接着力を弱め，その後機械的にはく離・分離し，次に押出機でペレット化するという複数の工程が必要となる。この点において，以下に述べる反応押出処理法は，分解処理後の塗膜を分離することなく，

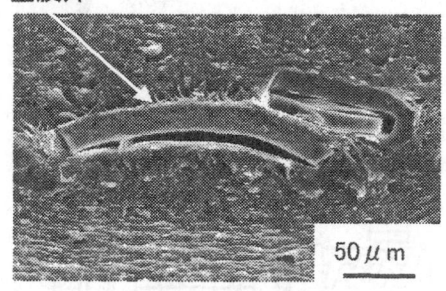

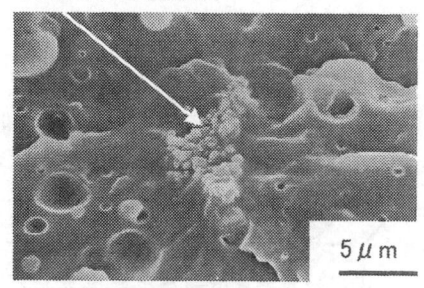

第1章　接着剤・エラストマー分野

図2　樹脂中における塗膜片の分散状態[7]

(a)未処理　　(b)反応処理

かつ単一の工程で連続的に再生材を得る方法であり，ポリマーブレンド系の高性能化という発想に基づき開発された完成度の高いリサイクル技術といえる。

　この方法は，架橋高分子である塗膜の架橋結合点を切断（可塑化）して，図2に示すように，溶融混練により塗膜を基材（PP系樹脂）中に10μm以下の大きさに微細分散させて，異物としての影響を無くするものである[7]。高速の塗膜分解処理と処理後の塗膜と溶融した樹脂との混練・押出を単一の工程で行う方法が検討され，反応押出方式の連続処理システムが開発された[8]。これは，まさに反応型のポリマーアロイ製造に利用されるリアクティブプロセッシング技術の応用であり，処理装置内のポリマーの反応部（重合，グラフト反応など）を塗膜の分解部に置き換えたものである。すなわち，塗膜片を含む溶融状態の樹脂に高温高圧の反応剤を注入して，せん断流動場での塗膜分解反応とそれに続く分解塗膜の溶融樹脂中への微細分散を連続的に進行させる方法である。この処理方法における技術的に重要なポイントは，塗膜の分解反応が効率的に進行するように，溶融樹脂中に約1％含まれる塗膜片と反応剤との接触頻度および反応速度を高めるため，処理装置の塗膜分解部で適正な内部圧力，反応温度および溶融樹脂の滞留時間を確保することにある。これらの実現には，せん断力を与える装置の基本構成要素である分割タイプ（セグメント方式）のスクリュ形状の最適化と，適正な反応温度の設定が重要となる。塗装バンパ廃材の反応押出処理工程で得られた再生材は100％でもバンパ用樹脂の要求性能を全て満足し，自動車販売店より回収された塗装PP系バンパを対象に，図3[9]に原理図を示すシステムを用いて，バンパ用樹脂への再資源化が実現した。

(2)　架橋フォーム層を含むオレフィン系内装材

　自動車メーカ各社では，既販車と将来の新型車の両者を対象としてリサイクル性を向上させる技術開発に取り組んでいる。新型車への主要な取り組みの一つにリサイクル性を配慮した車両開発がある。その内容は，(a)リサイクルし易くするための材料の工夫，(b)解体性改善に有効な構造

図3 塗装バンパリサイクルシステム[9]

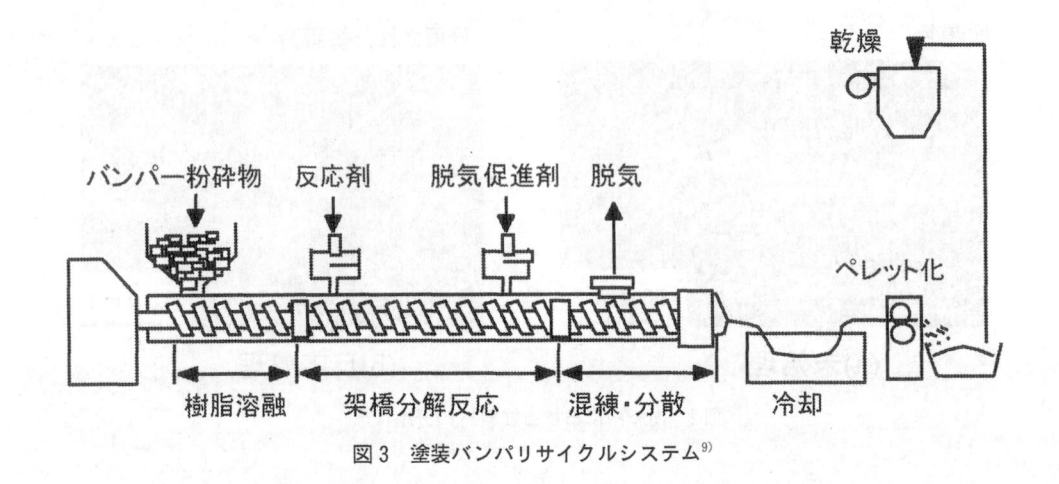

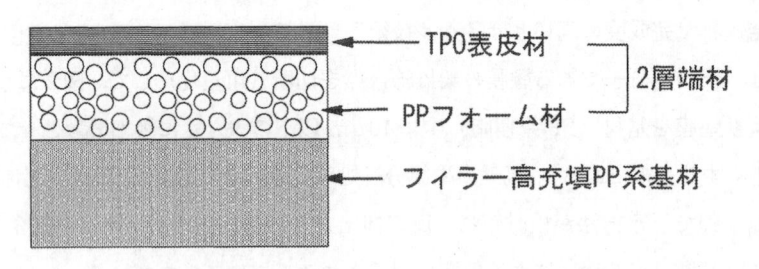

図4 オールオレフィン系ドアトリムの材料構成[12]

の工夫および(c)分別のための工夫を組み入れたリサイクル設計を実施することである[10]。高分子材料に関しては，(a)に対応するPPを中心としたオレフィン系樹脂による材料統合化が積極的に進められている。具体的には，バンパ，インパネ，トリムなどの外装・内装樹脂部品の構成材料に同種のPP系樹脂を使用することで，混合樹脂廃材から適切な部品用途への再資源化が容易になり，また複合構成部品の解体不要化が期待できる。

　最近のPPの合成技術および成形加工技術における進歩により，高剛性の樹脂から熱可塑性エラストマー，架橋フォーム材まで多様な材料の供給が可能になった。このような各種PP系材料の組合せによる材料統合化は，外装・内装部品用途で着実に進行している[11]。その代表例として，オールオレフィン系ドアトリムを取り上げてみる。その構造は，図4[12]に示すようにオレフィン系熱可塑性エラストマー（TPO）表皮，架橋PPフォームおよびPP系基材の3層構成となっている。このオールオレフィン系樹脂部品の生産工程におけるTPO表皮/架橋PPフォーム2層体に着目すると，PP系基材との貼合成形前の2層体製造時や部品成形時のトリミング工程において，その2層体の端材が発生する。この端材について，構成材料の重量比はTPOが約75%，架橋PPフォームが約25%であることから，主成分であり，かつコスト面で再生材の高付加価

値化が期待できる TPO に再資源化することが最も有用なマテリアルリサイクル方法の一つと考えられる[12]。

この端材を単純に溶融混練により再生すると，2層体に含まれる架橋 PP フォーム層は熱溶融しないので，数 $10\mu m$ 程度の大きさにマトリックス中に分散するだけで，新材に比べて再生材成形物の表面品質および力学特性の低下が大きくなる。さらに架橋 PP フォーム製造時に使用した発泡剤の未反応物が再生材中に残っていると，再生材の成形時に発泡剤が分解し，得られる成形物の表面品質を大きく低下させる。そこで，①架橋結合点の切断と②残存する発泡剤の除去を同時に実現可能なリサイクル方法が開発された。

PP の架橋には電子線照射法が一般的であるが，PP 自体は電子線照射や過酸化物による反応に対して主鎖切断型のポリマーであるため，通常架橋助剤の併用により図 5(a)[12] に示すエステル結合に基づく架橋結合が形成される。また PP の発泡に使用される代表的な発泡剤として，図 5(b)[12] に示すカルボニル基（C=O）を有するアゾジカルボンアミド（ADCA）が挙げられる。これらの特徴的な化学結合の存在に着目し，再生処理工程での架橋 PP フォーム中の架橋結合点の切断（エステル交換反応）と発泡剤の分解・除去の両者に有効な反応剤としてアルコール系反応剤が選定された。連続再生処理工程では，前述の塗装バンパリサイクルの場合と同様に，TPO/架橋 PP フォーム 2 層端材の加熱混練中にアルコール系反応剤を高圧注入し，さらに架橋 PP フォームの架橋結合点の切断と発泡剤の分解・除去が効率的に進むように反応処理条件（温度，圧力，せん断力等）の最適化が行われた。この方法では，図 6 に示すように PP フォームがマトリックス中に μm オーダで微細分散して TPO と同等な特性をもつ再生材が得られ，その再生材を元部

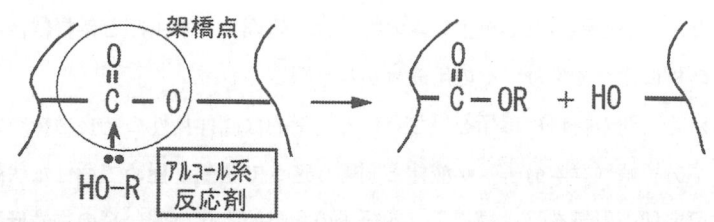

図5 架橋 PP フォーム層とアルコール系反応剤との反応[12]

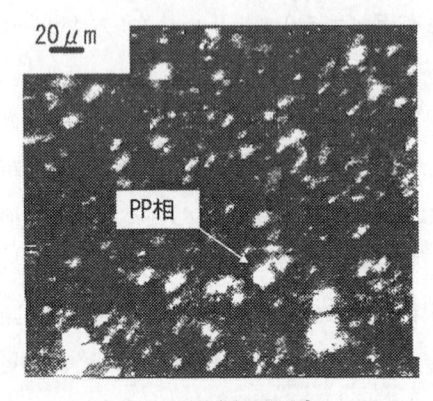

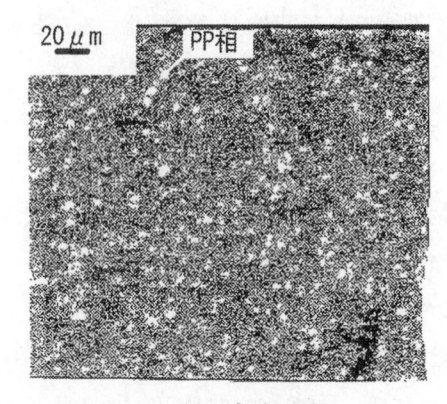

(a) 単純混練　　　　　　(b) 反応処理

図6　樹脂中におけるPPフォームの分散状態[12]

品の表皮や射出成形材などの用途に適用した場合に，外観品質および物性において新材（TPO）と同等な性能を満足することが確認されている[12]。

1.3.2　架橋ゴム廃材の高品位リサイクル

　ゴム製品・部品に関しては，自動車・輸送産業は新ゴム消費量が最も多い分野である。自動車にはタイヤ，防振ゴム，配管系ホース，オイルシール等の各種ゴム部品が使用されている。それらの部品を構成する架橋ゴムは，基本的には3次元的に架橋された構造を持つため，架橋高分子を含む樹脂廃材の場合と同様に，未架橋（熱可塑性）のゴムとの単純混練では異物となり，系の物性を著しく低下させることになる。架橋ゴム廃材のマテリアルリサイクル技術として，従来法であるバッチ方式のパン法では，架橋ゴムの粉砕物に反応剤とオイルを添加して脱硫缶（圧力容器）中に投入し，約200℃の水蒸気による加熱処理を数時間行う。ただし，この方法では生産性に課題があり，しかも得られる再生ゴムの物性は，処理により主鎖と架橋結合点の両者の切断が伴うため，新材に比べて劣り，その用途はかなり限定されている。

　ゴムは軟らかく，他の材料には類を見ないほど可逆的な高伸長性の特長を持つ材料である。ゴムは構成する高分子鎖（ゴム分子）が液体と同等な速さで運動し極めて活性な状態にあるため，熱および化学反応種の影響を受け易く，ゴム分子の化学的劣化に伴い系の物性低下が生じる。したがって，架橋ゴムの再生工程では，架橋結合点の切断を選択的かつ効率的に行うために，できる限り短時間での加熱処理，あるいは加熱以外のエネルギーを併用した処理方法の適用が必要である。ここで，自動車1台に使用されるゴム材料の総重量は50～60kgであり，その内訳はタイヤ用途が約2/3を占め，またタイヤ用途以外の残り1/3のゴム部品に使用されているゴムの種類に着目すると，エチレン-プロピレン-ジェン共重合ゴム（EPDM）が重量比率で約50%を占めている[13]。したがって，タイヤ以外の自動車用ゴム材料に関しては，架橋EPDM廃材を対象

第1章 接着剤・エラストマー分野

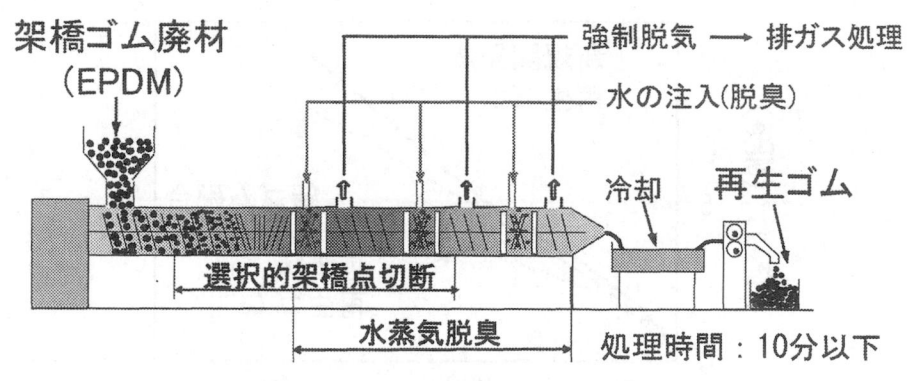

図7 架橋ゴム廃材の連続再生装置[14]

としたリサイクル技術の開発が極めて重要となる。

(1) 再生ゴム

自動車用ウェザーストリップゴムである架橋EPDM系ゴム廃材を対象として，最近開発されたマテリアルリサイクル技術は，短時間（10分以下）で連続的に高品質な再生ゴムを得る方法である。この方法では，図7に示すスクリュ方式の連続再生装置を用いて，ゴムの架橋結合点を選択的に切断するための適切な処理条件[14]を設定できる。この連続再生装置は，ゴムの充満率，通過時間，温度，圧力およびせん断力を制御因子とし，適切なスクリュ設計に基づき，供給された粉砕ゴムをせん断力により微粉化して処理温度まで加熱するゾーン（微粉化ゾーン）と，ゴムの再生反応を短時間で進行させるゾーン（再生ゾーン）で構成され，最終的に再生されたゴムが連続的に押し出される。特に後半の再生ゾーンには，ゴムの流れを抑制してゾーン内の材料充満率を高める工夫があり，ゴムに対して大きなせん断変形・圧力を効率よく負荷することで，架橋結合点切断の促進（反応性向上と反応時間の確保）を図る。また本処理プロセスでは，水の高圧注入と真空脱気の組合せにより，得られる再生ゴム特有の臭気をシリンダ内で高温高圧の水蒸気中に拡散させ除去する。

本技術に基づきEPDM系廃材から得られた再生ゴム系（新規開発法）架橋ゴムの代表的な応力―ひずみ曲線を新ゴム配合系および従来法再生ゴム系との比較により図8[14]に示す。適切な処理条件で得られた再生ゴム配合系の力学特性は新ゴム配合系と同等となっている。またゴムの臭気レベルに関しても，図9に示すように新ゴム配合系と同等レベルに低減されていることが確認された[15]。本技術は，自動車ゴム部品の生産工程で発生する硫黄架橋EPDM系廃材に応用され，現在量産規模での再生ゴムの製造および再生ゴムの自動車部品への適用（図10[16]）が実施されている。またELVより回収されたゴム部品に関しても，その有効性が確認されている。

本技術は，さらに国内における廃ゴム発生量の70%以上を占めるタイヤゴム（NR系，SBR

209

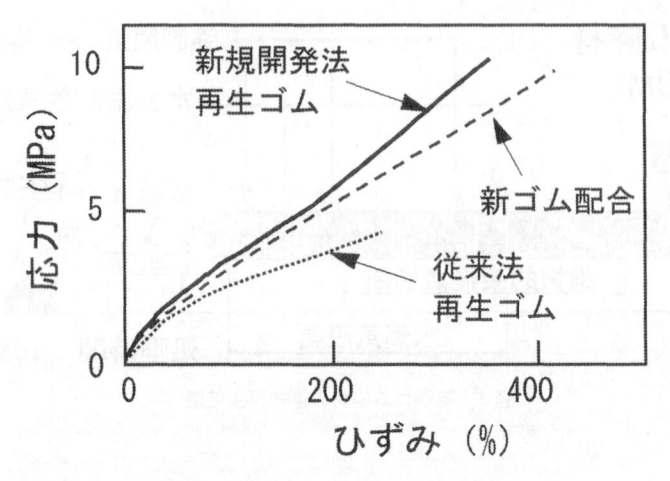

図8 架橋ゴムの応力-ひずみ曲線[14]

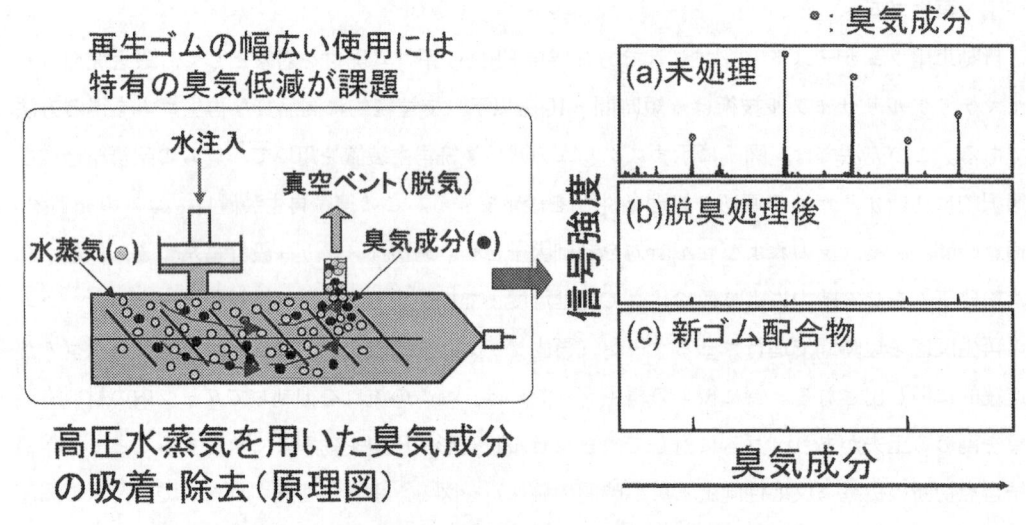

図9 ゴム再生過程での脱臭処理と効果（臭気成分の分析）[15]

系，IIR系）に応用された。NR系廃材から得られた再生ゴムを大型トラックタイヤのトレッド部に新ゴム（NR）に対し10wt%添加した試験タイヤとその比較として新ゴムのみを用いた標準タイヤをそれぞれ試作した。トラックの実車走行試験における試験タイヤおよび標準タイヤの装着位置と走行距離に対するトレッド部の残存溝深さの変化を図11[15]に示す。再生ゴムを添加した試験タイヤのトレッド摩耗は，20万km走行後においても標準タイヤと同等であることが確認された。これより，再生ゴムをトレッド部に10wt%添加した試験タイヤは，標準タイヤと同等なトレッド摩耗寿命を有することが実証された。

適用部品

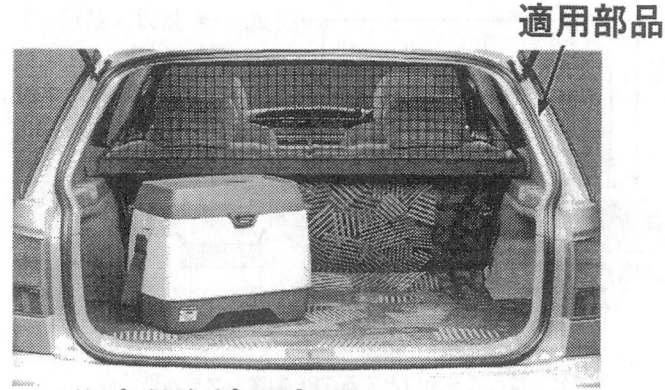

＜代表的な適用部品＞
トランクシール，ラジエータサポートシール
ホースプロテクター，ヘッドランプシール

図10　再生ゴムの自動車部品への適用[16]

フロント側

標準タイヤ　試験タイヤ

リア側

大型トラックタイヤの
装着位置

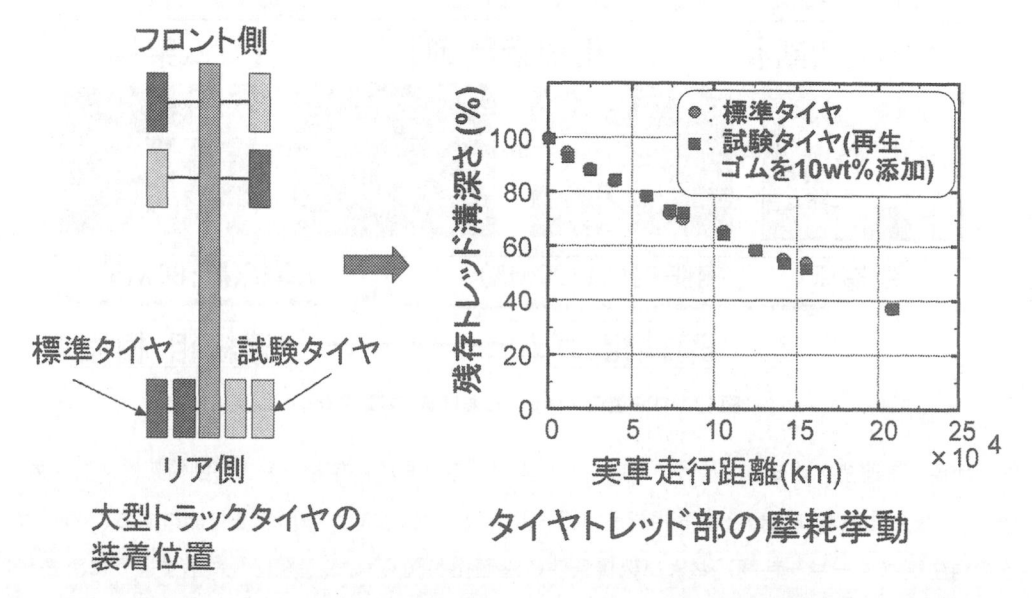

タイヤトレッド部の摩耗挙動

図11　再生ゴムをトレッド部に添加した試験タイヤのトレッド摩耗挙動：標準タイヤとの比較[15]

(2) 熱可塑性エラストマー（TPE）

　自動車用ウェザーストリップの一部を構成する硫黄架橋スポンジEPDM系廃ゴムを主原料（80wt%）とし，上述のゴム再生技術をさらに高度化して熱可塑性エラストマー（TPE）を得る技術が開発された。本技術は，図12[17]に示す原理図にしたがい，ゴムの再生に続いて再生したゴムに熱可塑性樹脂（PP；20wt%）をブレンドし，さらにそのブレンド系のゴム成分を再（動

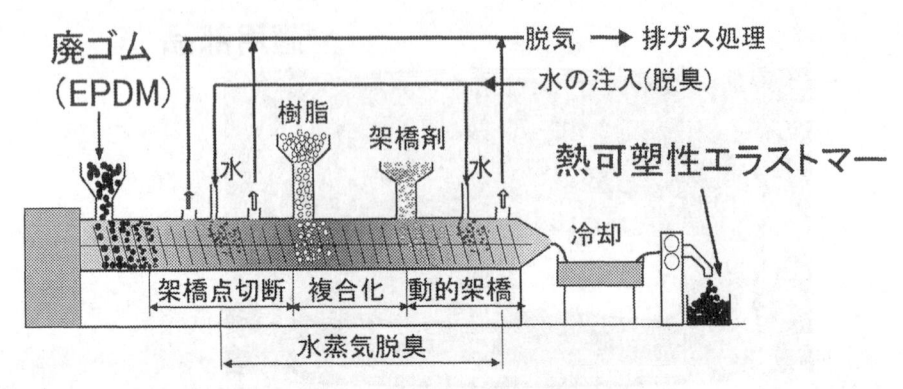

図12 廃ゴムを原料とするTPE製造システム[17]

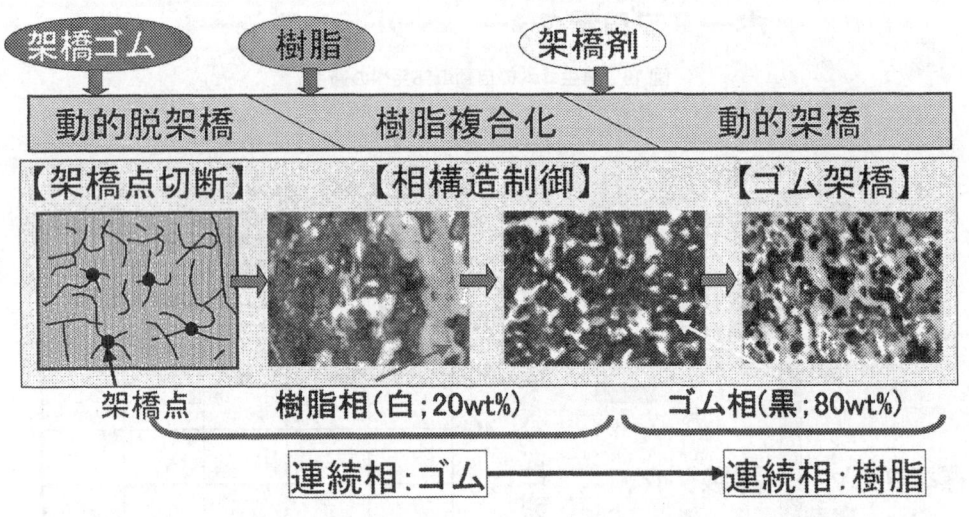

図13 TPE製造プロセスにおける相構造変化[17]

的）架橋する連続プロセスに基づいている。ゴムの再生（動的脱架橋）および動的架橋に際して，PPとの複合化および狙いとする相構造（海：PP，島：EPDM）の形成を可能にするため，ゴムの再生度（ムーニー粘度）および架橋条件の最適化が図られた。図13[17]に示すように，多量成分であるEPDMがプロセスの進行に伴ってマトリックスを形成する様子が観察されている。本技術に基づき得られたTPEは，市販の中硬度タイプTPEと同等な力学物性を示すことが確認され，量産規模での製造が開始された[18]。

1.4 おわりに

ここで紹介した自動車用高分子材料のマテリアルリサイクル技術は主に生産段階で発生する廃材を対象としたが，市場で廃棄される使用済み自動車についてシュレッダー処理前の解体により

第1章 接着剤・エラストマー分野

取り外した樹脂・ゴム部品への適用も可能と考えられる。このような廃材・廃棄物の有効活用およびリサイクル技術の開発は，今後の自動車を含めた各種産業を取り巻く地球環境問題に対して取り組むべき重要な課題の一つである。それらの推進のためには，関連業界と政府・地方自治体・国民との連携のもとに，経済性確保，責任事業者の明確化などの課題を含めた回収ネットワークの構築，廃棄段階での各種リサイクルシステムの充実などを実現することが不可欠である。さらに得られる再生材（あるいは製品）を積極的に活用することは，将来的に資源循環型社会の構築に繋がるものと期待される。

文　　献

1) 梶原拓治ほか，*TOYOTA Technical Review*, **48**, No.1, 42（1998）
2) 猪飼忠義ほか，自動車技術，**48**, No.2, 16（1994）
3) 2002年タイヤリサイクル状況，日本自動車タイヤ協会資料
4) Manuel, H. J. *et al.*, Recycling of Rubber, *Rapra Review Reports*, **9**, 3（1997）
5) 福森健三，日本ゴム協会誌，**68**, 883（1995）
6) 前田邦夫，プラスチック・リサイクル年鑑，1997年版，p.175，環境新聞社（1997）
7) 猪飼忠義ほか，自動車技術会学術講演会前刷集 931, 137（1993）
8) 龍田成人ほか，高分子論文集，**57**, 412（2000）
9) 龍田成人ほか，高分子論文集，**57**, 419（2000）
10) 野沢旭，*TOYOTA Technical Review*, **48**, No.1, 12（1998）
11) 松本正人，成形加工，**9**, 258（1997）
12) 龍田成人ほか，高分子論文集，**57**, 561（2000）
13) 鈴木康之ほか，*TOYOTA Technical Review*, **48**, No.1, 55（1998）
14) K. Fukumori *et al.*, *Gummi FASERN Kunststoffe*, **54**, 48（2001）
15) K. Fukumori *et al.*, *JSAE Review*, **23**, 259（2002）
16) S. Otsuka *et al.*, *SAE Paper* 2001-01-0015（2001）
17) K. Fukumori *et al.*, *SAE Paper* 2003-01-2775（2003）
18) N. Tanaka *et al.*, *SAE Paper* 2003-01-0941（2003）

2 リサイクル化に対応した「はがせる接着剤エコセパラ」
―その特徴と用途開発の現状―

宇都伸幸*

2.1 はじめに

近年，わが国においては資源循環型社会の構築をめざし各種リサイクル関連法の制定と整備が急速に進められ，リサイクル法の対象となる工業製品分野や種類が大幅に拡大してきている。これにあわせて，一般消費者のリサイクルへの関心も大きな高まりをみせ，環境保護，資源の有効利用を推進すべく，リサイクルが社会全体の取り組むべき重要な課題であるとの認識が定着しつつある。また，企業活動においても，各種リサイクル法への対応はもとより，環境マネジメントシステム（ISO14001）の導入に代表される環境対応に対する取り組みやその姿勢が，社会的責任としていっそう問われる時代となってきている。

リサイクル化の促進が社会的ニーズとなるなか，単一材料で構成される製品（たとえば飲料用PETボトルなど）と比較して複合材料で構成される製品は，解体・分離・分別の難しさや高コスト化が，リサイクルシステムを確立するうえでの障害となっている。特に異種材料の接合製品におけるリサイクルでは分別が重要になるにもかかわらず，その優れた特性から接着剤による接合が多用されており，強固に面接着されていることが解体をきわめて困難なものとしている。そのため，接着剤を用いた接合製品で使用済みとなったものの多くは，分別せず破砕後そのまま埋め立てなどで処分されている。

このような背景から，接着剤に対し，従来並みの接着強度を保持しながら，解体時にはある種の操作を実施することで容易にはく離することができる機能性接着剤の要望が高まっている。

この種の接着剤は，新しくは解体性接着剤と呼ばれており，高強度接着性と易解体性という相反する特性を両立した新機能性接着剤として活発に研究が進んでいる。当社ではすでに，温水や熱で容易にはく離可能な「はがせる接着剤エコセパラ」を各種開発しており，本節ではその一部について特徴や実用化の現状を紹介する。

2.2 はく離の要素技術開発

接着部の解体ニーズは，物理的破壊方式や燃焼除去方式が選択できない場合に発生しており，接着剤に限らず不要となったものをはく離除去するための化学材料は，従来より種々製品化されている。当社においても，生産現場に直結する課題として，接着剤や塗料の塗布機および治工具などへの付着物の除去や，接着や塗装不良品の再生を図る目的ではく離技術の開発を進めてきた

---

* Nobuyuki Uto 化研テック㈱ 研究開発部 課長

第1章 接着剤・エラストマー分野

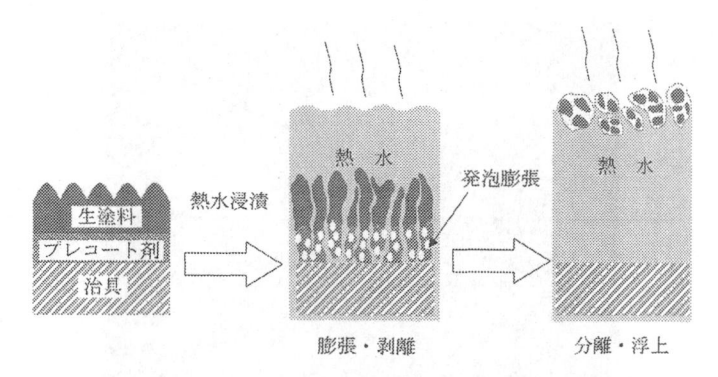

図1 プレコート剤による未硬化塗料のはく離メカニズム

経緯があり，はく離剤やはく離用プレコーティング剤といった製品化を通じてはく離の要素技術ならびにノウハウを蓄積してきた[1]。

1985年に熱水ではがせる塗料はく離用プレコーティング剤「ポリセラガード」および水ではがせる乾燥炉ヤニはく離用プレコーティング剤「ハイブレック」を製品化した。前者は，熱膨張性マイクロカプセルを用いており，図1のメカニズムではく離する。後者は，吸水性樹脂の膨潤による膨張力を利用してはく離する。これらの製品は，国内外の自動車メーカーで長年にわたる使用実績があり，環境・安全面に優れる機能性コーティング剤として高い評価を得ている。

また，はく離液を使用してはがす手法として，1994年にはく離剤「ストリアル」を製品化した。この製品は，アルコール系溶剤を主成分としており，はく離対象物を製品液中に浸漬しておくことで，接着剤や塗膜をはく離することができる。はく離対象となる樹脂への浸透性と膨潤性が高く，樹脂をできるだけ溶解させずに速やかに膨潤させ界面はく離ができるように設計しており，環境問題，発癌性の問題から使用が中止されてきている塩素系はく離剤に代わって，自動車メーカーを中心に広く採用されている。

このように，当社でははく離することを目的としたプレコーティング剤の開発を原点として，「洗浄」と「はく離」をキーワードとした製品開発と技術蓄積を進めてきた。今回開発した「はがせる接着剤エコセパラ」も，これまでの種々の発想に基づくはく離機能の基礎研究と製品開発で培ったノウハウが，その設計に生かされている。

2.3 エコセパラの特徴と用途
2.3.1 温水ではがせるホットメルト接着剤

当社では，化粧品容器用に温水浸漬で容易にはがせるウレタン系接着剤やホットメルト接着剤を実用化している。一部の化粧品容器に継続使用され，解体性接着剤として7年の市場実績がある。

接着とはく離のための高分子―開発と応用―

写真1　化粧品のガラス瓶容器

　開発当時，化粧品の売れ行きが容器の美しさに左右されるといわれるほどその意匠性が重視されていた。そのため，複合素材を用いることで加飾される容器が多く，たとえばガラス瓶については，金属または樹脂製の装飾パーツを接着剤で接着する手法が多くとられていた。写真1に化粧品のガラス瓶容器を示す。

　しかしながら，接着接合された異種材料は解体分離ができず，家庭内でのガラス瓶の分別の妨げとなっていた。ガラス瓶容器に関しては，容器包装リサイクル法の施行により再生利用が義務化され，メーカーには一般消費者が分別排出できるように易解体性容器の設計が求められるようになった。これに対し，利便性・生産性の観点から多用されていた接着剤自体でリサイクル設計に対応したいとのニーズが寄せられ，家庭内で安全にはがせる温水はく離型の接着剤を製品化することができた。

〈エコセパラCT-1634〉
　化粧品容器用を対象に温水でのはく離機能を付与したホットメルトタイプの接着剤である。従来から使用されているホットメルト接着剤と同等の接着強度，環境耐性を確保した製品で，図2に示す耐湿，はく離特性を有する。

　この製品は，やけどをしない60℃程度のお湯に浸漬し，一晩放置（お湯はそのまま自然冷却でよい）後，女性が簡単にはがせる程度に接着強度が低下するように設計されている。従来のホットメルト接着剤と違い，はく離に高温を必要とせず，接着剤が冷めた時点で安全にはく離できるメリットがある[2]。

　はく離のメカニズムとしては，吸水による膨潤・膨張作用を利用しており，熱可塑性樹脂をベースに吸水性樹脂や無機フィラー，浸透助剤などを最適配合することで軟化と吸湿特性を調整し，温水はく離性と耐湿性の両立を図っている。

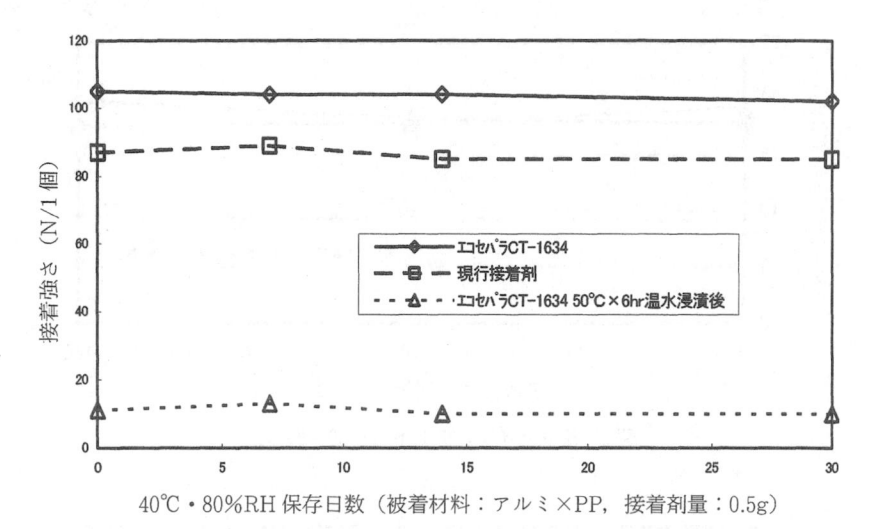

40℃・80%RH 保存日数（被着材料：アルミ×PP，接着剤量：0.5g）

図2　エコセパラ CT-1634 の化粧品容器（キャップ部品）での耐湿・はく離特性

2.3.2　熱ではがせるエポキシ接着剤

　接着接合製品においては，製品寿命と同等以上の接着信頼性が求められ，当然ながら解体性接着剤にも構造用接着剤に代表される高接着強度・高耐久性が求められている。しかしながら，前述のホットメルトタイプや近年開発紹介されている解体性接着剤[3]の多くは，高接着強度を必要とする構造用接着剤としては使用できない。そこで，構造用接着剤に多く用いられるエポキシ樹脂をベースに，構造接着用途を対象として，熱ではがせる接着剤を開発したので紹介する。

〈エコセパラ CT-1687〉

　高接着強度・高信頼性を特徴とする2液エポキシタイプの接着剤である。この製品は，リユース可能な接着部品やレアメタルなどの希少資源を含有する部品の解体回収を目的に開発したものであり，構造用2液性エポキシ接着剤の標準品と比較して同等の接着強度・耐熱性・耐久性を確保している。

　図3に冷熱サイクル試験，図4に耐湿試験，図5に熱劣化試験の結果を示す。せん断接着強度18MPa（SUS×SUS）の接着強度をもちながら，150℃以上の加熱操作を行うことで接着剤層が膨張し接着接合部を容易に解体できる特徴を有する。写真2にSUS板と鉄ブロックを本品で接着した試験片の解体性を示す。

　はく離のメカニズムとしては，熱膨張性マイクロカプセルの熱膨張時における発生応力を利用しており，比較的短時間でのはく離が可能である。

　このタイプの解体性接着剤については，膨張特性や解体性に関しての研究報告があり，そちらを参照されたい[4~7]。

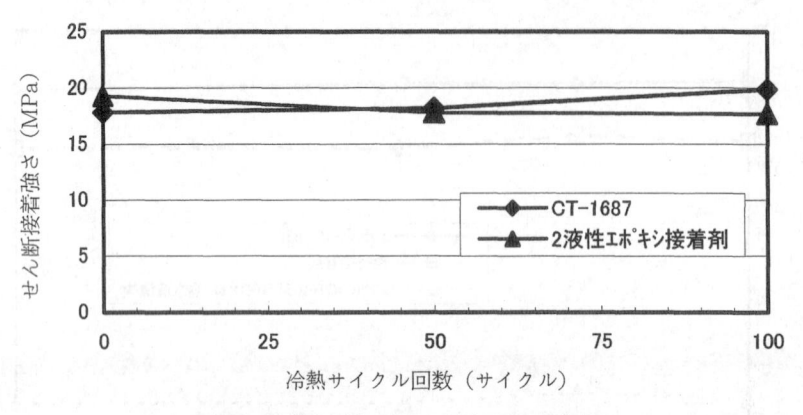

図3　冷熱サイクルテスト（−50〜85℃）

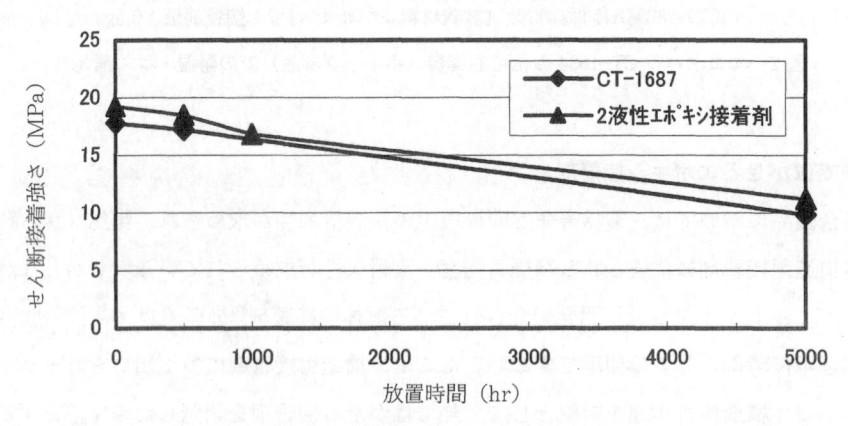

図4　耐湿試験（60℃・90%RH）

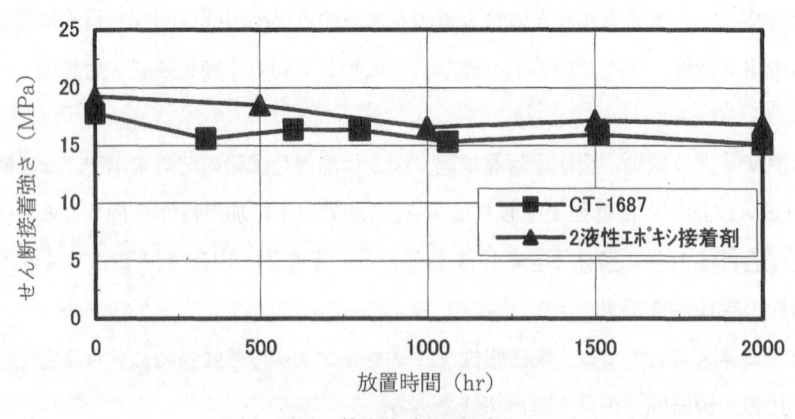

図5　熱劣化試験（80℃）

第 1 章 接着剤・エラストマー分野

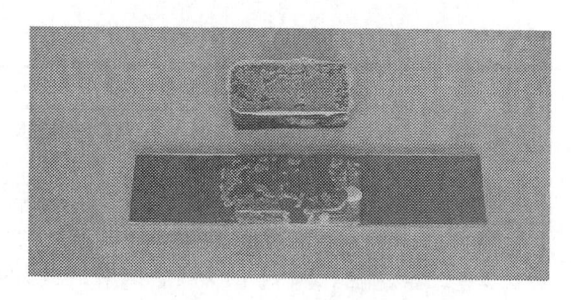

写真 2 CT-1687 加熱解体後

〈エコセパラ CT-2163〉

1 液エポキシタイプの接着剤である。せん断接着強度 20MPa（SUS×SUS）の接着強度をもちながら，200℃以上の加熱操作を行うことで接着剤層が膨張し，接着接合部を 10 分で自然はく離できる特徴を有する。

はく離のメカニズムとしては，加熱により分解ガスが発生する熱膨張性フィラーを利用しており，加熱操作後に接着剤層が凝集破壊（崩壊）するように設計している。熱膨張性マイクロカプセルと比較して，フィラーの耐薬品性と膨張特性が改善されたことで，より高い接着強度と耐熱性を実現した。

2.3.3 その他用途への実用化事例

「はがせる接着剤」の研究開発は，リサイクルに適合する接着技術開発をそもそもの目的としてスタートしたが，接着とはく離を可逆的に行う必然性がある仮固定用途を対象に製品開発と展開を図っている。仮固定用途では，より強固に接着でき，加工後には速やかにしかもきれいにはがしたいとの要望が根強くあり，ユーザー用途に対しエコセパラの機能性を応用し実用化している製品があり，その一部を紹介する。

仮固定用途では，WAX に代表される熱可塑性接着剤を用い，接着剤を軟化溶融させることではく離する方法が最も一般的に採用されている。しかしながら，ホットメルトタイプであるために反応型接着剤に比較して耐熱性が劣る，接着強度が低いなどの接着特性上の問題があり，はく離後の接着剤残渣除去に有機溶剤系やアルカリ系の専用はく離液を必要とするため，環境およびコストの面でも問題があった。これに対し，エコセパラは接着強度が高く，お湯で瞬時にはがせ，残渣が残らないなどの特徴がある。

表 1 に，仮固定用の製品と特徴を示す。エコセパラによるはく離では接着剤を溶解させずに界面破壊させることで，従来法に比べ短時間できれいにはく離できるようになり，後洗浄工程や環境への負荷を大きく低減できた。

写真 3 に，エコセパラ CT-1683（エポキシ熱膨張カプセル含有タイプ）の熱水はく離テストを示す。CT-1683 は，せん断接着強度 15MPa（SUS×SUS）の接着強度をもちながら，90℃以

表1 仮固定用エコセパラ

タイプ	2液エポキシタイプ			
品 名	CT-1683M（主剤）	CT-1684H（硬化剤）	CT-2165M（主剤）	CT-2166H（硬化剤）
特 徴	高強度接着（高せん断・高はく離強度）研削・研磨工程用		高強度接着，常温硬化可能 シリコンインゴット等の切断加工用	
主成分	変性エポキシ樹脂	変性ポリアミノアミド	変性エポキシ樹脂	変性ポリアミドアミン
外 観	乳白色液体	褐色透明液体	乳白色液体	褐色透明液体
粘 度 Pa·s（25℃）	81	0.42	54	2.2
比 重 g/cm^3（25℃）	1.14	0.97	1.14	1.03
重量混合比（主/硬）	5/1		4/1	
可使時間（25℃, 10g）	1 h		15min	
推奨硬化条件	50℃×3 h		25℃×9 h	
引張りせん断接着強さ MPa（ステンレス×ステンレス）	15.0		15.6	
はく離条件	熱水浸漬（90℃以上）		熱水浸漬（90℃以上）	
消防法危険物分類	第4類第4石油類	第4類第3石油類	第4類第4石油類	第4類第3石油類

タイプ	反応アクリルタイプ			
品 名	CT-1888A	CT-1888B	CT-2026A	CT-2026B
特 徴	低粘度・常温速硬化 精密貼り合わせ・研磨加工用		常温速硬化 ガラス・石英等の切断・研削・研磨用	
主成分	アクリルモノマー類		アクリルモノマー類	
外 観	半透明液体	緑褐色液体	乳白色液体	淡緑色液体
粘 度 Pa·s（25℃）	20	20	3000	3600
比 重 g/cm^3（25℃）	1.1	1.1	1.1	1.1
重量混合比（A/B）	1/1		1/1	
可使時間（25℃, 10g）	約30秒		約2分	
推奨硬化条件	25℃×1 h		25℃×1 h	
引張りせん断接着強さ MPa（ステンレス×ステンレス）	2.1		4.3	
はく離条件	熱水浸漬（90℃以上）		熱水浸漬（90℃以上）	
消防法危険物分類	第4類第2石油類	第4類第2石油類	第4類第3石油類	第4類第3石油類

上の熱水浸漬1〜5分で接着材の残渣もなく，被着材と接着剤層とに完全分離する。

　また，仮固定用途では接着作業性・高精度接着・短時間硬化などの要望があり，常温・短時間硬化が可能な反応アクリルタイプ「エコセパラ CT-2026」や「エコセパラ CT-1888」を製品化している。これらの製品は精密加工に使用できる低粘度タイプで，特殊な硬化設備を必要とせず常温1時間で硬化し，生産性に優れている。

第1章　接着剤・エラストマー分野

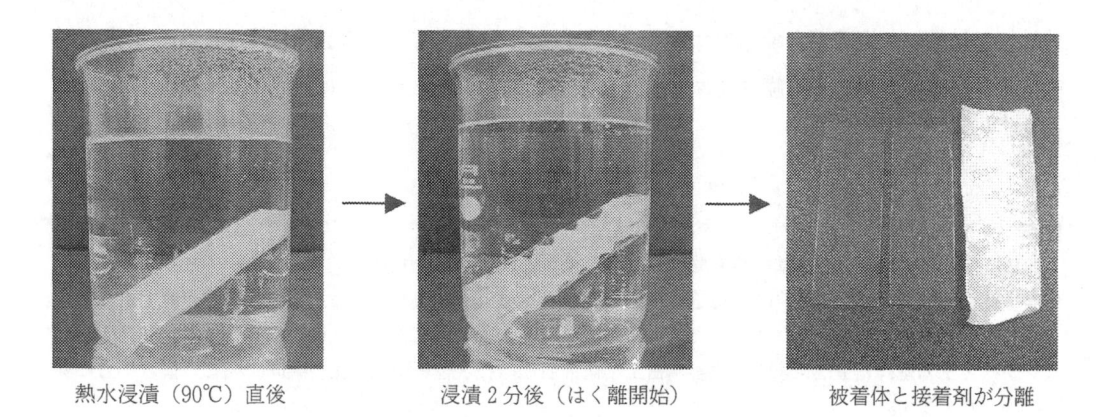

| 熱水浸漬（90℃）直後 | 浸漬2分後（はく離開始） | 被着体と接着剤が分離 |

写真3　エコセパラ CT-1683 熱水浸漬はく離テスト

　CT-2026は熱膨張マイクロカプセル含有タイプで，CT-1683と同様に熱水浸漬ではく離ができるように設計されており，ガラスや石英などの研削・研磨加工に使用されている。CT-1888は，熱水浸漬での軟化・吸水作用で接着強度を低下させはく離するように設計しており，熱膨張はく離型のはがせる接着剤で問題となる膨張はく離時の発生応力での被着材の割れ，破損を生じない。そのため，割れやすい脆性材料の極薄加工や研磨加工などに適している。

2.4　おわりに

　今回紹介した「はがせる接着剤」も含め解体性接着剤はまだまだ認知度が低いうえ，接着信頼性の観点から，ユーザーにとって従来型接着剤からの代替には慎重にならざるをえないのが現状である。「くっつける」と「はがせる」という一見矛盾した機能が両立した「はがせる接着剤」は，新しい接着剤ではあるものの，その宿命として接着・はく離のどちらについても信頼性が問われる製品であり，ユーザーに認められる機能性の確保と用途に応じた十分な信頼性試験が，今後の実用化においてはますます重要になるものと考える。

　また，多様化する解体性接着ニーズに応えていくためには，柔軟な発想とともに種々の側面から解体手法の研究開発を進める必要があり，自然界ならびに永年にわたる接着剤・接着技術開発の歴史の中にも学ぶべきことやヒントはまだまだ多くあるものと思われる。接着技術は，いかにつけるかが恒久的な課題であり，いつの時代においても常に接着特性の向上を図ることで社会のニーズに応え，今日では組み立てにおける必須技術となった。

　これからは，広く普及した必須技術であるがゆえに，環境問題に取り組んでいくことが責務であり，解体性接着剤の技術開発は社会ニーズに応える新たなアプローチとしてますます活発になるものと思われる。当社の「はがせる接着剤エコセパラ」や今後新たに開発されるさまざまな解

体性接着技術が，接着接合製品のリサイクル設計の一助として多くの製品に適用されることで，省資源・省エネルギー・省廃棄物に貢献し，環境に優しいモノづくりに役立てるものと確信している。

謝辞
　本研究開発は，㈱中小企業基盤整備機構（旧中小企業総合事業団）・課題対応技術革新促進事業の平成 12 年度 F/S，平成 13 年度および 14 年度 R&D の委託事業に基づく成果ならびにその応用開発成果であり，ここに付記して感謝の意を表します。また，本研究開発をご指導いただきました大阪市立大学新産業創生研究センター・三刀基郷先生，東京工業大学精密工学研究所助教授・佐藤千明先生，共同研究者の皆さま方に深く感謝いたします。

文　　　献

1) 堀薫夫，日本機械学会講習会（No.01-86），リサイクルの必須アイテム，解体性接着原理と応用，p.9（2002）
2) 堀薫夫，工業材料，(10)，48-51（2003）
3) 佐藤千明，接着，(2・別冊)，14（2003）
4) 西山勇一，宇都伸幸，佐藤千明，日本接着学会第 41 回年次大会講演要旨集，p.159（2003）
5) 西山勇一，佐藤千明，宇都伸幸，石川博之，日本接着学会誌，**40**（7），298（2004）
6) M. A. Hanafi, Y. Nishiyama, N. Uto, C. Sato, Extended Abstracts of EURADH 2002, p.133, Glasgow, UK（2002）
7) Y. Nishiyama, N. Uto, C. Sato, H. Sakurai, *Int. J. Adhesion and Adhesive*, **23**, 377（2003）

3 通電はく離性接着剤「エレクトリリース」の性能と開発動向

大江　学*

3.1　はじめに

　解体性接着剤には，適度な条件のもとで選択的かつ再現性のあるはく離機能が必要とされる。また一方で，接着している間の安定性も要求される。「接着しているときはしっかりと，はがすときには容易に」という難題に対し，はく離因子として接着母材への通電という方式を採用した接着剤が，2000年にEIC Laboratories社（米国）によって開発された。この製品は「エレクトリリース（ElectRelease™）」と名づけられている。

　「エレクトリリース」は米国空軍の要請を受け研究開発されたものである。接着対象は最大速度マッハ2で飛行する航空機の機体外部で，一回の飛行が済めば取り外してしまう様な測定器を仮設置する目的であった。その為，ネジ穴等の煩雑な加工は避けられ，簡便かつ任意のタイミングできれいなはく離に至る通電はく離方式が適用されたのである。エレクトリリースを用いた接着により，測定器を取り外す際には傷や接着剤残渣が残らず，満足のいく結果を得る事が出来た。このアプリケーションをはじめ，米国空軍・海軍・NASA関連施設においていくつかの応用が研究されており，近年になって民生品用途への展開も始まっている。

　太陽金網㈱は，機能性接着剤の取り扱い業務の一環としてエレクトリリースの販売権を2004年に正式獲得し，日本およびアジア各国での営業販売活動を行っている。本節においてエレクトリリースの概要と用途を紹介させていただく事で，解体性接着剤の応用の一例として皆さまの参考となれば幸いである。

3.2　エレクトリリースE4の特性

3.2.1　開発経緯

　エレクトリリースは2液混合型エポキシ接着剤として開発され，開発当初の組成[1]からアプリケーションに応じてさまざまな改良が加えられてきている。初期型は2液混合や塗布の際の作業性があまり良くなく，はく離反応にも長時間の通電や加熱を必要とするなど，安定した性能ではなかった。しかし幾度かの改良を経た末，現在汎用品として使用されているバージョン「エレクトリリースE4（以下E4）」は，安定した接着強度と短時間での通電はく離機能を実現している。

　構造接着剤として異種材質を接着するのにはエポキシ系接着剤が適当である為，E4はアミン硬化型ビスフェノールA（BAエポキシ）をベースとした組成となっている（表1）。但し，本製品の特徴である通電はく離機能はベース成分とは独立したフィラーによって発現するのでエレ

---

* Manabu Oe　太陽金網㈱　開発部　係長

表 1 基本物性表

ラップシェア強度	20.7MPa（室温時），12.4MPa（70℃）
ガラス転移点	110℃
粘度	主剤：127Pa/秒　硬化剤：234Pa/秒　混合時：215Pa/秒
ポットライフ	50ml の混合体に対し 40 分程度
硬化条件	1 時間，80℃，もしくは 24 時間，室温
はく離に要する電圧	10〜50V 程度（DC）
はく離に要する時間	10 秒〜数分（電圧，環境温度，荷重によって異なる）

クトリリースは必ずしもエポキシベースである必要はない。

3.2.2 はく離反応の特徴

E4 は非常に短時間の直流電圧印加（たとえば 10〜50V の印加を 10 秒〜数分程度）によってはく離反応が進行し，接着力が低下する（図1）。はく離は必ず陽極側（プラス端子をつないだ側）で起き，電極のつなぎ方によりはく離する面を選択できる（両側をはく離させたい場合には，一度通電したのちプラスマイナスを入れ替えて再通電すればよい）。この反応は接着界面直近で起こり，はく離後の母材側には接着剤残渣が残らない。

図2は通電はく離させた接着試験片の表面拡大画像である。アルミニウム母材側には E4 残渣が存在せず，E4 はく離面には母材への表面処理溝がきれいに転写された状態となってはく離していることが確認できる。なお，接着力の経年安定性については，3 年間常温放置した試験片のせん断はく離強度と通電はく離性能に劣化がみられなかった例が報告されている。

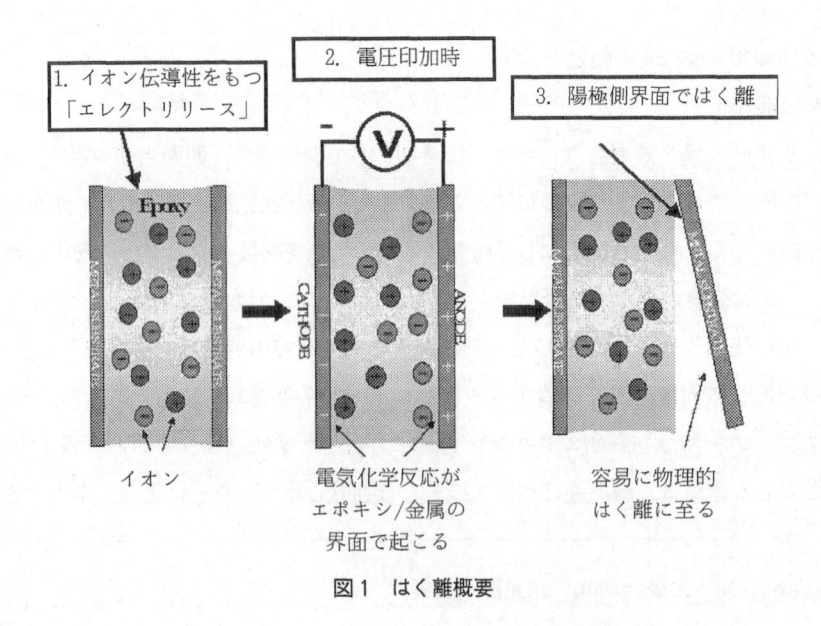

図1 はく離概要

第1章 接着剤・エラストマー分野

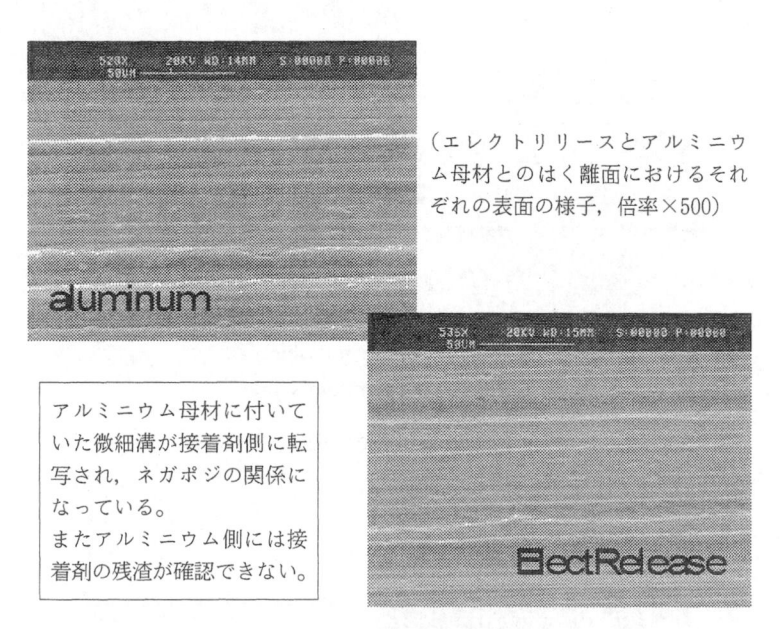

（エレクトリリースとアルミニウム母材とのはく離面におけるそれぞれの表面の様子，倍率×500）

アルミニウム母材に付いていた微細溝が接着剤側に転写され，ネガポジの関係になっている。
またアルミニウム側には接着剤の残渣が確認できない。

図2　はく離表面拡大図

3.2.3　通電はく離を実現するための微細構造

図1に示したプロセスは，電気化学反応の一種といえる。E4硬化物層内部で電気化学反応を起こすには，E4硬化物がイオン伝導性である必要があるが，一般のエポキシ樹脂というものはガラス状に硬く固化するため，そのイオン伝導性はあまりに低い。一方，イオン伝導性のあるポリマーはたいていがゴム状もしくはゲル状の形態をとるため，構造接着剤としての応用には適さない。E4は独自の硬化物構造によってそのジレンマを克服している。

図3に硬化構造の模式図を示す。E4にはブロックコポリマー添加物が配合され，これがイオン伝導性の網目構造を形成する。ブロックコポリマーは，ポリジメチルシロキサン（PDMS）をバックボーンとし，枝部としてポリエチレングリコール（PEG）が導入されたクシ形の高分子である。PDMS部は硬化前のエポキシに対して疎性を示し，枝部のPEGはエポキシ親性である為，ブロックポリマーは硬化前のエポキシ中で擬似ミセル状となって存在している（つまり，石けん分子が水中で示す挙動と同様のものである）。

エポキシが硬化するにつれ，冠状に連なるPEG部はPDMS部の周辺に沿ってエポキシから相分離する。その結果，E4硬化物はPEG網目構造とエポキシ網目構造が互いに絡み合った微細構造となる。このエポキシ構造部が高い物理強度を保ち，PEG構造部へ適当な塩を導入することによってイオン伝導性が発揮される。E4は以上の構造によって，接着強度とイオン伝導性を両立させているのである。

E4硬化物を透過電子顕微鏡によって観察した画像を図4に示す。透き通ったPDMS結節構造

図3　硬化構造模式図

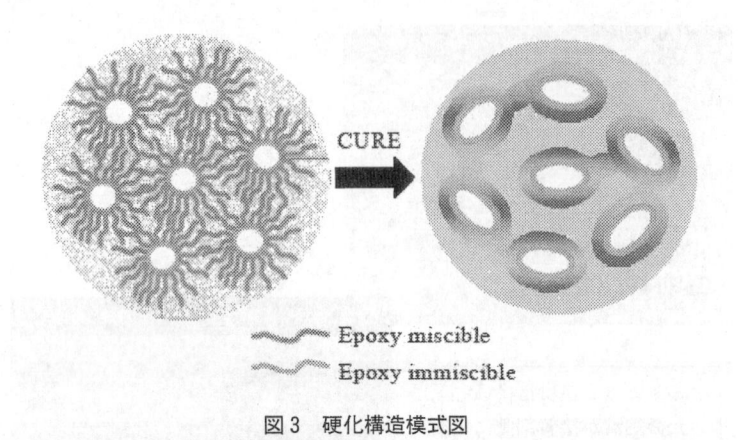

〜 Epoxy miscible
〜 Epoxy immiscible

図4　硬化物 TEM 画像

相および白色網目状のエポキシ硬化相が存在し，それぞれの構造単位が 200nm という微細なものであることが確認できる。

なお「どのような構造であれば通電によって反応するか」については上記に述べたとおりであるが，「通電によってどのように接着力が低下するか」については未解明の部分が多い。接着界面で酸化還元反応が起きていることは容易に推測され，たとえば界面部での化学的劣化，微量の発ガス，架橋密度の変化，もしくはそれらの複合による接着力低下の機構が仮定されているが，実際の反応詳細についてはこれからの研究が待たれるところである。

3.2.4　通電はく離性能の評価[2]

現在までの研究により，E4 の通電はく離反応は印加電圧と時間に対して相関が認められている。本項では数多く行われてきた評価の中から，代表的な一例を紹介する事とする。

アルミニウム 6061 材を E4 により接着した試験片に所定の電圧を印加し，ASTM D5868-01[3]

第1章　接着剤・エラストマー分野

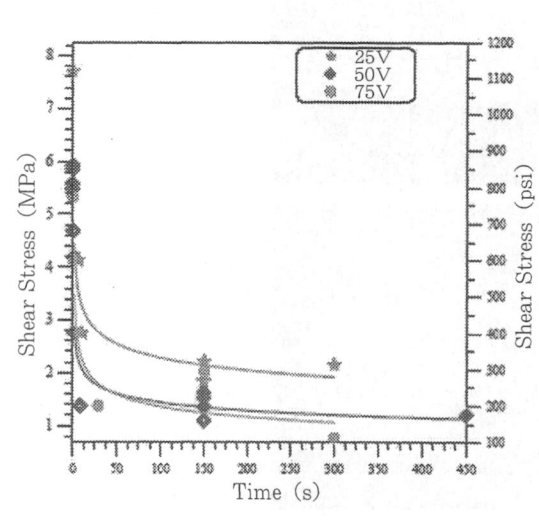

図5　印加電圧別せん断応力変化グラフ

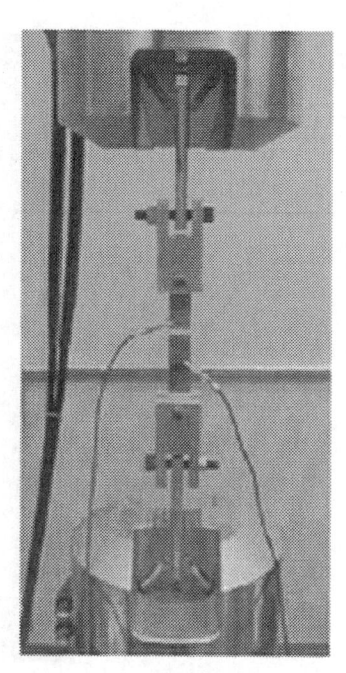

図6　せん断試験装置外観

に準じた試験方法で試験片の残留せん断応力を測定した結果を図5に示す。また試験装置の外観を図6に示す。図5から、はく離反応は印加電圧に違いがあってもはく離反応はごく短時間のうちにほぼ終了していることがわかる。又、長時間の電圧印加を行っても最終残留応力はゼロにならない（75V通電時の収束値が1MPa未満）という事実も明らかとなっている。せん断方向に限らず引張り方向への応力に関しても同様の結果が観測され、電圧の印加を長時間続けるほど、引張り破壊時におけるE4内部での凝集破壊の割合が低下し（つまり界面破壊の傾向が強まり）、きれいなはく離表面になる（図7）。最終的な残留応力がゼロにならない点も同様である。

　以上の結果から、少なくともE4でアルミニウム材を接着する場合、通電だけでは100％完全なはく離に至らず、分離に際して二次的な力を要するといえる。この一定の残留応力を利点とみることもできるが、通電のみでどこまで完全なはく離をめざせるのかという要望も当然高い。これについては後継規格である「エレクトリリースH23」などの開発品へ反映されており、通電はく離特性の向上に関する研究開発は現在も引き続き精力的に行われている。

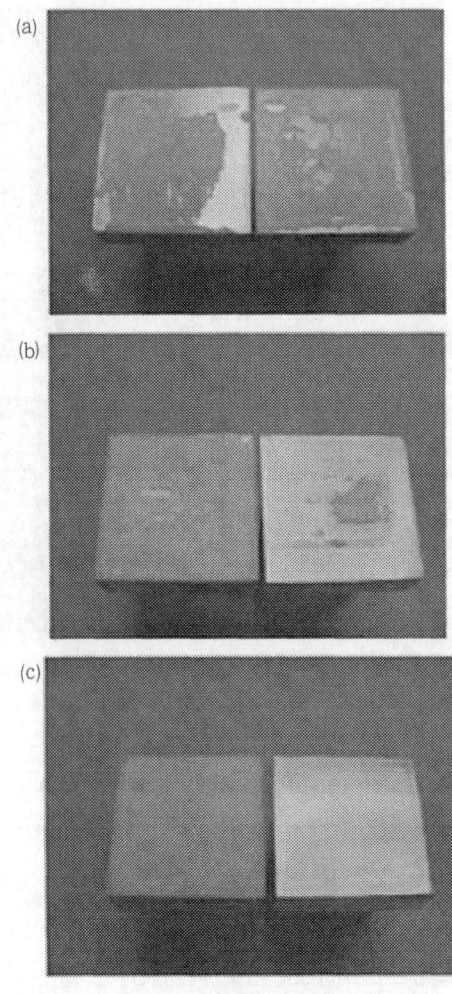

図7　75V 印加時の時間別引張り破壊表面
(a)無印加，(b)150秒印加時，(c)300秒印加時

3.3　エレクトリリースの応用例

3.3.1　人工衛星シミュレーターにおける応用[2]

　エレクトリリースは人工衛星の切り離しシステムへの応用として，空軍科学研究局（AFOSR：Air Force Office of Scientific Research）をはじめとした宇宙航空関連研究所で評価検討されている。

　従来のロケットおよび人工衛星の切り離しシステムは爆発力などを利用した推進分離方式が主流であるが，この機構は体積と質量のかさむものになりがちで，作動の際に衛星の軌道や推進力に与える影響も無視できない。もしこれを非発火式の準静的な分離システムに代替できれば，ロ

第1章 接着剤・エラストマー分野

図8 人工衛星シミュレーター外観

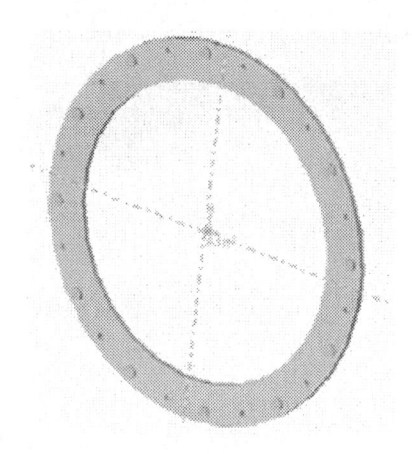

図9 アルミ輪

ケット全体の軽量化・低コスト化・飛行軌道の安定化に大きな寄与が見込まれる。その為，米空軍の宇宙関連研究所をはじめとした機関では次世代のロケット分離機構に関する研究開発が盛んに行われている。

現在評価中の分離シミュレーターの外観を図8に，E4を利用した分離機構部品の外観を図9に示す。分離部は直径12インチ（38.1cm）のアルミニウム製リングで，円周に沿って直径0.5インチ（1.2cm）のE4接着面と分離補助用のバネ面が6カ所ずつ交互に配置されたものである。シミュレーターによる評価結果で，この機構は分離後の衛星に与える衝撃や変位がごくわずかで済むと判明しており，2006年10月には実機による宇宙空間でのテストが予定されている（2006年9月現在）。

3.3.2 位置情報管理用タグへの応用

商用利用として，E4を動物のトラッキングマーカーに応用している例を紹介する。GPSを用いた野生動物や家畜の位置情報管理システムを開発販売している米国Bluesky Telemetry社では，E4をマーカーカラー（位置情報発信首輪）のつなぎ目に採用している。つなぎ目にはあらかじめ遠隔操作によって通電される機構が搭載されており，対象となる動物にこのマーカーカラーを一度取り付けておくと，調査終了後にその動物を再捕獲することなく首輪を外すことができるものである。

3.3.3 その他の応用例

工業用途として，現在日本で検討されている応用例をいくつか紹介する。現状では主として構

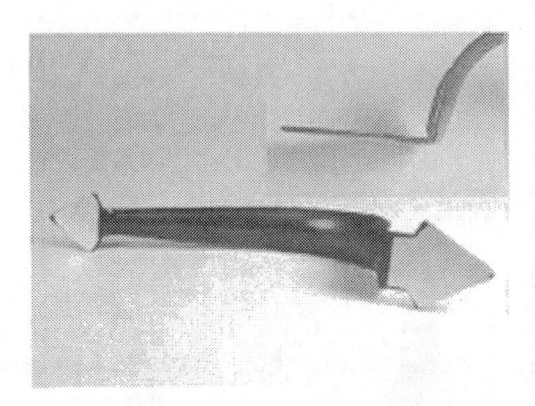

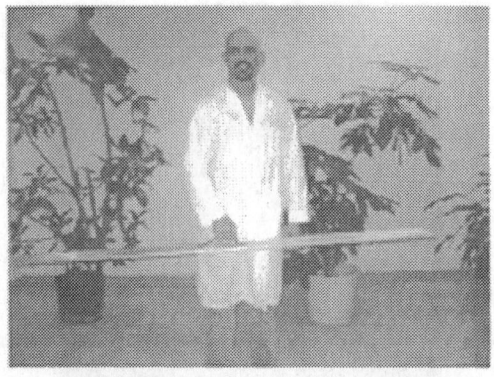

図10　鉄板材運搬用取っ手への検討例

造体仮止めへ適用が検討されているが，この例としては基板ダイシング時の仮固定，随時測定用センサーの取り付け，金型加工時の仮固定などがあげられる。

図10は造船用鉄板材を運搬する際の取っ手の一時接着として検討されている例である。また製品一部のリワーク（別個所への用途移動）への適用例として，研磨板と台座の固定，ヒートシンクと発熱体の固定などがあげられる。製造時の加工不良の際に使い回しの効く部品を固定する用途としても現在，評価検討がなされている。

3.4　現在の開発状況および今後の開発課題

エレクトリリースE4に関する現在の開発課題を3点紹介する。1つ目は耐熱性である。E4は80℃を超える温度下での継続使用によって劣化の可能性がある。また0℃未満では電流が生じにくいために通電はく離性能の発現が鈍ってしまう。2つ目は接着力の残留である。前述のとおり，はく離強度は電圧印加を続けてもゼロにはならず，一定の値で収束してしまう。3つ目ははく離の信頼性である。解体性接着剤には同条件下で同じ挙動を示す「再現性」と同時に，どういった条件でどういったはく離挙動を示すかという「予測性」が必要である。E4においては一定条件でのはく離の再現性こそ確認できているものの，はく離強度の変化率は環境温度や印加電圧によって複雑に変化する。

これらの課題に対し，1つ目の耐熱性に関しては継続使用可能温度を120℃まで上げたバージョン「エレクトリリースHT」が，2つ目の残留接着力に関してはこれをさらに低下させたバージョン「エレクトリリースH23」が開発され，目下試作品をわれわれが入手できる段階となっている。3つ目のはく離挙動の研究は引き続きEIC Laboratoriesでデータ採取が続けられ，新たな発表が待たれる状況である。

第1章　接着剤・エラストマー分野

　また，通電はく離性能のコンセプトはベースとなる接着剤をエポキシ系に限定しないことを先に述べたが，その先鋒として速硬性のアクリル系通電はく離接着剤「エレクトリリース A4」が実用段階に近づいている。アプリケーションに応じた柔軟なカスタマイズが可能な点を含め，今後のバリエーションの広がりが期待されるところである。

文　　献

1) M. D. Gilbert, J. C. Hines, "Electrocleavable Epoxy Thermosets：On-Demand Release Adhesives", Final Report-Contract, No.F08635-96-C-0026, EglinAFB, FL, Jan. (2001)
2) M. D. Gilbert, S. F. Cogan, J. S. Welsh, J. E. Higgins, "Evaluation of electrically disbonding adhesive properties for use as separation systems", 44th AIAA/ASME/ASCE/AHS/ASCStructures, Structural Dynamics, and Materials Conference, Norfolk, Virginia, Apr. 7-10 (2003)
3) "Standard Test Method for Lap Shear Adhesionfor Fiber Reinforced Plastic (FRP) Bonding", ASTM Standard D 5868-01, American Society for Testing and Materials, West Conshohocken, PA (2001)
4) EIC laboratories 社内資料, "High-strength Adhesives with On-demand Release for Repair and Recycling"
5) BlueSky Telemetry Ltd., HP：http://www.blueskytelemetry.co.uk/
6) "Instruction for ElectRelease™ E4" Rev.2, EIC Laboratories, Inc., Norwood, MA, Aug. (2000)

4 熱可逆ネットワークを利用したリサイクル性エラストマー

知野圭介*

4.1 はじめに

ゴム・エラストマーは，一般に分子の流れを止めて機械的物性や耐熱性を向上させる目的から，分子間の橋かけ（架橋）が行われる。しかしながら，一旦架橋してしまうと，流動性はなくなり，再成形（リサイクル）することは難しい。この架橋がマテリアルリサイクルを阻んできた大きな原因と考えられる。また，接着剤として使用した場合は，一旦接着してしまうとはく離不可能となってしまう。可逆的な架橋，つまり何らかの外部刺激に応答して結合と解離を可逆的に行える反応を架橋部位に組み込めれば，マテリアルリサイクルおよびはく離可能な架橋性高分子が得られると期待される。本節では，熱可逆ネットワーク（架橋）を用いたリサイクル性高分子の研究例についてゴム・エラストマーを中心に概説するとともに，当社で研究開発中の水素結合を用いたリサイクル可能なゴム「THC ラバー」について解説する（THC：Thermoreversible Hydrogen-bond Crosslinking）。

4.2 可逆的共有結合ネットワーク[1]

4.2.1 Diels-Alder 反応

Diels-Alder 反応は可逆反応性が高く，Diels-Alder 反応部位を架橋部位として導入した熱可逆架橋の高分子がこれまでも多く検討されてきた。1969 年に Cravan は，縮合系高分子の側鎖にフラン骨格を導入し，100℃でビスマレイミドで架橋することにより，強度の高いゴム状のフィルムが得られ，140℃で架橋が外れ再成形が可能になることを見出した[2]。これ以来，マレイミド-フラン間の可逆反応を用いた応用例が数多く知られている[3〜5]が，不飽和結合を持つポリマーには，この反応は利用できない。それは，マレイミド等のジエノフィルが，主鎖の二重結合とエン反応を併発してしまい，永久架橋してしまうことに起因していると考えられる[6]。その他，シクロペンタジエンの自己 Diels-Alder 反応による二量化を利用したものも知られている[7〜11]。

4.2.2 エステル形成反応

1972 年に Zimmerman は，無水マレイン酸とビニルモノマーとの共重合体と様々なポリオールによる熱可逆架橋を報告している。無水マレイン酸とスチレンとの共重合体をブタンジオールで架橋させた場合は，260℃，30 分で解架橋することを溶解性，流れ性，赤外分光分析などから確認している。しかしながら，リサイクル性は乏しく，リサイクルの回数にしたがって物性が急激に低下していく。これは，高温での側鎖や主鎖部分の分解に起因していると考えられる[12, 13]。

---

*　Keisuke Chino　横浜ゴム㈱　研究本部　主幹

4.3 可逆的イオン結合ネットワーク

4.3.1 アイオネン形成

メンシュトキン反応により生成したアイオネン構造を持つポリマーの可逆架橋性が報告されている。2官能と3官能アミンを併用し、ジアルキルハライドと反応させることにより、主鎖形成と架橋を同時に起こさせる。解重合反応は酸化防止剤が大きな影響を及ぼし、リサイクル性は悪い[14]。最近では、Ruckensteinらの例も報告されている[15]。

4.3.2 アイオノマー[16]

アイオノマーは疎水性高分子主鎖に、側鎖として部分的にカルボン酸またはスルホン酸などの金属塩を含んだイオン性高分子である。疎水性高分子マトリックス中のイオン基部はミクロ相分離を起こし、イオン会合体相（イオンクラスター）を形成し、架橋点として作用する。熱可塑性を示すが、イオン会合体相が解離しているかどうかは不明のようである。

4.4 可逆的水素結合ネットワーク

水素結合は、温和な条件で解離と形成を可逆的に行えるため、分子間相互作用を介して組織化された集合体の形成を行う超分子化学の分野で広く利用されている[17~19]。次に、より積極的に強い水素結合を高分子の架橋、修飾に利用した例について述べる。

4.4.1 ポリマーへの核酸塩基の導入

竹本らは、古よりチミンやアデニン等のDNAの塩基をポリマーに導入し、RNAや他の合成高分子との水素結合による相互作用について検討してきた。さらに、これらのポリマーを利用した核酸の分離やテンプレート重合等についても検討している[20]。

4.4.2 エラストマーの架橋…ウラゾール骨格

エラストマーへの応用としては、ウラゾールの水素結合を架橋に使ったポリブタジエンベースの熱可塑性エラストマーが知られている[21~23]。この系は、側鎖が凝集、配向して、ミクロ相分離構造を形成し、架橋点として働く。この凝集相は熱により融解し、冷却すると再び相分離構造が形成する。高分子材料の架橋に積極的に熱可逆的な水素結合を利用した例として特筆すべき研究である。しかしながら、この系は、強度があまり高くないこと、主鎖がポリブタジエンに限られること、コストが高い等の問題を抱えている。

4.5 熱可逆架橋ゴム「THCラバー」

我々は、アミノトリアゾールと無水マレイン酸との反応により生成するカルボン酸－アミドトリアゾール骨格の多点水素結合を架橋部位に用いた熱可逆架橋ゴム「THCラバー」を開発した。以下、本開発について詳しく述べる。

式1 イソプレンゴム（IR）からのTHC-IRへの合成ルート

4.5.1 合成

ゴムへの水素結合部位の導入方法として，無水マレイン酸のグラフト反応，およびそれに続く活性水素化合物の付加反応を用いた。固体タイプの熱可逆架橋ゴムの合成に先立って，容易にかつ迅速に水素結合部位の探索を行う目的から液状ゴムでの検討を行った。マレイン化液状イソプレンゴムに，約100種類のアミン，アルコール，チオールなどの活性水素化合物を加えて，その反応前後での粘度変化を測定した。その結果，5員環と6員環複素環状アミンが優れており，特に3-アミノ-1,2,4-トリアゾール（ATA）が最も優れることを見出した。これは，側鎖に導入されて生成したアミドトリアゾール—カルボン酸ユニット同士の多点水素結合による架橋に起因していると考えられる。この結果をもとに，固体状ゴムでの検討を行い，効率よく対応するエラストマーが得られた[24〜26]。

4.5.2 物性

熱可逆架橋ゴム（THC-IR）の引張り特性は，SEBSなどの一般的な熱可塑性エラストマーと明らかに異なり，イオウ架橋ゴムに類似しており，強度も十分であった。図1に水素結合部位の導入量を変えた熱可逆架橋ゴム（CB30phr配合）の500mm/minの速度での引張り試験の結果を示す。水素結合部の導入率が高くなるに従って，歪みに対する応力は増加した。これは，水素結合による架橋部位の増加を意味していると思われる。引張り曲線は，低伸張時，低モジュラスで高い柔軟性を示し，さらに十分な破断強度を示した。また，一般的な熱可塑性エラストマーやStadlerらのエラストマー[21〜23]に見られるようなクリープ現象を示していない。これは，この水素結合部位が常温で十分高いエネルギーを持ち，比較的速い引張り速度ではイオウ加硫ゴムと類似した機械特性を持つことを示している。すなわち，実使用において熱可逆架橋ゴムはカーボンブラック配合加硫ゴムに取って代わる可能性を示唆するものと考える。

次に，この架橋システムのエチレン・プロピレンゴム（EPM）への応用例を表1に示す[27]。加硫EPDM（CB50phr配合），TPV（Thermoplastic Vulcanizates，ポリプロピレン・EPDMベー

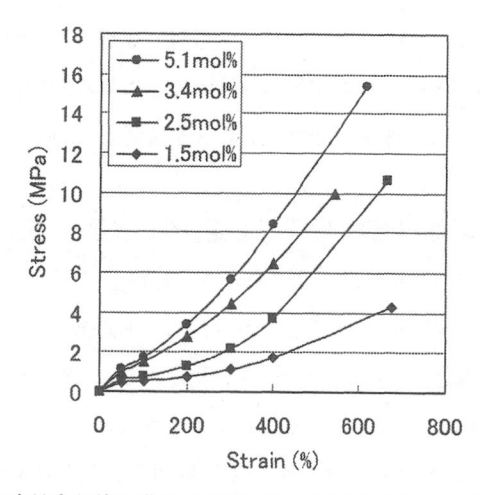

図1 水素結合部位の導入量の違いによる THC-IR の歪−応力曲線

表1 THC-EPM，加硫 EPDM，TPV の物性比較

	THC-EPM	加硫 EPDM	TPV (PP/EPDM)
硬度（JIS-A）	73	72	71
100％モジュラス（MPa）	2.4	5.3	4.6
破断強度（MPa）	9.3	11.3	11.3
破断伸び（％）	660	257	520
引裂き強度（N/m）	40	33	28
圧縮永久歪（％，70℃，22H）	38	22	41
リサイクル性	OK	NG	OK

ス，動的架橋タイプ）でほぼ同じ硬度のものとの比較を行った。THC-EPM は，十分な破断強度を示した。また，TPV や加硫 EPDM に比べては，破断強度がそれほど大きく変わらないにもかかわらず，低伸張時のモジュラスが低く，TPV や EPDM よりも柔軟性が高いことを示している。THC-EPM の引裂き強度は，加硫 EPDM や TPV よりも高かった。これは，フィラーや加硫ゴム粒が入っていないことに起因していると考えられる。圧縮永久歪は 40％以下であり，加硫ゴムの 22％には及ばないものの，TPV とほぼ同等であった。リサイクル性に関しては，10回のくり返しプレス成形において，10回目でもバージンに比べて破断強度が＋3％，破断伸びが−15％とそれほど大きな変化はなかった。

4.5.3 接着性・はく離性

被着体がガラスの場合は，プライマーを使うことにより，THC ラバーが凝集破壊した。加硫 EPDM との接着については，熱プレスをして接着させることにより，3.4MPa の接着強度を示し

た。また，ステンレスやアルミ等の金属類に対しても弱いながら接着性を示した。これは，側鎖に含まれる含窒素複素環が，金属と強い親和性を持つことによると考えている。また，いずれの場合にも加熱することによりはく離が可能であることを確認している。

4.5.4 解析

次にこれらのゴムの構造を解析する目的から示差走査熱量測定（DSC），小角X線散乱（SAXS）を行った。DSC測定によって，得られたゴムのガラス転移温度（T_g）は，元のマレイン化イソプレンゴムとほぼ同等（約−60℃）であることが示され，水素結合の開裂によると考えられる吸熱ピークが185℃付近に観測された。また，SAXS測定から，0.84°のところにピークが観測され，5.2nmのサイズの集合体が形成していることが示唆された。

これらの結果から，水素結合ネットワークの構造は図2a）（全体図）のように予想される。ATAと酸無水物骨格によって形成されるアミドトリアゾール−カルボン酸ユニットは，理論的には図2b）（結合部）のように，7点で水素結合が可能であり，いわば超分子的な水素結合により強い架橋部位（集合構造）を形成していると考えられる。この集合構造の大きさが，5.2nm

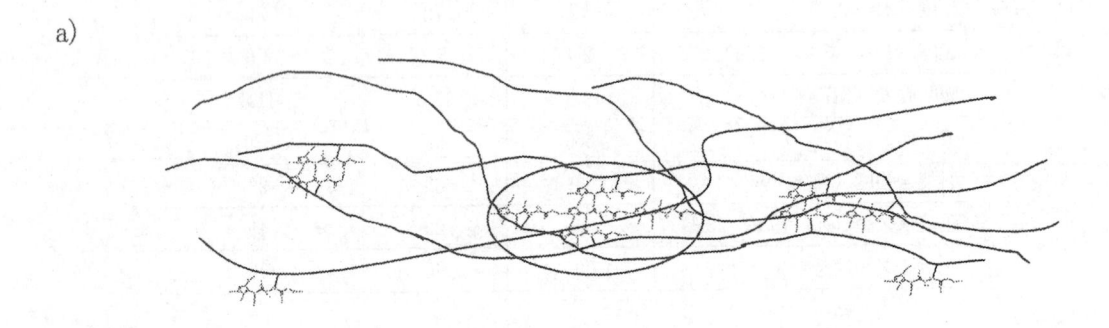

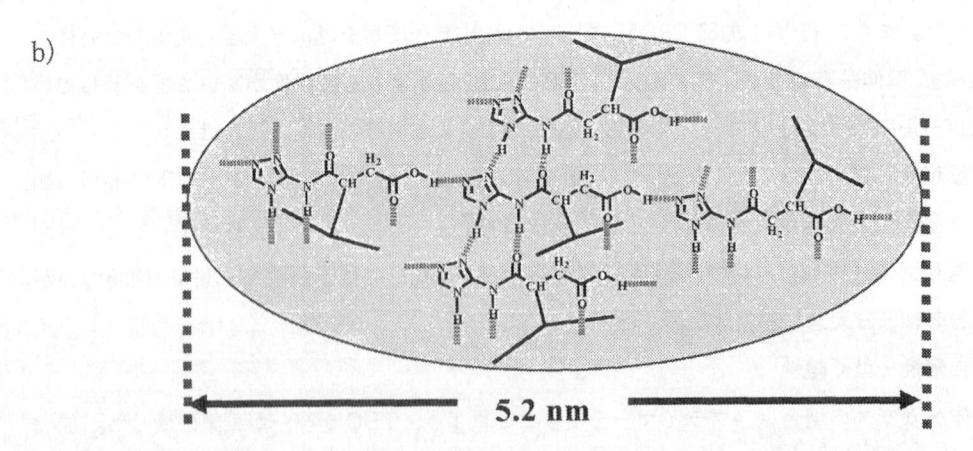

図2 a) THCラバーの構造（全体図） b) THCラバーの架橋部の構造（7点水素結合）

であると推察される。分子動力学計算からも水素結合部が横に3つ並んだ場合の長さが約3.5nmと算出されており，モデルに近い構造が形成されていると考えている。

4.5.5 他のエラストマー材料との比較

図3に代表的なエラストマー材料の構造を示す。ブロックコポリマーからなる TPE はハードセグメントとソフトセグメントよりなり，ハードセグメントが凝集して架橋部として機能し強度を発現するが，その凝集層が大きく，樹脂的な性質が強い。一方，動的架橋の TPV は熱可塑性樹脂のマトリックスに架橋ゴムが分散したものであり，樹脂的な性質を残している。一方，THC ラバーは，架橋部が小さく架橋ゴム（加硫ゴム）と類似した構造をとっていると予想される。その

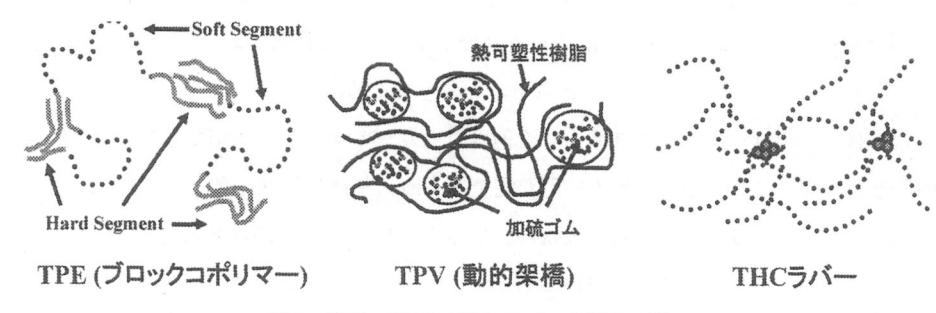

図3 TPE，TPV，THC ラバーの構造の違い

表2 THC-EPM，加硫 EPDM，TPV の特性比較

		加硫ゴム（EPDM）	TPV（PP/EPDM）	THC ラバー（EP系）
加工性	加工性	×	○	△
	加工コスト	×	△	○
	リサイクル性	×	○	○
機械物性	引裂き強度	○	×	△
	柔軟性	○	×	○
	耐摩耗性	○	×	△
耐熱性	耐熱性	△	×	×
	耐圧縮永久歪（短期）	○	△	△
	耐圧縮永久歪（長期）	×	○	△
外観	着色性	△	○	○
	色つや	○	○	○
	耐傷付き性	○	×	○
配合性	配合自由度	○	×	○
	軽量	×	○	○
	発泡性	○	×	△

ため，柔軟性が高く，フィラー補強性があると考えている。

　次に THC-EPM と加硫ゴム，動的架橋の TPV との違いを表2に示した。加硫ゴムは熱可塑性，リサイクル性は低いが，THC ラバーは，TPV と同等で良好である。THC ラバーの柔軟性，引裂き強度，耐摩耗性等の機械物性に関しては，TPV よりも良好で，加硫ゴムとほぼ同等であった。耐熱性，耐圧縮永久歪に関しては，加硫ゴムが非常に優れており，THC ラバーは，TPV とほぼ同等である。ただ長期の圧縮永久歪は，加硫ゴムが劣っている。着色性，色つや，耐傷付き性等の外観に関する指標は THC ラバーが非常に優れている。THC ラバーは，配合性についても自由度が高く，加硫ゴム粒等を含有していないため，発泡性に優れる。また，加硫ゴムは，物性を向上するためにカーボンブラック等のフィラーが必要であり，そのために重量が重くなってしまうが，THC ラバーはフィラーを配合する必要がなく，比重は低い。

　以上，THC ラバーの特徴をまとめると以下のとおりである。

①環境に優しい材料であり，物性低下なく何度でもリサイクルして使用できる。

②熱可塑性なので，押し出し，射出成形が可能であり，加硫工程が不要である。

③加硫ゴムに近い性能を持つ（高い柔軟性，フィラー補強性，引裂き強度）。

④外観（色つや，耐傷付き性）が良好である。

⑤配合の自由度が高い。

⑥様々なゴムに適用できるため，多種多様な性能を発現できる。

文　　献

1) L. P. Engle et al., *J. Macromol. Sci. Rev. Macromol. Chem. Phys.*, **C33**, 239 (1993)
2) J. M. Cravan, U.S.Patent 3,435,003 (1969)
3) Y. Chujo et al., *Macromolecules*, **23**, 2636 (1990)
4) Y. Imai et al., *Macromolecules*, **33**, 4343 (2000)
5) C. Gousse et al., *Macromolecules*, **31**, 314 (1998)
6) 知野圭介, 高分子, **51**, 1 (2002)
7) Y. Takeshita et al., U.S.Patent 3,826,760 (1974)
8) J. P. Kennedy et al., *J. Polym. Sci., Polym. Chem. Ed.*, **17**, 2039 (1979)
9) J. P. Kennedy et al., *J. Polym. Sci., Polym. Chem. Ed.*, **17**, 2055 (1979)
10) J. P. Kennedy et al., U.S.Patent 4,138,441 (1979)
11) J. C. Salasmore et al., *J. Polym. Sci., Part A, Polym. Chem. Ed.*, **26**, 2923 (1988)
12) R. L. Zimmerman et al., U.S.Patent 3,678,016 (1972)
13) J. C. Decroix et al., *J. Polym. Sci., Polym. Symp.*, **52**, 299 (1975)

14) L. Holliday Ed., "Ionic Polymers", Applied Science Publishers, London (1975)
15) E. Ruckenstein *et al.*, *Macromolecules*, **33**, 8992 (2000)
16) 矢野紳一, 平沢栄作監修, アイオノマー・イオン性高分子材料, シーエムシー出版 (2003)
17) J.-M.レーン著, 竹内敬人訳, 超分子化学, 化学同人 (1997)
18) 日本化学会編, 超分子をめざす化学, 学会出版センター (1997)
19) 加藤隆史, 表面, **34**, 17 (1996)
20) 総説として K. Takemoto, *J. Polym. Sci., Polym. Symp.*, **55**, 105 (1976)
21) J. Hellman *et al.*, *Polym. Adv. Tech.*, **5**, 763 (1994)
22) C. Hilger *et al.*, *Makromol. Chem.*, **191**, 1347 (1990)
23) C. Hilger *et al.*, *Polymer*, **32**, 3244 (1991)
24) K. Chino *et al.*, *Macromolecules*, **34**, 9201 (2001)
25) K. Chino *et al.*, *Rubber Chem. Technol.*, **75**, 713 (2002)
26) 知野圭介ほか, 日本ゴム協会誌, **75**, 482 (2002)
27) K. Chino, *Kautsch. Gummi Kunstst.*, **59**, 158 (2006)

第2章 エレクトロニクス分野

1 粘・接着技術の電子材料への応用

谷本正一[*]

1.1 はじめに

　粘・接着技術は，目的とする用途・用法に合わせて高分子材料を合成し加工する，合成・加工技術から成り立っている。粘・接着材料は，遮断，接続，選択，透過，拡散，変換といった機能をもち，家庭・食品・工業・電気電子などあらゆる分野において利用される製品技術である。特に電気電子分野においては，古くはトランス・コイルの絶縁用ワニスが使用され，絶縁性を有する基材と粘着剤から構成された電気絶縁用粘着テープに置き換わってきた。また，近年の電子デバイス分野では，デバイス製造プロセスを粘着技術で制御したり，デバイスの特性を界面接着技術で機能化させたり，なくてはならない技術となっている。本節では，エレクトロニクス分野における粘・接着材料，そしてそれらの電子材料への応用に関して概説する。

1.2 粘着と接着

　粘着剤は接着剤の一種であり，英語でも「Pressure-Sensitive Adhesive」と感圧の接着剤と表現されている。感圧性接着剤とは「指圧程度の圧力を加えることにより簡単に接着できるもの」であり，「これを被着体からはがす場合，被着体に残留物を残すことなく除去できる」と定義される。粘着剤と接着剤の本質的な差は，その接着強度が発現するまでの時間により示される。図1に接着強度と時間との関係を示す。

　図1に示すように，粘着剤は施工後に所望の接着強度を得るのにほとんど時間を要さない。すぐに貼り付くことができる反面，接着剤と比較して接着強度が弱い。一方，接着剤の場合は，硬化後，非常に強い接着強度を得ることができる。しかしその反面，硬化するまでの時間がかかる，溶剤系の場合は溶剤の揮発により作業環境を汚染するなどのデメリットがある。

　粘着剤と接着剤の特性上ならびに使用上の違いは，粘着剤は分子間力によるもので，その界面現象をテンポラリーな現象として使用する場合が多く"再はく離性"において，接触した瞬間から接着強度が発現する"連続性"において接着剤と大きく相違する。一方，接着剤は界面の相互作用が共有結合によるもので，永久的に接触した状態を保持することが常であり，はく離しては

---

[*] Masakazu Tanimoto　日東電工㈱　電子プロセス材事業部　開発部　開発1課　課長

第2章 エレクトロニクス分野

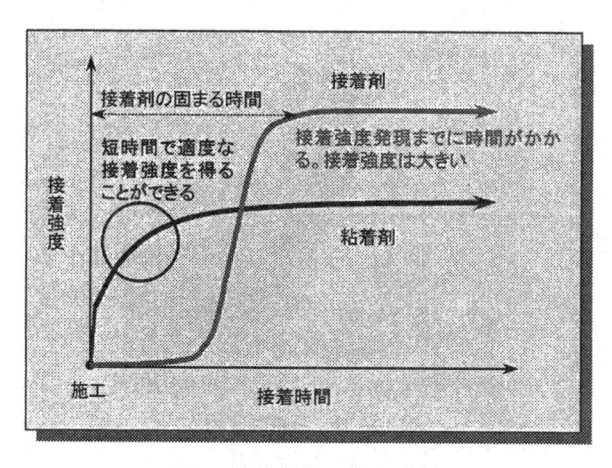

図1 接着強度と時間の関係

いけない。粘着剤のこのような"再はく離性""連続性"といった機能が，エレクトロニクス分野におけるデバイス製造プロセスにて非常に多く使用されるひとつの理由である。

1.3 粘着とはく離

粘着剤は，接着剤と異なり，不必要になった場合に"はく離"させる特性が必要となる。写真1には実際に粘着テープをはく離したときのはく離状態を，図2には模式図を示す。

粘着テープをはく離するためにかかる外部応力により，被着体との界面の接着力（くっ付く力）が抵抗となりテープの構成要素である基材及び粘着剤は変形する。粘着剤は粘弾性体であるため，応力を分散させるために変形し続けて写真1に示すような糸引き状態となる。粘着剤のはく離において，被着体表面に粘着剤の塊が生じないようにすること，つまり粘着剤と被着体との界面の接着力がかかる力関係において最も弱く設計することが重要となる。

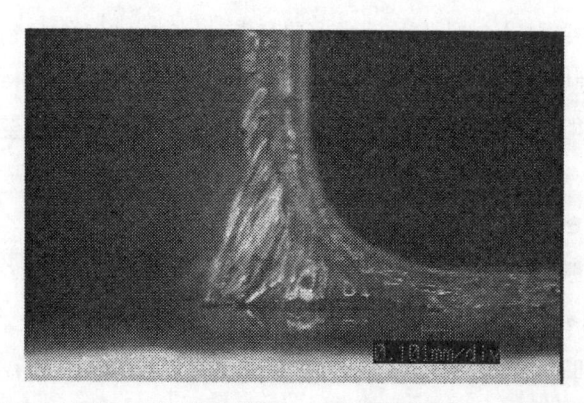

写真1 粘着テープ（汎用接合テープ，強粘着品）はく離の様子

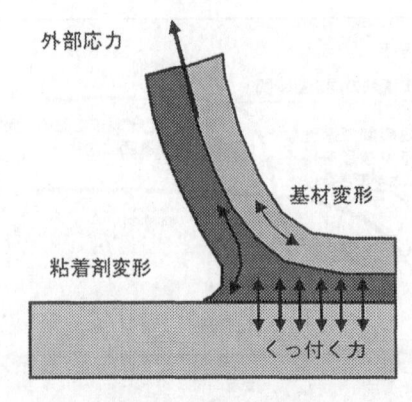

図2 はく離の模式図

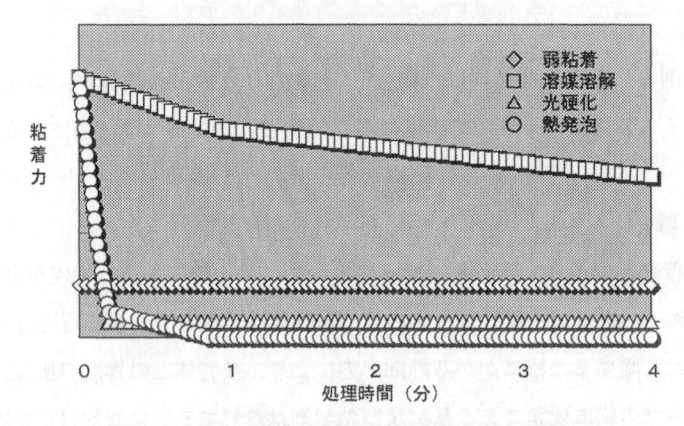

図3 はく離方法による粘着強度と時間との関係

　特に，電子材料に使用する粘着剤ははく離後の糊残りだけでなく，汚染性も問題となることから，固定・保護するための粘着性，使用後にはく離するためのはく離性と合わせて，はく離後の糊残り性・汚染性を考慮した材料設計を行う必要がある。そのためには，粘着剤の凝集力，弾性率，伸び性をいかに制御するか，さらには粘着剤中の低分子量成分をいかに制御するかが重要となり，高分子合成技術，重合制御技術，粘着剤設計，そして基材など構成要素を含んだテープ設計が必要となる。

　次に，はく離技術としては，①弱粘着：弱い粘着力を維持したままのはく離，②溶媒溶解：被着体に貼り合せた状態で粘着剤を溶媒に浸漬させ溶解させることによるはく離，③光硬化：紫外線などにより粘着剤を硬化させることで粘着力を低下させたはく離，そして④熱発泡：熱などにより粘着剤表面に凹凸形成させ被着体との接触面積を低下させたはく離，などの手法及びはく離技術がある。図3に，それらはく離方法における粘着強度と時間との関係を示す。

第2章　エレクトロニクス分野

1.3.1　弱粘着タイプ

プリントサーキットボードのはんだメッキ時の端子部マスキング用などに使用されている弱粘着タイプでは，初期の粘着力が低く，そして工程を経た後の粘着力上昇を低く抑えた粘着剤設計が必要である。被着体の表面組成，表面形状により工程を経た後の粘着力の上昇性は異なることから，被着体表面と粘着剤組成・物性との関係を知ることが重要である。このタイプには粘着力を低下させるという機能はない。

1.3.2　溶媒溶解タイプ

製紙工程における紙の繋ぎには水溶性タイプが使用され，繋ぎ部分の再処理工程において水に溶ける設計となっている。このタイプにおいて，粘着力を低下させるためには粘着剤が溶媒に溶解する時間が必要となる。

1.3.3　光硬化タイプ

代表的なUV硬化タイプにはラジカル重合系とカチオン重合系があるが，生産物量的にはラジカル重合系が多く，この系では粘着剤中に紫外線により開裂しラジカルを発生する開始剤とアクリロイル基のようなラジカルと反応して高分子量化する成分を共存させる。紫外線照射により急激に高分子量化すると共に粘着剤自体が硬化し，その結果として粘着力が急激に低下する。しかしながら，被着体表面と密着していることから粘着力を「ゼロ」にすることはできず，テープをはく離する機構が必要となる。

1.3.4　熱発泡タイプ

熱発泡タイプでは，"面"接着を"点"接着に変換することで粘着力を「ゼロ」にする技術である。つまり，"面"での接触により強固に接着していた被着体から，熱を加えるという処理で粘着剤中に分散したカプセルが膨張し粘着剤の変形をともない"点"での接触へ変化させることで粘着力を急激に低下し，粘着力を「ゼロ」にする。この粘着力を「ゼロ」にすることで自然はく離が可能となる。この熱発泡タイプのはく離挙動を図4に示す。

その他に，被着体と粘着剤との界面に気体を発生させることで自然はく離を実現する方法などが提案されている。

1.4　電子材料への応用

粘・接着材料はものを固定する目的で使用され，粘着材料は使用後にはく離される，接着材料は永久的に固定される，という機能のもとに使用されている。

エレクトロニクス分野における粘・接着材料の用途は極めて広範囲にわたり，電気機器部品の接合，電気電子部品の製造加工時の保護・マスキング，電子部品加工時の仮固定用，電子部品の

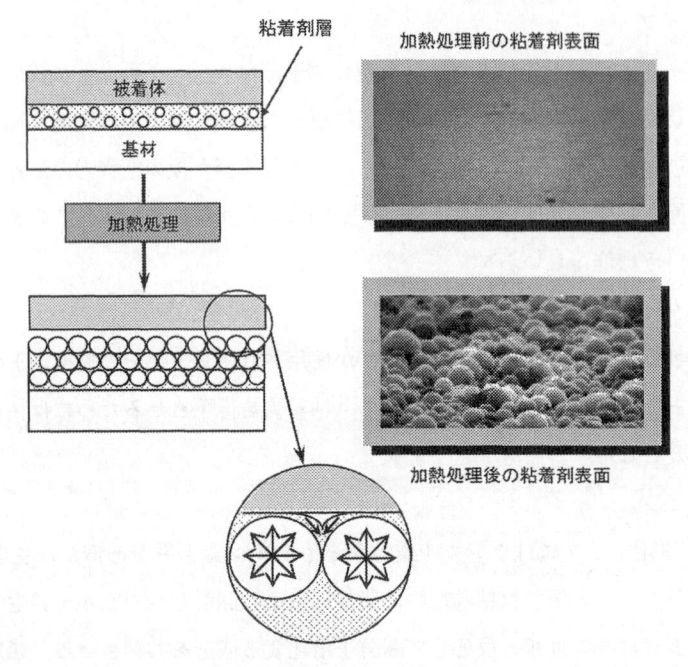

図4 熱発泡タイプのはく離挙動

搬送,電気絶縁用,電磁波シールド,制振,緩衝,またオプトエレクトロニクス分野における接合,シール,保護・マスキングなどに使用され,デバイスの小型化,システム化,低コスト化,低消費電力化,環境問題などに対応した粘・接着技術が求められている。その一例を以下に示す。

携帯通信機器のさらなる拡大により,電子部品の微細化,低コスト化が進んでいる。図5に示す積層セラミックコンデンサの製造においては,部品サイズが1005(1mm×0.5mm×0.5mmサイズ)から0603,さらに0402へと非常に微細化し,ハンドリングする上で自然はく離技術を生かした熱はく離テープ[1,2]の需要が拡大傾向にあり,対象とする電子部品やその形状,製造プロセスにより静電気特性,強粘着・軽はく離,耐熱性などさらなる機能が要求されつつある。

日々目覚しく進化している半導体パッケージの製造工程においては,ⅰ)半導体ウェハの加工,ⅱ)半導体素子(チップ)の接合,ⅲ)樹脂モールド,ⅳ)半導体パッケージの個片化などの工程に粘・接着材料が使用されている。図6に半導体製造プロセスを示す。

ⅰ)の半導体ウェハの加工工程では,回路形成されたシリコーンウェハの研削(バックグラインディング)や切断(ダイシング)時のウェハの保護・仮固定用に弱粘着タイプやUV硬化タイプの粘着テープが使用され,ウェハの割れ・欠け・汚染を抑制する基材・粘着剤設計,さらに厚み精度を達成するための基材・粘着剤の加工技術が重要である。

ⅱ)のチップ接合工程では,チップをリードフレームに接合(ダイアタッチ),さらに近年の

第2章　エレクトロニクス分野

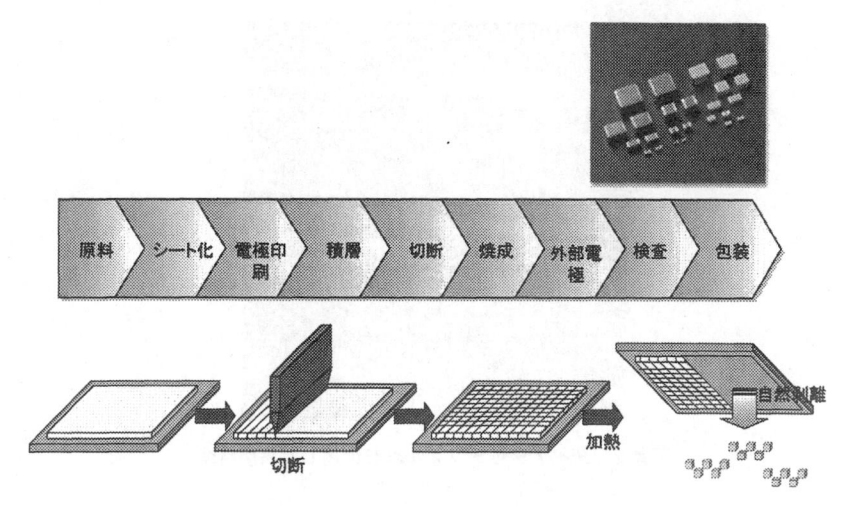

図5　積層セラミックコンデンサ製造工程図及び切断工程

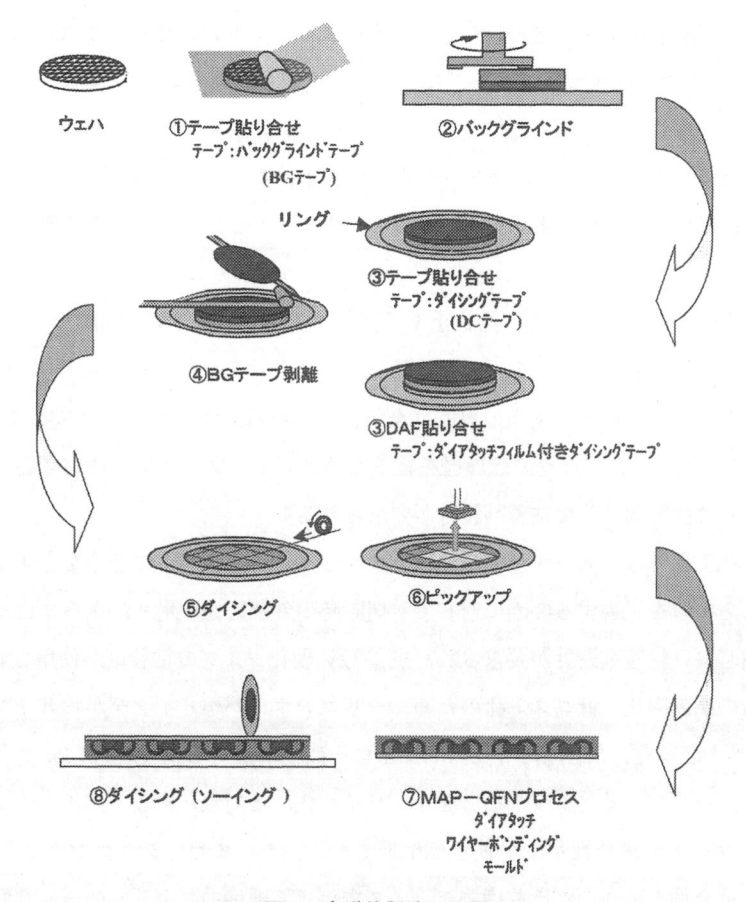

図6　半導体製造工程図

写真2 ダイアタッチフィルムを使用した積層構造

高集積化・高速化を目的としたスタックドパッケージのようにチップを積層する場合のチップ–チップ間の接合には，主にペースト状のダイボンド材が用いられているが，CSPやBGAなどの小型高積層のパッケージにはダイアタッチフィルムと呼ばれるフィルム材料が使用され，生産性を高めている[3~5]。このフィルムは半導体パッケージの構造材料となり，あらゆる環境下での半導体パッケージの信頼性を維持するために極めて重要な材料であり，それゆえに高い信頼性が要求される。写真2はダイアタッチフィルムを使用した積層構造である。

ⅲ）のMAP–QFNと呼ばれる一括封止タイプの半導体パッケージの樹脂モールド製造では，リードフレームに粘着テープを貼った状態でダイアタッチ，ワイヤーボンド，樹脂モールドを行い，粘着テープにより樹脂の裏回りを防止している。ワイヤーボンドでは180～220℃，樹脂モールドでは175℃近傍の熱履歴を経るため粘着テープには耐熱性が必要とされ，耐熱性と軽はく離性を両立した粘着剤設計が要求される。

ⅳ）の個片化工程では，モールド樹脂中に含まれるワックス，さらに凹凸を有する樹脂表面形状，これら接着を阻害する要因に対しても切断時の外部応力に耐え，さらにはく離時には糊残りが生じない粘着剤設計が要求され，主にUV硬化タイプの粘着剤が使用されている。

半導体製造の高効率化，低コスト化のため，シリコンウェハが6インチから8インチへ，さらに12インチへと広径化，研削厚みが数100μmから数10μmへと薄型化，バックグラインドからダイシング，そしてダイアタッチまでをインライン化，と対象とするデバイスやプロセスの革新によりテープへの要求特性がますます変化してきている。また，シリコンウェハの50μm以下の超薄型，化合物ウェハのような脆弱デバイスでははく離応力によるダメージが懸念され熱発泡や気体発生などの手法を用いた自然はく離技術が注目されている。

第 2 章　エレクトロニクス分野

　ディスプレイ製造工程においても多くの粘・接着材料が使用されている。特に，光学フィルムや LCD パネルでは搬送時のキズや汚れ，また各種薬液浸入を防止する目的で保護用マスキングテープが使用されている[6]。主に弱粘着タイプが使用されており，はく離後の被着体表面への汚染性，さらにははく離帯電によるデバイスの故障や異物付着を防止する目的での帯電防止処理技術が必要となる。

1.5　おわりに

　本節では"粘着"と"接着"の違い，粘着剤の特徴でありそれゆえに優れた利便性を発揮する"はく離"について説明した。現在のエレクトロニクス・オプトエレクトロニクス分野ではさまざまな粘・接着材料が使用され，なくてはならない存在となっている。今後，電子材料の進化にともない粘・接着技術も進化し，製造プロセスの革新と共に粘・接着材料に利便性と快適性が求められてくる。また，環境という立場からも粘・接着技術が活用される場面が多くなってきている。粘・接着技術は，これからも"便利・快適・環境保護"といった時代のニーズに応じた新機能を，新規材料設計を基盤に発現させ，付加されていくだろう。今後とも，広範囲な顧客ニーズに合わせた新規機能粘・接着材料を開発したい。

文　献

1) 有満幸生, 高分子, **54**, 412（2005）
2) 村田秋桐, 日東電工技法, 84 号（41 巻), pp.46-49（2003）
3) 川嶋裕次郎, Electronic Journal, No.9, p.106（2003）
4) 加藤利彦ほか, 日立化成テクニカルレポート, No.43, pp.25-28（2004）
5) 松崎隆行ほか, 日立化成テクニカルレポート, No.46, pp.39-42（2006）
6) 奥村和人ほか, 日東電工技法, 80 号（38 巻), pp.43-44（2000）

2 半導体製造プロセス用UV硬化型粘着テープの解析・評価

加納義久*

2.1 はじめに

　これまで，半導体の需要はパソコン用途が主流であった。現在は，ゲーム機，携帯電話，デジタルカメラ，DVDプレーヤー，液晶・プラズマ薄型テレビ，及び自動車用途など，半導体市場の裾野が拡張している。今後，携帯電話ではカラー液晶・カメラ内臓・インターネット機能が標準搭載され，高密度3次元実装パッケージへのシフトが加速する。また，デジタルカメラの高画素化に伴うメモリー容量の増大，薄型テレビの拡大により，高機能半導体の需要は，さらに増加するものと予測されている。

　半導体インゴットから半導体デバイスが生産されるプロセスでは，多くの粘接着剤が用いられている。特に，半導体製造プロセスに用いられる粘着テープは，シリコンウエハの研磨や切断等の加工時に，被着体であるシリコンウエハの保護あるいは固定を目的に使用され，近年は紫外線により粘着力が激減し，被着体から容易にはく離可能な紫外線（UV）硬化型粘着テープが，トレンドになっている。ウエハのバックグラインド時のパターン面保護用やダイシングなどの工程で使われる粘着テープは，それぞれの加工工程時にはウエハの保護・保持のため強粘着，及び工程終了後には容易にはく離できることが必要となる。そのような要求特性を満足する粘着テープとして，UV硬化型粘着剤がポリオレフィン系基材にコーティングされたUV硬化型粘着テープが開発されている[1,2]。

　本節では，半導体製造工程（バックグラインド，ダイシング）で使われているUV硬化型粘着テープについて，粘着特性の低下メカニズム，及び粘着テープの新規な評価・解析法を紹介する。

2.2 UV硬化型粘着テープにおける粘着特性の低下メカニズム

　表1に半導体製造用粘着テープについて，主要な粘着力の制御方法をまとめた。構成要素ではa) 粘着剤；b) 基材；c) 粘着テープの複合化，に分類され，粘着力は熱や紫外線などの刺激により制御されている。ここでは，UV硬化型粘着テープに焦点を絞り，その粘着特性低下機構を説明する。

　一般に半導体製造プロセスに使用されるUV硬化型粘着剤は，粘着力を有するアクリル系粘着剤，光重合性樹脂及び光開始剤をブレンドして調製される。したがって，このような多成分のブレンドであるUV硬化型粘着剤では，成分間の相溶性の制御は，フィルム基材への塗工溶液

---

*　Yoshihisa Kano　古河電気工業㈱　横浜研究所　ナノテクセンター　センター長

第2章 エレクトロニクス分野

表1 粘着力制御方法

要素	方式	手段
粘着剤	紫外線	紫外線によるUVオリゴマーの架橋
	加熱	熱硬化性オリゴマーの三次元網目形成
	紫外線＋加熱	紫外線硬化と加熱硬化による粘接着
	加熱発泡	発泡による被着体との接触面積の低減
	冷却	側鎖結晶性成分による冷却易はく離
	相反転	加熱による相反転を利用
基材	成分移行	基材フィルム中の添加剤の遊離
	温水収縮	温水により基材が収縮してはく離
複合	積層	粘着テープと加熱収縮基材テープの積層

からUV照射過程での架橋構造形成まで重要となる。塗工工程では溶液濃度や溶媒蒸発条件（時間，温度），及びUV照射過程ではUVの照射量が，粘着剤皮膜の相構造（相溶性）や粘着特性に影響を及ぼす。アクリル系粘着剤は，ポリアクリル酸ブチルやポリアクリル酸2-エチルヘキシルなどのポリアクリル酸エステルを主成分とし，アクリル酸や酢酸ビニルなどのコモノマーを共重合して調製される。粘着物性は，共重合組成やその比率，分子量とその分布，異種ポリマーとのブレンド及び架橋システムによって制御されている。光重合性樹脂は低分子量反応性分子であり，官能基としてアクリロイル基（$CH_2=CHCO-$）やメタクリロイル基（$CH_2=C(CH_3)CO-$）が2つ以上付加している。光重合性樹脂としては，アクリレートモノマーの他，エポキシアクリレート，ウレタンアクリレート，ポリエステルアクリレート等やそれらをオリゴマー化したものがある。官能基量や分子量でUV硬化後の粘着力や柔軟性を調整するために，樹脂の選定やブレンド，配合量が重要である。他方，アクリル酸エステルに光重合性の官能基を有するモノマーを付加重合して得られるUV硬化性アクリルポリマーも使用されている。UV硬化性アクリルポリマーは，それ単独でUV硬化型粘着剤として使用可能である。光開始剤は紫外線を吸収して光重合反応を開始させるので，増感剤とも呼ばれている。光開始剤には開裂型と水素引き抜き型がある。開裂型では，光開始剤がUV照射により二つのラジカルに分離する。この二つのラジカルが，光重合性二重結合に作用して重合が進行する。水素引き抜き型では，UV照射の際に水素を持つ化合物から水素を引き抜き，二つのラジカルを発生する。この二つのラジカルが光重合性二重結合に作用して重合するので，ラジカルができてからの反応機構は，開裂型と同じである。UV硬化型粘着剤を硬化させる光源としては，高圧水銀灯やメタルハライドランプが主に用いられる他，ブラックライトも一部用いられている。そのため，300～450nmの紫外光で効率的に硬化反応を生じるように光開始剤を適宜選択する必要がある。

　UV照射によって，粘着剤ポリマーは光架橋構造に取り込まれて網目構造となる。その結果，粘着剤ポリマーの流動性の拘束と弾性率の増加及び体積収縮が起こり，粘着性が消失するものと

UV硬化型粘着テープとは

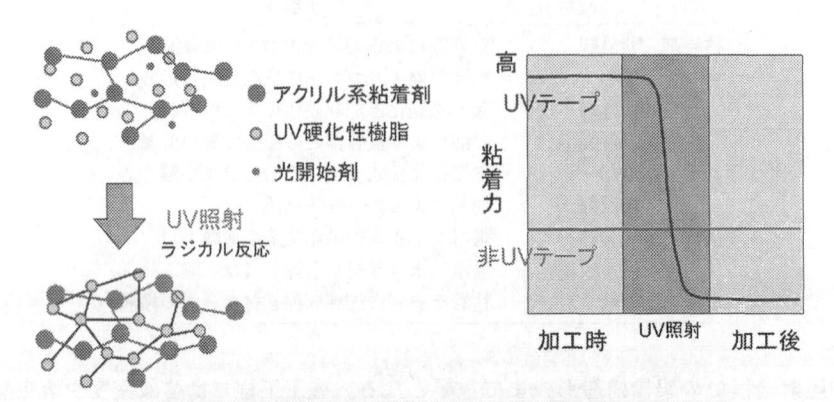

図1 UV硬化技術とポリマーブレンドによる粘着力の制御

考えられている[2,3]。粘着特性の低減化のメカニズムを図1に示す。図2にUV硬化型粘着剤について，照射前後での貯蔵弾性率E'及び力学的損失正接tanδの温度依存性を示す。室温付近におけるE'は，UV照射により粘着性が発現する10^5Paから粘着性が消失する10^9Paへと大きく増加している。また，UV照射によってtanδ値は低下し，tanδ－温度曲線も高温側にシフトしている。tanδがUV照射によって激減していることから，解結合過程における粘着剤の変形仕事もUV照射によって低下しているものと推測される。なお，UV照射による粘着力低下の程度は，光重合性オリゴマーの種類や組成比及びUV照射量によって制御できる。UV硬化型粘着剤について，はく離力と光重合性オリゴマー（ウレタンアクリレートオリゴマー）添加量との関係を図3に示す。UV照射前の粘着剤では，オリゴマー添加量が増えるとはく離力も増大している。オリゴマーの添加によって，はく離時における粘着剤の変形仕事が増加したのであろう。UV照射後では，オリゴマーを添加するとはく離力は連続的に低下し，オリゴマー添加量が40部を超えるとほとんどはく離力は消失している。オリゴマー添加量が10部のとき，スティックスリップ挙動を示し，粘着剤は被着体（シリコンウエハー；Si）上へと転移破壊した。オリゴマーを10部含む粘着剤は，このはく離条件下ではガラス転移状態にあったのであろう。

2.3　UV硬化型粘着テープにおける新規な評価・解析法

我々は，剛体振り子型粘弾性装置を用いて，粘着テープの粘弾性挙動を評価してきた[4]。UV照射過程における硬化挙動を図4に示す。UV照射により，周期Tは低下し，一定値に飽和し

第2章　エレクトロニクス分野

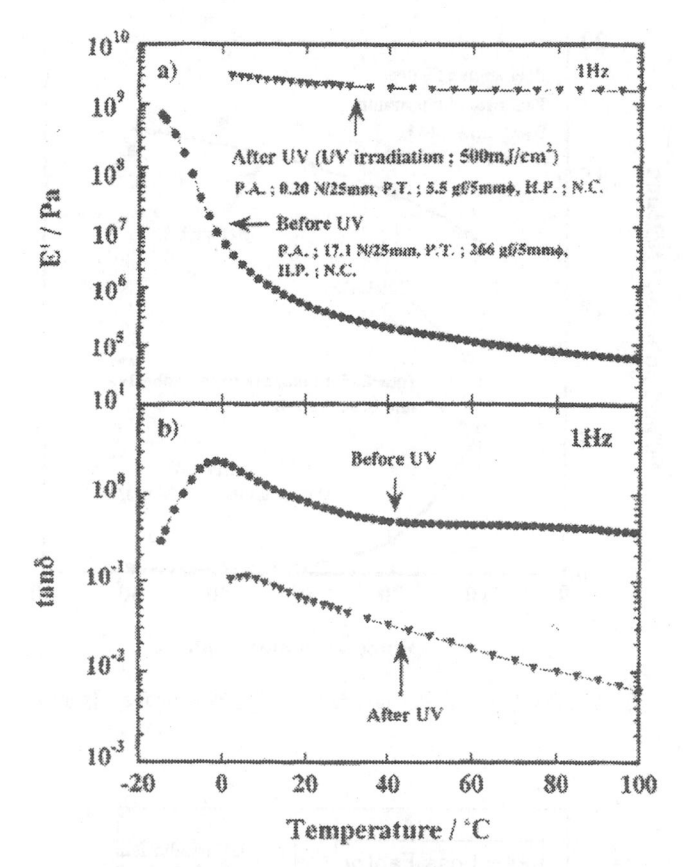

図2 UV硬化型粘着剤における a) 貯蔵弾性率 E' 及び b) 力学的損失正接 tanδ の温度依存性（測定周波数；1 Hz）
図中には UV 照射条件並びに UV 照射前後での 180°はく離力（P.A.）とプローブタック（P.T.）値が記載されている。
●）UV 照射前，▼）UV 照射後

ている。架橋構造の形成により，分子運動が拘束されていることを示唆する。一方，対数減衰率 Δ は，UV 照射により極大値を示し，その後低下して一定値に飽和している。硬化過程において急激に架橋構造が形成されると，初期では見かけの分子量が増大し，Δ が上昇する。その後，架橋構造形成が収束し，振り子の減衰が緩和された為，Δ が低下したものと推測している。UV 照射前後における対数減衰率の温度依存性を図5に示す。粘着剤の T_g に相当する対数減衰率のピークに着目すると，UV 照射後は，ピークがブロードになっている。架橋により分子量が増大し，分子の運動エネルギーが低下する為と考える。従って，テープ状態で粘着剤の T_g を評価できる剛体振り子型粘弾性装置は，製造現場の品質管理に対し，非常に有益な方法と言える。

　粘着テープにせん断荷重を加え，粘着剤層の微小な変位挙動をレーザー変位計で検出する装置（図6）が提案されている[5]。ここでは，UV 硬化型粘着剤について，せん断荷重に対する微小変

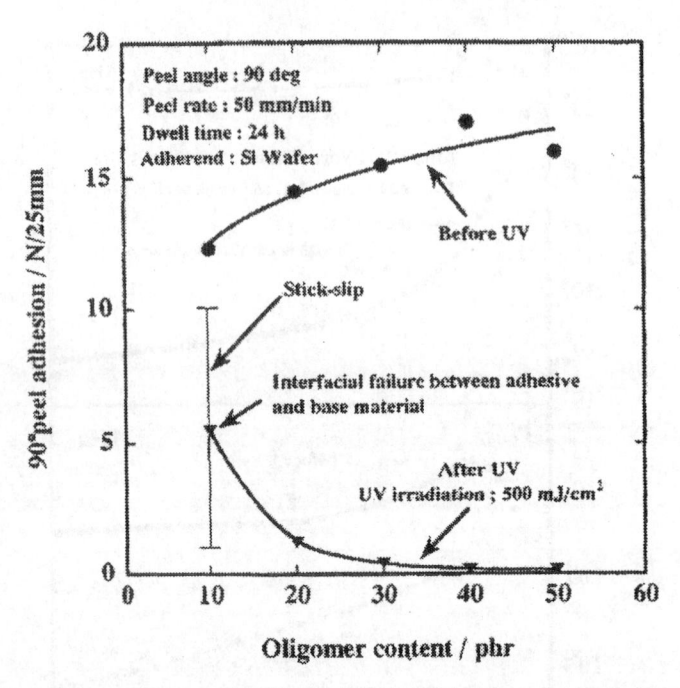

図3 UV硬化型粘着剤における90°はく離力と光重合性オリゴマー添加量との関係

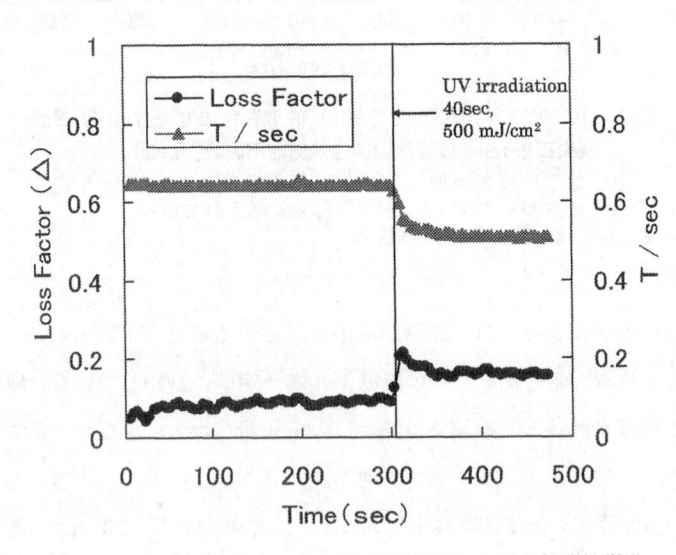

図4 UV硬化型粘着テープのUV硬化過程における粘弾性挙動

位を評価した。粘着剤のせん断変形は，粘着性能の保持力に関係し，重要な粘着特性の一つとして認識されている。試料として，アクリル系ポリマー（Mw：約40万）とUV硬化性樹脂（Mw：約3000）を主成分としたサンプルA，アクリル系ポリマー（Mw：約80万）にUV硬化性成分

第 2 章　エレクトロニクス分野

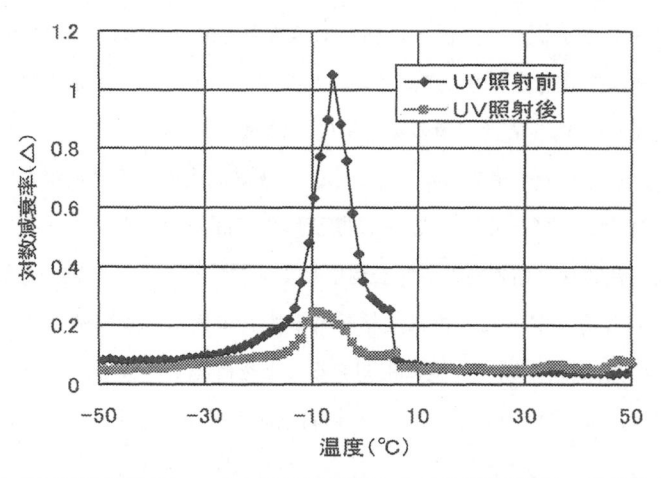

図 5　UV 硬化型粘着テープの UV 照射前後における対数減衰率の温度依存性

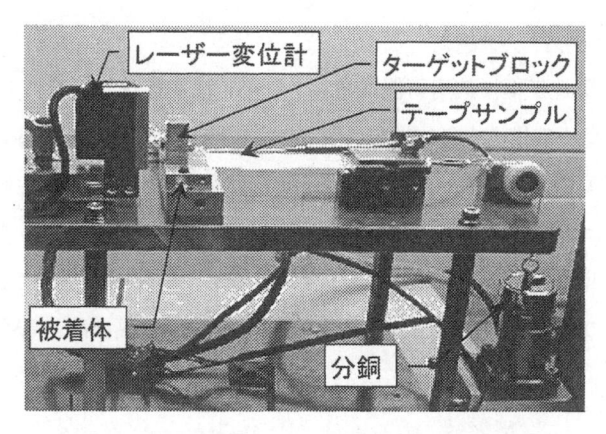

図 6　せん断荷重による微小変位挙動の測定装置

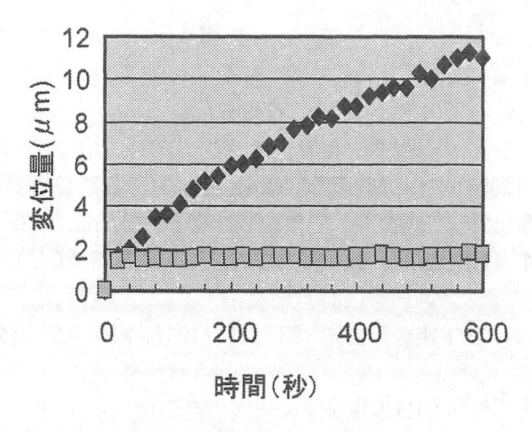

◆ サンプル A、■ サンプル B

図 7　UV 硬化型粘着テープにおける変位挙動

を導入したサンプルBを選択した。図7に粘着剤の微小変位を示す。サンプルAについては，アクリル系ポリマーは架橋構造を有しているが，ウレタンアクリレート系オリゴマーは架橋には寄与していない。そのため，粘着剤層の変形量は比較的大きい。一方，サンプルBは非架橋成分が非常に少なく，かつ高分子量であることから，分子鎖同士の絡み合いが大きいため，粘着剤層の変形量は非常に小さくなっている[6]。せん断変形の時間依存性をフォークトモデルとマクスウェルモデルを組み合わせた粘弾性モデルを適用して粘弾性パラメータを求めたところ，サンプルBの G_1，G_2，η_3 は高くなった。また，粘着剤のずれ挙動は，動的粘弾性測定で得られる貯蔵弾性率 G' の高温・低周波領域での値に相関することを確認している。レーザー変位計を用いた変位量測定装置は，従来は評価できなかった粘着剤層の微小変形を，定量的に評価する際，非常に有効と判断する。

2.4 おわりに

本節では，半導体製造工程で使用可能な粘着力制御方法を整理し，特にUV硬化型粘着剤について，その粘着力低下機構を力学的性質の観点から説明した。また，粘着テープの新規評価法として，剛体振り子型粘弾性装置，及びレーザー変位計を用いた変位量測定装置を紹介した。近年，携帯電話やパソコンなどの小型（薄型）化，高機能・高性能化が急ピッチで市場展開されている。そのため，半導体用粘着テープに対する要求性能も多様化している（帯電防止性，自己はく離性，チップ形状の維持など）。半導体用粘着テープのさらなる高機能・高性能化に期待したい。

文　献

1) 古河電気工業, 特開平 1-272130, 特開平 1-249877
2) a) 加納義久, 石渡伸一, 小澤武廣, 接着, 43, 20 (1999); b) 加納義久, 石渡伸一, 丸山弘光, 接着, 44, 116 (2000); c) 加納義久, 接着, 45, 315 (2001); d) 加納義久, 青垣智幸, 宮城秀文, 接着, 48, 126 (2004); e) 石渡伸一, 電子材料, pp.78-82, 2005年1月号; f) 加納義久, 高分子, 54, 411 (2005); g) 加納義久, PLASTICS AGE ENCYCLOPEDIA 2006, pp.92-102, プラスチックスエージ (2005)
3) a) 江部和義, 近藤健, 日本接着学会誌, 33, 251 (1997); b) 加納義久, 秋山三郎, 高分子加工, 41, 146 (1992)
4) 宮城秀文, 加納義久, 第40回日本接着学会年次大会要旨, pp.63-64 (2002)
5) Z. Miyagi, K. Yamamoto, *J. Adhesion*, 21, 243 (1987)
6) 青垣智幸, 加納義久, 宮城善一, 第40回日本接着学会年次大会要旨, pp.1-2 (2002)

3 LCD光学フィルム用粘着剤

佐竹正之*

3.1 はじめに

近年，フラットパネルディスプレイは，これまでCRTが独占してきたTV市場への進出を果たした。特に，液晶ディスプレイ（以下LCD）は，電卓，デジタルウオッチ，PDA，携帯電話，ノートPC，カーナビゲーションと，独自の新しい市場を生み出すことで成長してきており，TV市場でも確固たる地位を築きつつある。

LCDの基本構造としては，図1に示すように2枚のガラスの間に液晶を封入した形をしており，通常このガラスに偏光板が粘着剤を介して貼合されている。偏光板は，特定方向の直線偏光のみを透過する性質を持ったフィルムであり，LCDの電圧をON・OFFすることで，光を透過・遮断することができ，これにより表示を行っている。

偏光板はディスプレイとしての表示品位を大きく左右するキーデバイスの一つであり，さらなるレベルアップが期待されている。また，種々の光学フィルムと組み合わせることでも，表示品位を向上させることができる[1]。光学フィルムとしては，色味のコントロールや視野角を拡大するための位相差板[2]や補償板[3]，輝度を向上させるための輝度向上フィルム[4]，外光の映り込みを防止するアンチグレア（AG），アンチリフレクション（AR）[5]などが挙げられる。通常，これらの光学フィルムは偏光板メーカーにて偏光板に貼り合わされ，一体化された積層フィルムとしてLCDメーカーへ出荷されるが，これらフィルム同士の貼り合せにも粘着剤が使用されている。

本節では，LCD光学フィルムに用いられる粘着剤の要求特性とその開発動向について述べる。

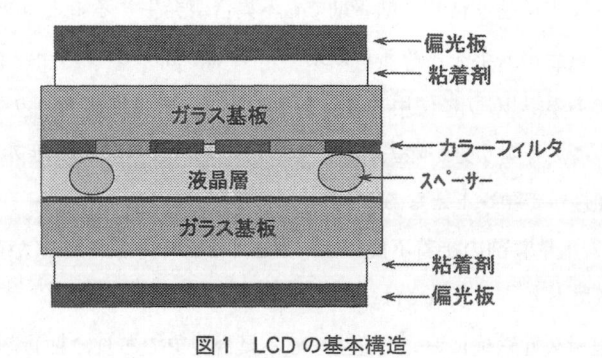

図1 LCDの基本構造

* Masayuki Satake 日東電工㈱ オプティカル事業本部 開発本部 第6グループ長

3.2 LCD光学フィルム用粘着剤の要求特性

LCD光学フィルム用粘着剤には，以下の様な特性が要求される[6]。

- 透明性に優れ，ヘイズが低い
- 光学的に等方性である
- 経時で着色，変色しない
- 耐久性（耐熱性，耐湿熱性，耐候性）に優れる
- 再はく離（リワーク）が容易である

光学フィルムの偏光特性や光学補償特性に影響を与えないために，透明性に優れ，ヘイズが低く，光学的に等方性であることは必須の項目である。また，長期間の使用中に着色や変色しないことも必要条件である。

これらを満たす材料としてはアクリルが挙げられる。実際に現在使用されているLCD光学フィルム用粘着剤としては，アクリル系粘着剤がその大半を占めている。両面テープに代表される各種粘着テープに使用されるアクリル系の粘着剤では，粘着特性を発現するためにタッキファイヤなどを使用することが多い。しかし，光学フィルム用途では，前述の透明性やヘイズの観点からは使用できる材料や量が大きく制限されるため，独自の粘着剤設計が必要とされる。

3.3 耐久性

カーナビゲーションや携帯電話のディスプレイの大半はLCDが占めている。これらの用途では室内環境で使用されることを前提としたモニター・TVなどの用途に比べて，より高い信頼性が要求される。光学フィルム自体の光学特性や外観が劣化しないことと合わせて，粘着剤にも不具合現象が発生せず高い接着信頼性を維持することが求められている。

LCD光学フィルムに用いられる粘着剤の接着不良の多くは，LCDパネルとの貼り合せ界面で発生する。フィルム同士を貼り合せる粘着剤でも不具合が発生することはあるが，LCDパネルと粘着剤界面での不具合が大半を占める。LCDパネルは一部のプラスチックセルを除き，ほとんど全てがガラスである。LCDに使用されるガラスは，一般に無アルカリガラスと呼ばれ，液晶の劣化を防ぐためにアルカリ分が除去されたものが用いられる。この無アルカリガラスと粘着剤界面での接着信頼性がポイントとなる。

LCD光学フィルム用粘着剤の接着不良には，大きく2つの不良モードが存在する。一つは発泡と呼ばれるモードであり，もう一つははがれと呼ばれる現象である。

発泡は，主に高温耐久性試験において発生する不具合現象であり，粘着剤とLCDガラス界面に気泡が発生（写真1）する。気泡が発生すると，その部分は粘着剤やガラスと比べて屈折率が異なるため，表示欠陥として認識される。これが，発泡と呼ばれる不具合である。

第 2 章　エレクトロニクス分野

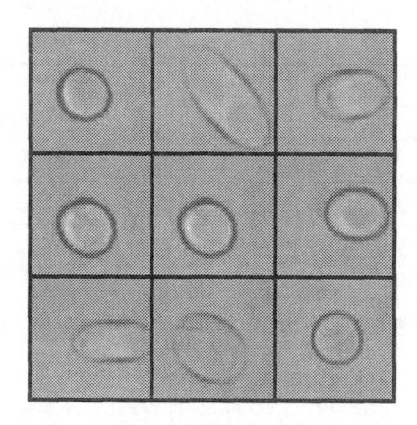

写真 1　粘着剤の発泡

　発泡は，真円に近い球状のものから細長い米粒状のものまで様々な形態をしているが，その形状は光学フィルム面内の位置で異なることがわかっている。光学フィルムの中心付近で発生した発泡は真円に近い形状をしており，端部付近では，米粒状の細長い米粒状になっている。また，この米粒状の気泡は，フィルムの中心方向に引張られた形をとっている[7]。

　このことより，気泡は次の大きく 2 つの過程を経て発生していると考えている。
①粘着剤中の水分や残存溶剤，残存モノマー等が加熱により気化・膨張する気泡発生過程。
②発生した気泡が，光学フィルムの収縮により拡大する気泡拡大過程。

　①の段階では発生した気泡は光学フィルム面内のどの位置であっても，真円状である。②の過程で，光学フィルムの収縮に追従し変形する。

　発泡を抑制するための粘着剤設計としては，
・水分や残存溶剤，残存モノマー等の気化膨張する成分を低減すること
・気化膨張を抑え込むだけの凝集力を粘着剤に付与すること
が必要である。

　気化膨張成分の主因子は水分であることがわかってきており[8]，粘着剤組成としては吸水性の低い組成が有効である。すなわち，カルボキシル基，水酸基，アミノ基などの官能基成分を低減していくことが有効である[9]。

　また，凝集力を付与するための手法としては，ポリマーの高分子量化，高弾性率化，高架橋化などが挙げられる。中でも，粘着剤ポリマーの分子量を制御することは有効な手法のひとつであり，分子量を高分子量化し，低分子量分を低減することにより，凝集力を上げて発泡を抑制することが可能となる[10]。

　次に，はがれについて説明する。はがれは，主に加湿試験時に発生する不具合モードである。高温高湿雰囲気下では，ガラスと貼り合せた粘着剤界面に水が浸入し，薄い水の膜を形成する。

表1 シランカップリング剤の効果

粘着剤	シランカップリング剤	加湿はがれ[a)] 60℃/90%R.H.
粘着剤A	無	発生
粘着剤B	有	無し

a) 加湿はがれ試験
粘着偏光板の作成：20″サイズの偏光板（日東電工製 NPF-SEG5425DU）に各粘着剤
　　　　　　　　を25μm厚みで塗布
評価方法：①粘着偏光板を無アルカリガラス（コーニング社製 コーニング1737）にラ
　　　　　　ミネート
　　　　　②オートクレーブ（50℃×5 atm）に30分放置
　　　　　③所定温度，湿度のオーブンに500H放置し，不具合を目視観察する

このため，ガラスに対する粘着力は一時的に低下する。同時に光学フィルムの変形が起きると粘着剤とガラスの界面に応力が集中し，接着力が低下しているために応力に耐えられなくなった粘着剤層がはく離することがある。これが，加湿雰囲気下で発生するはがれと呼ばれる不具合である。

　はがれを抑制するためには，水が浸入しても粘着力が低下しないようにする必要がある。粘着剤中にシランカップリング剤を添加する手法もその一つである。アルコキシシリル基を有するシランカップリング剤は容易にガラス表面と反応するため，粘着剤とガラスとの接着性を高めることができる[11)]。表1の様にシランカップリング剤を添加した系ではガラスに対する粘着力が向上し，はがれを抑制できる[12)]。

3.4 再はく離性（リワーク性）

　携帯電話やノートパソコンなどでは，薄型軽量化が重要な要求特性となっており，液晶セルのガラス厚みも0.4mm以下と薄型化が進んでいる。一方，TV用途では40インチを超える大型化が進んでおり，LCDパネルの薄型・大型化は必須の流れとなっている。

　この動きの中で，光学フィルム粘着剤にも新たな特性が要求されてきている。再はく離性（リワーク性）である。一般にリワーク性という表現ははがした粘着テープ・フィルムを再利用する意図で使われることが多いが，光学フィルム用途では，フィルムを再利用するケースは少ない。多くの場合，被着体であるLCDパネルを再利用するためにリワークという言葉を使用している。

　光学フィルムが貼合されたLCDパネルはその後の工程，検査を経て出荷されるが，検査の際に，フィルム自体に欠陥があったりフィルムと液晶セルの間に異物を噛み込んだ場合には，高価な液晶セルを再使用するために光学フィルムをはがす（リワークする）こととなる。リワークの際に粘着剤の粘着力が高いと，液晶部分のセルギャップが変ったり，ガラスが破損して液晶セル

第2章　エレクトロニクス分野

表2　軽はく離粘着剤の特性

粘着剤	耐久性		対ガラス接着力
	加熱発泡	加湿はがれ	（N/25mm）
粘着剤C	無し	無し	6
粘着剤D	無し	無し	12

a) 耐久性　粘着偏光板（20インチサイズ）での評価
　　　　　加熱：90℃×500H　加湿：60℃/90％R.H×500H
b) 対ガラス接着力　被着体：無アルカリガラス（コーニング社製　コーニング1737）
　　　　　はく離角度：90°
　　　　　はく離速度：300mm/min.
　　　　　測定温度：23℃

が再使用できなくなるといった不具合が発生する。前述の様に，LCDパネルが薄く大きくなるとこの不具合はますます顕著になる。

このため，光学フィルム用粘着剤としては，発泡やはがれを発生しないように耐久性は維持しつつ，粘着力自体は低く，経時での上昇性が無く，はがす際に糊残りが発生しないことが要求されてきている。

粘着剤の設計としては，必要以上の接着要素を設計から外し，液晶セルへの接着力を低くしてリワーク性を向上させることが必要となる。このとき，耐久性との両立を可能とするためには，光学フィルムの変形による応力を緩和してガラスとの接着界面に集中させないようにする必要がある。従来の考え方とは反対に，応力緩和性を増すためには，アクリル系ポリマーの低T_g化，低分子量化，低分子量成分の付与や，架橋剤の減量による架橋密度の低下などが有効である。

このような考え方に基づいて開発した軽はく離粘着剤の特性について説明する。

表2に，軽はく離粘着剤C，従来の粘着剤Dの特性比較を示す。粘着剤Cでは耐久性については，加熱下，加湿熱下でともに発泡やはがれは生じていないが，LCDガラスに対する接着力は約半分になっている。耐久性とリワーク性のバランスが取れた設計となっており，新たな設計の考え方が適応できることが確認された[13]。

3.5　おわりに

LCDがCRTに代わる新しい表示デバイスとして一般に認知されるに至り，ますます大型化，薄型化，高機能化が進んできている。これに合わせてLCD用光学フィルムも大きく進歩しており，同時に粘着剤にもさらなる改良が要望されている。本節で述べた内容以外にも，表示均一性に対する粘着剤の改良などは大きな課題の一つとして開発が進められており[14～16]，さらなる新製品・新技術が世の中に登場してくるものと考える。

文　　献

1) 宮武稔, 月刊ディスプレイ, **11**, No.4, 45 (2005)
2) 吉見裕之, 日東電工技報, **41**, 26 (2003)
3) 伊藤洋士, 御林慶司, 高分子, **53**, 802 (2004)
4) 中島登志雄, 機能材料, **19**, No.12, 47 (1999)
5) S. Kobayashi, H. Shibata, Y. Takahashi, T. Shouda, IDW'99, 391 (1999)
6) 佐竹正之, 接着の技術, **25**, No.1, 25 (2006)
7) 外山雄祐, 佐竹正之, 日本接着学会第44回年次大会講演要旨集, 63 (2006)
8) 特許 3783971 号
9) 特許 3634079 号
10) 山岡尚志, 大泉新一, 佐竹正之, 藤村保夫, 日東技法, **33**, 41 (1995)
11) 特許 2549388 号
12) 佐竹正之, 接着, **50**, 2 号, 58 (2006)
13) 佐竹正之, 高橋寧, 日東電工技報, **38**, 52 (2000)
14) M. Satake, T. Shouda, S. Ooizumi, K. Miyauchi, K. Kojima, IDW'98, 251 (1998)
15) 今和弘, 宮田壮, 接着, **46**, 9 号, 398 (2002)
16) 小笠原晶子, 佐竹正之, 高分子学会予稿集, **54**, No.2, 5440 (2005)

4 極薄ウェハ加工用自己はく離粘着テープ

大山康彦*

4.1 開発の背景

近年，携帯電話や自動車用等の電子機器の高機能化，大容量化，小型化がますます進んでいる中で，半導体ウェハを高精度に加工する要求が増えてきている。半導体チップを複数枚積層する3次元実装では従来の $100\mu m$ 以上のウェハ厚さから，$50～20\mu m$ 厚さへの極薄化加工プロセスが検討されている。センサーなどMEMS用途では薄厚シリコンウェハに窄孔や矩形形状に微細加工が行われている。また，半導体チップの熱伝導性向上や電極形成のために金属膜や絶縁膜が表面加工されてきている。

シリコンや化合物半導体は無機の剛体であるが，非常に脆いので上記のような微細加工の際に割れ，欠けなどが起こり易く，その取り扱いが困難になってきている。例えば，$50\mu m$ 厚さへの極薄化プロセスでは，極薄研削，研磨時で割れや欠けが起こり易いし，その極薄ウェハは非常に脆い上にプラスチックフィルムのようにフレキシブルになるため反り，変形が起こり，非常に取り扱いにくい[1～3]。

このような状況から筆者らは上記のような半導体ウェハ加工時に，ガラス板等のハードな基板にしっかり固定し保護して，安全に加工を行ったあとで，紫外線（UV）を照射すると加工を施した半導体ウェハから自らはがれる自己はく離型粘着テープ（製品名「セルファ」）を開発した。

4.2 自己はく離粘着剤

自己はく離粘着剤は基本的に特殊アクリル系ポリマーとUV官能型ガス発生剤とで構成される。特殊アクリル系ポリマーはアルキルアクリレートを主成分としてその他に架橋基点，極性や T_g を調整する官能基モノマーを含んでおり，それらは粘着剤組成物として各種配合物の相溶性やテープに要求される粘着特性を満足できるよう設計する。また，UV官能型ガス発生剤はアゾ基やアジド基などUV照射などの外部刺激によって窒素などのガスを発生する官能基を有する。通常，これらのガス発生剤はUV以外に加熱によっても分解してガスを発生させるものが多いが，実際の工程温度で分解しないように設計，選定されている。そのほか必要に応じてUV開始剤，増感剤や各種安定剤等を配合している。半導体加工用として特に要求されることはNaやClなどの有害イオンなどを極力減らした原材料から構成されていることである。

自己はく離の基本メカニズムは，粘着剤にUVを照射すると粘着剤中でUV官能型ガス発生

---

* Yasuhiko Oyama　積水化学工業㈱　高機能プラスチックスカンパニー　開発研究所
　　　　　　　　　　 IT材料開発センター　半導体実装材料グループ長

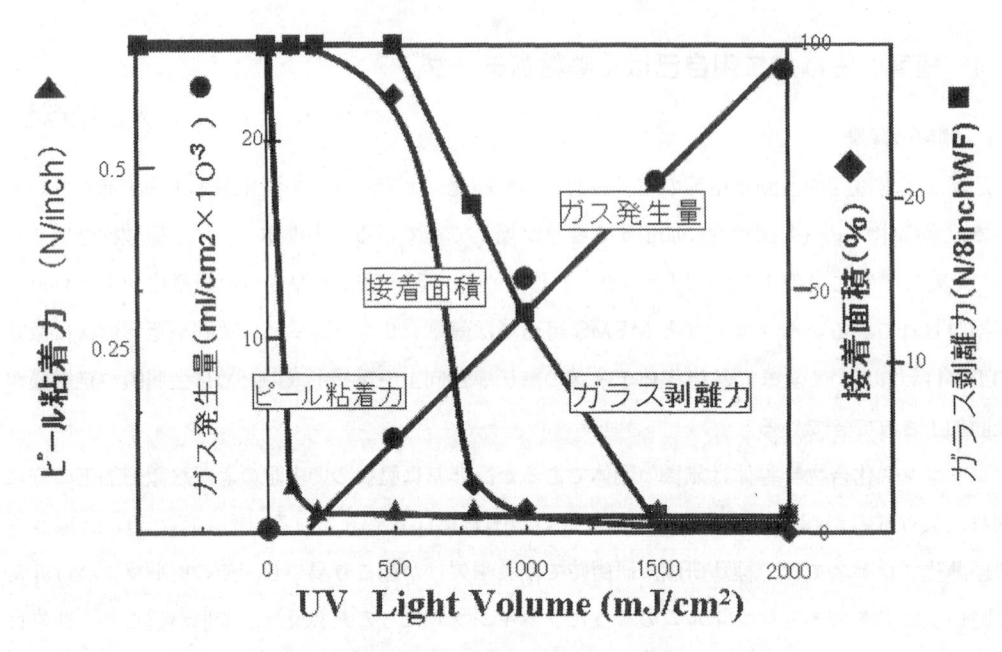

図1 自己はく離テープのUV挙動

剤が分解して窒素ガスが発生し，そのガスが粘着剤の外部すなわち接着界面に放出され，接着界面にガスが溜まっていくことによって自然に自らはがれていくものである。

図1で自己はく離挙動について詳細に説明する。本図では，横軸で積算UV照射量を表しUVを照射していくことによって起こる変化を示している。自己はく離粘着剤にUVを照射し始めるとまず，粘着テープの粘着力（ピールはく離力）が低下し，照射量200〜500mJ/cm^2 でほぼ極小値を示す。これは粘着剤のUV硬化によるもので通常のUV硬化型粘着剤と同様の挙動である。次に粘着剤から照射量に対応して直線状にガスが発生し始め，そのガス発生に伴い，接着面積が100%から減少していく。すなわちガス発生に従ってはがれていくことが分かる。ここでガラスはく離力はガラス板/自己はく離両面粘着テープ/ウェハのように貼り合せたサンプルからガラス板をはがす力であるが，接着面積が少しでも残っていると，このガラスはく離力は高い値を示す。ウェハが薄い場合や割れやすい場合にはこの力で割れることになり，本テープとウェハの界面にガスを発生させることによって接着部分が消失して初めてガラス基板とウェハを分離できる。このようなガラス板とウェハ，ガラス板とガラス板のような剛体同士の接着体では粘着剤のピールはく離力が非常に小さくなっていても密着していれば両者を分離することは困難であり，本系のような自己はく離メカニズムが必要となる。

4.3 半導体ウェハ極薄化プロセスへの応用

本項では自己はく離粘着剤を用いた極薄研削用粘着テープと極薄研削プロセスへの応用について述べる。前述のように半導体は脆いので極薄になると非常に割れやすく取り扱いにくい素材であるため，これをガラス板のようなハードな基板でしっかり保持して極薄加工，微細加工，搬送，転写を安全に行うシステムである。

4.3.1 半導体ウェハ極薄研削用テープ

図2に極薄研削用テープ「セルファBG」の構成を示す。特殊処理されたポリエチレンテレフタレートフィルムの片側にUV自己はく離粘着剤，他面に自己はく離しないUV硬化型粘着剤を設けた両面粘着テープである。

離型フィルムをはがし，図2では自己はく離粘着剤側にウェハを，UV硬化型粘着剤側にガラス基板を接着し（この逆の貼り合せ方もできる），この状態でウェハの裏面研削・研磨を行う。中間のポリエチレンテレフタレートフィルムは表面に易接着化処理を施す。特に自己はく離粘着剤側には窒素ガスがこのフィルム表面から発生せず，ウェハ界面のみに発生させるため，粘着剤とフィルム界面とを特殊アンカー処理によって強固に接合させている。また，UV照射や自己はく離の際に発生する静電気も除去できるように帯電防止処理も施している。

粘着剤の接着力，厚み，柔軟性の設計については，実際のウェハ表面の形状や表面状態に対して総合的に設計する。

4.3.2 ガラス板によるウェハサポートシステム

「セルファBG」を用いた極薄ウェハサポートシステム（GWSS）のフローを図3に示す。

ウェハとガラス基板とを接着させる場合はどちらも剛体であり，常圧下で貼り合せると空気を接着界面に巻き込み，加工時に割れ等の不具合になるので真空下で貼り合せる必要がある。

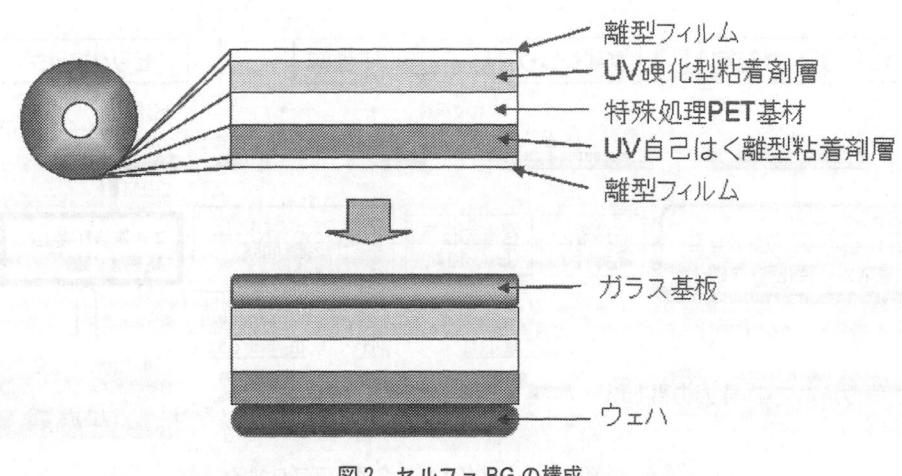

図2 セルファBGの構成

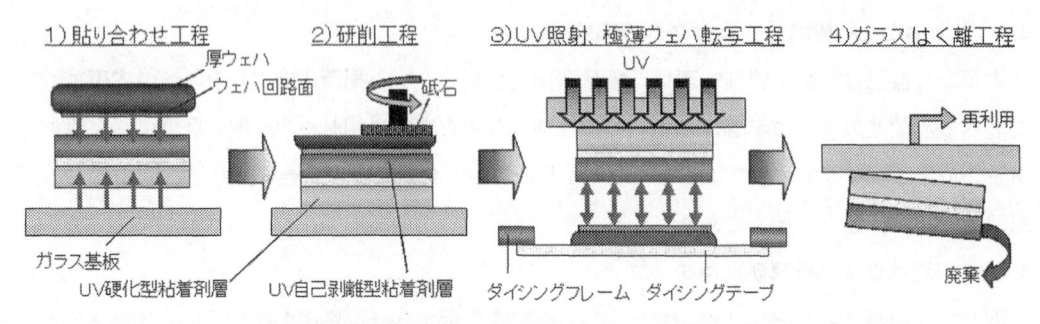

図3 ガラス基板によるウェハサポートシステム

0.5〜1mm前後の厚さのガラス基板にウェハを強固に固定して，極薄研削・研磨，微細加工や搬送時での割れ，欠け等の事故を防ぐ。その後30〜100mW/cm²程度のUVをガラス面から照射すると自己はく離粘着剤層表面から加工されたウェハが自然にはがれ安全にダイシングテープなどに転写できる。UV照射工程では，テープはガラス側に残るが，UV硬化型粘着層を使用しているので，簡単にはがした後，ガラス板はリサイクルし，テープは廃棄する。

4.4 ダイシング・ボンディングプロセスへの応用

従来のダイシングテープは主に塩化ビニルまたはオレフィン系の柔軟性基材フィルムに加熱粘着力低下型もしくはUV硬化型の粘着剤が形成されている。その基本プロセスを図4に示す。50μm以下の極薄半導体を取り扱う上で，従来のテープシステムには基本的に下記のような課題があると考えられる。

・テープが柔軟なため，極薄ウェハのサポート性が悪い。
・ニードルで突き上げた際，極薄半導体チップがダメージを受けやすい。

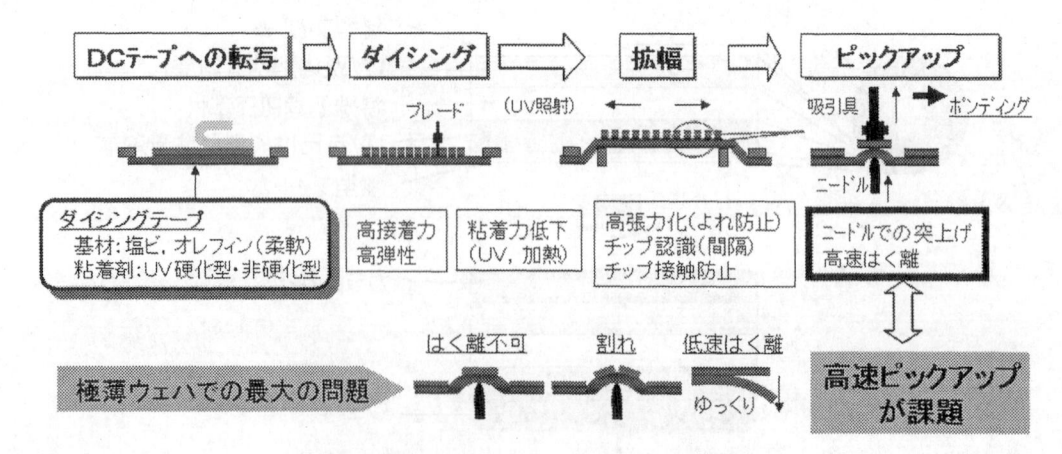

図4 従来のダイシング・ピックアッププロセス

第 2 章　エレクトロニクス分野

・高速ピックアップが難しい。

筆者らは上記の極薄チップをピックアップする（テープからチップを引きはがす）ことについても UV 自己はく離粘着剤を応用した。

4.4.1　極薄ウェハ用ダイシングテープ

図 5 に片面に自己はく離型粘着剤を形成した極薄ウェハ用ダイシングテープ「セルファ DC」の構成を示す。本テープの基材にはポリエチレンテレフタレートフィルムを選定した。従来のダイシングテープは主に柔軟な基材が使用されているが，これは半導体チップのピックアップ時にテープを拡幅することとニードルでの突き上げでテープの変形が必要であることが主な理由である。自己はく離機能を有する本テープでは，テープ背面からテープに接触せず UV を照射することで自然にチップがはがれる（浮き上がる）ので，ニードルでの突き上げがなく，テープの変形性は必要無い。また，近年，チップ認識精度が向上しているのでチップ間隔を開けなくても良い。本システムではテープの拡幅や柔軟基材を必要としない。テープ基材を剛性の高いポリエチレンテレフタレートにしたことによって極薄ウェハのサポート性も向上できると考えられる。

極薄ウェハのダイシング特性は粘着剤の弾性率や粘着力を適正化することで満足できる。

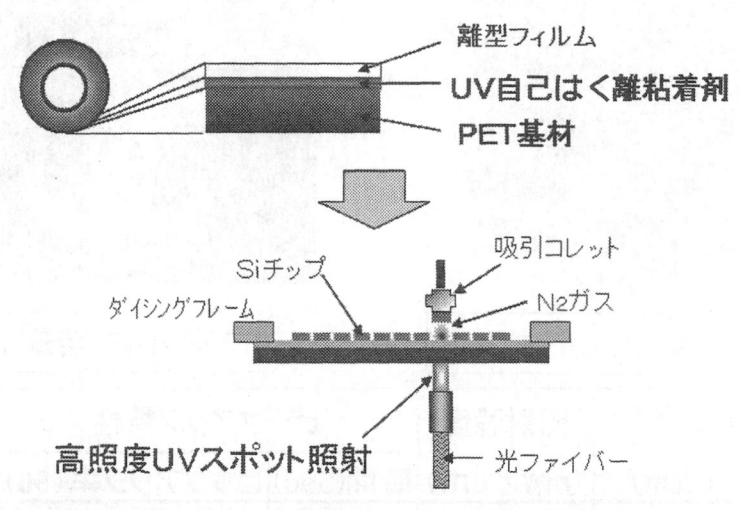

図 5　セルファ DC の構成と UV ニードルレスピックアップ

4.4.2　UV ニードルレスピックアップシステム

このピックアッププロセスにおいては，極薄チップを 1 チップごと短時間にピックアップできて，割れ，欠け，汚染等が生じないことが求められる。図 6 に UV の照射強度とチップはく離の関係を示す。照射強度が大きくなればより速くチップが自己はく離することが分かり，3,000mW/cm^2 の高照度で 0.5 秒以内のチップはく離を確認できる。この状態は UV を照射したら，チップ

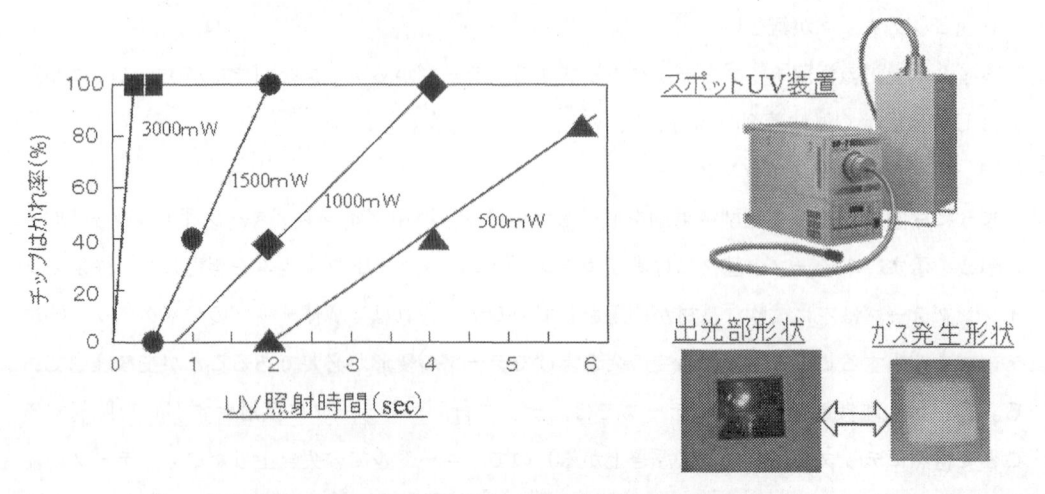

図6 チップの自己はく離とUV照射時間・強度の関係

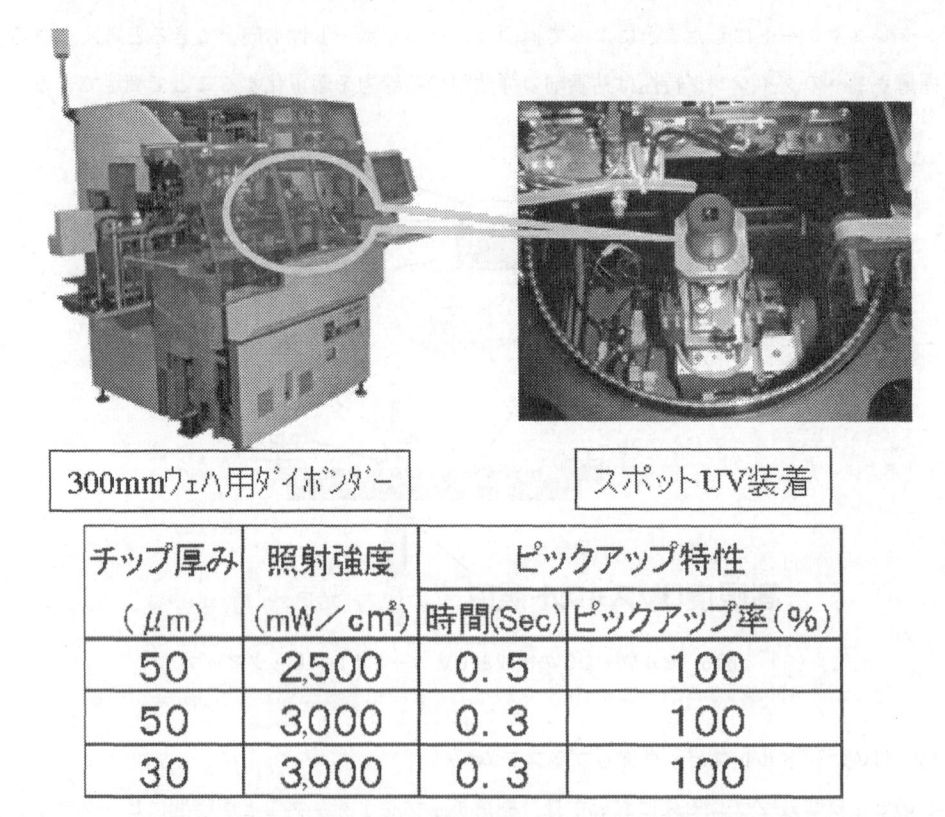

チップ厚み (μm)	照射強度 (mW/cm^2)	ピックアップ特性	
		時間(Sec)	ピックアップ率(%)
50	2,500	0.5	100
50	3,000	0.3	100
30	3,000	0.3	100

□3mm, n=20

図7 極薄チップのピックアップ

第2章　エレクトロニクス分野

が浮き上がっており，ダイボンダーの吸引具をチップ真上に待機させておけば自然に吸引具に吸着し極薄チップをピックアップしたことになる。

　基本的なシステムとしては既存のダイボンダーに市販のスポットUV照射装置を組み合わせた。UV発生装置から光ファイバーで所定の部位までUVを導きスポット的に高照度の出光を行う。出光のオン・オフはシャッターにて行い，ダイボンダーに応用する場合，従来のニードル突き上げの信号と同期させれば，ニードルの代わりにUVを照射することができる。1チップごとのはく離については出光部をチップの形状に合わせ，ほぼ出光部形状どおりにガスを発生させることによって1チップピックアップを実現できる。出光部はチップ形状に応じて取り替える。図7に示すように「セルファDC」と本装置によって300mm径・30μm厚のシリコンウェハで高速ニードルレスピックアップを実現している。

4.5　まとめ

　半導体ウェハを微細に加工するときには強接着力を示し，はがしたいときにはUVを照射することで自発的にはがれる特性を示す自己はく離型粘着剤技術によって，半導体極薄研削用テープと極薄ウェハサポートシステムおよび極薄半導体用ダイシングテープとUVニードルレスピックアップシステムを開発した。これにより半導体ウェハの極薄化からダイボンディングまでのプロセスに対して一つの有効なソリューションを提供できた。

　また，本技術は半導体の極薄化以外のプロセス，例えばエッチング，ラミネート，樹脂埋め込みや蒸着，スパッタリング等による膜付けなど種々のプロセスに適用できる。今後，このような応用事例を増やし，半導体製品のさらなる高性能化・高機能化に寄与させたい。

文　　献

1) 下別府祐三, SEMICON Japan 2001 Program, 63 (2001)
2) 南條雅俊, SEMICON Japan 2001 Program, 105 (2001)
3) 妹尾秀男, 高橋和弘, 杉野貴志, 電子材料, 7月号, pp.42-46 (2001)

第3章 バイオ・メディカル分野

1 医療用接着剤

宮入裕夫*

1.1 まえがき

　医療用接着剤の応用分野はバイオ・メディカル分野の一部ではあるが，その用途は多岐にわたっている。医療関係で接着剤が使用される分野は広く，その用途は大きく医科関係と歯科関係とに分けられる。特に最近の医療用接着剤は医科関係，歯科関係では先進医療技術を支える基礎的な手段として接着剤が使用されている。まず，医科関係では脳外科や心臓外科などでのマイクロサージャリーや人工関節の使用などといった分野であるが，高度外科手術の開発はこのような接着剤の開発とその活用にあるといってもよい[1]。

　一方歯科関係では歯科保存領域での修復用接着剤として，また，人工歯根の固定などさまざまな領域で接着剤が使用されている。この分野では接着剤の使用により歯科分野治療方法が従来の治療法に変り，残存歯をできる限り残し，積極的に維持管理させるといった新しい治療が可能になってきている。したがって，ここではこのような医療用接着剤の変化を踏まえ，それぞれの用途で使用される医療用接着剤について，医療用分野と歯科用分野とに分けて，順を追って解説する[2]。

1.2 医療用接着剤の要求特性

　医療用接着剤は一般の工業用接着剤とその要求特性が異なるので，その特徴的な特性を列挙すると下記のようになる。

　1) 生体組織との接着性の高いこと

　2) 接着剤の硬化速度が速く，その制御が容易であること

　3) 常温，無加圧で接着し，硬化熱の低いこと（60℃以下が望ましい）

　4) 毒性がなく，生体適合性に優れていること

　5) 組織反応性が低く，異物反応のないこと

　6) 血栓性や血液の溶解性のないこと

　7) 簡単に滅菌，消毒ができること

　　＊　Hiroo Miyairi　東京電機大学　工学部　教授

第3章 バイオ・メディカル分野

しかし，医療用接着剤の中には軟組織用と硬組織用の接着剤があるが，ここに示した特性は硬組織用の接着剤についての要求性能である。軟組織用接着剤については，生体組織が接合した後は接着剤自身は生体内に吸収され，生体組織に異物反応や損傷を与えないことが必要条件となっている。このようなことから医療用接着剤でも使用する部位によってその要求性能も異なっている。したがって，医療用接着剤はこれらの用途に応じ接着剤の弾性特性が自由に制御できるなども，重要な要求項目である。

1.3 医療用接着剤の種類

医療用接着剤として使用される接着剤には，医科関係では皮膚や血管などの軟組織を対象とする接着剤がある。この接着剤は手術の過程で切開したり，欠如した部分を修復，補修したり縫合するようなとき，作業を正確かつ迅速に行うための手段として使用される。このような接着剤は一般に液状のもので，接着層は薄く皮膚や血管に直接接着するものでなければならない。したがって，このような接着剤は切開された軟組織の接着を一時的に接着させるもので，接着剤として手術後長時間使用するものではない。すなわち，このような接着剤は血管同士，皮膚同士が手術後これらの臓器が回復し，血管同士，皮膚同士が自分自身接合し，修復しようとする生体の機能を阻止しないような特性が要求されるのである。そのためには接合部が回復する過程では接着剤自身は生体内に吸収されて，生体に為害性のないような接着剤でなければならない。このような接着剤に対する要求性能は一般の接着剤に要求される性質とは異なったもので，医科関連の軟組織用接着剤としてはこのような接着剤が広く使用されている。すなわち，このような接着剤は接着の初期接着性に優れ，かつ一定期間経過後は生体の治癒機能を阻害しないといった医療用接着特有の性質を有する接着剤が要求されるのである。

このような接着剤とは別に医療用接着剤にも，工業用の接着剤と同様に長期間優れた接着特性の要求される用途がある。その用途とは医科用では人工関節の固定用接着剤であり，また歯科領域で使用される接着剤では，歯科修復用接着剤や人工歯根の固定などのほか，う蝕欠損部に充填される各種充填剤などはすべて上記特性が要求される接着剤である。このような接着剤は空隙を充填して接着機能を発揮するために，粉末状のポリマーと液状のモノマーを混練りして使用する餅状の接着剤である。したがって，このような接着剤は優れた接着強さと優れた接着耐久性のほか，界面の優れた密着性が要求される接着剤で，一般の接着剤となんら変ったものではない。しかし，何れの接着剤も生体内で使用する接着剤であるため，生体的適合性に優れたもので，特に生体内に充填する接着剤のために，このような接着剤は硬化時間の短い短時間接着が接着剤の要求性能として重要な特性となっている。

1.4 医科用接着剤

1.4.1 軟組織用接着剤

(1) シアノアクリレート系接着剤

① シアノアクリレート系接着剤の種類と特性

　シアノアクリレート系接着剤は血管や皮膚などの軟組織を対象とする医療用接着剤として生体組織の縫合用接着などに広く使用されている。この接着剤は液状の接着剤で簡便な操作性を特徴とし，その使用範囲も広い。特に，シアノアクリレート系接着剤がこのような分野の接着剤として注目されているのは，接着剤の速硬化性と生体為害性のほか無圧接着であることなどが特徴として挙げられる。この接着剤は1960年代に入り手術の現場で操作性にも優れ，簡便な接着剤として注目され，盛んに使用されるようになった。しかし，接着剤に対する医学領域での要求性能は厳しく，また，使用範囲も多岐にわたることから，まだ決して満足のいくものではない。表1は医療用接着剤として使用されている主なシアノアクリレート系接着剤の種類と性能を示したものである。この接着剤の特徴を掲げると次の通りである。

1) 接着剤の硬化速度が迅速である
2) 一液性，無溶剤型接着剤である
3) 表面処理が必要なく，無加圧で常温硬化である

上記特徴を見ても分かるように，医療用接着剤は現場での使用を考慮した接着剤の操作性が，如

表1　シアノアクリレート系接着剤の特性

	特性	イーストマン910	シアノボンド5000	アロンアルファ (増粘剤を含まず)	アロンアルファ (増粘剤添加)
モノマー	外観	不透明無色	微濁液体	無色透明	無色透明
	沸点	48～49℃/ 2.5～2.7mmHg	—	55～57℃/2 mmHg	55～57℃/2 mmHg
	粘度	約100c.p	約100cP	2±1cP	40±10cP
	重合熱	約10kcal/mol	—	—	—
	屈折率	n_D^{20} 1.4517	ガラスとほぼ同じ	n_D^{20} 1.4363	n_D^{20} 1.4363
	比重	d_4^{27} 1.0959	—	d_4^{28} 1.0380	d_4^{28} 1.0380
ポリマー	軟化温度	165℃	約170℃	145℃	145℃
	熱変形温度	—	—	118℃	118℃
	融点	—	—	200～208℃	200～208℃
	屈折率	n_D^{20} 1.4923	ガラスに等しい	n_D^{20} 1.4868	n_D^{20} 1.4868
	比重	—	—	d_4^{28} 1.2476	d_4^{28} 1.2476
	誘電率	3.34 (M.C)	—	3.56 (M.C)	3.56 (M.C)
	絶縁抵抗	—	—	8.6×10^{12} (30℃)	8.6×10^{12} (30℃)

（注）モノマーはメチルエチルケトン，トルエン，アセトン，ニトロメタンに溶解する。ポリマーはジメチルホルムアミドに徐々に溶解する。

第3章 バイオ・メディカル分野

何に重要であるかが理解していただけるかと思う。

② シアノアクリレート系接着剤の為害性と適用部位

生体との為害性については多くの研究が行われている。この接着剤は生体自身が接合する短期間ではあるが，体内に吸収されることが少なく，生体に為害性を与えることなく，かつ分解され体外に排泄されることが必須条件である。生体に及ぼす接着剤の適応性については，ハツカネズミ，ダイコクネズミなどを用い，皮下や腹腔内あるいは肝臓内にモノマーを注入したり，ポリマーを封入してその経過観察が行われている。その際の主な検討項目は毒性，抗菌性，発がん性などの組織反応性などであるが，長期使用に関してはさらに広い視野からの検討が要求される。生体内での接着剤の使用は接着剤の重合，分解および吸収といった形で行われるが，特に重要なのは重合反応の過程で生じるさまざまな問題である。すなわち，この過程で発生する物質の為害性や生体との結合組織の増殖などで，そのような機能を阻害することなく，体内への吸収も少なく排泄されることが必要である。このような接着剤はその使用部位によっても異なるが，接着剤の性能は接合部が硬化し，保持されるに必要な最小時間は通常4～5分，長いもので10～15分と考えられている。したがって，その短い期間，接着剤は接合部の血行，増殖などを促進させ，生体の回復力を阻害させないことが大切である。

次にこのような接着剤の用途について述べる。接着剤に対する要求性能も外科手術の進歩に伴い使用分野は拡大している。その主なものは血管，筋肉，皮膚などの吻合に用いられるが，このような吻合部のほか，たとえば脳動脈瘤などの表面に接着剤を塗付して，これを補強する目的などにも使用されている。このような補強部位の使用では，接着剤の耐組織液や皮膜形成性などが要求されるため，変形に追従できる接着剤の優れた弾力性などが要求される。弾力性付与のこのような接着剤にはニトリルゴム系のものやトルエンジイソシアネートなどを混合したものが使用される。特に可撓性の要求される血管の吻合部などでは，ポリウレタン系接着剤が使用されることもある。しかし，これらの接着剤はシアノアクリレート系接着剤に比べ使用量は少ない。したがって，これからの接着剤の開発は使用部位に応じたキメの細かい商品開発が重要である。

表2は軟組織を対象とする接着剤の使用目的と使用部位を示したものである。医学領域で使用される接着剤の使用範囲は大変広く，それぞれの使用部位に応じ接着剤に対する要求性能も異なる。したがって，これから接着剤はそれぞれの使用分野に応じた商品開発が重要な研究課題であると考えている。特に医療用接着剤は生体との適合性は基本的な条件であるが，軟組織を対象とする接着剤では高湿度での接着性能，接着操作性，接着剤の速硬化性などが重要な特性であると考えており，これらも問題が解決されたならば軟組織を対象とする化学重合型の接着剤の用途はさらに拡大するものと考えている。

表2 医療用接着のおもな臨床応用

使用目的	適用部位
吻合	食道，胃，腸管，胆道など消化管の吻合 血管（動脈，静脈）の吻合 気管，気管支の吻合
閉鎖	胃，腸管穿孔部位の閉鎖 気管，気管支の穿孔部位閉鎖 瘻孔の閉鎖 口がい裂閉鎖 角膜穿孔閉鎖
移植	代用血管移植 皮膚移植 神経移植
接着 接合	皮膚，腹膜，筋膜などの接着 神経の接合 尿管，膀胱，尿道の接着 自然気胸（Bulla）に対する肺接着 肝，腎，膵臓などの切離片の接合
出血防止 漏出防止	腎臓，肝臓，脾臓，肺，脳などの実質臓器の出血防止 腎臓，肝臓，膵臓などの生栓後の出血防止 復腹膜および骨盤の出血防止 消化管潰瘍の出血防止 脳脊髄液の漏出防止
その他	痔核手術 遊走腎固定 中耳再建

(2) フィブリン系接着剤

① フィブリン系接着剤の特性

　汎用のシアノアクリレート系接着剤は高分子系接着剤であるため，体内での接着強さはあるものの，生体内での分解，排泄が十分でないことと，生体に対する為害性などに対しても十分でないことが懸念される。それらの問題を解決する方法として生体由来の接着剤への関心が高い。このようなことから注目されている接着剤がフィブリン系接着剤である。このフィブリンまたはフィブリノゲンを含む物質は，古くから生体の損傷部の接着や止血などの機能を有することから，接着剤としての試みがなされてきた。その後，この余蘊研究は，1910年頃からフィブリンの止血作用，神経の吻合，ヒトの植皮片の固定などを対象に注目され始めたが，基本的な接着強さが得られず新しい発展には至らなかった。しかし，1970年になって，Matras[3]らが濃縮フィブリノゲンを用いたウサギ坐骨神経断端の接合に成功したことで，再度フィブリン系接着剤の医療での応用が盛んに行われるようになった。

第3章 バイオ・メディカル分野

表3 フィブリン接着剤の接着強さ（1分後）

接着剤	gf/cm²
アロンアルファ®	900±173
バイオボンド®	42±10
フィブリングルー	93±14
NBCA/poly(D, L-LA-co-ε-CL)	
90/10	1,313±430
85/15	1,004±357
80/20	427±70

　生理的組織を接着剤として用いるフィブリン系接着剤の有用性・有効性について考えると，この接着剤には下記のようなメリットがある。
1) まず，この接着剤は止血機構のうち二次止血の機序に基づく，止血剤を応用したものである
2) したがって，血漿板や凝固障害に関係なく接着効果が期待できる
3) また，液状接着剤であるから凹凸部や創部の深部にも適用が可能である
4) しかもこの接着剤は生体にとって異物でないため，生体との生体親和性が高く，1週間程度で生体内に吸収され傷害を残さない

　しかし，フィブリン系接着剤は二次止血の機序を応用した接着剤のため，出血量の多いときにはその対応が難しく圧迫止血のできないこともある。このような場合には接着機能を補助するためにほかの接合法を併用することが必要である。また，フィブリン系接着剤は止血機序を基本としているため，血栓内への混入を避けなければならず，また，血液製剤であるため，ウイルス感染に対する配慮も必要である。

　表3はフィブリン系接着剤とシアノアクリレート系接着剤との特性を比較したものであるが，フィブリン系接着剤の接着強さはかなり低い。そのため，たとえば，消化管の接合など高い接着強さの要求される部位では，接着と縫合接合との併用などの手法が行われる。また，この接合法は生体組織からの血液，体液や体内ガスなどが漏出し，ほかに適切な処置のないような場合にも適用が可能である。そのため，肝臓外科，肺外科，心臓血管外科および産婦人科領域における手術などにも使用されることがある。

② **フィブリン系接着剤の応用**[4]

　フィブリン系接着剤は外科系領域の接着剤として広く汎用化しているが，その主な用途は表4に示す通りである。この接着剤の特徴は手術時の血管や臓器からの出血を短時間で止めることができることである。したがって，消化器，胸部外科，脳神経外科，形成外科，産婦人科，泌尿器外科，眼科などのほか，肺や鼓膜などの穿孔部を筋膜片などで閉鎖するなど，その応用範囲は広く，多岐にわたっている。

表4 フィブリン接着剤の臨床応用

消化器外科	消化管吻合部補強・閉鎖・止血，胆汁漏出の防止
心臓血管外科	微小血管吻合，代用血管の封鎖，吻合部針穴からの出血の止血，人工心肺後のヘパリン血の止血，血管吻合部の補強，血液の漏出防止
呼吸器外科	肺切除後の空気漏れの防止，気管支傷の閉鎖，胸膜接着
産婦人科	卵管端吻合，腹膜，筋膜接着
形成外科	植皮片・創傷被覆保護材の貼付，創面保護，口腔粘膜・軟骨・骨接着，筋と骨接着，止血，充填，閉鎖，外傷性鼓膜欠損の閉鎖
整形外科	小骨片接着
泌尿器科	腎臓・尿管接着
その他（外科）	実質臓器の接着，肺切除面の止血

　また，フィブリン系接着剤はシアノアクリレート系接着剤と異なり，生体への吸収性は部位により多少異なるが，最終的には生体内に吸収されていく。しかし，このような性質も一般的には，組織の修復と共にその吸収性は1ヶ月間位で低下していく。さらに，この接着剤は創部に対して膠着性を示すフィブリンの性質を利用し，繊維芽細胞の増生，毛細管の新生など，臓器の修復に寄与することなどが知られている。したがって，このような生体由来のフィブリン系接着剤は将来の医療用接着剤として大いに期待されている接着剤である。

1.4.2 硬組織用接着剤

(1) 接着剤の特性

　医療関係で使用されている硬組織用接着剤には，人工関節の固定などに広く使用されている接着剤がある。この接着剤はPMMA［Poly(methyl methacrylate)］と呼ばれるアクリルレジンセメントでメタクリレートポリマーに液状のモノマー（methyl methacrylate）を混ぜ，室温で重合硬化させて使用されるもので，接着剤の組成は表5の通りである。また，図1は膝関節に人工関節を装着，固定した状況を示したもので，人工関節に使用される材料は大腿骨側にはチタン

表5 市販骨セメントの組成（例）

ポリマー／モノマー	組成	
ポリマー	ポリメチルメタクリレート ベンゾイルパーオキシド バリウムサルファイト	61.563wt% 1.904 3.966
モノマー	メチルメタクリレート N,N-ジメチル-p-トルイジン ハイドロキノン	32.298wt% 0.266 0.0006

(a) 膝関節

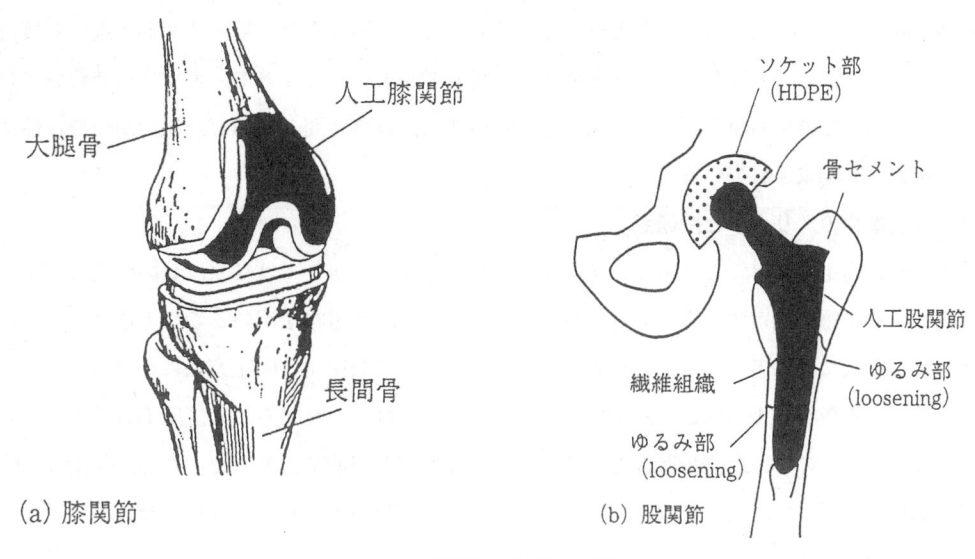

(b) 股関節

図1　膝関節の装着と固定

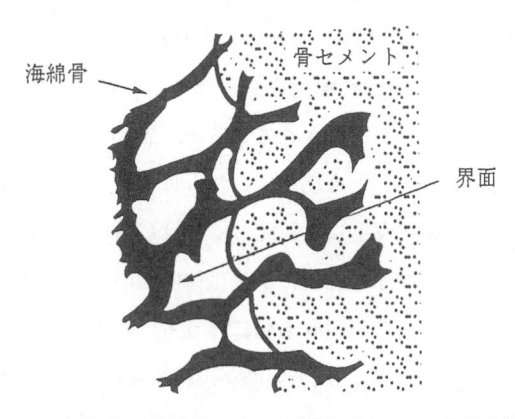

図2　海綿骨と骨セメントの界面（アンカー効果）

系合金・ニッケルクロム系合金などの金属系の合金が，また，長間骨側には高密度ポリエチレン（HDPE）が使用される。このような材料の組み合わせは耐摩耗性の優れた両材料の摺動特性に依存するものである。そして，このような人工関節の固定にPMMA系接着剤が使用されている。しかし，この接着剤はPMMA自体には接着能力はなく（そのようなこともあって，このような接着剤は接着材と記している），実際の使用に当って接着材は人工関節と骨との空隙に充填することで，人工関節は固定されている。したがって，このような結合は図2に示すように，接着材の投錨効果（アンカーリング効果）により，人工関節と骨とは接合されている。すなわち，人工関節を固定する骨は海綿質と呼ぶ多孔質状の骨であり，この海綿骨に骨セメントが注入されることにより，骨内部で重合硬化することによって，人工関節は固定される。したがって，この接着

材の基本的な性能は接着材自身の引張強さ，圧縮強さなどで評価され，骨セメントを用いる接合法は固定する補綴物（人工関節）と骨との間隙に接着材を充填することで，実用に供せられている。そのため，この接着材は間隙や空隙に注入しやすく，重合時間の制御が容易でかつ操作性に優れた接着材が要求されている。

(2) 接着接合のメリットと問題点

人工関節の固定法にはここに示した接着材を使用する方法ばかりではなく，骨の成長を促すことにより，補綴物を固定する方法も行われている。しかし，接着材を用いるこの方法は人工関節の適用者が一般に高齢者であることを考えれば，骨の成長に期待する固定方法には難しいことも多い。しかも接着材による固定方法は接着材が重合硬化すれば，ただちに人工関節装着後，人工関節は固定されるので，起立歩行などの負荷をかける動作も可能である。そのため，手術後，安静無負荷状態に保持することが少ないため，患者の精神的負担は少なく，健康維持にも効果のあることが指摘されている。

しかし，この接着材を使用する固定方法にも問題はある。まず，現在使用されている骨セメントの重合反応熱は85℃以上と高く，このことが，骨を構成しているたんぱく質の凝固温度（約60℃）以上であるため，周辺の骨組織に壊死を引き起こすことや，接着材内のモノマー自身が生体に対し為害性を有することなどが指摘されているが，最近ではこのような状況も徐々に改良されつつある。しかし，このようなことに加え，これら骨セメントは生体にとっては異物であるので，異物を排除しようとする生体反応にも耐えなくてはならない。また，人工物を介しての接合であるため，骨セメントと人工関節の固定により生体内での荷重伝達様式が変わるため，手術後晩期には人工関節固定面において骨の吸収も起こりうる。このような生体反応は最終的には固定面の緩み（loosening）を引き起こし，人工関節が破綻することなどが懸念される。

(3) セメントレスの固定

このようなことから，骨セメントを使用しないセメントレスの固定法も検討されている。この方法は異物としての接着材の混入がなく，骨と直接固定するために理想的な接合法である。しかし，骨セメントを使用しない固定法の問題点は初期固定に時間を要することである。すなわち，骨の成長で人口関節を固定するには少なくとも3ヶ月から6ヶ月は必要と考えられており，その間に人工関節と骨との間に起こるmicro-movementを防ぐ手段を講じない限り，実際に人工関節の固定は難しい。また，その対応にはわずかな空隙の存在も許されず，きわめて正確な手術手技が要求される。一方，固定する骨側の強度も十分でなくてはならず，骨セメントを使用しない固定法にも制約は多い。したがって，このようなことから，高齢者を対象とするセメントレスの固定法は限られた範囲で適用されることとなる。

第3章　バイオ・メディカル分野

1.5　歯科用接着剤
1.5.1　歯科領域での接着[5]

　歯科領域での接着剤の使用は一般に保存治療として広く使用されている。特に最近の歯科治療では生存歯をできる限り活用し，如何に有効に機能させるかは，医療技術の基本的な考え方となっている。そのため歯科領域での修復治療には接着剤は欠かせない修復手段であるといってよい。したがって，接着剤をはじめとするこのような補修用材料を歯科領域では歯科修復材料と一般に呼んでいる。また，歯科領域ではこのような修復材料を用い，一般的な歯科治療が行われている。このような材料の中でも，残存歯を切除することなく，有効に生体機能を発揮するための新しい治療方法が検討されており，さまざまな接着剤・接着技術が開発されている。そして，このような修復技術として関心の寄せられている材料に歯科用接着剤，歯科用充填材などがある。これらの材料は口腔内で，硬化させ機能させるものと，口腔外で作成し口腔内で接着，固定させ使用するものがある。特に口腔内に装着し，咀嚼機能を発揮させるには，残存歯の修復や補綴物の装着には患者の負担を少なくし，快適な治療を行なわねばならない。そのため，治療時間の短縮，優れた歯科材料の開発をはじめ歯科用接着剤の使用は歯科治療の重要な開発技術となっている。ここでは，このような歯科用補修材料の新しい技術として注目されている[3]，歯科用接着剤の使用とその実際について検討する。

1.5.2　歯科分野での接着と修復方法

　図3は歯科治療全般についてその治療方法を分類したものである。歯科領域での修復には，「入れ歯」と称せられる総義歯や部分床義歯があり，残存歯のない無歯顎に咬合歯を構築する修復と，あくまでも残存歯を修復して咀嚼機能を再生させる方法とがある。前者を補綴修復といい，

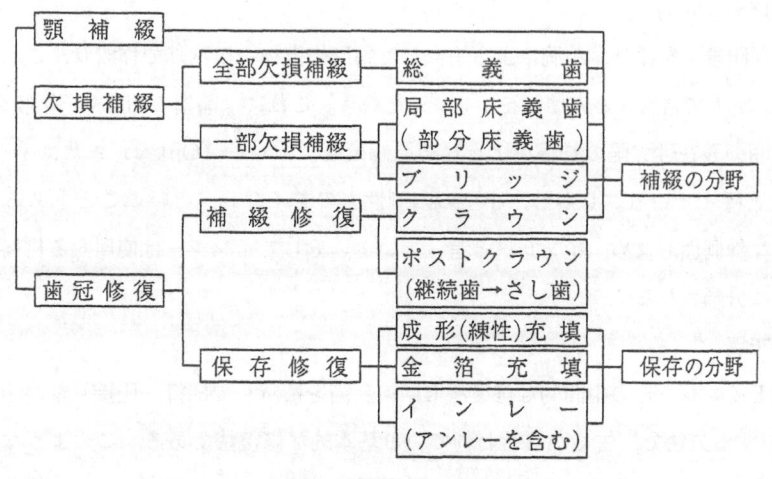

図3　歯科治療の分類

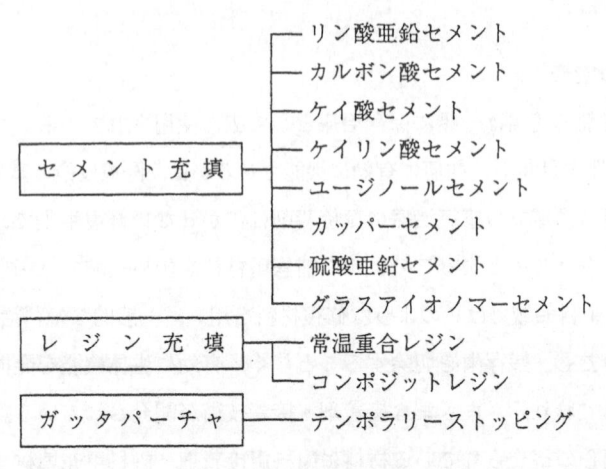

```
                    ┌─ リン酸亜鉛セメント
                    ├─ カルボン酸セメント
                    ├─ ケイ酸セメント
     ┌─────────┐    ├─ ケイリン酸セメント
     │セメント充填│────┤─ ユージノールセメント
     └─────────┘    ├─ カッパーセメント
                    ├─ 硫酸亜鉛セメント
                    └─ グラスアイオノマーセメント
     ┌─────────┐    ┌─ 常温重合レジン
     │ レジン充填 │────┤
     └─────────┘    └─ コンポジットレジン
     ┌─────────┐
     │ガッタパーチャ│───── テンポラリーストッピング
     └─────────┘
```

図4　主な成形充填法

後者を保存修復といって区別している。ここで注目されるのは，口腔内で硬化させ咀嚼機能を再現させる保存修復に関わる歯科治療法である。このような分野では有機系の高分子材料が接着機能を有する修復用材料がさまざまな形で使用されている。また，一般に補修修復は歯の欠損部の空洞部に充填するもので，そのようなものには成形充填，金箔充填，インレー修復の3種類がある。

(1) 成形（練性）充填

歯の欠損部に充填物を填塞（てんそく）するとき，修復材料の粉液比を変え混合したり，加熱軟化させて塑性の泥状物をか洞内につめて硬化させる方法などがあるが，この方法を成形充填という。図4は現在使用されている成形充填の主なもので，この中には暫間的なものも含まれている。

(2) インレー（Inlay）

か洞の型（印象）を採り，か洞によく適合した固形修復物を口腔外で作成し，これをか洞内に装着し，セメントで合着する充填物をインレーという。これには前歯の切縁や臼歯咬合部を含む，比較的広範囲の表在性欠陥の修復のような鋳造修復をアンレー（Onlay）またはオーバーレー（Overlay）と呼んでいる。しかし，小型の内側性ものをインレーと呼ぶこともあるが，広義にはこのような外側性も含め，インレーと言っている。そしてインレーは使用する材料によって，図5のように分類される。

(3) 金箔充填

成形充填とインレーとの中間的な修復法で，純金箔を積層して槌打，圧接しながらか洞に填塞（てんそく）する方法で，古くから行われている基本的な修復法である。このような方式に適用されるものには，金箔に良く似た材料として海綿状金（Sponge Gold）のほか，塩化金溶液を電

第3章 バイオ・メディカル分野

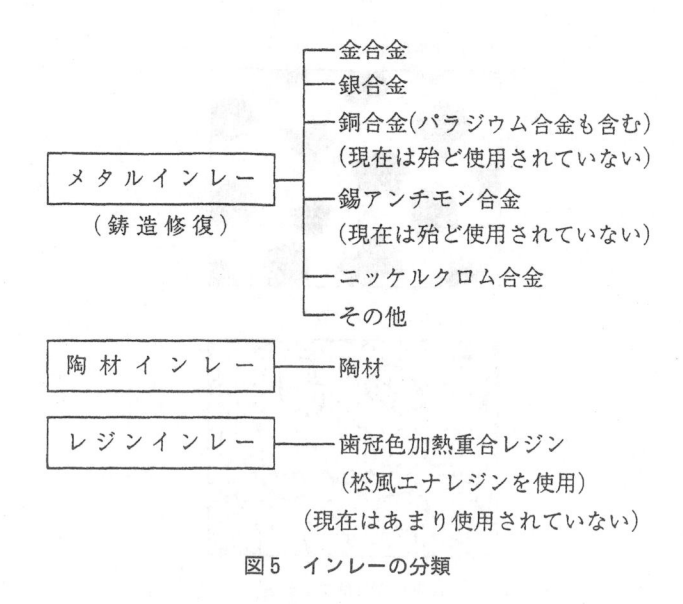

```
                  ├─ 金合金
                  ├─ 銀合金
                  ├─ 銅合金(パラジウム合金も含む)
                  │  (現在は殆ど使用されていない)
 ┌─────────┐    ├─ 錫アンチモン合金
 │メタルインレー├─┤  (現在は殆ど使用されていない)
 │(鋳造修復) │    ├─ ニッケルクロム合金
 └─────────┘    └─ その他

 ┌─────────┐
 │陶 材インレー├── 陶材
 └─────────┘

 ┌─────────┐
 │レジンインレー├── 歯冠色加熱重合レジン
 └─────────┘    (松風エナレジンを使用)
                  (現在はあまり使用されていない)
```

図5 インレーの分類

解により白金極板上で作った金粉（Crystal Gold）を金箔で包んだものなども用いられている。

1.5.3 充填用材料

欠損した歯のか洞部に充填する材料として古くから使用されているものに，アマルガムがある。この材料は口腔内で簡単に重合でき，耐摩耗性に優れ，かつ硬化収縮が少なく，か洞部の充填用材料として優れた特性を有する材料である。しかし，近年，このアマルガムは水銀を含むことから，汚染物質として使用が禁止され，現在では使われていない。

そこで，このような材料に換わって歯科用修復材料として有機・無機系材料を素材とした，歯科用コンポジットレジンが広く使用されている[5]。この材料は歯科保存領域で充填材料として，水銀汚染の問題からアマルガムの使用が禁止されたことに伴い，広く実用に供されるようになった。コンポジットレジンはう蝕した咬合面の窩洞部に充填する材料のため歯質との接着性に優れ，かつ咀嚼時の咬合力に耐える特性が要求される。そのため歯科材料の分野では，このようなニーズに応えるためにさまざまな研究が繰り広げられている。特にこのような過酷な使用条件で，耐久性に優れたコンポジットレジンを開発するには，充填材料として用いられる無機系材料も微細なもので，かつ優れた耐摩耗性，接着性のあるものが要求されている。

1.5.4 コンポジットレジンの構成と重合方法[4]

(1) コンポジットレジンの構成

歯科用コンポジットレジンは従来のメチルメタクリレートに替わるはるかに分子量の高いBis-GMAが開発され，これに無機系フィラーをマトリックス中に充填することで広く実用に至った歯科用保存材料である。図6はこのような各種コンポジットレジンのフィラーとマトリックス

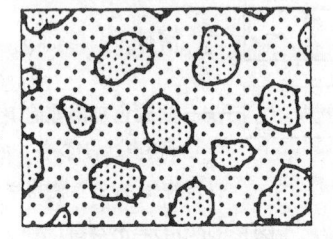

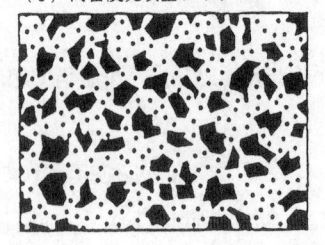

図6 歯科用コンポジットレジンの充填物の形状と分布

(レジン)とで構成されるフィラーの形状と分布状況を示したものである。

そこで，従来型の製品（図6(a)）に比べ表面の粗造性や充填性を補うために，粒子径が0.05μm以下のフィラーを単独に入れるか，またはこの超微粒子のフィラーを混入して重合硬化させた後，粉砕した約20〜30μmの有機フィラーの形で含有させたMFR（Microparticle Filled Resin）型コンポジットなどが開発された（図6(b)）。しかし，このMFR型コンポジットレジンは従来型に比べ，表面の滑沢性，着色性などは改良されたものの，ナノレベルの微粒子ではフィラーの充填率がせいぜい50％程度であった。そのため強さや硬さなどの機械的特性が低いばかりでなく，重合収縮率，熱膨張率が大きくなり，充填物の変形が大きいためにか洞の適合性も悪い。このような経緯を踏まえ，その後，超超微粒子と呼ぶ，粒子径が1μm以下のナノレベルの微粒子が実用に供された。しかし，このような問題の解決は，ただ充填材の粒度をナノのレベルにしただけでは難しい。そこで，このような問題を解決するために，粒子径の異なった二種類以上のフィラーを組み合わせ，フィラーとフィラーとの間隙を狭め，バインダーレジンの量を極力低減したのである。このような改良を重ね高密度充填型コンポジットレジンが開発されている。

図6(c)はこのような経緯をコンポジットレジンの断面を切断した模式図で示したもので，充填粒子の微視化により実現した有機・無機系材料によるナノコンポジットの実用例である．歯科領域においてもさまざまな分野で，ナノテクノロジーを駆使した新規技術が展開されている．

(2) コンポジットレジンの重合方法[5]

歯科用修復材料として口腔内で固化させるには，この材料は，簡単な操作で重合できることが，歯科用充填材として実用に供する重要な鍵を握っているといってもよい．従来各種フィラーとマトリックスレジンとをペースト状にし，この2種類の材料を混合，固化させる方法として，化学重合型が一般的であった．しかし，このようなものに加え，フィラーとマトリックスレジンとを予め混合し，一体化させたものに光を照射するだけで硬化重合する，光重合型コンポジットレジンが開発された．この光重合型は開発当初，紫外線領域の光線が使用されたが，紫外線は人体に為害作用があることから，可視光領域の光重合型のものが登場し，このような可視光線重合型が主流となっている．表6は光重合型と化学重合型の得失を比較したものであるが，一般的な得失は光重合型が優れていることが示される．まず生体的には重合発熱がなく，安定した品質がえられることで，物性的には気泡の混入がなく，表面の硬化性に優れており，操作性では気泡の混入がなく，練和の必要性がないなど，化学重合型に比べ優れた特性を有することが分かる．またここには示されていないが，光重合型は硬化時間が短いので，患者への負担が少ないなど，操作性

表6 光重合型および化学重合型コンポジットレジンの得失

対比項目	光重合型		化学重合型	
練和の有無	不要	・手間がはぶける ・気泡の混入がない	必要	・手間がかかる ・気泡をまき込む
気泡の混入状態	混入しない	・材質が常に一定 ・審美性の向上	混入する	・材質が不均一になる ・面荒れや変色の原因
修復材の特性	均一	・諸物性は常に一定	不均一	・弱い部分ができる
硬化状況	光照射で初めて硬化する	・確実に充填できる ・複数の窩洞が同時に充填できる	練和と同時に硬化が始まる	・充填の途中で硬化する場合がある ・時間の制約を受ける
表面硬化性	優れている	・表面硬度が高く対摩耗性・辺縁封鎖性・表面滑沢性などに優れる	劣る	・表面硬度が低いため対摩耗性・辺縁封鎖性・表面滑沢性に劣る
重合発熱の有無	無い	・歯質に対して熱刺激がない ・発熱による重合収縮が少なくなる	有る	・歯質に熱刺激がある ・発熱による重合収縮がある
品質の安定性	安定	・環境温度等による影響を受けにくい ・物性が安定	不安定	・環境温度等による影響を受けやすい ・物性が不安定になる

に優れた歯科補修用充填材料である．

1.5.5 コンポジットレジンの接着特性[6]

歯科用修復材料は口腔内で使用する材料のため，接着の対象物は歯質との接着であるが，コンポジットレジンは咬合面で過酷な使用を強いられることも多いために，歯質との接着についてさまざまな検討が行われている．また，歯科用コンポジットレジンは咬合力による耐摩耗性とか洞との界面に唾液等の水の侵入を防ぐ，封鎖性が要求される．そのためコンポジットレジンの接着強さは臨床上重要な特性である．

ここに紹介する実験結果はコンポジットレジンの接着強さを光重合型レジンと化学重合型レジンについて行ったもので，接着の対象は象牙質とエナメル質について検討したものである[6]．また，歯の組成は表面がエナメル層で内部は象牙質により構成されている．そのため，このような被着材の違いによる接着強さも，エナメル質と象牙質とに分けて検討しなければならない．

図7は打抜きせん断試験および通常のせん断試験に用いた被着材の種類と試験片の形態を示した．用いた歯科用コンポジットレジンは，光重合型レジンはクリアフィルフォトポステリア，クラレ社製（LCT），化学重合型レジンはクリアフィルポステリアニューボンド，クラレ社製（CCT）である．また，象牙質の接着は象牙細管の方向により接着強さが異なるので，ここでは被着面が象牙細管に平行な接着面と直角な接着面とに分けて検討した．なお，各接着面は耐水エメリーペーパ♯1000で研磨し，接着したものである．

一般に歯質との接着は象牙細管の走行方向によって接着特性は異なるが，象牙細管の走行方向が負荷方向と直角方向のものが，平行のものより大きいことが示される．これは象牙細管が直角であれば，それに伴うアンカー効果が接着強さに影響を及ぼすことが示される．また，LCT と

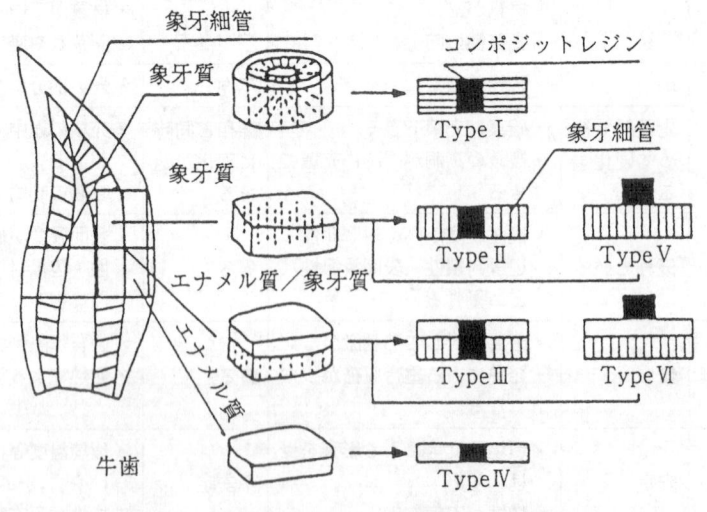

図7 コンポジットレジンの接着強さ試験方法

第3章 バイオ・メディカル分野

表7 歯科用コンポジットレジンの接着強さ

コンポジットレジン	試験片		厚さ t (mm)	接着強さ τ (MPa)	CV (%)
	Type	歯質			
CCT レジン	Type I	象牙質	1.66	3.85	12.5
	Type II	象牙質	1.82	3.70	19.5
	Type III	エナメル質/象牙質	2.41	4.47	30.0
	Type IV	エナメル質	1.06	8.12	31.5
	Type V	象牙質	—	4.04	28.2
	Type VI	エナメル質	—	8.99	33.4
LCT レジン	Type I	象牙質	1.96	4.87	22.6
	Type II	象牙質	2.05	4.74	21.9
	Type III	エナメル質/象牙質	2.45	6.42	29.6
	Type IV	エナメル質	0.95	9.02	25.7
	Type V	象牙質	—	5.04	33.9
	Type VI	エナメル質	—	9.39	14.9

Type I～IV：押込みせん断試験
Type V and VI：通常のせん断試験
CV：標準偏差

CCT との接着強さの違いは LCT のほうが 15～20％程度強いことが示される。また，LCT と CCT との両者を比較すると，LCT は CCT に比べ接着強さは高い。また，Type III，Type IV は Type II に比べ接着強さは高く，特にエナメル質との接着強さは，象牙質に比べ 30～45％接着強さの大きいことが示される。

表7はこれらの結果をまとめて示したものであるが，光重合型レジンは化学重合型レジンに比べ，接着強さも優れ，かつ操作性にも優れていることから，歯科修復用レジンとして光重合型コンポジットレジンは大いに期待されている材料である。また，同じ接着剤でも歯質の種類，接着剤の厚さ，負荷形態によっても接着剤の特性は微妙に変化し，破壊の形態も異なるために，接着剤の試験では詳細な注意と検討が必要である。

1.5.6 審美歯科と光重合型コンポジットレジン

コンポジットレジンは歯科修復用レジンとして，優れた特性と操作性から広い範囲に使用されている。しかし，このようなコンポジットレジンの要求性能も接着強さばかりでなく，このような歯科用修復材料の汎用化に伴い，商品名に「ビューティフル・フロー」[7] や「トライエスボンド」[8] などといった名称の製品が開発されている。このような製品は操作性，成形性の良いコンポジットレジンに加え，硬化後口腔内を美しく見せることのできる，審美歯科を目指す新規コンポジットレジンの開発が盛んに進められている。

光重合型コンポジットレジンは光照射の容易な前歯への適用の事例が多いこともあって，補修

用硬化物の審美性には特に強い関心がもたれている。半透明性材料であるコンポジットレジンはう蝕などでか壁の色が変色している場合や，う蝕隣接部を含むか洞の場合などは背景色の影響を大きく受けるため，色調のマッチングが難しい。このような問題に対処できる優れた光拡散性を活用したコンポジットレジンも開発されている。この技術は予め酸反応性フッ素含有ガラスとポリ酸を水の存在下で反応させ，ガラス表面に安定化したグラスアイオノマー相を形成させるもので，優れた光拡散性を実現させることによって，材料内部での光透過性のコントロールを制御できるようにしたものである。すなわち，天然歯にマッチした色調の再現を実用化したものである。また，このような歯科用修復材料は優れたX線に対する造影性なども要求されるが，このような問題に対してもさまざまな対応が展開されている。

　一方，コンポジットレジンの使用も過酷な咬合力を受けることから歯茎部近傍の適用では大きな応力が発生する。そのための対策として，操作性の改良とあわせた手法として，高弾性材料を用い破壊靭性値を向上させる方法が行われている。すなわち，咬合力によって歯質に加わる応力を緩和させるために，ペースト硬化物を高弾性化させ，咬合力の応力緩和を充填材料によって行わせることで，接着界面の応力の発生を低減させ，接着耐久性の向上に寄与させている。このようなことから，コンポジットレジンの適用部位に応じ，低流動タイプと高流動タイプの2種類を商品化し，コンポジットレジンの新規用途開発も行っている。特に，歯科用修復材料は広い用途に対応しなければならないために，従来のコンポジットレジンは硬化物の機械的特性ばかりに注目されがちであったが，最近では硬化物の審美性に加え，操作性などでも2回塗りといった面倒な操作に変わり，ワンステップ方式の採用，操作時間に対する配慮，リペアーなどの幅広い用途への対応など，新商品開発も活発に行われている。そのようなことで，歯科用接着剤は歯科矯正治療も含め，審美歯科の領域に新しい展開が行われており，このような状況は米国を始め世界の主要国では歯科領域の新規ビジネスとして注目されている。したがって，このような状況からも分かるように光硬化性レジンの活用により接着領域の修復用材料もさまざまな形で進歩しており，新規商品の開発なども活発に行われている。

1.6　あとがき

　医療用接着剤は高分子化学の発達に伴い，医学，歯学の臨床領域では今や医療の先端技術を担う重要な素材となっている。特に医療用接着剤は血管や皮膚のような軟組織をはじめ，骨や歯などの硬組織の接着など，その使用範囲も広く，また，使用部位によって接着剤の使用目的やその役割も異なる。ここでは広い医療分野で使用される接着剤を軟組織用接着剤と硬組織用接着剤に分けて，医学と歯学領域で使用する接着剤について検討した。

　医科治療，歯科治療で使用する医療用接着剤は同じ接着剤でも硬組織を対象とする接着剤と軟

第3章 バイオ・メディカル分野

組織を対象とする接着剤とはその使用目的も異なり，そのため，接着剤の役割も異なる。このような接着剤の中でも，生体組織が回復する過程で一時的な接着機能の要求される軟組織用接着剤では，最終的には生体組織に吸収され，生体に為害性のないことが，接着剤の機能として重要なものとなっている。したがって，このようなことから，軟組織用接着剤の開発目標は一般の工業用接着剤とも本質的にも異なった，特殊な接着剤である。

また，医療用接着剤は使用する部位によって，接着剤の機能も異なることから，接着剤の使用はそれぞれの治療法とも深く関連しており，実際には治療方法との関連で接着剤の開発をはじめ詳細な検討が行われなければならない特殊な分野であるといってよい。

しかし，生体組織を接合する技術は最近の医療技術ではマイクロサージャリーなど，先端的な高度医療分野では欠かせない治療手段となっているだけに，医療用接着剤の役割は従来にも増して重要になってきている[9]。

また，医療用接着剤はその使用する分野が，特殊なこともあって，接着剤の中では最も付加価値のある商品であると考えられる。最近の韓国や中国をはじめ東南アジア諸国への技術輸出を考えると，将来の医療用接着剤はわが国の接着産業の一翼を担う新しい接着剤の分野でもある。このような医療分野での接着産業分野の状況と背景を踏まえ，将来の新しい接着分野として，一層の発展を期待するものである。

文　　献

1) 宮入裕夫, 接着設計入門, 第9章, 生体接着, 日刊工業新聞社刊, p.179 (2000)
2) 宮入裕夫, 生体材料の構造と機能, 養賢堂, p.47 (2001)
3) H. Matras *et al.*, *Wen. Med. Wochenschr*, 122, p.517 (1972)
4) 宮入裕夫, 日本接着学会誌, **45**, 1号, p.50 (1997)
5) 橋本弘一監修, やさしい歯科材料の話, 松風, p.87 (1989)
6) 福田秀昭, 宮入裕夫, 歯科材料・器械（日本歯科理工学会誌）**14**, 3号, p.293 (1995)
7) 松風カタログ,「ビュティフルフロー」低流動タイプ, 高流動タイプ
8) クラレメディカル㈱カタログ, クリアフィル・トライエスボンド
9) 川合知二監修, ナノテクノロジー大辞典, 工業調査会, p.82 (2003)

2 細胞—細胞間を接合する接着剤

田口哲志*

2.1 はじめに

　細胞周囲には，生体内のホメオスタシス（恒常性）を維持しているナノ構造制御された分子集合体が存在し，細胞外マトリックス（ECM）とよばれている。ECM は，骨などの硬組織を除いて，ほとんどがコラーゲン等の高分子から形成されている。そのため，これまでに再生医工学の技術により ECM 模倣材料，細胞および成長因子を用いて，再生組織が調製されている。軟骨，骨，皮膚等，比較的単純な生体組織では，既に優れた再生組織が調製され，一部臨床応用が始まっている。一方，肝臓やすい臓などの ECM 成分がほとんど無い臓器に関する研究は，まだ始まったばかりであると言える。

　肝臓やすい臓などに存在する細胞は，E-カドヘリンに代表される細胞間接着分子により細胞-細胞間のコミュニケーションが行われ，高い細胞機能を維持していることが知られている。すなわち，細胞から肝臓やすい臓などの臓器を再生するためには，これまで再生医工学のための足場として使用されてきた多孔質材料とは本質的に異なるアプローチ[1]・材料により再生組織を構築していく必要があると考えられる。

　一方，細胞凝集塊（スフェロイド）中の細胞は単層培養の細胞に比べて，生体内における状態に近く，細胞-細胞間の相互作用により細胞分化等の生理的機能が向上することが知られている。そのため，近年，スフェロイドの再生医療への応用が期待され，スフェロイドを形成するための材料や技術が盛んに研究されている。本節では，スフェロイド形成のための材料技術の現状と，我々の行っている研究成果について紹介する。

2.2 スフェロイド形成する材料・技術の現状

2.2.1 重力制御によるスフェロイド形成

　スフェロイド形成の最も簡便な手法は遠心力によるものである。すなわち，フラスコ中に分散させた細胞を遠沈させることにより，スフェロイド形成が行われている[2]。一方，培養細胞の物理的損傷を最小限に軽減するために，模擬微小重力環境を利用して細胞を培養液中に浮遊させる手法によるスフェロイド形成が行われている。この手法は，NASA（米国）が開発した水平軸回転する1軸型回転細胞培養装置で，RWV（Rotaiting Wall Vessel）と呼ばれ，培養細胞にかかる重力を地上の重力の100分の1にすることができる。この装置を用いて，マウス胎児の肝臓から単離した細胞を用いて胆管構造や血管構造が再構築された肝臓様組織を生体外で創り出すこ

＊　Tetsushi Taguchi　㈱物質・材料研究機構　生体材料センター　主任研究員

第3章 バイオ・メディカル分野

とが可能になっている[3]。再構築された肝臓様組織は，肝細胞に特徴的な遺伝子やタンパク質の発現レベルおよびアンモニア代謝，薬物代謝，アルブミン産生，グリコーゲン貯蔵等の高次機能を持つことが明らかにされている。この技術は，間葉系幹細胞を用いた軟骨細胞様組織にも応用され，高い強度を持つ軟骨組織を構築することが報告されている[4]。

2.2.2 基板に対する接着・非接着性を利用したスフェロイド形成

一般に細胞は親水性表面には接着せず，接触角が70°付近の比較的疎水性の表面に接着する。この性質を利用して，基板上に親水性および疎水性のパターンを作成し，細胞を播種することにより疎水性部位のみに細胞が接着し，スフェロイドを形成するという研究が行われている。細胞には，肝細胞と内皮細胞の組み合わせあるいは軟骨細胞などが用いられ，肝−内皮細胞によるスフェロイド形成と相互作用によりアルブミン産生などの機能向上が報告されている[5]。一方，軟骨細胞に関しては，コラーゲンタイプII等の分化マーカーの発現が認められ，高い分化能を示すことが明らかとなっている[6]。

2.2.3 分子間相互作用を利用したスフェロイド形成

分子間相互作用を利用したスフェロイド形成についても検討が行われている。親水性スペーサーの片末端にステロイドユニットを持ち，もう片末端にはウレイドピリミジドン（Upy）を持つ化合物が合成されている[7]。この化合物をリン脂質より構成されるベシクルに添加することにより，ステロイドユニットが脂質膜へアンカリングし，さらにもう片末端のUpyユニットが水素結合をすることによってベシクルの集合体が得られることが明らかとなっている。一方，片末端にアルキル基を持ち，もう片末端に鉄イオンの配位子となる化合物が合成されている。この化合物をベシクルに添加することにより，膜表面に鉄イオンに親和性のある配位子を持ったベシクルが形成され，鉄イオンを添加することによりベシクル凝集塊の形成が認められている[8]。また，アビジン−ビオチン間の相互作用を利用したスフェロイドの形成[9]や，ステロイド基を導入したポリエチレングリコール[10]，アルキル基を導入したポリアクリル酸[11]あるいはキトサン[12]をベシクルに添加することによるベシクルあるいは細胞の凝集塊形成が検討されている。

2.3 細胞−細胞間を接合する接着剤[13]

2.3.1 すい臓β細胞のスフェロイド形成

ランゲルハンス島の約70%を占めるβ細胞は，E−カドヘリンなどの細胞間接着分子を介したスフェロイドを形成することによりインシュリン産生などの細胞機能が上昇することが知られている[14]。上述のようにスフェロイド（あるいはベシクル凝集塊）の形成は，様々な手法により研究されている。しかし，現行のスフェロイド形成法には，特殊な装置や技術が必要であり，細胞への親和性・添加する化合物の分解性等が考慮されていない等の課題がある。そこで，我々は，

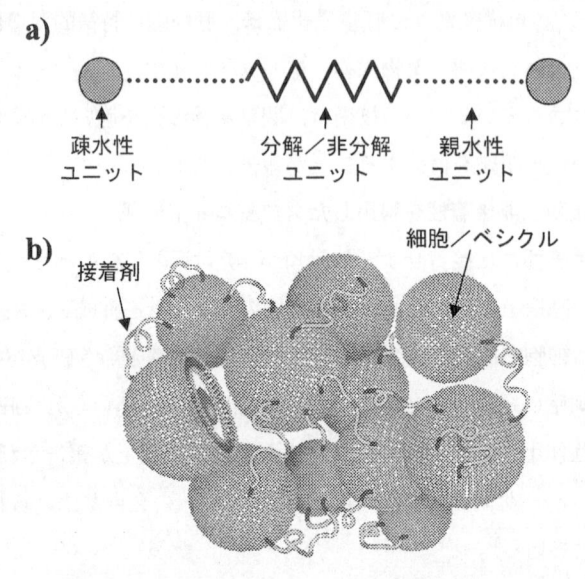

図1 (a)細胞凝集塊（スフェロイド）を形成させる高分子架橋剤（接着剤）と(b)得られるスフェロイドのイメージ

　細胞を物理的に架橋する高分子架橋剤（接着剤）を設計した。この接着剤は，図1aに示すように両末端に細胞膜のリン脂質二分子膜にアンカリング可能な脂質分子などの疎水基を有し，ポリエチレングリコール（PEG）などの親水性ユニットが酵素分解/非分解性ユニットによりリンクされた構造を持っている。この接着剤を細胞あるいはベシクルに添加することにより，接着剤の末端が脂質二分子膜中へアンカリングし，図1bのようなスフェロイドが形成されると予想される。今回は疎水性ユニットにオレイル基，親水性ユニットにPEG，非分解性ユニットにエチレンジアミンを用いた結果について紹介する。PEG（分子量8,000）の片末端に活性エステルを有し，もう片末端に疎水性ユニットのオレイル基を有するオリゴマーとエチレンジアミンとの反応により，両末端に細胞膜へアンカリング可能な接着剤を合成した。FT-IRによりアミド結合の存在が確認され，GPCにより得られた分子量から目的とする高分子が得られることを確認した（図2）。

　合成した接着剤の細胞に対する作用を評価するため，培養細胞に添加することによりスフェロイドの形成を確認した。細胞はラットすい臓β cell lineであるRIN細胞を用い，培養容器としてスミロンセルタイト®スフェロイドU底96ウェルプレート（住友ベークライト）を使用した。細胞をウェルプレートに播種した後，接着剤を添加し，インキュベーション（37℃，5% CO_2）した。その後，経時的に顕微鏡にて観察した。図3には，すい臓β細胞 cell line RINに得られた接着剤を添加して3日後の様子を示す。スフェロイド形成は，血清存在下よりも無血清条件下

図2 合成した接着剤の構造

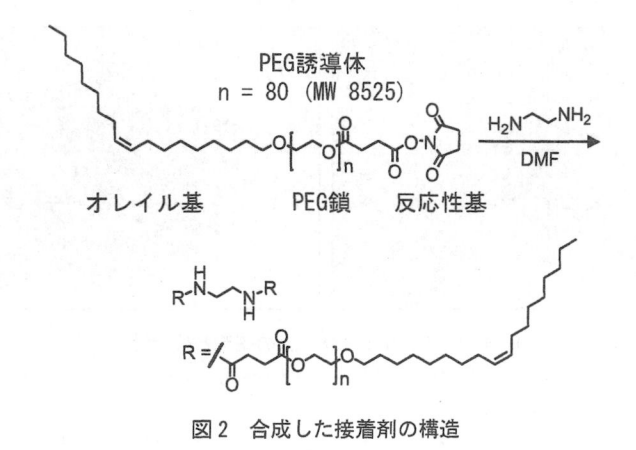

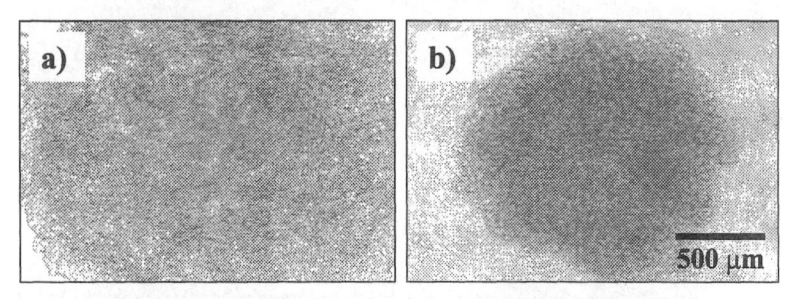

図3 スフェロイド形成に及ぼす血清の影響
接着剤 0.25mg/mL, a) FBS (+), b) FBS (−), Incubation time ; 3 days

がより有利な条件であることも明らかになった。今回用いた接着剤は，両親媒性高分子であるため，血清中に含まれるタンパク質あるいは脂質との疎水的な相互作用により接着剤末端の疎水基のアンカリング効果が抑制されると予想される。そのため，血清存在下でのスフェロイド形成の抑制は，接着剤末端の細胞膜へのアンカリングがアルブミン等の血清タンパク質等により阻害されたものと考えられる。一方，図4には，得られるスフェロイドサイズの初期細胞濃度依存性を検討した結果を示す。一定接着剤濃度では，細胞数に応じて得られるスフェロイドサイズが大きくなることが明らかとなった。

2.3.2 スフェロイド形成へ及ぼす接着剤濃度の影響

図5には，すい臓β細胞 cell line RIN に得られた接着剤を無血清条件下で終濃度 0-25mg/ml になるように添加後，3日間培養した結果を示す。接着剤を添加しない場合（図5a）には，スフェロイド形成は認められないが，0.25mg/ml 以上の濃度で接着剤を添加すると，顕著なスフェロイド形成が認められた。接着剤の濃度依存性を観察すると，添加濃度の増加に伴い径が減少し，

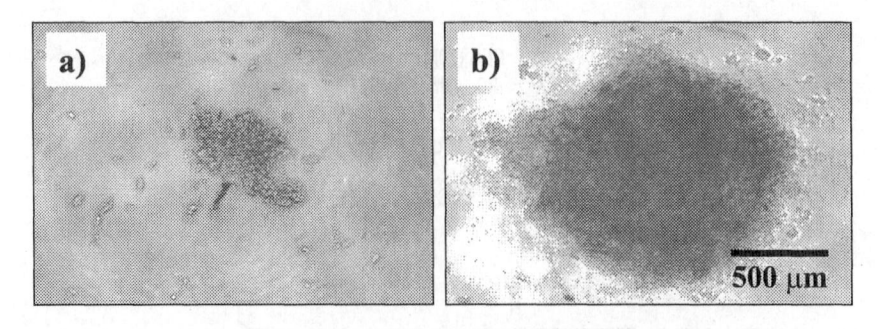

図4 スフェロイドサイズの細胞数依存性
接着剤 25mg/mL, a) 1×10^4cells/well, b) 1×10^5cells/well, Incubation time；3 days

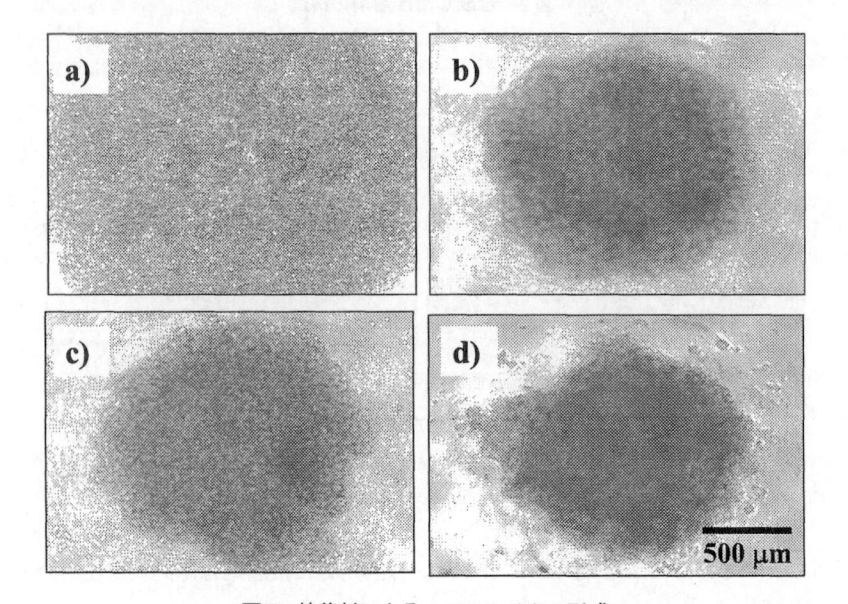

図5 接着剤によるスフェロイドの形成
a) 0 mg/mL, b) 0.25mg/mL, c) 2.5mg/mL,
d) 25mg/mL, FBS（−）, Incubation time；3 days

25mg/ml の時に（図5d）最も小さいスフェロイドが得られた。両末端に疎水基を持たない PEG および Methoxy PEG についても検討したところ，スフェロイド形成が認められないことから，接着剤のアンカリング効果によるスフェロイド形成が示唆された。図6には，スフェロイド表面の SEM 写真を示す。接着剤を添加しない場合には，細胞が単独で存在するものが多いが，接着剤を添加することにより細胞間の距離が狭く細胞−細胞間の相互作用も示唆された。親水性ユニットとして用いた PEG は，一般に細胞融合のための試薬として用いられている。接着剤の添加により細胞融合が危惧されたが，実際に使用している PEG 濃度は，細胞融合に使用する濃度の 1/10〜1/100 であるためその可能性は，きわめて低いと思われる。

第3章 バイオ・メディカル分野

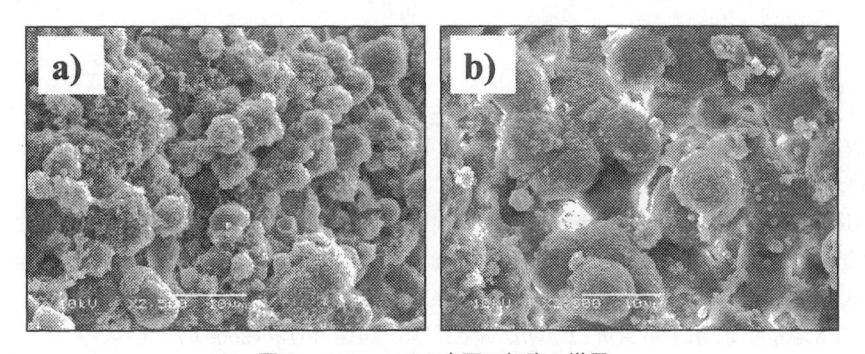

図6 スフェロイド表面の細胞の様子
a) 0 mg/mL, b) 25mg/mL, Incubation time；3 days

2.3.3 スフェロイドの生化学的機能[15]

　スフェロイド形成を促す接着剤は，1分子内に疎水基と親水基を持った界面活性剤であると言える。そのため，接着剤添加により細胞の死滅あるいは機能の低下も予想される。ELISA法により形成したスフェロイドのグルコース応答性を検討したところ，細胞1個当たりのインシュリン産生量が接着剤添加濃度の増加に伴い，増加する傾向が認められた。さらに Real time PCR による E-カドヘリンも接着剤添加濃度の増加に伴う上昇が認められている。このことから，接着剤添加により細胞は，死滅せず，生化学的機能が上昇することが明らかとなった。

2.4 まとめと今後の展望

　本節では，細胞-細胞間を接着剤により接合し，生化学的機能を持った細胞凝集塊（スフェロイド）が得られることを示した。今回用いた接着剤は，図1bのように細胞-細胞間を物理的に架橋するだけでなく，単一の細胞表面にもループ状に固定化されることも予想される。しかしながら，今回の条件では，接着剤の濃度依存的にスフェロイド形成が認められることから，大部分の接着剤は，細胞-細胞間接着に関与していると考えられる。我々の考案したスフェロイド形成を促す接着剤は，組織から臓器を形成するための重要なツールであると考えられ，現在，より詳細な検討を行っている。

文　献

1) M. Harimoto et al., *J. Biomed. Mater. Res.*, **62**, 464-470 (2002)
2) D. N. Angelov et al., *Dev. Neurosci.*, **20**, 42-51 (1998)
3) 岡村愛, 谷口英樹, *NIMS NOW*, **6** (2006)
4) T. Uemura et al., *BONE*, **36**, S175-S175 (2005)
5) H. Otsuka et al., *ChemBioChem*, **5**, 850-855 (2004)
6) U. Andere et al., *J. Bone Min Res.*, **17**, 1420-1429 (2002)
7) F. M. Menger et al., *J. Am. Chem. Soc.*, **128**, 1414-1415 (2006)
8) E. C. Constable, W. Meier, C. Nardin and S. Mundwiler, *Chem. Comm.*, 1483-1484 (1999)
9) W. Meier, *Langmuir*, **16**, 1457-1459 (2000)
10) W. Meier et al., *Langmuir*, **12**, 5028-5032 (1996)
11) H. S. Ashbaugh, K. Boon, R. K. Prud'homme, *Colloid Polym. Sci.*, **280**, 783-787 (2002)
12) J. H. Lee et al., *Langmuir*, **21**, 26-33 (2005)
13) 田口哲志ほか, 特許出願中
14) M. J. Luther et al., *Am. J. Physiol. Endocrinol. Metab.*, **288**, E502-E509 (2005)
15) 田口哲志ほか, 特許出願中

3 歯科用接着材

山内淳一[*]

3.1 総論

歯との接着は歯科治療において重要な機能を担っている。単なる充填物が脱落しないだけでなく，充填物と歯に隙間が生じると，そこに飲食物からの色素が沈着して辺縁が着色したり，細菌が侵入して刺激の発生やむし歯の再発の源になる。そのため，歯に対する接着の要求は高く，数10年前から積極的に研究開発されていたが，1980年代になって歯に良く接着する歯科用接着材が数多く市販されるようになった。また，歯科用修復材には金属や陶材，セラミックスが多く用いられ，最近では金属や陶材，セラミックスに良く接着する接着材も開発され，歯科臨床で多用されている。このように歯科用接着材の進歩により，接着を期待して歯の切削を最小限に抑えて治療するいわゆるミニマムインターベーション（Minimum Intervention）が積極的に提唱されている。

3.2 歯科接着技法概要

歯質との接着は，下記に述べる工業用接着とは異にする条件があり，長い間実用化が遅れていた。

① 口腔内は唾液などで常に被着面は浸潤状態にあり，接着を困難にしている。しかも，数年以上の長期の耐久性が要求され，浸潤下での接着耐久性の確保が難しい。

② 口腔内は飲食物の摂取により0〜50℃程度の急激な温度変化を受け，歯と修復物との熱膨張係数の差により，接着破壊を受け易い。

③ 修復物には噛みあわせにより繰り返し高い咬合圧（10〜100kg/cm^2）が掛かり，変形や応力集中により，接着破壊を受け易い。

④ 口腔内の治療では数分以内の短時間で固まることが必要であり，即時硬化や加熱が出来ない等の制限があり，硬化条件に制約が多い。

⑤ 化学的，物理的性質の異なるエナメル質および象牙質双方に接着する必要がある。

⑥ 口腔内で用いるため，生体為害性の無い，高い安全性が求められる。

特に，④および⑥の制約のため，アクリル酸エステルモノマーを用いてラジカル重合硬化方式によるアクリル系の接着材が多用されている。

一般に接着技法としては以下の3因子が挙げられる。

---

[*] Junichi Yamauchi　クラレメディカル㈱　歯科材料事業部　開発担当シニアスタッフ

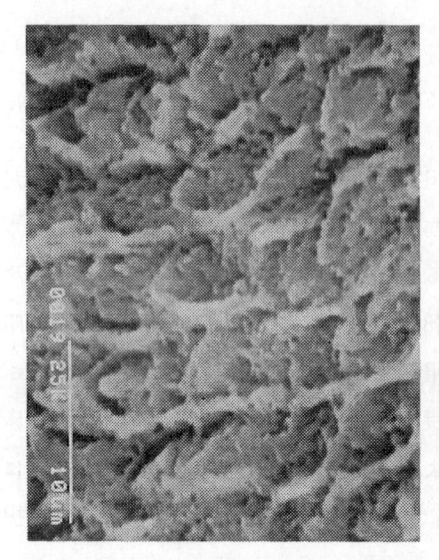

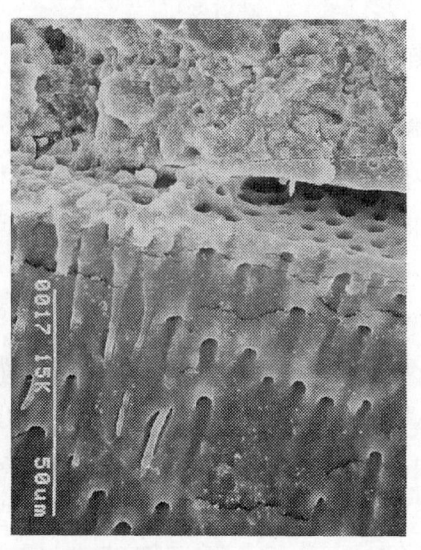

図1 リン酸エッチング処理エナメル質表面（左）
リン酸エッチング処理象牙質接着破壊面（右）

3.2.1 機械的嵌合力（Mechanical Effect）

表面に微小な凹凸をつけて，凹部にレジンを侵入させて機械的嵌合力により強い接着強さを得る。歯のエナメル質はリン酸等の酸処理により微小なエナメル小柱が出現し，その凹凸にレジンを浸透させ，機械的嵌合力により接着性を得る手法が採用されている。象牙質も同様にリン酸等の酸処理により切削泥（スミアー層）が溶解して象牙細管が露出し，細管内にレジンが侵入して接着性を得る方法が採用されている（図1参照）。

3.2.2 化学的結合力（Chemical Bond）

化学的結合力は一次結合力，二次結合力（ファンデルワールス力），水素結合またはキレート結合に大別されている。歯質接着の場合には生体と一次結合させることは為害性の面で難しく，歯科用接着材としての実用化は見られていない。陶材やセラミックス接着の場合には後述するようにシランカップリング剤を用いて被着体のOH基と一次結合により接着性を得る技術が採用されている。

二次結合力，水素結合またはキレート結合を起こさせる技法として歯科ではリン酸基，カルボキシル基，アミノ基等を付与した官能性モノマー（接着性モノマー）を用いて接着性を得る手法が常法である。

接着性モノマーについては歯質接着技法の各論で詳述する。

3.2.3 濡れ性（Wetting Effect）

被着体表面に接着材が良く濡れて，接着材成分が内部に拡散するために必要な特性で，接着材

第3章 バイオ・メディカル分野

としての基本的因子である。一般的には被着体に対する接触角の大小で評価される。歯科用接着材の場合にはモノマー成分に親水性モノマーと疎水性モノマーを適宜用いて，親水性と疎水性の最適バランスを計って良好な濡れ性を得る。親水性モノマーと疎水性モノマーの使用例を歯質接着技法の各論で詳述する。

3.3 歯質接着

接着材は基本的に以下から構成されている。
① 重合性モノマー
② 重合触媒
③ 重合禁止剤
④ フィラー（必要により）

歯科用接着材では重合性モノマーとして歯質との化学的接着を期して接着性モノマーを用いることが一般的である。被着体のエナメル質は大多数がヒドロキシアパタイト（HAP）から構成され，象牙質はHAPとコラーゲンとの複合体から構成されているため，モノマーがHAPまたはコラーゲンと親和性を有し，官能基としてリン酸基，カルボキシル基，アミノ基およびフェノール基等を付与した接着性モノマーが用いられている。そのなかでもリン酸基またはホスホン酸基およびカルボキシル基の酸性基を有するものが多く用いられているが，それは歯質を切削した時に生成する切削屑（スミアー層）がモノマーの浸透を阻害し，接着に悪影響を及ぼすので，酸により切削屑を脱灰して溶解除去する目的もある。これまで市販の歯科用接着材に使用されたことのある代表的接着性モノマーを図2（リン酸，ホスホン酸モノマー例）および図3（カルボン酸モノマー例）に示す。接着性モノマーの骨格としてベンゼン核や長鎖のアルキル基が付いたものが多いが，酸性基が親水性に対して，モノマーとしての疎水性のバランスを考慮した分子設計と推察される。

接着性モノマー以外に他の共重合モノマーを用いるが，歯科接着材の特性として親水性モノマーと疎水性モノマーを適宜用いて，最適組成を選択することが重要である。被着体である歯質は常に浸潤状態にあるため，濡れ性を保つには適度な親水性が必要なこと，また，浸潤状態で長期の接着耐久性が要求されるため適度な疎水性も必要であることが所以である。歯科用接着材で汎用されているモノマーの例を図4に示す。

重合触媒には接着材の硬化方式により化学重合および光重合に分かれるが，最近では光重合型の接着材が主流である。しかし，被着体が金属になることも多く，その場合には接着材に光が透過しないので，化学重合型または光重合と併用するデュアルキュアー型が用いられることが多い。化学重合触媒には一般的にBPO–アミンによるレドックス反応を利用したものが多いが，酸性モ

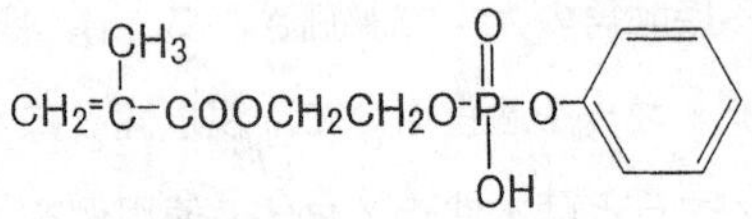

Phenyl-P (クラレ)[1]

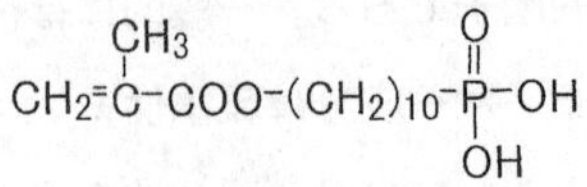

MDP (クラレ)[2]

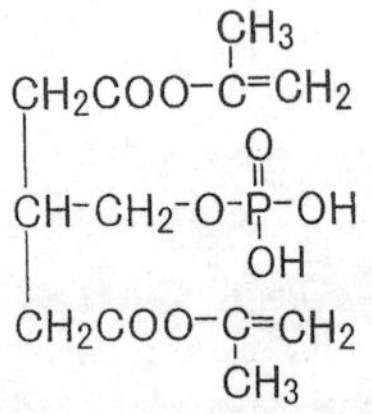

GDMP (Kerr)[3]

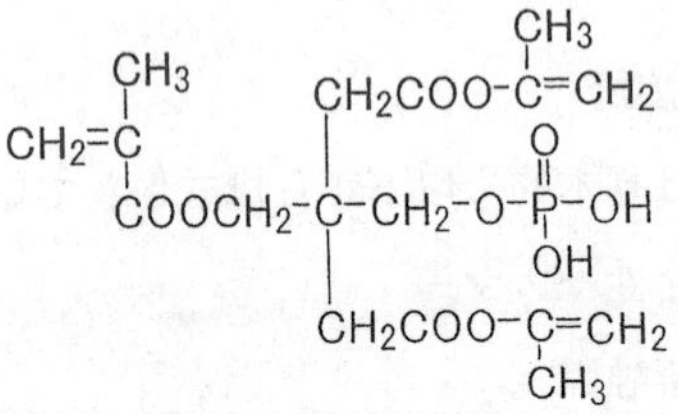

PENTA (Dentsply)

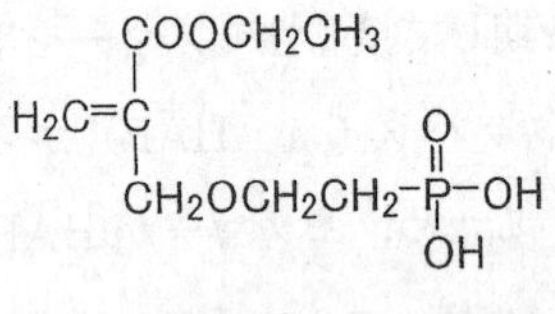

EAEPA (Ivoclar-Vivadent)[4]

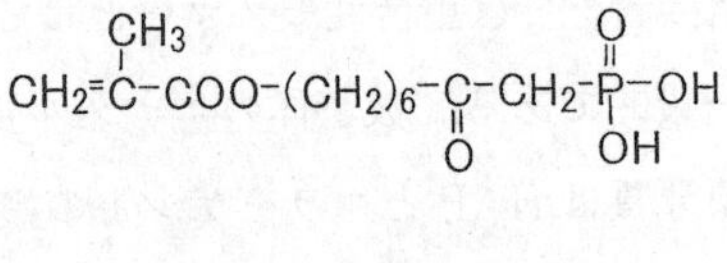

6-MHPA (松風)[5]

図2　接着性モノマーの例（リン酸，ホスホン酸モノマー）

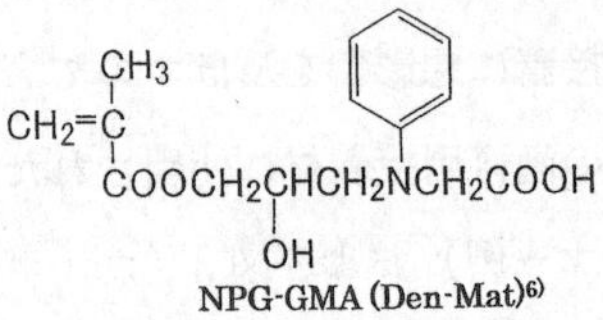

NPG-GMA (Den-Mat)[6]

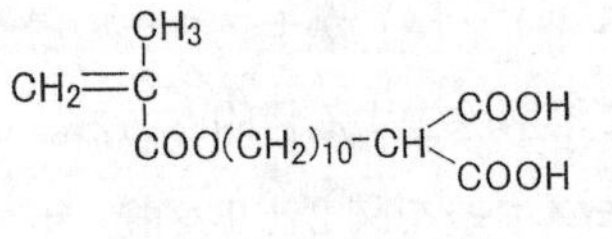

MAC-10 (トクヤマ)[7]

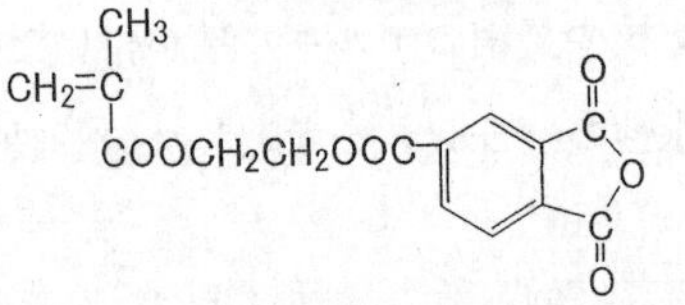

4-META (サンメディカル)[8]

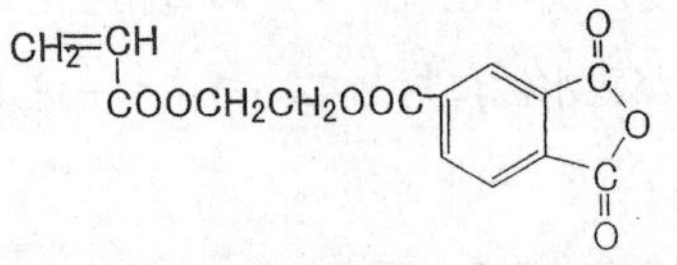

4-AETA (松風)[5]

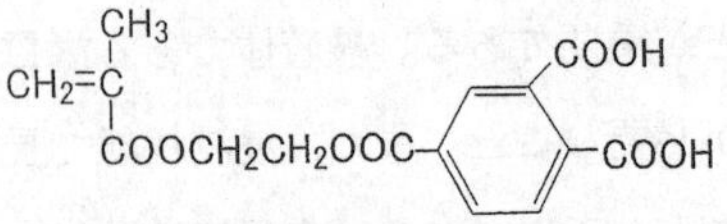

4-MET (サンメディカル、ジーシー)[9]

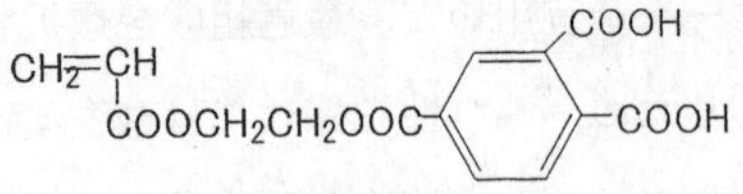

4-AET (松風)[5]

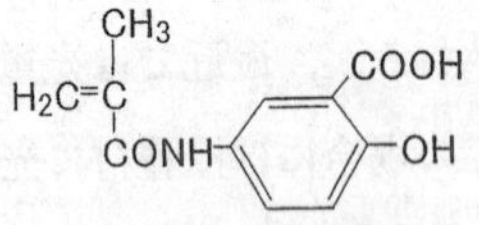

5-NMSA(クラレ)[10]

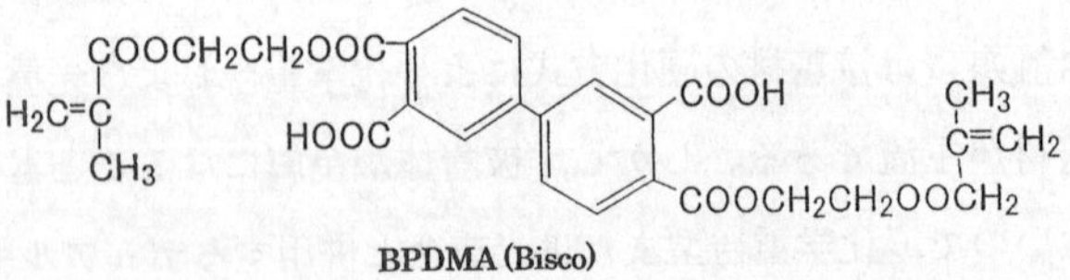

BPDMA (Bisco)

図3　接着性モノマーの例（カルボン酸モノマー）

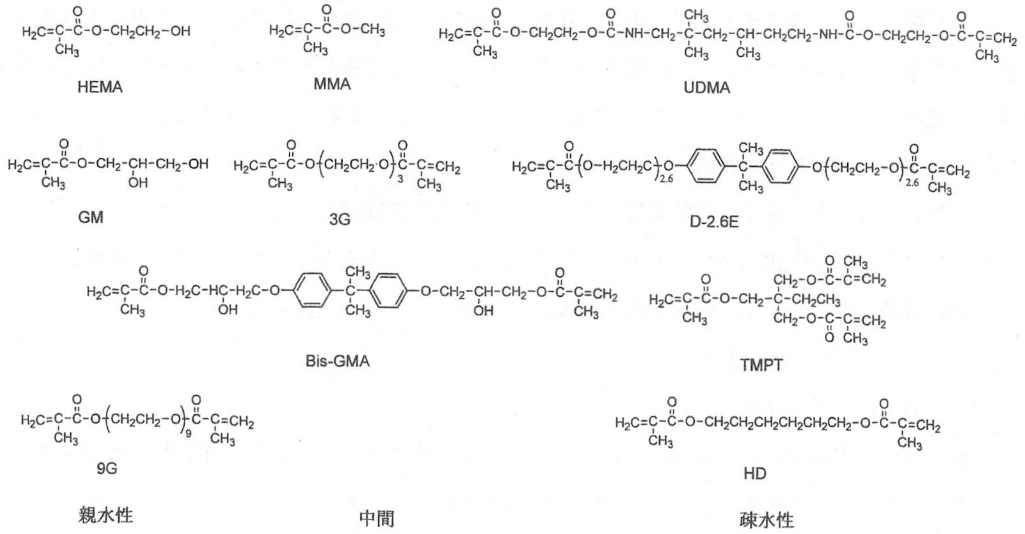

第3章 バイオ・メディカル分野

図4 歯科用モノマーの使用例

ノマーを用いた接着材では酸によりレドックス反応が抑制されるため，酸性でよく硬化する触媒を選択する必要がある。市販の接着材ではスルフィン酸系の触媒およびバルビツール酸系の触媒を用いた例が散見される。光重合触媒は全般的に光増感剤にカンファーキノン（CQ），促進剤にアミンを用いたものが多い。しかし，化学重合同様，酸性モノマーを用いた場合，アミンの種類によっては光重合促進効果が阻害されることがあるので注意が必要である。

重合禁止剤は工業用接着剤と同様，一般的に BHT や MEHQ が用いられている。

次に歯科用接着材の進展とそれに伴なう接着システムの変遷について説明する。

3.3.1 トータルエッチング法

前述したように，歯質のエナメル質および象牙質をリン酸でエッチングしてエナメル質はエナメル小柱の出現，象牙質はスミアー層を溶解して象牙細管の出現，拡大により歯質との接着性を高めた接着手法である。クラレ社が1978年に商品名「クリアフィルボンドシステムF」として市販したのが始まりである[11]。従って，材形としてはエッチング材とボンドの2ステップになる。その後，各社より同様なシステムを採用した接着材が多く市販された。エッチング効果以外に，接着材に含有する接着性モノマーが化学的結合により接着に有効に働くのも前述の通りである。

3.3.2 プライマーの導入

象牙質との接着性を更に高めるため，接着材のモノマー成分を象牙質組織に浸透させるため，接着材の前処理としてプライマーを導入する試みがなされた。Bayer社（独）が1984年に「グルーマ」として市販したのが始まりである[12]。成分としては30%HEMA水溶液にグルタルアル

デヒドを混合したものである。HEMAは水溶性で歯質の濡れ性向上だけでなく，酸により変性を受けた象牙質コラーゲン繊維の収縮を抑制してモノマーの浸透性を高める効果を有するとも報告されている。材形としてはエッチング材，プライマー，ボンドの3ステップになる。

3.3.3 ウェットボンディング法

トータルエッチング法による象牙質コラーゲンの変性を抑制する手段として，エッチング後，乾燥しないでぬれた状態（ブロットドライ）で接着材を塗布するウェットボンディング法が米国を主体に普及した。しかし，歯面を適度に浸潤を保つ事は難しく，臨床家からはテクニックセンシティブな手法であると言われている。

3.3.4 セルフエッチング法

プライマーに酸性モノマーを加えて，エッチングとプライマーの機能を一体化したセルフエッチング法が日本を主体に普及した。クラレ社が1993年に「クリアフィルライナーボンドⅡ」として市販したのが最初である。プライマーの主要成分としては酸性モノマー，HEMA等の親水性モノマーおよび水またはエタノールから構成されている。エッチング効果を持たせるため，プライマーのpHは通常1～2程度の酸性を示す。材形としてはプライマーとボンドの2ステップであるが，最近では更に材形を簡略化したプライマーとボンドを一体化した1ステップ・1ボトルのボンドも出現している。現在では世界的にもセルフエッチング法が広く普及している。

各接着システムの接着メカニズムをイラスト的に図5（トータルエッチング/ウェットボンディング）および図6（セルフエッチング）に示す。図中の網目構造は象牙質コラーゲン繊維の収縮程度を示している。

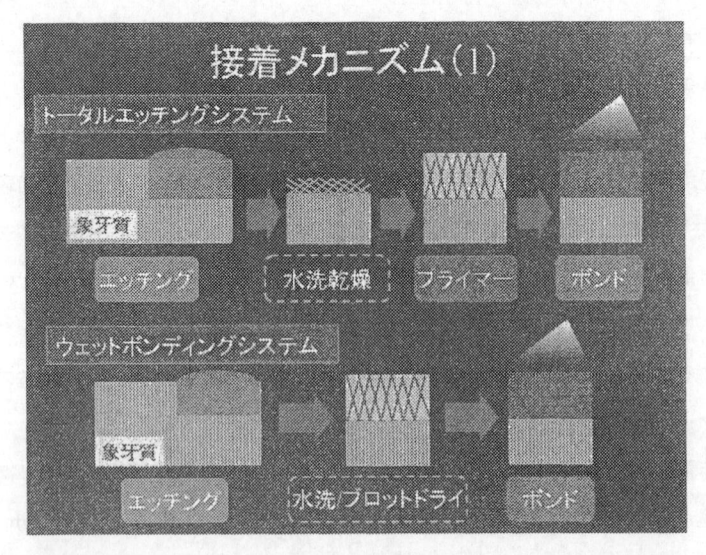

図5 接着メカニズム（トータルエッチング/ウェットボンディング）

第3章 バイオ・メディカル分野

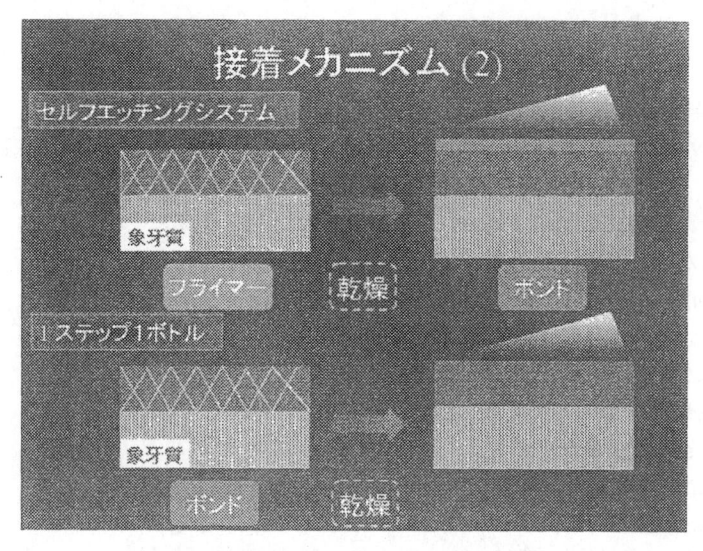

図6 接着メカニズム（セルフエッチング）

3.4 陶材（セラミックス）および金属接着

　陶材に対する接着は一般的には陶材接着用プライマーとボンドまたはセメントとの組み合わせで使用されている。プライマーに含まれるキーモノマーは無機フィラーの表面処理に用いられている 3-メタクリロイルオキシプロピルトリメトキシシラン（γ-MPS）である（図7参照）。シランカップリング剤の反応性を高めるため，酸性モノマーである接着性モノマー（MDP，4-MET等）と混ぜて用いる手法を採っているものが多い。

　金属（貴金属）に対する接着技術の確立は比較的最近で，1993年にサンメディカル社から「V-プライマー」が市販されたのが最初である。その後，各社から金属接着用プライマーが市販されるようになったが，いずれもキーモノマーはイオウを含有するチオン系モノマーが主体である。「V-プライマー」および「アロイプライマー」（クラレメディカル社）で採用しているキーモノマー（VBATDT）[13]を図7に示す。「アロイプライマー」ではMDPを配合して非金属および貴金属双方に接着する金属万能接着型の接着システムになっている。

γ-MPS　　　　　　　　VBATDT

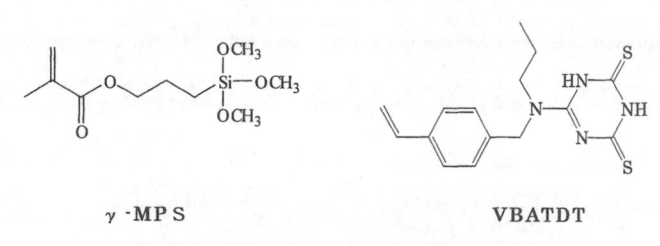

図7 陶材接着および金属接着の機能性モノマー

文　　献

1) 山内淳一, 歯科材料・器械, **5**, No.1, 144 (1986)
2) I. Omura *et al.*, *Trans. of Internal. Congr. on Dent. Mater.*, Abstr. No.P40 (1989)
3) O. Hagger, Swiss Patent, No. 278946 (1951)
4) M. Moszner *et al.*, *Dental Materials.*, **21**, No.1, 895 (2005)
5) 中塚稔之ほか, *Adhes Dent.*, **22**, 39 (2004)
6) R. L. Bowen., *J. Dent. Res.*, **44**, No.5, 895 (1965)
7) 小栗真ほか, *Adhes Dent.*, **22**, 50 (2004)
8) 竹山守男ほか, 歯理工誌, **19**, No.47, 179 (1978)
9) 有田明史, *Adhes. Dent.*, **22**, 31 (2004)
10) J. Tagami *et al.*, *Dent. Mater. J.*, **6**, 201 (1987)
11) T. Fusayama *et al.*, *J. Dent. Res.*, **58**, No.4, 1364 (1979)
12) E. C. Munksgaad *et al.*, *J. Dent. Res.*, **63**, No.8, 1087 (1984)
13) 小島克則ほか, 歯科材料・器械, **16**, No.4, 316 (1997)

接着とはく離のための高分子
―開発と応用―《普及版》　　　　　　　　　　　　　（B1012）

2006年11月30日　初　版　第1刷発行
2012年 9 月10日　普及版　第1刷発行

　　監　修　　松本章一　　　　　　　　Printed in Japan
　　発行者　　辻　賢司
　　発行所　　株式会社シーエムシー出版
　　　　　　　東京都千代田区内神田 1-13-1
　　　　　　　電話03 (3293) 2061
　　　　　　　大阪市中央区南新町 1-2-4
　　　　　　　電話06 (4794) 8234
　　　　　　　http://www.cmcbooks.co.jp

〔印刷　株式会社遊文舎〕　　　　　　　Ⓒ A. Matsumoto, 2012

落丁・乱丁本はお取替えいたします。

本書の内容の一部あるいは全部を無断で複写（コピー）することは，法律で認められた場合を除き，著作者および出版社の権利の侵害になります。

ISBN978-4-7813-0570-7 C3043 ¥4800E